高等学校测绘工程专业核心教材

"十二五"普通高等教育本科国家级规划教材

国家精品课程教材

误差理论与测量平差基础

Error Theory and Foundation of Surveying Adjustment

（第四版）

武汉大学测绘学院测量平差学科组 编著

姚宜斌 邱卫宁 陶本藻 修订

U0383621

WUHAN UNIVERSITY PRESS
武汉大学出版社

图书在版编目(CIP)数据

误差理论与测量平差基础/武汉大学测绘学院测量平差学科组编著．—4版．—武汉:武汉大学出版社,2024.8
高等学校测绘工程专业核心教材
ISBN 978-7-307-24408-5

Ⅰ.误…　Ⅱ.武…　Ⅲ.①误差理论—高等学校—教材　②测量平差—高等学校—教材　Ⅳ.①O241.1　②P207

中国国家版本馆 CIP 数据核字(2024)第 109236 号

责任编辑:王金龙　鲍　玲　　责任校对:汪欣怡　　版式设计:马　佳

出版发行:**武汉大学出版社**　(430072　武昌　珞珈山)
(电子邮箱:cbs22@whu.edu.cn 网址:www.wdp.com.cn)
印刷:武汉图物印刷有限公司
开本:787×1092　1/16　印张:18.25　字数:408 千字
版次:2003 年 1 月第 1 版　2009 年 5 月第 2 版
2014 年 5 月第 3 版　2024 年 8 月第 4 版
2024 年 8 月第 4 版第 1 次印刷
ISBN 978-7-307-24408-5　定价:55.00 元

版权所有,不得翻印;凡购买我社的图书,如有质量问题,请与当地图书销售部门联系调换。

第四版前言

《误差理论与测量平差基础》自第一版出版发行以来历经二十余年，一直得到全国测绘类院校的肯定，作为测绘工程专业本科生专业基础核心课程的通用教材，相继被教育部评为普通高等教育“十五”“十一五”和“十二五”国家级规划教材，是国家精品课程“误差理论与测量平差基础”的指定教材，获得第五届全国高等学校优秀测绘教材一等奖和2021年武汉大学优秀教材特等奖等荣誉。

党的二十大报告强调深入实施人才强国战略，并就此进行了全面而系统的重大战略规划。新时代新征程，我们要深刻把握实施人才强国战略的各项重点工作，加快推进人才强国建设。落实到具体的教学工作中，就是要强化课程思政，不断地优化和完善教学体系和内容，深化教学改革，以适应新时代拔尖创新人才培养需求，这也是我们进行本书第四版修订的初衷。因此，我们在《误差理论与测量平差基础》(第三版)的基础上对部分内容进行了增删和完善，主要表现在：

(1)在第1章“测量平差的简史和发展”中，阐述了近年来的新发展；

(2)在误差理论部分，对精度、准确度、精确度等概念及其之间的关系作了更细致的描述；

(3)在条件平差中，增加了对“必要观测量”的阐述和部分算例；

(4)在第5章、第6章、第7章和第8章中，增加了部分算例，以取代测角网、测边网等算例。考虑到测角网、测边网等传统的控制网布网方式现已淘汰，在授课讲解原理时，可以不再以其为例，但仍然在书中保留了相关算例，以供参考；

(5)在第9章中，增加了平差模型比较图表，使几种平差模型的特点和相互之间的关系更加清晰。

本书第四版由姚宜斌教授、邱卫宁教授修订，陶本藻教授审阅了全书。

在本书修订过程中，曾文宪教授给出了建议并核检了部分算例。

本书的再版得到了武汉大学本科生院、武汉大学测绘学院和武汉大学出版社的大力支持，在此深表感谢。

我们衷心希望使用本教材的教师、学生和广大读者对本书提出宝贵的意见。

编　者

2024年3月

第三版前言

《误差理论与测量平差基础》(第三版)是测绘工程专业本科生专业基础核心课程的通用教材，是普通高等教育“十二五”国家级规划教材。

根据教育部高等学校测绘学科教学指导委员会对本课程的教学改革要求和制定的教学大纲，由武汉大学测绘学院承担编写的这本教科书于2003年1月由武汉大学出版社出版，其后相继被教育部评为普通高等教育“十五”“十一五”国家级规划教材，并被选定为国家精品课程“误差理论与测量平差基础”的指定教材，获得第五届全国高等学校优秀测绘教材奖一等奖。

本教材经全国有测绘工程专业的多个院校教学使用，情况反映良好，认为是一本符合教学大纲要求的高质量教材。其后在2009年5月，通过征询大家在教材使用过程中所提出的宝贵意见，我们对本教材进行了部分修订，主要是对相关内容进行了调整和充实，使结构更加合理，便于基础理论的理解与教学，同时增加了部分算例，使得算例更加丰富，应用面更广，由此形成了本书的第二版。

在过去的几年中，我们根据信息化测绘背景下测量数据处理课程改革中的教学研究和教学实践，同时结合近年来在误差理论和测量数据处理方法中的最新研究成果，经广泛的调研和听取意见，认为本书的第二版总体架构完备，但仍存在需要完善的地方。由此在本次再版中，仍依据原教学大纲，基本保持原教学体系和内容，结合测量数据处理的现今需求，对部分内容进行了补充和完善。比如，在第一章“测量平差的简史和发展”部分增加了整体最小二乘方法的描述；对第四章“测量平差概述”部分作了修改，第2、4节部分内容作了调整；在第七章“七参数坐标转换平差”部分增加了大角度转换；在第十章误差椭圆部分修改了“位差极大值和极小值”计算的推导方法。

本书第三版由陶本藻教授、邱卫宁教授、姚宜斌教授进行修订。

本书的再版得到了武汉大学教务部、武汉大学测绘学院和武汉大学出版社的大力支持，在此深表感谢。

我们衷心希望使用本教材的教师和广大读者继续对本书提出宝贵意见。

编　者

2014年3月

第二版前言

《误差理论与测量平差基础》(第二版)是测绘工程专业本科的专业基础核心课程的通用教材。

根据教育部高等学校本科测绘类专业教学指导委员会对本课程的教学改革要求和制定的教学大纲，由武汉大学测绘学院承担编写的这本教材，已于2003年1月由武汉大学出版社出版，相继被教育部评为普通高等教育“十五”“十一五”国家级规划教材，并获得第五届全国高等学校优秀测绘教材奖一等奖。2008年以本书为教材的课程被国家教育部批准为国家精品课程建设项目。六年来，本教材经全国有测绘工程专业的多个院校的教学使用，情况反映良好，认为是一本符合教学大纲要求的高质量教材，但也提出了一些宝贵意见。因此，在本次再版中，仍依据原教学大纲，基本保持原教学体系和内容。对于需要改进的地方，我们根据课程改革中的教学研究和教学实践成果以及广泛的调研和听取意见，对这部分内容进行了结构调整和充实，使结构更加合理，便于基础理论的理解与教学，如第二章、第三章和第十章。此外还增加了部分算例，使得算例更加丰富，应用面更广。

本书第二版由陶本藻教授、邱卫宁教授、姚宜斌教授进行修订。

本书的再版得到了武汉大学教务部、武汉大学测绘学院和武汉大学出版社的大力支持，在此深表感谢。

我们恳切希望使用本教材的教师和广大读者继续对本书提出宝贵意见。

编著者

2009年3月

前　　言

《误差理论与测量平差基础》是测绘工程专业本科的专业基础核心课程的通用教材。

1998年国家教委颁布的《普通高等学校本科专业目录》中，测绘类专业设置仅有测绘工程一个本科专业，它涵盖了旧专业目录中的大地测量、工程测量、摄影测量与遥感和地图学等四个本科专业。为了贯彻执行新的专业目录，高等学校测绘学科教学指导委员会对测绘工程本科专业的培养模式、专业方向和核心课程的设置做了全面研讨，并提出了具体的改革方案。误差理论与测量平差基础被列为该专业的几门核心课程之一，是该专业所有学生必修的专业基础课。教学指导委员会还组织有关院校教师研讨和制定本课程的教学大纲，参加制定教学大纲的单位有：武汉大学测绘学院、中国矿业大学环境与测绘学院、山东科技大学地球信息科学与工程学院、长安大学地质工程与测绘工程学院、解放军信息工程大学测绘学院、大连海军舰艇学院海测系、同济大学测量与国土信息工程系、黑龙江工程学院测量系等。

我们受教学指导委员会的委托，本着拓宽专业口径，着重加强本课程的基本概念、基础理论、基本知识和基本技能的原则，在原《测量平差基础》(第三版)的基础上，修订编写了本教材。

《测量平差基础》为原武汉测绘科技大学(现武汉大学)测量平差教研室教师集体编著的教材，于1978年6月出版。1983年6月出版第二版(即增订本)。1996年5月出版第三版，至今已发行了12万余册。已成为许多院校测绘专业课程的教材，其质量已得到社会上的承认。

虽然《误差理论与测量平差基础》与《测量平差基础》属于同一性质的课程，教学大纲的基本内容也相差不多，但考虑到新专业目录中测绘工程专业与旧专业目录中相应的细分专业的差异，培养模式和课程设置的不同，仍需对该教材的内容从基础化和综合化的角度进行修订。尽管如此，本书仍可认为是原书《测量平差基础》的第四版。它反映了我校测量平差教师30余年来在该课程教学和科研中的集体成果，同时也反映了兄弟院校同行们的改革意见、教学方法和经验。

本教材的主要教学内容和教学体系与原教材基本一致，即本课程仍是主要讲授误差理论的基本知识和基于偶然误差的测量平差法的基础理论和方法。本书与原书相比，主要有以下两个特点：

1. 加强了误差理论基础知识，以适应现代测绘技术数据处理的需要。例如，加强了误差分布及数字特征的论述，对误差的精度、准确度、精确度和不确定度等基本概念作了详细的阐述；又如，原教材基本未涉及处理系统误差问题，但在现代测量数据处理中，这是一个不能忽视的问题，因此在本教材中，加强了系统误差的基本理论，包括系统误差的传播、统计检验和系统误差的估计等内容。

2. 拓展测量平差基本方法的应用面。原书授课对象主要是大地测量和工程测量的本科专业，测量平差基本方法主要应用于常规测量控制网。而现在，由于现代测量技术的发展，测绘工程涵盖专业的增加，使得平差理论的应用更加广泛。在编写本书的过程中，我们充分注意到这一点，力求范例的多样性和实用性，以利于达到培养宽口径人才的要求。

此外，本书在加强理论联系实际，突出基本理论和基本概念，删去不必要和陈旧的教学内容等方面都作了一定的努力。

本书由陶本藻教授、邱卫宁教授、黄加纳教授、孙海燕教授共同编写完成。孙海燕编写第二章、第三章；黄加纳编写第五章、第六章、第九章，其中第九章“概括平差函数模型”在第三版中是由於宗俦教授编写的，是於宗俦教授的科研成果，本书基本保持不变，仅做了统一整理；邱卫宁编写第七章、第八章；陶本藻编写第一章、第四章、第十章、第十一章、第十二章。全书最后由陶本藻教授统一修改定稿。姚宜斌博士为本书提供了部分算例。

本书是在高等学校测绘学科教学指导委员会组织和指导下编写的，得到了兄弟院校同行们的大力支持，在此表示深切的谢意。

本书的编写得到了武汉大学教务部的大力支持，并提供教材建设专项基金资助。测绘学院的领导对本书的编写也极为重视和关心。这些都保证了本书编写工作的顺利进行。

由于武汉大学出版社的大力支持和积极工作，在很短的时间内完成了本书的出版，保证了教学的需要，我们深表感谢。

我们恳切希望使用本教材的教师和广大读者对本书提出宝贵意见。

武汉大学测绘学院

测 量 平 差 学 科 组

2002 年 8 月

目　录

第 1 章　绪　　论

测量数据或观测数据是指用一定的仪器、工具、传感器或其他手段获取的反映地球与其他实体的空间分布有关信息的数据。测量和观测是同义词，常交替使用。观测数据可以是直接测量的结果，也可以是经过某种变换后的结果。任何观测数据总是包含信息和干扰两部分，采集数据就是为了获取有用的信息，干扰也称为误差，是除了信息以外的部分，要设法予以排除或减弱其影响。本章说明观测数据的误差来源和分类，以及测量平差所研究的内容，最后介绍本课程的任务和内容。

1.1　观测误差

当对某个量进行重复观测时就会发现，这些观测值之间往往存在一些差异。例如观测一个平面三角形的三个内角，就会发现其实际观测值之和不等于 180°。这种在同一个量的各观测值之间，或在各观测值与其理论上的应有值之间存在差异的现象，在测量工作中是普遍存在的。为什么会产生这种差异呢？这是由于观测值中包含有观测误差的缘故。

1.1.1　误差来源

观测误差产生的原因有很多，概括起来有以下三个方面：

1. 测量仪器

所谓测量仪器，是指采集数据所采用的任何工具和手段。由于每一种仪器只具有一定限度的准确度，由此观测所得的数据必然带有误差。例如，在用只刻有厘米分划的普通水准尺进行水准测量时，就难以保证在估读厘米以下的尾数时正确无误。同时，仪器本身也有一定的误差，如水准仪的视准轴不平行于水准轴等。此外，在地图数字化中采用的数字化仪或扫描仪，采集数据时使用的自动化精密仪器如全站仪、GPS 接收机等也都存在仪器误差。

2. 观测者

由于观测者的感觉器官的鉴别能力有一定的局限性，所以在仪器的操作过程中也会产生误差。同时，观测者的技术水平和工作态度，也是对观测数据质量有直接影响的重要因素。

3. 外界条件

测量时所处的外界条件，如温度、湿度、风力、大气折光等因素和变化都会对观测数据直接产生影响。特别是高精度测量，更要重视外界条件产生的观测误差。例如，GPS接收机所接收的是来自2万千米高空的卫星信号，经过电离层、大气层都会发生信号延迟而产生误差等。

上述测量仪器、观测者、外界条件三方面的因素是误差的主要来源，因此，我们把这三方面的因素综合起来，称为观测条件。不难想象，观测条件的好坏与观测成果的质量有着密切的联系。当观测条件好一些时，观测中所产生的误差平均说来就可能相应地小一些，进而观测成果的质量就会高一些；反之，观测条件差一些时，观测成果的质量就会低一些。如果观测条件相同，观测成果的质量也就可以说是相同的。所以说，观测成果的质量高低也就客观地反映了观测条件的优劣。

但是，不管观测条件如何，在整个观测过程中，由于受到上述种种因素的影响，观测的结果就会产生这样或那样的误差。从这一意义上来说，在测量中产生误差是不可避免的。当然，在客观条件允许的限度内，测量工作者可以而且必须确保观测成果具有较高的质量。

1.1.2　观测误差分类

根据观测误差对测量结果的影响性质，可分为偶然误差、系统误差和粗差三类。

1. 偶然误差

在相同的观测条件下作一系列的观测，如果误差在大小和符号上都表现出偶然性，即从单个误差看，该列误差的大小和符号没有规律性，但就大量误差的总体而言，具有一定的统计规律，这种误差称为偶然误差。

例如，仪器没有严格照准目标，估读水准尺上毫米数不准，测量时气候变化对观测数据产生微小变化等都属于偶然误差。此外，如果观测数据的误差是许多微小偶然误差项的总和，则其总和也是偶然误差。例如观测误差可能是照准误差、读数误差、外界条件变化和仪器本身不完善等多项误差的综合影响结果，因此，测角误差实际上是许许多多微小误差项的总和。而每项微小误差又随着偶然因素影响的不断变化，其数值忽大忽小，其符号或正或负，这样，由它们所构成的总和，就其个体而言，无论是数值的大小或符号的正负都是不能事先预知的。这是观测数据中存在偶然误差最普遍的情况。

根据概率统计理论可知，如果各个误差项对其总和的影响都是均匀地小，那么它们的总和将是服从或近似地服从正态分布的随机变量。因此，偶然误差就其总体而言，都具有一定的统计规律性，故通常又把偶然误差称为随机误差。

2. 系统误差

在相同的观测条件下作一系列的观测，如果误差在大小、符号上表现出系统性，或者在观测过程中按一定的规律变化，或者为某一常数，那么，这种误差就称为系统误差。

例如，用具有某一尺长误差的钢尺量距时，由尺长误差所引起的距离误差与所测距离的长度成正比地增加，距离愈长，所积累的误差也愈大，这种误差属于系统误差。每一把钢尺的尺长误差是一个常数，这种系统误差称为常系差。而对于全长的影响，则为线性项误差，设一把钢尺的尺长误差为 ε，全长为 m 钢尺长，则线性项误差为 $m\varepsilon$。又如，在定点垂直形变测量中，在两固定点间每天重复进行水准测量，就会发现由于温度等外界因素变化而产生以年为周期的周期性误差，这种具有线性项、周期性现象等有规律的系统误差是一种规律性系统误差。还有的系统误差源对其中部分观测呈规律性影响，而对不同观测群的影响其符号又可正可负，呈现出随机性，从总体上看，这种系统误差属于随机性系统误差，在测量中称为半系统误差。此外，在测量实际中还存在着原因不明的系统误差。

系统误差与偶然误差在观测过程中总是同时产生的，当观测中有显著的系统误差时，偶然误差就处于次要地位，观测误差就呈现出系统的性质；反之，则呈现出偶然的性质。

系统误差对于观测结果的影响一般具有累积的作用，它对成果质量的影响也特别显著。在实际工作中，应该采用各种方法来消除或减弱其影响，达到实际上可以忽略不计的程度。所谓忽略不计的程度，是指残余的系统误差小于或至多等于偶然误差的量级。一种方法是通过合理的操作程序，例如，进行水准测量时，使前后视距相等，以消除由于视准轴不平行于水准轴对观测高差所引起的系统误差；另一种方法是进行公式改正，例如，对量距用的钢尺预先检定，求出尺长误差大小，对所量的距离进行改正，减弱尺长系统误差对所量距离的影响等。

如果观测列中已经排除了系统误差的影响，或者与偶然误差相比已处于次要地位，则该观测列就可认为是带有偶然误差的观测列。

但是，在不少测量实际问题中，系统误差的存在及其对观测结果的影响并不能用上述简单的方法予以排除，而要在数据处理中设法予以消除或减弱其影响。

3. 粗差

粗差即粗大误差，是指比在正常观测条件下所可能出现的最大误差还要大的误差，通俗地说，粗差要比偶然误差大上好几倍。例如观测时大数读错，计算机输入数据错误，航测相片判读错误，控制网起始数据错误等。这是一种人为的错误，在一定程度上可以避免。但在使用现今的高新测量技术如全球导航卫星系统（GNSS）、地理信息系统（GIS）、遥感（RS）以及其他高精度的自动化数据采集中，经常是粗差混入信息之中，识别粗差源并不是用简单的方法就可以实现，需要通过数据处理方法进行识别和消除其影响。

1.2　测量平差学科的研究对象

由于观测结果不可避免地存在着误差，因此，如何处理带有误差的观测值，找出待求量（以下称未知量）的最佳估值，在测绘学中是测量平差学科所研究的内容。

在测绘工程和其他工程领域中，只带有偶然误差的观测列占大多数，是比较普遍的情形，它是测量平差学科研究的基础内容，也是应用最广和理论研究中最重要的基础部分。一般认为属于经典测量平差范畴。

为了测定一条边长，如果仅丈量一次就可得出其长度，其误差不得而知，也不存在数据处理问题。但可以对该边丈量 n 次，得到 n 个观测边长，取其平均值为该边长的最后长度。此时偶然误差影响得到消除或减弱，既提高了边长的精度，又可检核观测值是否有错误存在，这就是多测 $n-1$ 次所得到的效益。取平均值就是一种带有偶然误差观测列的数据处理方法。多测的 $n-1$ 次，称为多余观测，用 r 表示，即 $r=n-1$ 次，多余观测数就是多于未知量的观测数。在测量工程中，为了提高成果质量和检查发现错误常作多余观测。进行了多余观测，由于每个观测值带有偶然误差，就会产生一定的问题，如确定一个平面三角形的形状，只要测定其中两个内角就够了，现观测三个内角，三个内角观测值之和就不会等于 180°，产生了闭合差或不符值。如何处理由于多余观测引起的观测值之间的不符值或闭合差，求出未知量的最佳估值并评定结果的精度是测量平差的基本任务。

由于上述的闭合差来自观测的偶然误差，因此必须研究偶然误差概率统计理论，包括偶然误差的分布、评定精度的指标、误差的传播规律、误差检验和误差分析等。

偶然误差是不可避免的，如果观测中还包含有系统误差或粗差或者两种误差兼而有之，这种数据处理就有一定的难度，这些被认为属于近代测量平差范畴。在设法消除或减弱系统误差或粗差影响条件下，其基本任务仍是求定未知量的最佳估值和评定其精度。

测量平差理论和方法是测绘学科中测量数据处理和质量控制方面重要的组成部分，并在现代 GNSS、GIS、RS 及其集成的高新测量技术以及高精度自动化数字化数据采集和处理中得到广泛的应用。

综上所述，测量平差即是测量数据调整的意思。其基本的定义是，依据某种最优化准则，由一系列带有观测误差的测量数据，求定未知量的最佳估值及精度的理论和方法。“测量平差”是测绘学中一个专有名词，而且是一个有悠久历史的名词。从其基本定义可以看出，其理论和方法对于其他任何学科，只要是处理带有误差的观测数据均可适用，可见测量平差的应用十分广泛。

1.3　测量平差的简史和发展

测量平差与其他学科一样，是由于生产的需要而产生的，并在生产实践的过程中，随着科学技术的进步而发展。18 世纪末，在测量学、天文测量学等实践中提出了如何消除由于观测误差引起的观测量之间矛盾的问题，即如何从带有误差的观测值中找出未知量的最佳估值。1794 年，年仅 17 岁的高斯(C. F. Gauss)首先提出了解决这个问题的方法——最小二乘法。他是根据偶然误差的四个特性，并以算术平均值为待求量的最或然值作为公理，导出了偶然误差的概率分布，给出了在最小二乘原理下未知量最或然值的计算方法。当时高斯的这一理论并没有正式发表。19 世纪初(1801 年)，意大利天文学家对刚发现的谷神星运行轨道的一段弧长作一系列的观测，后来因故中止了，这就需要根据这些带有误差的观测结果求出该星运行的实际轨道。高斯用自己提出的最小二乘法解决了这个当时很大的难题，对谷神星运行轨道进行了预报，使天文学家及时又找到了这颗彗星。1809 年，高斯才在《天体运动的理论》一文中正式发表了他的方法。在此之前，1806 年，勒戎德乐(A. M. Legendre)发表了《决定彗星轨道方法》一文，从代数观点也独立地提出了最小二乘法，并定名为最小二乘法，所以后人称它为高斯-勒戎德乐方法。

自 19 世纪初到 20 世纪 50—60 年代的一百多年来，测量平差学者在基于偶然误差的依最小二乘准则的平差方法上作了许多研究，提出了一系列解决各类测量问题的平差方法(经典测量平差)，针对这一时期的计算工具的情况，还提出了许多分组解算线性方程组的方法，达到简化计算的目的。

自 20 世纪 50—60 年代开始，随着计算技术的进步，以及为满足生产实践中高精度的需要，测量平差得到了很大发展，主要表现在以下几个方面：

(1)从单纯研究观测的偶然误差理论扩展到包含系统误差和粗差，在偶然误差理论的基础上，对误差理论及其相应的测量平差理论和方法进行全方位研究，大大地扩充了测量平差学科的研究领域和范围。

(2)1947 年，铁斯特拉(T. M. Tienstra)提出了相关观测值的平差理论，限于当时的计算条件，直到 20 世纪 70 年代以后才被广泛应用。相关平差的出现，使观测值的概念广义化了，将经典的最小二乘平差法推向更广泛的应用领域。

(3)经典的最小二乘法平差，所选平差参数(未知量)假设是非随机变量。随着测量技术的进步，需要解决观测量和平差参数均为随机变量的平差问题，20 世纪 60 年代末提出并经 70 年代的发展，产生了顾及随机参数的最小二乘平差方法。它起源于最小二乘内插和外推重力异常的平差问题，由莫里茨(H. Moritz)、克拉鲁普(T. Krarup)提出，取名为最小二乘滤波，推估和配置，也称为拟合推估法。

(4)经典的最小二乘平差法是一种满秩平差问题，即平差时的法方程组是满秩的，方程组有唯一解。20 世纪 60 年代，迈塞尔(P. Meissl)提出了针对非满秩平差问题的内制约平差原理，后经 70—80 年代多位国内外学者的深入研究，现已形成了一整套秩亏自由网平差的理论体系和多种解法，并广泛应用于测量实践。

(5)随着微波测距技术在测量中的应用，经典平差中的定权理论和方法也有所革新。许多学者致力于将经典的先验定权方法改进为后验定权方法的研究。在 20 世纪 80 年代，方差-协方差估计理论已经形成，所提解法之多，发表论文之多是其他课题所不及的。

(6)经典平差是假定观测向量包含随机误差，而在现代测量数据处理中经常是观测向量和系数矩阵同时存在误差。针对这类模型，结合测量数据实践，发展了整体最小二乘法理论和方法。

(7)观测中既然包含系统误差，那么系统误差特性、传播、检验、分析的理论研究自然展开，相应的平差方法也就产生，例如附有系统参数的平差法、半参数估计和非参数估计等。为了检验系统误差的存在和影响，引进了数理统计学中的假设检验方法，结合平差对象和特点，测量领域的学者们发展了统计假设检验理论，提出了与平差同时进行的有效的检验方法。

(8)观测中有可能包含粗差，相应的误差理论也得到发展。其中最著名的是20世纪60年代后期荷兰巴尔达(W. Baarda)教授提出的测量系统的数据探测法和可靠性理论，为粗差的理论研究和实用检验方法奠定了基础。到目前为止，已经形成了粗差定位、估计和假设检验等理论体系。处理粗差问题，一种途径是进行数据探测，对粗差定位和消除；另一种途径是放弃最小二乘法，提出了在数学中称为稳健估计的方法，或称抗差估计。稳健估计理论研究和测量平差中的应用还在深入中。

(9)在测量数据处理中，可根据先验知识建立对参数的某种约束，如果所建立的约束是不等式形式，则形成了具有不等式约束的平差模型。附不等式约束平差问题可考虑将约束平差问题转化为最小距离问题，采用非线性规划的方法来求解；或者将不等式约束转换成对参数的一种先验知识，然后以贝叶斯统计推断理论为基础获得参数的验后分布。

(10)大地测量数据处理所涉及的误差模型一般为非线性模型。针对非线性模型的参数估计，经典最小二乘参数平差是将非线性的函数模型在参数的概略值处按泰勒级数展开，忽略高次项使其线性化，然后按线性最小二乘法求解，其实质是用一个线性最小二乘问题来逼近原非线性最小二乘问题。这种处理方法的前提是参数的概略值应充分接近参数的平差值，否则线性化过程中将存在模型误差，难以保证平差结果的正确性。为避开精确计算参数概略值的难题，同时又避免线性化过程中的模型误差，应直接采用非线性最小二乘参数平差方法求解，由此发展了高斯-牛顿法、阻尼最小二乘法和最小二乘拟牛顿法等非线性模型估计方法。

总之，自20世纪70年代以来，特别是近20多年来，测量平差与误差理论得到了充分发展。这些研究成果在常规测量技术中的应用已经相当普遍，但相应于不断出现和发展的测绘新技术，如何应用已有的方法以及研究提出新的平差理论和方法来适应现代数据处理的需要是一个值得研究的问题。

1.4 本课程的任务和内容

测量平差基础，顾名思义是测量平差学科的理论基础。本课程主要讲述测量平差的基本理论和基本方法，数据处理的对象是带有偶然误差的观测列以及相应的误差理论基础知识。

教学目的是使学生掌握误差理论与经典测量平差基本原理，为进一步学习和研究近代误差理论和测量平差打好基础；学会经典测量平差的各种方法，使学生能独立地解决测绘工程中经常遇到的测量平差实际问题。

本课程主要讨论带有偶然误差的观测值平差处理问题，其内容为：

(1)偶然误差理论。包含偶然误差特性和偶然误差的传播；精度指标及其估计；权与中误差的定义及其估计方法。

(2)测量平差的函数模型和随机模型的概念和建立，最小二乘原理及方法。

(3)测量平差的基础方法。包含条件平差法、间接平差法、附有未知参数的条件平差法和附有限制条件的间接平差法。按最小二乘原理导出平差计算和精度评定的公式，指出其应用。各种平差方法的概括和联系。

(4)测量平差中必要的统计假设检验方法。

最后简要地介绍一些近代测量平差理论和方法，以便与后续有关测量平差课程相连接，为进一步学习和研究这种理论和方法打下基础。

第 2 章　误差分布与精度指标

测量平差的基本任务是处理一系列带有偶然误差的观测值，求出未知量的最佳估值，并评定测量成果的精度。解决这两个问题的基础，是要研究观测误差的理论，简称误差理论。偶然误差是一种随机变量，带有偶然误差的观测量当然也是随机变量。偶然误差就其总体来说具有一定的统计规律，本章从阐明其统计规律性着手，引出测量中常用的精度含义，定义评定观测精度的指标。

衡量精度的指标有多种，本章着重介绍最主要的指标，即方差和中误差，给出衡量观测向量的精度指标方差-协方差阵，说明当观测值同时含有系统误差和偶然误差时，其精确度的指标是均方误差，最后给出测量不确定度的定义及其基本概念。

概率论中随机变量的数字特征和正态分布是误差理论与测量平差基础中的基本统计理论，为此本章先作扼要的介绍。

2.1　随机变量的数字特征

2.1.1　数学期望

随机变量 X 的数学期望定义为随机变量取值的概率平均值，记作 $E(X)$。

如果 X 是离散型随机变量，其可能取值为 $x_i(i=1, 2, \cdots, n)$，且 $X=x_i$ 的概率 $P(X=x_i)=p_i$，且 $\sum_{i=1}^{n} p_i = 1$，则

$$E(X) = \sum_{i=1}^{n} x_i p_i \tag{2-1-1}$$

如果 X 是连续型随机变量，其分布密度为 $f(x)$，则

$$E(X) = \int_{-\infty}^{+\infty} x f(x)\,\mathrm{d}x \tag{2-1-2}$$

数学期望有如下性质，即运算规则为：

(1)设 C 为一常数，则

$$E(C) = C \tag{2-1-3}$$

这一性质是很明显的，即任意常数的概率平均值仍为该常数本身。

(2)设 C 为一常数，X 为一随机变量，则

$$E(CX) = CE(X) \tag{2-1-4}$$

因为

$$E(CX) = \int_{-\infty}^{+\infty} Cxf(x)\,\mathrm{d}x = C\int_{-\infty}^{+\infty} xf(x)\,\mathrm{d}x = CE(X)$$

(3)设有随机变量 X 和 Y，则

$$E(X+Y)=E(X)+E(Y) \tag{2-1-5}$$

因为

$$\begin{aligned} E(X+Y) &= \int_{-\infty}^{+\infty}\int_{-\infty}^{+\infty}(x+y)f(x,\ y)\,\mathrm{d}x\mathrm{d}y \\ &= \int_{-\infty}^{+\infty} x\left[\int_{-\infty}^{+\infty} f(x,\ y)\,\mathrm{d}y\right]\mathrm{d}x + \int_{-\infty}^{+\infty} y\left[\int_{-\infty}^{+\infty} f(x,\ y)\,\mathrm{d}x\right]\mathrm{d}y \\ &= \int_{-\infty}^{+\infty} xf_1(x)\,\mathrm{d}x + \int_{-\infty}^{+\infty} yf_2(y)\,\mathrm{d}y \\ &= E(X) + E(Y) \end{aligned}$$

式中，$f_1(x)=\int_{-\infty}^{+\infty} f(x,\ y)\,\mathrm{d}y$，$f_2(y)=\int_{-\infty}^{+\infty} f(x,\ y)\,\mathrm{d}x$ 分别为 X 和 Y 的边界分布密度，不论 X、Y 是否相互独立，上式均成立。推广之，则有

$$E(X_1 + X_2 + \cdots + X_n) = E(X_1) + E(X_2) + \cdots + E(X_n) \tag{2-1-6}$$

(4) 若随机变量 X、Y 相互独立，则

$$E(XY) = E(X)E(Y) \tag{2-1-7}$$

因为当 X、Y 相互独立时，$f(x,\ y) = f_1(x)f_2(y)$，故有

$$E(XY) = \int_{-\infty}^{+\infty}\int_{-\infty}^{+\infty} xyf(x,\ y)\,\mathrm{d}x\mathrm{d}y = \int_{-\infty}^{+\infty} xf_1(x)\,\mathrm{d}x\int_{-\infty}^{+\infty} yf_2(y)\,\mathrm{d}y = E(X)E(Y)$$

推广之，如有随机变量 X_1，X_2，…，X_n 两两相互独立，则有

$$E(X_1\quad X_2\quad \cdots\quad X_n) = E(X_1)E(X_2)\cdots E(X_n) \tag{2-1-8}$$

以上数学期望运算规则也称为数学期望传播律，在以后的公式推导中常要用到。

2.1.2 方差

随机变量 X 的方差记作 $D(X)$，其定义为

$$D(X) = E[X - E(X)]^2 \tag{2-1-9}$$

式中，$E(X)$ 为 X 的数学期望。

如果 X 是离散型随机变量，其可能取值为 $x_i(i=1,\ 2,\ \cdots)$，且 $X=x_i$ 的概率 $P(X=x_i)=p_i$，则

$$D(X) = \sum_{i=1}^{\infty}[x_i - E(X)]^2 p_i \tag{2-1-10}$$

如果 X 是连续型随机变量，其分布密度为 $f(x)$，则

$$D(X) = \int_{-\infty}^{+\infty}[x - E(X)]^2 f(x)\,\mathrm{d}x \tag{2-1-11}$$

方差的运算有如下性质：

(1)设 C 为一常数

$$D(C) = 0 \tag{2-1-12}$$

此性质可由方差定义式(2-1-9)直接得出。

(2)设 C 为一常数，X 是随机变量，则

$$D(CX)=C^2D(X) \tag{2-1-13}$$

这是因为

$$D(CX)=E[CX-E(CX)]^2=C^2E[X-E(X)]^2=C^2D(X)$$

(3)$D(X)=E(X^2)-[E(X)]^2$　(2-1-14)

这是因为

$$D(X)=E[X-E(X)]^2=E[X^2-2XE(X)+E^2(X)]$$
$$=E(X^2)-2E(X)E(X)+E^2(X)=E(X^2)-E^2(X)$$

(4)若随机变量 X 和 Y 相互独立，则

$$D(X+Y)=D(X)+D(Y) \tag{2-1-15}$$

这是因为

$$\begin{aligned} D(X+Y)&=E[X+Y-E(X+Y)]^2\\ &=E\{[X-E(X)]+[Y-E(Y)]\}^2\\ &=D(X)+2\sigma_{XY}+D(Y)\end{aligned} \tag{2-1-16}$$

式中，$\sigma_{XY}=E[X-E(X)][Y-E(Y)]$由下面的式(2-1-18)定义，当 X 和 Y 相互独立时，$\sigma_{XY}=0$，故式(2-1-15)成立。

推广之，若有随机变量 X_1，X_2，…，X_n，两两互相独立，则有

$$D(X_1+X_2+\cdots+X_n)=D(X_1)+D(X_2)+\cdots+D(X_n) \tag{2-1-17}$$

2.1.3　协方差

协方差是描述两随机变量 X、Y 的相关程度，记作 σ_{XY}，定义为

$$\sigma_{XY}=E\{[X-E(X)][Y-E(Y)]\} \tag{2-1-18}$$

当 X 和 Y 的协方差 $\sigma_{XY}=0$ 时，表示这两个随机变量互不相关，如果 $\sigma_{XY}\neq 0$，则表示它们是相关的。

2.1.4　相关系数

两随机变量 X、Y 的相关性还可用相关系数来描述，相关系数定义为

$$\rho=\frac{\sigma_{XY}}{\sqrt{D(X)}\sqrt{D(Y)}}=\frac{\sigma_{XY}}{\sigma_X\sigma_Y} \tag{2-1-19}$$

式中，$\sqrt{D(X)}=\sigma_X$，$\sqrt{D(Y)}=\sigma_Y$分别称为随机变量 X 和 Y 的标准差。相关系数具有如下性质：

$$-1\leqslant\rho\leqslant 1$$

2.2　正态分布

无论是在理论上还是在实用上，正态分布都是一种很重要的分布，这是因为：

(1)设有相互独立的随机变量X_1，X_2，…，X_n，其总和为$X=\sum_1^n X_i$，无论这些随机变量原来是服从什么分布，也无论它们是同分布或不同分布，只要它们具有有限的数学期望和方差，且其中每一个随机变量对其总和X的影响都是均匀的小，也就是说，没有一个比其他的变量占有绝对优势，那么，其总和X将是服从或近似服从正态分布的随机变量。

当我们对某个量进行观测时，总是不可避免地会受到许多偶然因素的影响，其中每一个因素都引起基本误差项，而总的测量误差Δ则是这一系列个别因素引起的基本误差项δ_1，δ_2，…之和，即$\Delta=\delta_1+\delta_2+\cdots=\sum_i \delta_i$，如果每一个$\delta$对其总和$\Delta$的影响都是均匀的小，那么，其总和$\Delta$(即测量误差)就是服从正态分布的随机变量。

(2)有许多种分布，例如在后面章节中要提到的t分布，χ^2分布等，当$n\to\infty$时，它们多趋近于正态分布，或者说，许多种分布都是以正态分布为其极限分布的。

由此可见，正态分布是一种最常见的概率分布，是处理观测数据的基础，所以在这门课程中占有重要的地位。

2.2.1　一维正态分布

服从正态分布的一维随机变量X的概率密度为

$$f(x)=\frac{1}{\sqrt{2\pi}\,\sigma}\mathrm{e}^{-\frac{(x-\mu)^2}{2\sigma^2}}\quad(-\infty<x<+\infty)$$

式中，μ和σ是分布密度的两个参数。为了方便书写，上式经常被写成如下形式

$$f(x)=\frac{1}{\sqrt{2\pi}\,\sigma}\exp\left\{-\frac{1}{2\sigma^2}(x-\mu)^2\right\}\tag{2-2-1}$$

正态分布也称为高斯分布。对随机变量X服从参数为μ、σ的正态分布，以后将简记为$X\sim N(\mu,\sigma^2)$。

现在求正态随机变量X的数学期望$E(X)$：

$$E(X)=\int_{-\infty}^{+\infty}xf(x)\,\mathrm{d}x=\int_{-\infty}^{+\infty}x\frac{1}{\sqrt{2\pi}\,\sigma}\mathrm{e}^{-\frac{1}{2\sigma^2}(x-\mu)^2}\mathrm{d}x$$

作变量代换，令$t=\dfrac{x-\mu}{\sigma}$，得

$$\begin{aligned}E(X)&=\frac{1}{\sqrt{2\pi}}\int_{-\infty}^{+\infty}(\sigma t+\mu)\mathrm{e}^{-\frac{1}{2}t^2}\mathrm{d}t\\&=\frac{\sigma}{\sqrt{2\pi}}\int_{-\infty}^{+\infty}t\mathrm{e}^{-\frac{1}{2}t^2}\mathrm{d}t+\frac{\mu}{\sqrt{2\pi}}\int_{-\infty}^{+\infty}\mathrm{e}^{-\frac{1}{2}t^2}\mathrm{d}t\end{aligned}\tag{2-2-2}$$

因

$$\int_{-\infty}^{+\infty}t\mathrm{e}^{-\frac{1}{2}t^2}\mathrm{d}t=0,\quad\int_{-\infty}^{+\infty}\mathrm{e}^{-\frac{1}{2}t^2}\mathrm{d}t=\sqrt{2\pi}$$

故

$$E(X)=\frac{\mu}{\sqrt{2\pi}}\sqrt{2\pi}=\mu \tag{2-2-3}$$

再求 X 的方差 $D(X)$：

$$D(X)=\int_{-\infty}^{+\infty}(x-E(X))^2 f(x)\mathrm{d}x=\frac{1}{\sqrt{2\pi}\sigma}\int_{-\infty}^{+\infty}(x-\mu)^2\mathrm{e}^{-\frac{1}{2\sigma^2}(x-\mu)^2}\mathrm{d}x$$

作变量代换，令 $t=\dfrac{x-\mu}{\sigma}$，得

$$D(X)=\frac{\sigma^2}{\sqrt{2\pi}}\int_{-\infty}^{+\infty}t^2\mathrm{e}^{-\frac{1}{2}t^2}\mathrm{d}t=\frac{\sigma^2}{\sqrt{2\pi}}\left(-t\mathrm{e}^{-\frac{1}{2}t^2}\Big|_{-\infty}^{+\infty}+\int_{-\infty}^{+\infty}\mathrm{e}^{-\frac{1}{2}t^2}\mathrm{d}t\right)$$

$$=\frac{\sigma^2}{\sqrt{2\pi}}\sqrt{2\pi}=\sigma^2 \tag{2-2-4}$$

由此可见，正态分布密度中的参数 μ 就是 X 的数学期望，而 σ^2 就是它的方差。换言之，对于正态分布而言，这些参数不是别的，而恰好就是随机变量的两个主要数字特征。因此，如果我们已经知道了某一随机变量服从正态分布，则由数字特征就可决定它的分布律，由此更说明了数字特征的重要性。

正态随机变量 X 出现在给定区间$(\mu-k\sigma,\ \mu+k\sigma)$内的概率($k$ 为正数)为

$$P(\mu-k\sigma<X<\mu+k\sigma)=\int_{\mu-k\sigma}^{\mu+k\sigma}f(x)\mathrm{d}x=\frac{1}{\sqrt{2\pi}\sigma}\int_{\mu-k\sigma}^{\mu+k\sigma}\exp\left\{-\frac{1}{2\sigma^2}(x-\mu)^2\right\}\mathrm{d}x$$

令 $t=\dfrac{x-\mu}{\sigma}$，则有

$$P(\mu-k\sigma<X<\mu+k\sigma)=\frac{1}{\sqrt{2\pi}\sigma}\int_{-k}^{k}\mathrm{e}^{-\frac{t^2}{2}}\mathrm{d}t=2\int_{0}^{k}\frac{1}{\sqrt{2\pi}\sigma}\mathrm{e}^{-\frac{t^2}{2}}\mathrm{d}t$$

由上式可得

$$\begin{cases}P(\mu-\sigma<X<\mu+\sigma)\approx 68.3\%\\ P(\mu-2\sigma<X<\mu+2\sigma)\approx 95.5\%\\ P(\mu-3\sigma<X<\mu+3\sigma)\approx 99.7\%\end{cases} \tag{2-2-5}$$

2.2.2　*n* 维正态分布

设随机向量 $\boldsymbol{X}=(X_1,\ X_2,\ \cdots,\ X_n)^{\mathrm{T}}$，若 X 服从正态分布，则 $\boldsymbol{X}$ 为 n 维正态随机向量。

n 维正态随机向量 $\underset{n1}{\boldsymbol{X}}$ 的联合概率密度为：

$$f(x_1,\ x_2,\ \cdots,\ x_n)=\frac{1}{(2\pi)^{\frac{n}{2}}|D_{XX}|^{\frac{1}{2}}}\exp\left\{-\frac{1}{2}(x-\mu_X)^{\mathrm{T}}D_{XX}^{-1}(x-\mu_X)\right\} \tag{2-2-6}$$

式中，随机向量 $\boldsymbol{X}$ 的数学期望 $\boldsymbol{\mu}_X$ 和方差阵 $\boldsymbol{D}_{XX}$ 为：

$$\underset{n1}{\boldsymbol{\mu}_X} = \begin{bmatrix} \mu_1 \\ \mu_2 \\ \vdots \\ \mu_n \end{bmatrix} = \begin{bmatrix} E(X_1) \\ E(X_2) \\ \vdots \\ E(X_n) \end{bmatrix} \tag{2-2-7}$$

$$\underset{nn}{\boldsymbol{D}_{XX}} = \begin{bmatrix} \sigma_{X_1}^2 & \sigma_{X_1X_2} & \cdots & \sigma_{X_1X_n} \\ \sigma_{X_2X_1} & \sigma_{X_2}^2 & \cdots & \sigma_{X_2X_n} \\ \vdots & \vdots & & \vdots \\ \sigma_{X_nX_1} & \sigma_{X_nX_2} & \cdots & \sigma_{X_n}^2 \end{bmatrix} \tag{2-2-8}$$

数学期望$\boldsymbol{\mu}_X$和方差阵$\boldsymbol{D}_{XX}$是n维正态分布的数字特征。

2.3　偶然误差的规律性

任何一个观测量，客观上总是存在着一个能代表其真正大小的数值，这一数值就称为该观测量的真值。从概率和数理统计的观点看，当观测量仅含有偶然误差时，其数学期望也就是它的真值。

设进行了n次观测，其观测值为L_1，L_2，…，L_n，假定观测量的真值为$\tilde{L}_1$，$\tilde{L}_2$，…，$\tilde{L}_n$，由于各观测值都带有一定的误差，因此，一般说来观测值L_i与其真值$\tilde{L}_i$或数学期望$E(L_i)$并不相同，设其差为

$$\Delta_i = \tilde{L}_i - L_i \tag{2-3-1}$$

式中，Δ_i称为真误差，有时简称为误差。若记

$$\underset{n1}{\boldsymbol{L}} = \begin{bmatrix} L_1 \\ L_2 \\ \vdots \\ L_n \end{bmatrix},\quad \underset{n1}{\tilde{\boldsymbol{L}}} = \begin{bmatrix} \tilde{L}_1 \\ \tilde{L}_2 \\ \vdots \\ \tilde{L}_n \end{bmatrix},\quad \underset{n1}{\boldsymbol{\Delta}} = \begin{bmatrix} \Delta_1 \\ \Delta_2 \\ \vdots \\ \Delta_n \end{bmatrix},$$

则有误差向量

$$\boldsymbol{\Delta} = \tilde{\boldsymbol{L}} - \boldsymbol{L} \tag{2-3-2}$$

如果以被观测量的数学期望

$$\boldsymbol{E}(L) = [E(L_1),\ E(L_2),\ \cdots,\ E(L_n)]^{\mathrm{T}}$$

表示其真值，则

$$\begin{cases} \boldsymbol{E}(L) = \tilde{\boldsymbol{L}} \\ \boldsymbol{\Delta} = \boldsymbol{E}(L) - \boldsymbol{L} \end{cases} \tag{2-3-3}$$

由于所要处理的观测值不包含系统误差，因此这里的Δ仅仅是指偶然误差。

在 1.1 节中已经指出，就单个偶然误差而言，其大小或符号没有规律性，即呈现出一种偶然性(或随机性)，但就其总体而言，却呈现出一定的统计规律性。在大部分情况下，这种统计规律性可以用正态分布来描述。人们从无数的测量实践中发现，在相同的观测条件下，大量偶然误差的分布也确实表现出了一定的统计规律性。下面通过实例来说明这种规律性。

在某测区，在相同的观测条件下，独立地观测了 358 个平面三角形的全部内角，由于观测值带有误差，故三个内角观测值之和不等于其理论真值(180°)，根据(2-3-1)式，各个三角形内角和的真误差可由下式计算：

$$\Delta_i = 180° - (\alpha_i + \beta_i + \gamma_i) \qquad (i = 1, 2, \cdots, 358)$$

式中，$(\alpha_i + \beta_i + \gamma_i)$ 表示各三角形内角和的观测值。现将误差出现的范围分为若干相等的小区间，每个区间的长度 $\mathrm{d}\Delta$ 为 0.20″。将这一组误差数值按大小排列，统计出现在各区间内误差的个数 v_i 以及“误差出现在某个区间内”这一事件的频率 v_i/n(此处 $n = 358$)，其结果列于表 2-1 中。

表 2-1　　**三角形闭合差出现在各误差区间内的个数**

误差的区间(″)	Δ 为负值			Δ 为正值			备注
	个数 v_i	频率 v_i/n	$\frac{v_i/n}{\mathrm{d}\Delta}$	个数 v_i	频率 v_i/n	$\frac{v_i/n}{\mathrm{d}\Delta}$	
0.00 ~ 0.20	45	0.126	0.630	46	0.128	0.640	$\mathrm{d}\Delta = 0.20''$；等于区间左端值的误差算入该区间内。
0.20 ~ 0.40	40	0.112	0.560	41	0.115	0.575	
0.40 ~ 0.60	33	0.092	0.460	33	0.092	0.460	
0.60 ~ 0.80	23	0.064	0.320	21	0.059	0.295	
0.80 ~ 1.00	17	0.047	0.235	16	0.045	0.225	
1.00 ~ 1.20	13	0.036	0.180	13	0.036	0.180	
1.20 ~ 1.40	6	0.017	0.085	5	0.014	0.070	
1.40 ~ 1.60	4	0.011	0.055	2	0.006	0.030	
1.60 以上	0	0	0	0	0	0	
$\sum$	181	0.505		177	0.495		

从表 2-1 中可以看出，误差的分布情况具有以下性质：① 误差的绝对值有一定的限值；② 绝对值较小的误差比绝对值较大的误差多；③ 绝对值相等的正负误差的个数相近。

为了便于以后对误差分布互相比较，下面对另一测区的 421 个三角形内角和的一组真误差按上述方法进行统计，其结果列于表 2-2 中。

表 2-2 中所列的 421 个真误差，尽管其观测条件不同于表 2-1 中的真误差，但从表中可以看出：愈接近于零的误差区间，误差出现的频率愈大，随着离零愈来愈远，误差出

现频率亦逐渐递减，且出现在正负误差区间内的频率基本上相等。因而，表 2-2 的误差分布情况与表 2-1 内误差分布的情况具有相同的性质。

表 2-2　　**三角形闭合差出现在各误差区间内的个数**

误差的区间 (″)	Δ 为负值			Δ 为正值			备注
	个数 v_i	频率 v_i/n	$\frac{v_i/n}{d\Delta}$	个数 v_i	频率 v_i/n	$\frac{v_i/n}{d\Delta}$	
0.00 ~ 0.20	40	0.095	0.475	37	0.088	0.440	$d\Delta = 0.20''$；等于区间左端值的误差算入该区间内
0.20 ~ 0.40	34	0.081	0.450	36	0.085	0.425	
0.40 ~ 0.60	31	0.074	0.370	29	0.069	0.345	
0.60 ~ 0.80	25	0.059	0.295	27	0.064	0.320	
0.80 ~ 1.00	20	0.048	0.240	18	0.043	0.215	
1.00 ~ 1.20	16	0.038	0.190	17	0.040	0.200	
1.20 ~ 1.40	14	0.033	0.165	13	0.031	0.155	
1.40 ~ 1.60	9	0.021	0.105	10	0.024	0.120	
1.60 ~ 1.80	7	0.017	0.085	8	0.019	0.095	
1.80 ~ 2.00	5	0.012	0.060	7	0.017	0.085	
2.00 ~ 2.20	6	0.014	0.070	4	0.009	0.045	
2.20 ~ 2.40	2	0.005	0.025	3	0.007	0.035	
2.40 ~ 2.60	1	0.002	0.010	2	0.005	0.025	
2.60 以上	0	0	0	0	0	0	
$\sum$	210	0.499		211	0.501		

误差分布的情况，除了采用上述误差分布表的形式描述外，还可以利用图形来表达。例如，以横坐标表示误差的大小，纵坐标代表各区间内误差出现的频率除以区间的间隔值，即$\frac{v_i/n}{d\Delta}$(此处间隔值均取为 $d\Delta = 0.20''$)。分别根据表 2-1 和表 2-2 中的数据绘制出图 2-1 和图 2-2。可见，此时图中每一误差区间上的长方条面积就代表误差出现在该区间内的频率。例如，图 2-1 中画有斜线的长方条面积，就是代表误差出现在 0.00″ ~ 0.20″ 区间内的频率0.126。通常称这样的图为直方图，它形象地表示了误差的分布情况。

由此可知，在相同观测条件下所得到的一组独立的观测误差，只要误差的总个数 n 足够大，那么出现在各区间内误差的频率就会稳定在某一常数(理论频率)附近，而且当观测个数愈多时，稳定的程度也就愈大。例如，就表 2-1 的一组误差而言，在观测条件不变的情况下，如果再继续观测更多的三角形，则可预见，随着观测的个数愈来愈

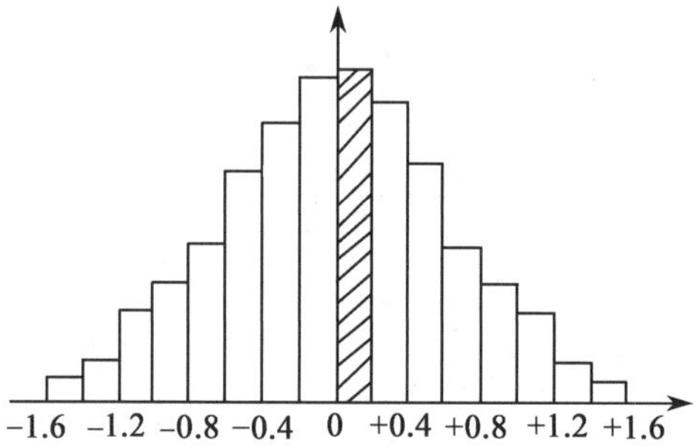

图 2-1　误差分布直方图

多，误差出现在各区间内的频率及其变动的幅度也就愈来愈小，当 $n \to \infty$ 时，各频率也就趋于一个完全确定的数值，这就是误差出现在各区间的概率。这就是说，在一定的观测条件下，对应着一种确定的误差分布。

在 $n \to \infty$ 的情况下，由于误差出现的频率已趋于完全稳定，如果此时把误差区间间隔无限缩小，则可想象到，图 2-1 及图 2-2 中各长方条顶边所形成的折线将分别变成如图 2-3 所示的两条光滑的曲线(Ⅰ)和(Ⅱ)。这种曲线也就是误差的概率分布曲线，或称为误差分布曲线。表 2-1、表 2-2 所列的偶然误差的频率分布，随着 n 的逐渐增大，以正态分布为其极限。通常也称偶然误差的频率分布为其经验分布，当 $n \to \infty$ 时，经验分布的极限称为误差的理论分布。误差的理论分布是多种多样的，但是根据概率论的中心极限定理，大多数测量误差服从正态分布，因而通常将正态分布看做偶然误差的理论分布。在以后的讨论中，都是以正态分布作为描述偶然误差分布的数学模型，这不仅可以带来工作上的便利，而且基本上也是符合实际情况的。

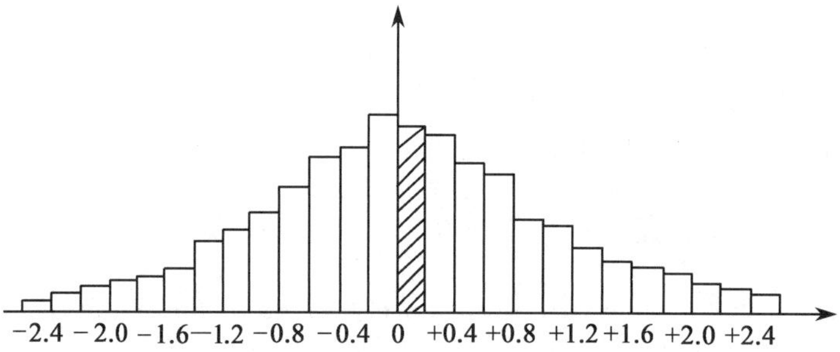

图 2-2　误差分布直方图

通过以上讨论，我们还可以进一步用概率的术语来概括偶然误差的几个特性：

(1) 在一定的观测条件下，误差的绝对值有一定的限值，或者说，超出一定限值的误差，其出现的概率为零；

(2) 绝对值较小的误差比绝对值较大的误差出现的概率大；

(3) 绝对值相等的正负误差出现的概率相同；

(4) 偶然误差的数学期望为零

$$E(\Delta)=0 \quad 或 \quad \lim_{n\to\infty}\frac{1}{n}\sum_{i=1}^{n}\Delta_i=0 \tag{2-3-4}$$

即偶然误差的理论平均值为零，这个特性可由第三特性导出。

对于一系列的观测而言，不论其观测条件是好是差，也不论是对同一个量还是对不同的量进行观测，只要这些观测是在相同的条件下独立进行的，则所产生的一组偶然误差必然都具有上述的四个特性。

图 2-1 和图 2-2 中各长方条的纵坐标为 $\frac{v_i/n}{\mathrm{d}\Delta}$，其面积即为误差出现在该区间内的频率。如果将这个问题提到理论上来讨论，则以理论分布取代经验分布(图 2-3)，此时，图 2-1 和图 2-2 中各长方条的纵坐标就是 Δ 的密度函数 $f(\Delta)$，而长方条的面积为 $f(\Delta)\mathrm{d}\Delta$，即代表误差出现在该区间内的概率，即

$$P(\Delta)=f(\Delta)\mathrm{d}\Delta \tag{2-3-5}$$

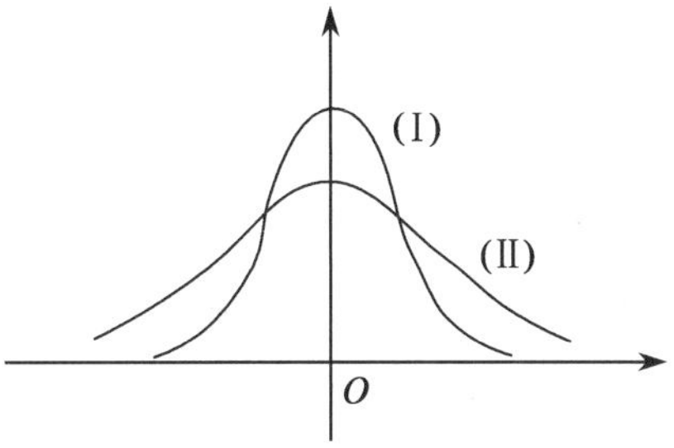

图 2-3　误差分布曲线

假设误差服从正态分布，则可写出 Δ 的概率密度式为

$$f(\Delta)=\frac{1}{\sqrt{2\pi}\,\sigma}\mathrm{e}^{-\frac{\Delta^2}{2\sigma^2}} \tag{2-3-6}$$

式中，σ 为中误差①。当上式中的参数 σ 确定后，即可画出它所对应的误差分布曲线。由于 $E(\Delta)=0$，所以该曲线是以横坐标为 0 处的纵轴为对称轴。当 σ 不同时，曲线的位置不变，但分布曲线的形状将发生变化。例如，图 2-3 中就是表示 σ 不相等时的两条曲线。由上述讨论可知，通常认为偶然误差 Δ 是服从 $N(0,\ \sigma^2)$ 分布的随机变量。

2.4　衡量精度的指标

测量平差的主要任务之一，就是评定测量成果的精度。为了阐述精度的含义，先分析上节中的两个实例。图 2-1 和图 2-2 分别是在不同的观测条件下所测得的两组误差的频率分布图(直方图)，图中每个长方条的面积就是误差出现于该区间内的频率。频率的大小见表 2-1 及表 2-2 中的数值。不难理解，如果将表 2-1 中 0.00″ ~ - 0.20″ 和 0.00″ ~ + 0.20″ 这两个区间的频率相加，即得区间 - 0.20″ ~ + 0.20″ 内的频率为 0.254。如果按此法进行累计，则知误差出现于 - 0.60″ ~ + 0.60″ 区间内的频率为

① 在数理统计学中，一般称 σ 为标准差(Standard Deviation)，而在测量工作中，则称为中误差，因此，在本书的以后章节中，只称 σ 为中误差。

0.665。这就是说，在表 2-1 的这组误差中，出现于区间 $-0.60'' \sim +0.60''$ 以内的误差占误差总数的 66.5%，而出现在这一区间以外的误差，即绝对值大于 $0.6''$ 的误差，其频率为 $1-0.665=0.335$，即占误差总数的 33.5%。如果对表 2-2 的那组误差也如此累计，即知出现在 $-0.60'' \sim +0.60''$ 区间内的频率为 0.492，而出现于这一区间以外的频率为 $1-0.492=0.508$。这就是说，出现于 $-0.60'' \sim +0.60''$ 这一区间之内和区间之外的误差，各占误差总数的 49.2% 和 50.8%。

上述数字说明，表 2-1 中的误差更集中于零的附近，因此可以说这一组误差分布得较为密集，或者说它的离散度小。相对而言，可以说表 2-2 中的误差分布得较为离散或者说它的离散度大。

从直方图来看，误差分布较为密集的图 2-1，其图形在纵轴附近的顶峰则较高，且由各长方条所构成的阶梯比较陡峭，而误差分布较为分散的图 2-2，在纵轴附近的顶峰则较低，且其阶梯较为平缓。这个性质同样反映在误差分布曲线(图 2-3)的形态上，即误差分布曲线(Ⅰ)较高而陡峭，误差分布曲线(Ⅱ)则较低而平缓。

在一定的观测条件下进行的一组观测，它对应着一种确定的误差分布。不难理解，如果分布较为密集，即离散度较小时，则表示该组观测质量较好，也就是说，这一组观测精度较高；反之，如果分布较为离散，即离散度较大时，则表示该组观测质量较差，也就是说，这一组观测精度较低。

因此，所谓精度，就是指误差分布的密集或离散的程度，也就是指离散度的大小。假如两组观测成果的误差分布相同，便是两组观测成果的精度相同；反之，若误差分布不同，则精度也就不同。

在相同的观测条件下所进行的一组观测，由于它们对应着同一种误差分布，因此，对于这一组中的每一个观测值，都称为是同精度观测值。例如，表 2-1 中所列的 358 个观测结果是在相同观测条件下测得的，虽然各个结果的真误差彼此并不相等，有的甚至相差很大(例如有的出现于 $0.00'' \sim +0.20''$ 区间，有的出现于 $1.40'' \sim 1.60''$ 区间)，但是，由于它们所对应的误差分布相同，因此，这些结果彼此是同精度的。

将上节表 2-1 及表 2-2 中的数值相比较可知，表 2-2 中的误差分布比表 2-1 中的误差分布较为离散，因此，表 2-2 中的 421 个观测值，其精度均低于表 2-1 中的观测值。

衡量观测值的精度高低，当然可以按上节的方法，把在一组相同条件下得到的误差，用组成误差分布表、绘制直方图或画出误差分布曲线的方法来比较。但在实际工作中，这样做比较麻烦，有时甚至很困难，而且人们还需要对精度有一个数字概念。这种具体的数字应该能够反映误差分布的密集或离散的程度，即应能够反映其离散度的大小，因此称它为衡量精度的指标。衡量精度的指标有很多种，下面介绍几种常用的精度指标。

2.4.1　方差和中误差

由式(2-1-9)知随机变量 X 的方差定义式为

$$\sigma_X^2 = D(X) = E[(X - E(X))^2] = \int_{-\infty}^{+\infty} (X - E(X))^2 f(x) \mathrm{d}x \tag{2-4-1}$$

误差Δ的概率密度函数为式(2-3-6)，式中σ^2是误差分布的方差，因为$E(\Delta)=0$，故按(2-4-1)方差定义式有

$$\sigma^2 = D(\Delta) = E(\Delta^2) = \int_{-\infty}^{+\infty} \Delta^2 f(\Delta) \mathrm{d}\Delta \tag{2-4-2}$$

而σ就是中误差

$$\sigma = \sqrt{E(\Delta^2)} \tag{2-4-3}$$

式中，σ恒取正号。

不同的σ将对应着不同形状的分布曲线，σ愈小，曲线愈为陡峭，σ愈大，则曲线愈为平缓。正态分布曲线具有两个拐点，它们在横轴上的坐标为$X_{拐}=E(X)\pm\sigma$，$E(X)$为变量X的数学期望。对于偶然误差而言，由于其数学期望$E(\Delta)=0$，所以拐点在横轴上的坐标应为

$$\Delta_{拐} = \pm\sigma \tag{2-4-4}$$

由此可见，σ的大小可以反映精度的高低。故常用中误差σ作为衡量精度的指标。

如果在相同的条件下得到了一组独立的观测误差，可由式(2-4-2)，并根据定积分的定义写出

$$\sigma^2 = \lim_{n\to\infty} \sum_{i=1}^{n} \frac{\Delta_i^2}{n}$$

即

$$\begin{cases} \sigma^2 = D(\Delta) = E(\Delta^2) = \lim\limits_{n\to\infty} \dfrac{\sum\limits_{i=1}^{n} \Delta_i^2}{n} \\ \sigma = \lim\limits_{n\to\infty} \sqrt{\dfrac{\sum\limits_{i=1}^{n} \Delta_i^2}{n}} \end{cases} \tag{2-4-5}$$

根据式(2-4-5)的第一式或式(2-4-2)定义的方差，是真误差平方(Δ^2)的数学期望，也就是Δ^2的理论平均值。在分布律已知的情况下，它是一个确定的常数。或者说，式(2-4-5)中的方差σ^2和中误差σ，分别是$\dfrac{\sum_{i=1}^{n}\Delta_i^2}{n}$和$\sqrt{\dfrac{\sum_{i=1}^{n}\Delta_i^2}{n}}$的极限值，它们都是理论上的数值。但是，实际上观测个数n总是有限的，由有限个观测值的真误差只能求得方差和中误差的估(计)值。方差σ^2和中误差σ的估值将用符号$\hat{\sigma}^2$和$\hat{\sigma}$表示①，即

① 在测量中，中误差常用m表示，其估值为$\hat{m}$，即m与σ，$\hat{m}$与$\hat{\sigma}$意义相同，本书统一采用符号σ和$\hat{\sigma}$。

$$\begin{cases} \hat{\sigma}^2 = \dfrac{\sum\limits_{i=1}^{n} \Delta_i^2}{n} \\ \hat{\sigma} = \sqrt{\dfrac{\sum\limits_{i=1}^{n} \Delta_i^2}{n}} \end{cases} \tag{2-4-6}$$

这就是根据一组等精度真误差计算方差和中误差估值的基本公式，$\hat{\sigma}$ 恒取正值。

顺便指出，由于分别采用了不同的符号以区分方差和中误差的理论值和估值，因此在本书以后的文字叙述中，在不需要特别强调“估值”意义的情况下，也将“中误差的估值”简称为“中误差”。

2.4.2　平均误差

在一定的观测条件下一组独立的偶然误差的绝对值的数学期望称为平均误差。设以 θ 表示平均误差则有

$$\theta = E(|\Delta|) = \int_{-\infty}^{+\infty} |\Delta| f(\Delta)\mathrm{d}\Delta \tag{2-4-7}$$

同样，如果在相同条件下得到了一组独立的观测误差，上式也可写为

$$\theta = \lim_{n \to \infty} \frac{\sum\limits_{i=1}^{n} |\Delta_i|}{n} \tag{2-4-8}$$

即平均误差是一组独立的偶然误差绝对值的算术平均值之极限值。

因为

$$\begin{aligned} \theta &= E(|\Delta|) = \int_{-\infty}^{+\infty} |\Delta| f(\Delta)\mathrm{d}\Delta = 2\int_{0}^{+\infty} \Delta \frac{1}{\sqrt{2\pi}\sigma} \mathrm{e}^{-\frac{\Delta^2}{2\sigma^2}} \mathrm{d}\Delta \\ &= \frac{2}{\sqrt{2\pi}} \int_{0}^{+\infty} \left(-\sigma \mathrm{d}\mathrm{e}^{-\frac{\Delta^2}{2\sigma^2}}\right) = \frac{2\sigma}{\sqrt{2\pi}} \left[-\mathrm{e}^{-\frac{\Delta^2}{2\sigma^2}}\right]_0^{\infty} \end{aligned}$$

所以有

$$\theta = \sqrt{\frac{2}{\pi}}\sigma \approx 0.7979\sigma \approx \frac{4}{5}\sigma \tag{2-4-9}$$

$$\sigma = \sqrt{\frac{\pi}{2}}\theta \approx 1.253\theta \approx \frac{5}{4}\theta \tag{2-4-10}$$

上式是平均误差 θ 与中误差 σ 的理论关系式，由此式可以看到，不同大小的 θ，对应着不同的 σ，也就对应着不同的误差分布曲线。因此，也可以用平均误差 θ 作为衡量精度的指标。

由于观测值的个数 n 总是一个有限值，因此在实用上也只能用 θ 的估值来衡量精度，并用 $\hat{\theta}$ 表示 θ 的估值，但仍简称为平均误差。则

$$\hat{\theta}=\frac{\sum_{i=1}^{n}\left|\Delta_i\right|}{n} \tag{2-4-11}$$

2.4.3 或然误差

随机变量 X 落入区间(a, b)内的概率为

$$P(a<X\leqslant b)=\int_a^b f(x)\mathrm{d}x$$

对于偶然误差 Δ 来说，误差 Δ 落入区间(a, b)的概率为

$$P(a<\Delta\leqslant b)=\int_a^b f(\Delta)\mathrm{d}\Delta \tag{2-4-12}$$

或然误差 ρ 的定义是：误差出现在$(-\rho, +\rho)$之间的概率等于 1/2，即

$$\int_{-\rho}^{+\rho} f(\Delta)\mathrm{d}\Delta=\frac{1}{2} \tag{2-4-13}$$

如图 2-4 所示，图中的误差分布曲线与横轴所包围的面积为 1，则在曲线下$(-\rho, +\rho)$间的面积为 1/2。

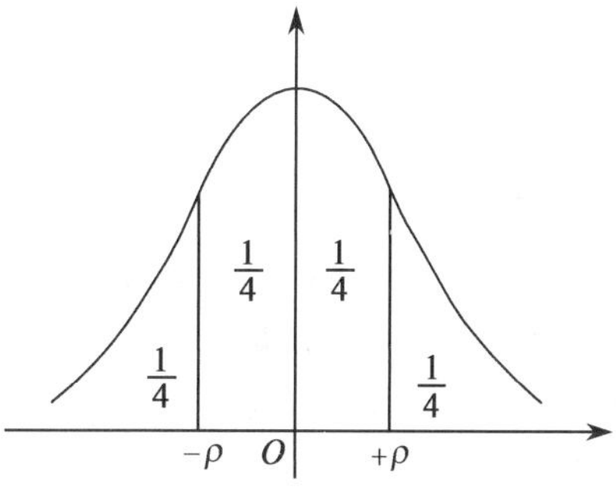

图 2-4 误差的概率分布曲线

将 Δ 的概率密度(2-3-6)式代入(2-4-13)式，并作变量代换，令

$$\frac{\Delta}{\sigma}=t,\ \Delta=\sigma t,\ \mathrm{d}\Delta=\sigma\mathrm{d}t$$

则得

$$\int_{-\rho}^{+\rho} f(\Delta)\mathrm{d}\Delta=2\int_0^{\rho/\sigma}\frac{1}{\sqrt{2\pi}}\mathrm{e}^{-\frac{t^2}{2}}\mathrm{d}t=\frac{1}{2}$$

由概率积分表可查得，当概率为 1/2 时，积分限为0.6745，即得

$$\begin{cases}\rho\approx 0.6745\sigma\approx\dfrac{2}{3}\sigma\\ \sigma\approx 1.4826\rho\approx\dfrac{3}{2}\rho\end{cases} \tag{2-4-14}$$

上式是或然误差 ρ 与中误差 σ 的理论关系。由此式也可以看到，不同的 ρ 也对应着不同的误差分布曲线，因此，或然误差 ρ 也可以作为衡量精度的指标。

在实用上，因为观测值个数 n 是有限值，因此也只能得到 ρ 的估值，但仍简称为或然误差。它是这样求得的：将在相同观测条件下得到的一组误差，按绝对值的大小排列，当 n 为奇数时，取位于中间的一个误差值作为 $\hat{\rho}$；当 n 为偶数时，则取中间两个误差值的平均值作为 $\hat{\rho}$。在实用上，通常都是先求出中误差的估值，然后按式(2-4-14)求出或然误差 $\hat{\rho}$。

例 2-1 为了比较两架经纬仪的观测精度，分别对同一角度各进行了 30 次观测，其观测结果列于表 2-3 中。该角已预先用精密经纬仪测定，其值为 76°42′18.0″。由于此值

的精度远远高于上述两架经纬仪的观测精度，故将它看成该角的真值。试计算这两架经纬仪的中误差、平均误差和或然误差。

根据表 2-3 的数据可算得：

$$\hat{\sigma}_1 = \sqrt{\frac{74.65}{30}} = 1.58''$$

$$\hat{\sigma}_2 = \sqrt{\frac{25.86}{30}} = 0.93''$$

$$\hat{\theta}_1 = \frac{43.9}{30} = 1.46'',\ \hat{\theta}_2 = \frac{24.4}{30} = 0.81''$$

$$\hat{\rho}_1 = 1.05'',\ \hat{\rho}_2 = 0.62''$$

上列 $\hat{\rho}$ 值是按定义求出的。在计算时，对精度指标值，通常取 2 ~ 3 个有效数字，数值后写上单位。从上列结果可见，用第一架经纬仪观测的观测值的中误差、平均误差和或然误差，均相应地大于用第二架经纬仪观测的观测值的中误差、平均误差和或然误差，所以后者的精度高于前者。

中误差、平均误差和或然误差都可以作为衡量精度的指标。在实用上，由于 n 是有限值，故只能分别求得它们的估值，与理论值有一定的差异，n 愈大，这一差异愈小，也就愈能反映观测精度。如果 n 很小，求出来的估值是不可靠的。

由于当 n 不大时，中误差比平均误差能更灵敏地反映大的真误差的影响，同时，在计算或然误差时往往是先算出中误差，因此，世界各国在实用上通常都是采用中误差作为精度指标，我国也统一采用中误差作为衡量精度的指标。

表 2-3　　**角度观测值及其真误差**

编号	第一台经纬仪			第二台经纬仪		
	观测值 L	Δ	Δ^2	观测值 L	Δ	Δ^2
1	76°42′17.2″	−0.8	0.64	76°42′19.5″	+1.5	2.25
2	19.5	+1.5	2.25	19.0	+1.0	1.00
3	19.2	+1.2	1.44	18.8	+0.8	0.64
4	16.5	−1.5	2.25	16.9	−1.1	1.21
5	19.6	+1.6	2.56	18.6	+0.6	0.36
6	16.4	−1.6	2.56	19.1	+1.1	1.21
7	15.5	−2.5	6.25	18.2	+0.2	0.04
8	19.9	+1.9	3.61	17.7	−0.3	0.09
9	19.2	+1.2	1.44	17.5	−0.5	0.25
10	16.8	−1.2	1.44	18.6	+0.6	0.36
11	15.0	−3.0	9.00	16.0	−2.0	4.00

续表

编号	第一台经纬仪			第二台经纬仪		
	观测值 L	Δ	Δ^2	观测值 L	Δ	Δ^2
12	16.9	−1.1	1.21	17.3	−0.7	0.49
13	16.6	−1.4	1.96	17.2	−0.8	0.64
14	20.4	+2.4	5.76	16.8	−1.2	1.44
15	16.3	−1.7	2.89	18.8	+0.8	0.64
16	16.7	−1.3	1.69	17.7	−0.3	0.09
17	16.0	−2.0	4.00	18.6	+0.6	0.36
18	15.5	−2.5	6.25	18.8	+0.8	0.64
19	19.1	+1.1	1.21	17.7	−0.3	0.09
20	18.8	+0.8	0.64	17.1	−0.9	0.81
21	18.7	+0.7	0.49	16.9	−1.1	1.21
22	19.2	+1.2	1.44	17.6	−0.4	0.16
23	17.5	−0.5	0.25	17.0	−1.0	1.00
24	16.7	−1.3	1.69	17.5	−0.5	0.25
25	19.0	+1.0	1.00	18.2	+0.2	0.04
26	16.8	−1.2	1.44	18.3	+0.3	0.09
27	19.3	+1.3	1.69	19.8	+1.8	3.24
28	20.0	+2.0	4.00	18.6	+0.6	0.36
29	17.4	−0.6	0.36	16.9	−1.1	1.21
30	16.2	−1.8	3.24	16.7	−1.3	1.69
$\sum \lvert\cdot\rvert$		43.9	74.65		24.4	25.86

2.4.4 极限误差

中误差不是代表个别误差的大小，而是代表误差分布的离散度的大小。由中误差的定义式(2-4-5)可知，它是代表一组同精度观测误差平方的平均值的平方根极限值，中误差愈小，即表示在该组观测中，绝对值较小的误差愈多。按正态分布的(2-2-5)式，在大量同精度观测的一组误差中，误差落在$(-\sigma, +\sigma)$，$(-2\sigma, +2\sigma)$和$(-3\sigma, +3\sigma)$的概率分别为

$$\begin{cases} P(-\sigma < \Delta < +\sigma) = 68.3\% \\ P(-2\sigma < \Delta < +2\sigma) = 95.5\% \\ P(-3\sigma < \Delta < +3\sigma) = 99.7\% \end{cases} \tag{2-4-15}$$

这就是说，绝对值大于中误差的偶然误差，其出现的概率为31.7%，而绝对值大于二倍

中误差的偶然误差出现的概率为 4.5%，特别是绝对值大于三倍中误差的偶然误差出现的概率仅有 0.3%，这已经是概率接近于零的小概率事件，或者说这是实际上的不可能事件。因此，通常以三倍中误差作为偶然误差的极限值 $\Delta_{限}$，并称为极限误差。即

$$\Delta_{限} = 3\sigma \tag{2-4-16}$$

在实践中，也有采用 2σ 作为极限误差的。

在测量工作中，如果某误差超过了极限误差，那就可以认为该观测值存在系统误差或粗差，应研究其原因进行处理或舍去不用。

式(2-4-15)右端的概率，称为置信概率，这个概率表达式表示在一定的置信概率下，中误差与其真误差的关系式。虽然任何观测值或平差结果的真误差是未知的，但式(2-4-15)给出了由中误差估计其真误差的概率区间，例如在置信概率为 95.5% 时，真误差 Δ 将在区间$(-2\sigma, 2\sigma)$之内。也就是说计算某量的中误差，在一定的置信概率下，还可对其真误差作出区间估计，这是保证工程质量的一个重要的定量信息。因此，中误差既代表误差分布的离散度大小，又可对其真误差作出区间估计，这是精度指标中误差完整的统计意义。

2.4.5　相对误差

对于某些观测结果，有时单靠中误差还不能完全表达观测结果的好坏。例如，分别丈量了 1000m 及 80m 的两段距离，观测值的中误差均为 2cm，虽然两者的中误差相同，但就单位长度而言，两者精度并不相同。显然前者的相对精度比后者要高。此时，须采用另一种办法来衡量精度，通常采用相对中误差，它是中误差与观测值之比。如上述两段距离，前者的相对中误差为$\frac{1}{50000}$，而后者则为$\frac{1}{4000}$。

相对中误差是个无名数，在测量中一般将分子化为 1，即用$\frac{1}{N}$表示。

对于真误差与极限误差，有时也用相对误差来表示。例如，经纬仪导线测量时，规范中所规定的相对闭合差不能超过$\frac{1}{2000}$，它就是相对极限误差，而在实测中所产生的相对闭合差，则是相对真误差。

与相对误差相对应，真误差、中误差、极限误差等均称为绝对误差。

2.5　精度、准确度与精确度

2.5.1　精度

精度是指误差分布的密集或离散的程度，又称精密度。由中误差定义式知，精度也表示各观测结果与其数学期望的接近程度。当观测仅含偶然误差时，其数学期望就是真值，在这种情况下，精度描述观测列与真值接近程度，可以说它表征观测结果的偶然误

差大小程度，是衡量偶然误差大小程度的指标。

上节所述的观测量精度指标也适用于观测向量，其精度指标是方差 - 协方差阵，即 2.2 节所述的随机向量的特征值方差阵式(2-2-8)。

1. 观测向量的精度指标——协方差阵

对于随机变量 X_i 组成的随机向量 $\boldsymbol{X}=[X_1 \quad X_2 \quad \cdots \quad X_n]^{\mathrm{T}}$，数学期望为

$$\boldsymbol{E}(\boldsymbol{X})=\begin{bmatrix} E(X_1) \\ E(X_2) \\ \vdots \\ E(X_n) \end{bmatrix} \tag{2-5-1}$$

其方差是一个矩阵，称为方差-协方差阵，简称方差阵或协方差阵

$$\underset{nn}{\boldsymbol{D}_{XX}}=\boldsymbol{E}[(\boldsymbol{X}-\boldsymbol{E}(\boldsymbol{X}))(\boldsymbol{X}-\boldsymbol{E}(\boldsymbol{X}))^{\mathrm{T}}]$$

$$=\begin{bmatrix} \sigma_{X_1}^2 & \sigma_{X_1X_2} & \cdots & \sigma_{X_1X_n} \\ \sigma_{X_2X_1} & \sigma_{X_2}^2 & \cdots & \sigma_{X_2X_n} \\ \vdots & \vdots & & \vdots \\ \sigma_{X_nX_1} & \sigma_{X_nX_2} & \cdots & \sigma_{X_n}^2 \end{bmatrix} \tag{2-5-2}$$

上式是观测向量协方差阵的定义式。其主对角线上的元素分别是各观测值 X_i 的方差 $\sigma_{X_i}^2$，非主对角线上的元素 $\sigma_{X_iX_j}$ 则为观测值 X_i 关于 X_j 的协方差，其定义式为(2-1-18)式。

协方差阵 $\boldsymbol{D}_{XX}$ 这个精度指标，不仅给出了各观测值的方差，而且还给出了其中两两观测值之间的协方差来描述它们的相关程度。

根据协方差定义式(2-1-18)，观测值 X_i 关于 X_j 的协方差为

$$\underset{nn}{\sigma_{X_iX_j}}=E[(X_i-E(X_i))(X_j-E(X_j))] \tag{2-5-3}$$

式中

$$\Delta_{X_i}=E(X_i)-X_i,\ \Delta_{X_j}=E(X_j)-X_j$$

分别为 X_i 和 X_j 的真误差，于是(2-5-3)式可简写成

$$\sigma_{X_iX_j}=E[\Delta_{X_i}\Delta_{X_j}]=E[\Delta_{X_j}\Delta_{X_i}]=\sigma_{X_jX_i} \tag{2-5-4}$$

即观测值 X_i 关于 X_j 的协方差与 X_j 关于 X_i 的协方差相等。

从(2-5-3)和(2-5-4)两式可以看出，协方差是用两个相应真误差积的数学期望来定义的。设观测值 X_i 的真误差 Δ_{X_i} 所有可能的取值为 Δ_{i1}，Δ_{i2}，$\cdots$，Δ_{in}，X_j 的真误差 Δ_{X_j}，所有可能的取值为 Δ_{j1}，Δ_{j2}，$\cdots$，Δ_{jn}，观测值 X_i 和 X_j 的协方差是其真误差所有可能取值的乘积的理论平均值，即

$$\sigma_{X_iX_j}=\lim_{n\to\infty}\frac{\sum_{k=1}^{n}(\Delta_{ik}\Delta_{jk})}{n}=\lim_{n\to\infty}\frac{1}{n}(\Delta_{i1}\Delta_{j1}+\Delta_{i2}\Delta_{j2}+\cdots+\Delta_{in}\Delta_{jn}) \tag{2-5-5}$$

因实用上 n 总是有限值，所以只能求得其估值，即

$$\hat{\sigma}_{X_iX_j}=\frac{\sum_{k=1}^{n}(\Delta_{ik}\Delta_{jk})}{n} \tag{2-5-6}$$

当 X_i 和 X_j 的协方差 $\sigma_{X_iX_j}=0$ 时，表示这两个观测值的误差之间互不相关，或者说，它们的误差是不相关的，并称这些观测值为不相关的观测值；如果 $\sigma_{X_iX_j}\neq 0$，则表示它们的误差是相关的，称这些观测值为相关观测值。由于本书假设观测值和观测误差均是服从正态分布的随机变量，而对于正态分布的随机变量而言，“不相关”与“独立”是等价的，所以把不相关观测值也称为独立观测值，同样把相关观测值也称为不独立观测值。因此，在无须强调“不独立”与“相关”两者差别的情况下，本书就不再严加区分了。

在测量工作中，直接测得的高差、距离、角度等一般都是独立观测值，而独立观测值的各个函数之间一般是不独立的，即它们是相关观测值。例如在作前方交会时，观测的角度之间是不相关的，但由此算得的坐标增量 Δx，Δy 因共同包含相同的角度观测误差，所以一般 Δx 和 Δy 是相关的，此时 $\sigma_{\Delta x\Delta y}\neq 0$。

当 X 中各观测值之间互相独立时，则所有的协方差 $\sigma_{X_iX_j}=0$，此时 D_{XX} 为对角阵，即为各独立观测值精度指标的集合。

2. 互协方差阵

如果有两组观测向量 $\underset{n1}{\boldsymbol{X}}$ 和 $\underset{r1}{\boldsymbol{Y}}$，它们的数学期望分别为 $\underset{n1}{\boldsymbol{E}}(\boldsymbol{X})$ 和 $\underset{r1}{\boldsymbol{E}}(\boldsymbol{Y})$。若记

$$\underset{n+r\,1}{\boldsymbol{Z}}=\begin{bmatrix}\boldsymbol{X}\\ \boldsymbol{Y}\end{bmatrix}$$

则 $\boldsymbol{Z}$ 的方差阵 $\boldsymbol{D}_{ZZ}$ 为

$$\underset{n+r\,n+r}{\boldsymbol{D}_{ZZ}}=\begin{bmatrix}\underset{n\,n}{\boldsymbol{D}_{XX}} & \underset{n\,r}{\boldsymbol{D}_{XY}}\\ \underset{r\,n}{\boldsymbol{D}_{YX}} & \underset{r\,r}{\boldsymbol{D}_{YY}}\end{bmatrix}$$

其中，$\boldsymbol{D}_{XX}$ 和 $\boldsymbol{D}_{YY}$ 分别为 $\boldsymbol{X}$ 和 $\boldsymbol{Y}$ 的协方差阵，而

$$\boldsymbol{D}_{XY}=\begin{bmatrix}\sigma_{x_1y_1} & \sigma_{x_1y_2} & \cdots & \sigma_{x_1y_r}\\ \sigma_{x_2y_1} & \sigma_{x_2y_2} & \cdots & \sigma_{x_2y_r}\\ \vdots & \vdots & & \vdots\\ \sigma_{x_ny_1} & \sigma_{x_ny_2} & \cdots & \sigma_{x_ny_r}\end{bmatrix} \tag{2-5-7}$$

且有

$$\boldsymbol{D}_{XY}=E[(\boldsymbol{X}-\boldsymbol{\mu}_X)(\boldsymbol{Y}-\boldsymbol{\mu}_Y)^{\mathrm{T}}]=\boldsymbol{D}_{YX}^{\mathrm{T}} \tag{2-5-8}$$

称 $\boldsymbol{D}_{XY}$ 为观测值向量 $\boldsymbol{X}$ 关于 $\boldsymbol{Y}$ 的互协方差阵。特别地，当 $\boldsymbol{X}$ 和 $\boldsymbol{Y}$ 的维数 $n=r=1$ 时(即 $\boldsymbol{X}$、$\boldsymbol{Y}$ 都是一个观测值)，互协方差阵就是 $\boldsymbol{X}$ 关于 $\boldsymbol{Y}$ 的协方差。

若 $\boldsymbol{D}_{XY}=0$，则称 $\boldsymbol{X}$ 与 $\boldsymbol{Y}$ 是相互独立的观测向量。

互协方差阵(2-5-7)式或(2-5-8)式是表征两组观测值间两两观测值相关程度的指标。

2.5.2 准确度

准确度又名准度，是指随机变量 X 的真值 $\tilde{X}$ 与其数学期望 $E(X)$ 之差，即

$$\varepsilon = \tilde{X} - E(X) \tag{2-5-9}$$

即 ε 是 $E(X)$ 的真误差，当观测值仅存在偶然误差时，数学期望等于真值。即 $E(X) = \tilde{X}$，$\varepsilon = 0$。若 $E(X) \neq \tilde{X}$，若 $\varepsilon \neq 0$，此时观测值的数学期望将偏离其真值，表示观测值存在系统误差。因此用准确度 ε 作为衡量系统误差大小程度的指标。

在实际情况中，通常无法知道观测值的真值，因而也无法求出系统误差的值，可通过算法求得系统中误差来估计系统误差。

2.5.3 精确度

精确度是精度和准确度的合成，是指观测结果与其真值的接近程度，包括观测结果与其数学期望接近程度和数学期望与其真值的偏差。因此，精确度反映了偶然误差和系统误差联合影响的大小程度。当不存在系统误差时，精确度就是精度，精确度是一个全面衡量观测值质量优劣的指标。精确度的衡量指标为均方误差。

设观测值为 X，均方误差的定义为

$$\mathrm{MSE}(X) = E(X - \tilde{X})^2 \tag{2-5-10}$$

当 $\tilde{X} = E(X)$ 时，均方误差即为方差。

将(2-5-10)式改写为

$$\begin{aligned}\mathrm{MSE}(X) &= E[(X - E(X)) + (E(X) - \tilde{X})]^2 \\ &= E(X - E(X))^2 + E(E(X) - \tilde{X})^2 + 2E[(X - E(X))(E(X) - \tilde{X})]\end{aligned}$$

因为

$$\begin{aligned}E[(X - E(X))(E(X) - \tilde{X})] &= (E(X) - \tilde{X})E(X - E(X)) \\ &= (E(X) - \tilde{X})(E(X) - E(X)) = 0\end{aligned}$$

故上式为

$$\mathrm{MSE}(X) = \sigma_X^2 + (E(X) - \tilde{X})^2 \tag{2-5-11}$$

即观测值 X 的均方误差等于 X 的方差与其系统误差的平方之和。

当观测值仅含偶然误差时，偏差 $\varepsilon = (E(X) - \tilde{X}) = 0$，均方误差即为方差。

对于随机向量 $\underset{n1}{\boldsymbol{X}}$，则其均方误差的定义为

$$\mathrm{MSE}(\boldsymbol{X}) = \boldsymbol{E}[(\boldsymbol{X} - \bar{\boldsymbol{X}})^{\mathrm{T}}(\boldsymbol{X} - \bar{\boldsymbol{X}})] \tag{2-5-12}$$

综上，观测值精确度高，精度一定高；精度高，不一定精确度高，因为这时准确度可能差。

准确度和精确度有关，与精度无关。精确度反映观测值的偶然误差、系统误差及异常误差的总体影响，用均方误差或均方根误差度量；精度用以描述偶然误差分布的离散程度，用方差或标准差、中误差表达；准确度用以描述系统误差及异常误差的影响。

2.6　测量不确定度

在计量、电工、物理、化学等测量技术领域以及 GIS 空间数据处理中，测量数据的质量评定还采用了不确定度这个指标。

测量数据的不确定性，是指一种广义的误差，它既包含偶然误差，又包含系统误差，也包含数值上和概念上的误差以及可度量和不可度量的误差。不确定性的含义很广，数据误差的随机性和数据概念上的不完整性及模糊性，都可视为不确定性问题。

测量误差理论仅讨论数值上可度量的误差，而这也是不确定性问题所研究的主要对象，其数据处理也是基于测量误差理论。

不确定度是度量不确定性的一种指标。不论测量数据服从正态分布还是非正态分布，衡量不确定性的基本尺度仍是中误差 σ，并称为标准不确定度。

设被观测量的真值是 $\tilde{X}$，观测量为 X，真误差 $\Delta_X=\tilde{X}-X$，则 X 的不确定度定义为 Δ_X 绝对值的一个上界，即

$$U=\sup|\Delta_X| \tag{2-6-1}$$

当 Δ_X 主要是系统误差影响，表现为单向误差时，则不确定度定义为 Δ_X 的上、下界，即

$$U_1\leqslant\Delta_X\leqslant U_2 \tag{2-6-2}$$

由于 U 值一般难以准确给出，为此要借助于统计概率。当 Δ_X 的概率分布已知时，则与以上两式相应，不确定度在给定置信概率 p 下可由下式计算：

$$P(|\Delta_X|\leqslant U)=p \tag{2-6-3}$$

$$P(U_1<\Delta_X\leqslant U_2)=p \tag{2-6-4}$$

即在一定的置信概率 p 下，对不确定度进行估计。

例如，Δ_X 是偶然误差，并服从正态分布，取 $p=95.5\%$，则有概率式

$$P(|\Delta_X|\leqslant 2\sigma)=95.5\% \tag{2-6-5}$$

亦即 $U=2\sigma$，σ 为 X(或 Δ_X) 的中误差，(2-6-5) 式与(2-4-15) 式中第二式相同，不确定度 U 就是偶然误差 Δ_X 的最大误差限。这是特例，因为 Δ_X 可以包含各种系统误差。

不确定度评定的关键是要已知 Δ_X 的概率分布。如果 Δ_X 的概率分布已知，由 σ 可按 (2-6-3) 式或(2-6-4) 式估计不确定度，并称其为可测的不确定度；否则就是不可测的，就要设法合理地去估计不确定度。

第 3 章　协方差传播律及权

在实际工作中，往往会遇到某些量的大小并不是直接测定的，而是由观测值通过一定的函数关系间接计算出来的，即常常遇到的某些量是观测值的函数。这类例子很多，例如，在一个三角形中，观测了三个内角 L_1、L_2、L_3，其闭合差 w 和将闭合差平均分配之后所得的各角平差值为 $\hat{L}_1$、$\hat{L}_2$、$\hat{L}_3$，这里

$$w = 180° - (L_1 + L_2 + L_3),$$

$$\hat{L}_i = L_i - \frac{1}{3}w \qquad (i = 1, 2, 3)$$

又如，在侧方交会中(如图 3-1)，已知 A、B 两点的坐标分别为(x_A, y_A)和(x_B, y_B)，它们之间的距离为 S_0，坐标方位角为 α_0，由交会的观测角 L_1、L_2 通过以下公式求交会点的坐标：

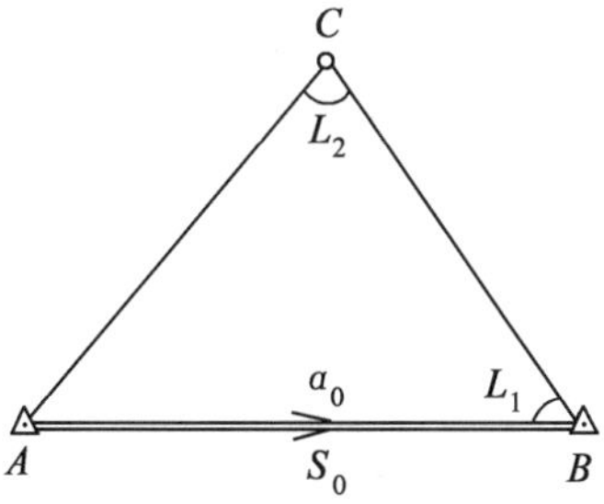

图 3-1　侧方交会示意图

$$S_{AC} = S_0 \frac{\sin L_1}{\sin L_2}$$

$$\alpha_{AC} = \alpha_0 - (180° - L_1 - L_2)$$

$$x_C = x_A + S_{AC}\cos\alpha_{AC}$$

$$y_C = y_A + S_{AC}\sin\alpha_{AC}$$

现在提出这样一个问题：观测值的函数的中误差与观测值的中误差之间，存在着怎样的关系？因为中误差可以由相应的方差开方得到，所以它们之间的关系可以通过方差和协方差的运算规律来导出，故将阐述这种关系的算式称为协方差传播律。协方差传播律也称为误差传播律。

本章阐述协方差传播律的基本概念，导出协方差传播律的一般公式，以测量中的几个典型应用说明其计算步骤。介绍平差理论中的权、权阵、协因数、协因数阵等重要概

念，导出协因数阵的传播律。介绍测量数据处理中常用的由观测值函数的真误差估计中误差的方法。最后讨论当观测值同时存在偶然误差和系统误差时如何评定其综合误差的方差问题。

3.1　协方差传播律

3.1.1　观测值线性函数的方差

设有观测值 $\underset{n1}{\boldsymbol{X}}$，其数学期望为$\underset{n1}{\boldsymbol{\mu}_X}$，协方差阵为$\underset{nn}{\boldsymbol{D}_{XX}}$，即

$$\begin{cases} \boldsymbol{X} = \begin{bmatrix} X_1 \\ X_2 \\ \vdots \\ X_n \end{bmatrix}, \qquad \boldsymbol{\mu}_X = \begin{bmatrix} \mu_{x_1} \\ \mu_{x_2} \\ \vdots \\ \mu_{x_n} \end{bmatrix} = \begin{bmatrix} E(X_1) \\ E(X_2) \\ \vdots \\ E(X_n) \end{bmatrix} = \boldsymbol{E}(\boldsymbol{X}) \\ \boldsymbol{D}_{XX} = \boldsymbol{E}[(\boldsymbol{X} - \boldsymbol{\mu}_X)(\boldsymbol{X} - \boldsymbol{\mu}_X)^{\mathrm{T}}] = \begin{bmatrix} \sigma_1^2 & \sigma_{12} & \cdots & \sigma_{1n} \\ \sigma_{21} & \sigma_2^2 & \cdots & \sigma_{2n} \\ \vdots & \vdots & & \vdots \\ \sigma_{n1} & \sigma_{n2} & \cdots & \sigma_n^2 \end{bmatrix} \end{cases} \tag{3-1-1}$$

其中，σ_i 为 X_i 的方差，σ_{ij} 为 X_i 与 X_j 的协方差，又设有 $\boldsymbol{X}$ 的线性函数为

$$\underset{11}{\boldsymbol{Z}} = \underset{1n}{\boldsymbol{K}}\,\underset{n1}{\boldsymbol{X}} + \underset{11}{\boldsymbol{k}_0} \tag{3-1-2}$$

式中，$\underset{1n}{\boldsymbol{K}} = [k_1,\ k_2,\ \cdots,\ k_n]$，$k_0$ 为常数。

式(3-1-2) 的纯量形式为

$$Z = k_1X_1 + k_2X_2 + \cdots + k_nX_n + k_0$$

现在来求 $\boldsymbol{Z}$ 的方差 $\boldsymbol{D}_{ZZ}$。对式(3-1-2) 取数学期望，得

$$\boldsymbol{E}(\boldsymbol{Z}) = \boldsymbol{E}(\boldsymbol{KX} + \boldsymbol{k}_0) = \boldsymbol{KE}(\boldsymbol{X}) + \boldsymbol{k}_0 = \boldsymbol{K\mu}_X + \boldsymbol{k}_0 \tag{3-1-3}$$

根据方差的定义可知，Z 的方差为

$$\underset{11}{\boldsymbol{D}_{ZZ}} = \boldsymbol{\sigma}_Z^2 = \boldsymbol{E}[(\boldsymbol{Z} - \boldsymbol{E}(\boldsymbol{Z}))(\boldsymbol{Z} - \boldsymbol{E}(\boldsymbol{Z}))^{\mathrm{T}}]$$

将式(3-1-2) 和式(3-1-3) 代入上式，得

$$\begin{aligned} \underset{11}{\boldsymbol{D}_{ZZ}} = \boldsymbol{\sigma}_Z^2 &= \boldsymbol{E}[(\boldsymbol{KX} - \boldsymbol{K\mu}_X)(\boldsymbol{KX} - \boldsymbol{K\mu}_X)^{\mathrm{T}}] \\ &= \boldsymbol{E}[\boldsymbol{K}(\boldsymbol{X} - \boldsymbol{\mu}_X)(\boldsymbol{X} - \boldsymbol{\mu}_X)^{\mathrm{T}}\boldsymbol{K}^{\mathrm{T}}] \\ &= \boldsymbol{KE}[(\boldsymbol{X} - \boldsymbol{\mu}_X)(\boldsymbol{X} - \boldsymbol{\mu}_X)^{\mathrm{T}}]\boldsymbol{K}^{\mathrm{T}} \end{aligned}$$

所以

$$\underset{11}{\boldsymbol{D}_{ZZ}} = \boldsymbol{\sigma}_Z^2 = \boldsymbol{KD}_{XX}\boldsymbol{K}^{\mathrm{T}} \tag{3-1-4}$$

将上式展开成纯量形式，得

$$\underset{11}{D_{ZZ}} = \sigma_Z^2 = k_1^2\sigma_1^2 + k_2^2\sigma_2^2 + \cdots + k_n^2\sigma_n^2 + 2k_1k_2\sigma_{12} + 2k_1k_3\sigma_{13}$$

$$+\cdots+2k_1k_n\sigma_{1n}+\cdots+2k_{n-1}k_n\sigma_{n-1,n} \tag{3-1-5}$$

当向量中的各分量 $X_i(i=1, 2, \cdots, n)$ 两两独立时，它们之间的协方差 $\sigma_{ij}=0(i\neq j)$，此时上式为

$$D_{\underset{11}{ZZ}}=\sigma_Z^2=k_1^2\sigma_1^2+k_2^2\sigma_2^2+\cdots+k_n^2\sigma_n^2 \tag{3-1-6}$$

通常将(3-1-4)、(3-1-5) 和(3-1-6) 诸式称为协方差传播律。其中式(3-1-6) 是式(3-1-5) 的一个特例。在 2.1 小节中导出的方差运算四个性质都是上述协方差传播律的特例。

例 3-1　在1∶500的地图上，量得某两点间的距离 $d=23.4\text{mm}$，d 的量测中误差 $\sigma_d=0.2\text{mm}$，求该两点实地距离 S 及其中误差 σ_S。

解：

$$S=500d=500\times 23.4=11700\text{mm}=11.7\text{m}$$

$$\sigma_S^2=500^2\sigma_d^2$$

$$\sigma_S=500\ \sigma_d=500\times 0.2=100\text{mm}=0.1\text{m}$$

最后写成

$$S=11.7\text{m}\ \pm 0.1\text{m}$$

例 3-2　设 X 为独立观测值 L_1、L_2、L_3 的函数

$$X=\frac{1}{7}L_1+\frac{2}{7}L_2-\frac{4}{7}L_3,$$

已知 L_1、L_2、L_3 的中误差 $\sigma_1=3\text{mm}$，$\sigma_2=2\text{mm}$ 及 $\sigma_3=1\text{mm}$，求函数的中误差 σ_X。

解：　因为 L_1、L_2、L_3 是独立观测值，所以按式(3-1-6) 得

$$\sigma_X^2=\left(\frac{1}{7}\right)^2\sigma_1^2+\left(\frac{2}{7}\right)^2\sigma_2^2+\left(-\frac{4}{7}\right)^2\sigma_3^2$$

$$=\frac{1}{49}\times 9+\frac{4}{49}\times 4+\frac{16}{49}\times 1=0.84$$

$$\sigma_X=0.9\text{mm}$$

例 3-3　设在测站 A 上(如图 3-2)，已知 $\angle BAC=\alpha$，设无误差，而观测角 β_1 和 β_2 的中误差为 $\sigma_1=\sigma_2=1.4''$，协方差 $\sigma_{12}=-1$(秒^2)，求角 x 的中误差 σ_x。

解： 因

$$x=\alpha-\beta_1-\beta_2=[-1\quad -1]\begin{bmatrix}\beta_1\\ \beta_2\end{bmatrix}+\alpha$$

令

$$\boldsymbol{\beta}=\begin{bmatrix}\beta_1\\ \beta_2\end{bmatrix},$$

则

$$\boldsymbol{D}_{\beta\beta}=\begin{bmatrix}\sigma_1^2 & \sigma_{12}\\ \sigma_{21} & \sigma_2^2\end{bmatrix}=\begin{bmatrix}1.96 & -1\\ -1 & 1.96\end{bmatrix}$$

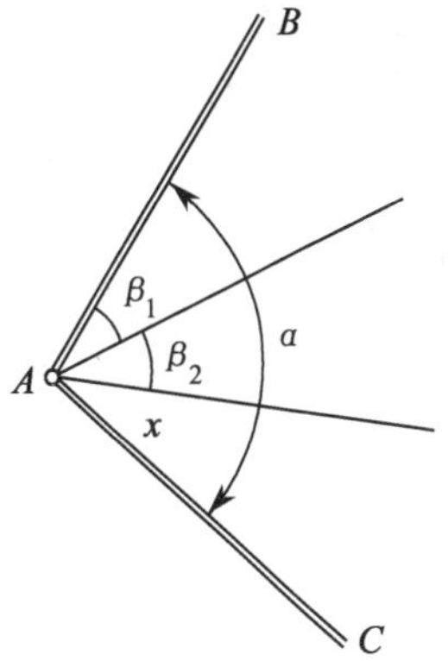

图 3-2　测站观测示意图

式中，$\sigma_{12}=\sigma_{21}$。由式(3-1-4)得

$$\boldsymbol{\sigma}_x=[-1\quad -1]\begin{bmatrix}1.96 & -1\\ -1 & 1.96\end{bmatrix}\begin{bmatrix}-1\\ -1\end{bmatrix}$$

$$=[-0.96\quad -0.96]\begin{bmatrix}-1\\ -1\end{bmatrix}=1.92$$

所以

$$\boldsymbol{\sigma}_x=1.4''$$

本题如按式(3-1-5)解算，则为

$$\sigma_x^2=(-1)^2\times 1.96+(-1)^2\times 1.96+2(-1)(-1)\times(-1)=1.92$$

所以同样有 $$\boldsymbol{\sigma}_x=1.4''$$

3.1.2　多个观测值线性函数的协方差阵

设有观测值 $\underset{n1}{\boldsymbol{X}}$，它的数学期望 $\boldsymbol{\mu}_X$ 与方差阵 $\boldsymbol{D}_{XX}$ 如式(3-1-1)，若有 X 的 t 个线性函数

$$\begin{cases}Z_1=k_{11}X_1+k_{12}X_2+\cdots+k_{1n}X_n+k_{10}\\ Z_2=k_{21}X_1+k_{22}X_2+\cdots+k_{2n}X_n+k_{20}\\ \cdots\cdots\cdots\cdots\cdots\cdots\cdots\cdots\cdots\cdots\cdots\cdots\cdots\cdots\\ Z_t=k_{t1}X_1+k_{t2}X_2+\cdots+k_{tn}X_n+k_{t0}\end{cases}\tag{3-1-7}$$

下面来求函数 Z_1，Z_2，…，Z_t 的方差和它们之间的协方差。

若令

$$\underset{t1}{\boldsymbol{Z}}=\begin{bmatrix}Z_1\\ Z_2\\ \vdots\\ Z_t\end{bmatrix},\quad \underset{tn}{\boldsymbol{K}}=\begin{bmatrix}k_{11} & k_{12} & \cdots & k_{1n}\\ k_{21} & k_{22} & \cdots & k_{2n}\\ \vdots & \vdots & & \vdots\\ k_{t1} & k_{t2} & \cdots & k_{tn}\end{bmatrix},\quad \underset{t1}{\boldsymbol{K}_0}=\begin{bmatrix}k_{10}\\ k_{20}\\ \vdots\\ k_{t0}\end{bmatrix}$$

则式(3-1-7)可写为

$$\underset{t1}{\boldsymbol{Z}}=\underset{tn}{\boldsymbol{K}}\underset{n1}{\boldsymbol{X}}+\underset{t1}{\boldsymbol{K}_0}\tag{3-1-8}$$

也就是要求 $\boldsymbol{Z}$ 的协方差阵 $\boldsymbol{D}_{ZZ}$。

因为 $\boldsymbol{Z}$ 的数学期望为

$$\boldsymbol{E}(\boldsymbol{Z})=\boldsymbol{E}(\boldsymbol{KX}+\boldsymbol{K}_0)=\boldsymbol{K\mu}_X+\boldsymbol{K}_0\tag{3-1-9}$$

所以 $\boldsymbol{Z}$ 的协方差阵为

$$\begin{aligned}\underset{tt}{\boldsymbol{D}_{ZZ}}&=\boldsymbol{E}[(\boldsymbol{Z}-\boldsymbol{E}(\boldsymbol{Z}))(\boldsymbol{Z}-\boldsymbol{E}(\boldsymbol{Z}))^{\mathrm{T}}]\\ &=\boldsymbol{E}[(\boldsymbol{KX}-\boldsymbol{K\mu}_X)(\boldsymbol{KX}-\boldsymbol{K\mu}_X)^{\mathrm{T}}]\\ &=\boldsymbol{KE}[(\boldsymbol{X}-\boldsymbol{\mu}_X)(\boldsymbol{X}-\boldsymbol{\mu}_X)^{\mathrm{T}}]\boldsymbol{K}^{\mathrm{T}}\end{aligned}$$

即得到

$$\underset{tt}{\boldsymbol{D}_{ZZ}}=\underset{tn}{\boldsymbol{K}}\underset{nn}{\boldsymbol{D}_{XX}}\underset{nt}{\boldsymbol{K}^{\mathrm{T}}}\tag{3-1-10}$$

可以看到，上式与式(3-1-4)在形式上完全相同，且两式的推导过程也相同。所不同的

是式(3-1-4)中的D_{ZZ}是一个观测值函数的方差，而式(3-1-10)的$\boldsymbol{D}_{ZZ}$是t个观测值函数的协方差阵，因而式(3-1-4)只是式(3-1-10)的一种特殊情况。所以式(3-1-10)是协方差传播律的一般公式。

设另外还有X的r个线性函数

$$\begin{cases} Y_1 = f_{11}X_1 + f_{12}X_2 + \cdots + f_{1n}X_n + f_{10} \\ Y_2 = f_{21}X_1 + f_{22}X_2 + \cdots + f_{2n}X_n + f_{20} \\ \cdots\cdots\cdots\cdots\cdots\cdots\cdots\cdots\cdots\cdots \\ Y_r = f_{r1}X_1 + f_{r2}X_2 + \cdots + f_{rn}X_n + f_{r0} \end{cases} \tag{3-1-11}$$

若记

$$\underset{r1}{\boldsymbol{Y}} = \begin{bmatrix} Y_1 \\ Y_2 \\ \vdots \\ Y_r \end{bmatrix}, \quad \underset{rn}{\boldsymbol{F}} = \begin{bmatrix} f_{11} & f_{12} & \cdots & f_{1n} \\ f_{21} & f_{22} & \cdots & f_{2n} \\ \vdots & \vdots & & \vdots \\ f_{r1} & f_{r2} & \cdots & f_{rn} \end{bmatrix}, \quad \underset{r1}{\boldsymbol{F}_0} = \begin{bmatrix} f_{10} \\ f_{20} \\ \vdots \\ f_{r0} \end{bmatrix}$$

则式(3-1-11)可写为

$$\boldsymbol{Y} = \boldsymbol{F}\boldsymbol{X} + \boldsymbol{F}_0 \tag{3-1-12}$$

$\boldsymbol{Y}$的数学期望为

$$\boldsymbol{E}(\boldsymbol{Y}) = \boldsymbol{F}\boldsymbol{\mu}_X + \boldsymbol{F}_0 \tag{3-1-13}$$

由式(3-1-10)可知，$\boldsymbol{Y}$的协方差阵为

$$\underset{rr}{\boldsymbol{D}_{YY}} = \underset{rn}{\boldsymbol{F}}\,\underset{nn}{\boldsymbol{D}_{XX}}\,\underset{nr}{\boldsymbol{F}^{\mathrm{T}}} \tag{3-1-14}$$

下面再来求$\boldsymbol{Y}$关于$\boldsymbol{Z}$的互协方差阵$\underset{rt}{\boldsymbol{D}_{YZ}}$。

根据互协方差阵的定义可知

$$\boldsymbol{D}_{YZ} = \boldsymbol{E}[(\boldsymbol{Y} - \boldsymbol{E}(\boldsymbol{Y}))(\boldsymbol{Z} - \boldsymbol{E}(\boldsymbol{Z}))^{\mathrm{T}}]$$

将(3-1-12)、(3-1-13)及(3-1-8)、(3-1-9)诸式代入上式，可得

$$\begin{aligned} \boldsymbol{D}_{YZ} &= \boldsymbol{E}[(\boldsymbol{F}\boldsymbol{X} - \boldsymbol{F}\boldsymbol{\mu}_X)(\boldsymbol{K}\boldsymbol{X} - \boldsymbol{K}\boldsymbol{\mu}_X)^{\mathrm{T}}] \\ &= \boldsymbol{F}\boldsymbol{E}[(\boldsymbol{X} - \boldsymbol{\mu}_X)(\boldsymbol{X} - \boldsymbol{\mu}_X)^{\mathrm{T}}]\boldsymbol{K}^{\mathrm{T}} \end{aligned}$$

所以

$$\underset{rt}{\boldsymbol{D}_{YZ}} = \underset{rn}{\boldsymbol{F}}\,\underset{nn}{\boldsymbol{D}_{XX}}\,\underset{nt}{\boldsymbol{K}^{\mathrm{T}}} \tag{3-1-15}$$

这就是由$\boldsymbol{X}$的协方差阵求它的两组函数$\boldsymbol{Y}$和$\boldsymbol{Z}$的互协方差阵的公式。

习惯上，将描述观测值$\boldsymbol{X}$的协方差阵$\boldsymbol{D}_{XX}$与观测值函数$\boldsymbol{Z}$的协方差阵$\boldsymbol{D}_{ZZ}$以及两组函数$\boldsymbol{Y}$和$\boldsymbol{Z}$的互协方差阵之间关系的公式(3-1-4)、(3-1-10)和(3-1-15)都称为协方差传播律。

因为

$$\boldsymbol{D}_{YZ} = \boldsymbol{D}_{ZY}^{\mathrm{T}},$$

所以

$$\underset{tr}{\boldsymbol{D}_{ZY}} = (\boldsymbol{F}\boldsymbol{D}_{XX}\boldsymbol{K}^{\mathrm{T}})^{\mathrm{T}} = \underset{tn}{\boldsymbol{K}}\,\underset{nn}{\boldsymbol{D}_{XX}}\,\underset{nr}{\boldsymbol{F}^{\mathrm{T}}}$$

如果 $Y = Z$，则式(3-1-15) 就变为式(3-1-10)，所以式(3-1-10) 也可以看做式(3-1-15) 的一种特殊情况。

例 3-4　设在一个三角形中，同精度独立观测得到三个内角 L_1、L_2、L_3，其中误差为 σ。试求将三角形闭合差平均分配后的各角 $\hat{L}_1$、$\hat{L}_2$、$\hat{L}_3$ 的协方差阵。

解：三角形闭合差由下式计算：

$$W = L_1 + L_2 + L_3 - 180°$$

而 $\hat{L}_1$、$\hat{L}_2$、$\hat{L}_3$ 为

$$\hat{L}_1 = L_1 - \frac{1}{3}W = \frac{2}{3}L_1 - \frac{1}{3}L_2 - \frac{1}{3}L_3 + 60°$$

$$\hat{L}_2 = L_2 - \frac{1}{3}W = -\frac{1}{3}L_1 + \frac{2}{3}L_2 - \frac{1}{3}L_3 + 60°$$

$$\hat{L}_3 = L_3 - \frac{1}{3}W = -\frac{1}{3}L_1 - \frac{1}{3}L_2 + \frac{2}{3}L_3 + 60°$$

所以

$$\hat{\boldsymbol{L}} = \begin{bmatrix} \hat{L}_1 \\ \hat{L}_2 \\ \hat{L}_3 \end{bmatrix} = \begin{bmatrix} 2/3 & -1/3 & -1/3 \\ -1/3 & 2/3 & -1/3 \\ -1/3 & -1/3 & 2/3 \end{bmatrix} \begin{bmatrix} L_1 \\ L_2 \\ L_3 \end{bmatrix} + \begin{bmatrix} 60 \\ 60 \\ 60 \end{bmatrix}$$

及

$$\boldsymbol{D}_{LL} = \begin{bmatrix} \sigma^2 & 0 & 0 \\ 0 & \sigma^2 & 0 \\ 0 & 0 & \sigma^2 \end{bmatrix}$$

应用式(3-1-10) 得 $\hat{L}$ 协方差阵为

$$\boldsymbol{D}_{\hat{L}\hat{L}} = \begin{bmatrix} 2/3 & -1/3 & -1/3 \\ -1/3 & 2/3 & -1/3 \\ -1/3 & -1/3 & 2/3 \end{bmatrix} \begin{bmatrix} \sigma^2 & 0 & 0 \\ 0 & \sigma^2 & 0 \\ 0 & 0 & \sigma^2 \end{bmatrix} \begin{bmatrix} 2/3 & -1/3 & -1/3 \\ -1/3 & 2/3 & -1/3 \\ -1/3 & -1/3 & 2/3 \end{bmatrix}$$

$$= \begin{bmatrix} 2/3\sigma^2 & -1/3\sigma^2 & -1/3\sigma^2 \\ -1/3\sigma^2 & 2/3\sigma^2 & -1/3\sigma^2 \\ -1/3\sigma^2 & -1/3\sigma^2 & 2/3\sigma^2 \end{bmatrix} = \begin{bmatrix} 2/3 & -1/3 & -1/3 \\ -1/3 & 2/3 & -1/3 \\ -1/3 & -1/3 & 2/3 \end{bmatrix} \sigma^2$$

从上式可见，分配闭合差后的各角 $\hat{L}_i$ 的中误差均为$\sqrt{2/3}\sigma$，而它们之间的协方差均为 $-1/3\sigma^2$。协方差为负，表示它们是负相关。因$\sqrt{2/3}\sigma < \sigma$，所以分配闭合差后的 $\hat{L}_i$ 其精度高于观测值 L_i。

如果在实际计算中，并不要求计算所有 $\hat{L}_i$ 的中误差以及它们之间的协方差，而只要计算其中个别元素，例如只要计算 $\hat{L}_2$ 的中误差和 $\hat{L}_3$ 关于 $\hat{L}_2$ 的协方差，则由式(3-1-10) 和式(3-1-15) 可写出

$$D_{\hat{L}_2\hat{L}_2} = k_2 D_{LL} k_2^{\mathrm{T}}$$
$$D_{\hat{L}_3\hat{L}_2} = k_3 D_{LL} k_2^{\mathrm{T}}$$

由上例可知

$$k_2 = \begin{bmatrix} -\frac{1}{3} & \frac{2}{3} & -\frac{1}{3} \end{bmatrix}$$
$$k_3 = \begin{bmatrix} -\frac{1}{3} & -\frac{1}{3} & \frac{2}{3} \end{bmatrix}$$

所以

$$\sigma_{\hat{L}_2}^2 = D_{\hat{L}_2\hat{L}_2} = \begin{bmatrix} -\frac{1}{3} & \frac{2}{3} & -\frac{1}{3} \end{bmatrix} \begin{bmatrix} \sigma^2 & 0 & 0 \\ 0 & \sigma^2 & 0 \\ 0 & 0 & \sigma^2 \end{bmatrix} \begin{bmatrix} -1/3 \\ 2/3 \\ -1/3 \end{bmatrix} = \frac{2}{3}\sigma^2$$

则

$$\sigma_{\hat{L}_2} = \sqrt{\frac{2}{3}}\sigma$$

而

$$D_{\hat{L}_3\hat{L}_2} = \begin{bmatrix} -\frac{1}{3} & -\frac{1}{3} & \frac{2}{3} \end{bmatrix} \begin{bmatrix} \sigma^2 & 0 & 0 \\ 0 & \sigma^2 & 0 \\ 0 & 0 & \sigma^2 \end{bmatrix} \begin{bmatrix} -1/3 \\ 2/3 \\ -1/3 \end{bmatrix} = -\frac{1}{3}\sigma^2$$

例 3-5 设有函数

$$\underset{t1}{Z} = \underset{tn}{F_1}\underset{n1}{X} + \underset{tr}{F_2}\underset{r1}{Y} \tag{3-1-16}$$

已知 X 和 Y 的协方差阵 $\underset{nn}{D_{XX}}$ 和 $\underset{rr}{D_{YY}}$，X 关于 Y 的互协方差阵为 $\underset{nr}{D_{XY}}$，求 Z 的方差阵 $\underset{tt}{D_{ZZ}}$ 和 Z 关于 X 及 Y 的互协方差阵 $\underset{tn}{D_{ZX}}$ 和 $\underset{tr}{D_{ZY}}$。

解： 将式(3-1-16) 写成

$$Z = \begin{bmatrix} F_1 & F_2 \end{bmatrix} \begin{bmatrix} X \\ Y \end{bmatrix}$$

则由协方差传播律式(3-1-10) 得

$$D_{ZZ} = \begin{bmatrix} F_1 & F_2 \end{bmatrix} \begin{bmatrix} D_{XX} & D_{XY} \\ D_{YX} & D_{YY} \end{bmatrix} \begin{bmatrix} F_1^{\mathrm{T}} \\ F_2^{\mathrm{T}} \end{bmatrix}$$

由此得

$$D_{ZZ} = F_1 D_{XX} F_1^{\mathrm{T}} + F_1 D_{XY} F_2^{\mathrm{T}} + F_2 D_{YX} F_1^{\mathrm{T}} + F_2 D_{YY} F_2^{\mathrm{T}} \tag{3-1-17}$$

而 X、Y 可写为

$$X = \begin{bmatrix} I & 0 \end{bmatrix} \begin{bmatrix} X \\ Y \end{bmatrix}, \quad Y = \begin{bmatrix} 0 & I \end{bmatrix} \begin{bmatrix} X \\ Y \end{bmatrix} \tag{3-1-18}$$

根据协方差传播律式(3-1-15) 得

$$\boldsymbol{D}_{ZX}=\begin{bmatrix}\boldsymbol{F}_1 & \boldsymbol{F}_2\end{bmatrix}\begin{bmatrix}\boldsymbol{D}_{XX} & \boldsymbol{D}_{XY}\\ \boldsymbol{D}_{YX} & \boldsymbol{D}_{YY}\end{bmatrix}\begin{bmatrix}\boldsymbol{I}\\ \boldsymbol{0}\end{bmatrix}$$

$$\boldsymbol{D}_{ZY}=\begin{bmatrix}\boldsymbol{F}_1 & \boldsymbol{F}_2\end{bmatrix}\begin{bmatrix}\boldsymbol{D}_{XX} & \boldsymbol{D}_{XY}\\ \boldsymbol{D}_{YX} & \boldsymbol{D}_{YY}\end{bmatrix}\begin{bmatrix}\boldsymbol{0}\\ \boldsymbol{I}\end{bmatrix}$$

因此

$$\begin{cases}\boldsymbol{D}_{ZX}=\boldsymbol{F}_1\boldsymbol{D}_{XX}+\boldsymbol{F}_2\boldsymbol{D}_{YX}\\ \boldsymbol{D}_{ZY}=\boldsymbol{F}_1\boldsymbol{D}_{XY}+\boldsymbol{F}_2\boldsymbol{D}_{YY}\end{cases}\tag{3-1-19}$$

当 $\boldsymbol{D}_{XY}=\boldsymbol{D}_{YX}^{\mathrm{T}}=0$ 时，则式(3-1-17) 和式(3-1-18) 变为

$$\begin{cases}\boldsymbol{D}_{ZZ}=\boldsymbol{F}_1\boldsymbol{D}_{XX}\boldsymbol{F}_1^{\mathrm{T}}+\boldsymbol{F}_2\boldsymbol{D}_{YY}\boldsymbol{F}_2^{\mathrm{T}}\\ \boldsymbol{D}_{ZX}=\boldsymbol{F}_1\boldsymbol{D}_{XX}\\ \boldsymbol{D}_{ZY}=\boldsymbol{F}_2\boldsymbol{D}_{YY}\end{cases}\tag{3-1-20}$$

由式(3-1-16) 得出式(3-1-17)，由式(3-1-16) 和式(3-1-18) 得出式(3-1-19)，其中有明显的计算规律，要注意掌握。

3.1.3　非线性函数的情况

设有观测值 $\underset{n1}{X}$ 的非线性函数

$$Z=f(X)\tag{3-1-21}$$

或写为

$$Z=f(X_1,\ X_2,\ \cdots,\ X_n)\tag{3-1-22}$$

已知 X 的协方差阵 $\boldsymbol{D}_{XX}$，欲求 Z 的方差 $\boldsymbol{D}_{ZZ}$。

假定观测值 X 有近似值 $\underset{n1}{\boldsymbol{X}^0}$

$$\boldsymbol{X}^0=[X_1^0\quad X_2^0\quad\cdots\quad X_n^0]^{\mathrm{T}}$$

则可将函数式(3-1-22) 按泰勒级数在点 X_1^0，X_2^0，…，X_n^0 处展开为

$$\begin{aligned}\boldsymbol{Z}=&f(X_1^0\quad X_2^0\quad\cdots\quad X_n^0)+\left(\frac{\partial f}{\partial X_1}\right)_0(X_1-X_1^0)\\&+\left(\frac{\partial f}{\partial X_2}\right)_0(X_2-X_2^0)+\cdots+\left(\frac{\partial f}{\partial X_n}\right)_0(X_n-X_n^0)+(\text{二次以上项})\end{aligned}\tag{3-1-23}$$

式中，$\left(\frac{\partial f}{\partial X_i}\right)_0$ 是函数对各个变量所取的偏导数，并以近似值 X^0 代入所算得的数值，它们都是常数，当 X^0 与 X 非常接近时，上式中二次以上各项很微小，故可以略去。因此，可将上式写为

$$Z=\left(\frac{\partial f}{\partial X_1}\right)_0X_1+\left(\frac{\partial f}{\partial X_2}\right)_0X_2+\cdots+\left(\frac{\partial f}{\partial X_n}\right)_0X_n+f(X_1^0\quad X_2^0\quad\cdots\quad X_n^0)-\sum_{i=1}^{n}\left(\frac{\partial f}{\partial X_i}\right)_0X_i^0\tag{3-1-24}$$

令

$$\boldsymbol{K}=[k_1\quad k_2\quad\cdots\quad k_n]=\left[\left(\frac{\partial f}{\partial X_1}\right)_0\quad\left(\frac{\partial f}{\partial X_2}\right)_0\quad\cdots\quad\left(\frac{\partial f}{\partial X_n}\right)_0\right]$$

$$k_0=f(X_1^0\quad X_2^0\quad\cdots\quad X_n^0)-\sum_{i=1}^{n}\left(\frac{\partial f}{\partial X_i}\right)_0 X_i^0 \tag{3-1-25}$$

则

$$Z=k_1X_1+k_2X_2+\cdots+k_nX_n+k_0=KX+k_0 \tag{3-1-26}$$

这样，就将非线性函数式(3-1-22)化成了线性函数式(3-1-26)，它与线性函数式(3-1-2)完全相同，故可以按(3-1-4)式求得 $\boldsymbol{Z}$ 的方差 $\boldsymbol{D}_{ZZ}$ 为

$$\boldsymbol{D}_{ZZ}=\boldsymbol{K}\boldsymbol{D}_{XX}\boldsymbol{K}^{\mathrm{T}} \tag{3-1-27}$$

如果令

$$\begin{cases}\mathrm{d}\boldsymbol{X}_i=X_i-X_i^0\quad(i=1,\ 2,\ \cdots,\ n)\\ \mathrm{d}\boldsymbol{X}=(\mathrm{d}X_1\quad \mathrm{d}X_2\quad\cdots\quad \mathrm{d}X_n)^{\mathrm{T}}\\ \mathrm{d}\boldsymbol{Z}=\boldsymbol{Z}-Z^0=\boldsymbol{Z}-f(X_1^0,\ X_2^0,\ \cdots,\ X_n^0)\end{cases} \tag{3-1-28}$$

则(3-1-24)式可写为

$$\mathrm{d}Z=\left(\frac{\partial f}{\partial X_1}\right)_0\mathrm{d}X_1+\left(\frac{\partial f}{\partial X_2}\right)_0\mathrm{d}X_2+\cdots+\left(\frac{\partial f}{\partial X_n}\right)_0\mathrm{d}X_n=K\mathrm{d}X \tag{3-1-29}$$

易知，上式是非线性函数(3-1-22)式的全微分。因为根据(3-1-26)式应用协方差传播律(3-1-4)式求 D_{ZZ} 时，只要求知道式中的系数阵 K，所以，为了求非线性函数的方差，只要对它先求全微分并将非线性函数化成线性函数形式，再按协方差传播律就可求得该函数的方差。

如果有 t 个非线性函数

$$\begin{cases}Z_1=f_1(X_1,\ X_2,\ \cdots,\ X_n)\\ Z_2=f_2(X_1,\ X_2,\ \cdots,\ X_n)\\ \cdots\cdots\cdots\cdots\cdots\cdots\cdots\cdots\\ Z_t=f_t(X_1,\ X_2,\ \cdots,\ X_n)\end{cases} \tag{3-1-30}$$

将 t 个函数求全微分得

$$\begin{cases}\mathrm{d}Z_1=\left(\frac{\partial f_1}{\partial X_1}\right)_0\mathrm{d}X_1+\left(\frac{\partial f_1}{\partial X_2}\right)_0\mathrm{d}X_2+\cdots+\left(\frac{\partial f_1}{\partial X_n}\right)_0\mathrm{d}X_n\\ \mathrm{d}Z_2=\left(\frac{\partial f_2}{\partial X_1}\right)_0\mathrm{d}X_1+\left(\frac{\partial f_2}{\partial X_2}\right)_0\mathrm{d}X_2+\cdots+\left(\frac{\partial f_2}{\partial X_n}\right)_0\mathrm{d}X_n\\ \cdots\cdots\cdots\cdots\cdots\cdots\cdots\cdots\cdots\cdots\cdots\cdots\\ \mathrm{d}Z_t=\left(\frac{\partial f_t}{\partial X_1}\right)_0\mathrm{d}X_1+\left(\frac{\partial f_t}{\partial X_2}\right)_0\mathrm{d}X_2+\cdots+\left(\frac{\partial f_t}{\partial X_n}\right)_0\mathrm{d}X_n\end{cases} \tag{3-1-31}$$

若记

$$\underset{t1}{\boldsymbol{Z}} = \begin{bmatrix} Z_1 \\ Z_2 \\ \vdots \\ Z_t \end{bmatrix}, \quad \mathrm{d}\underset{t1}{\boldsymbol{Z}} = \begin{bmatrix} \mathrm{d}Z_1 \\ \mathrm{d}Z_2 \\ \vdots \\ \mathrm{d}Z_t \end{bmatrix}$$

$$\underset{tn}{\boldsymbol{K}} = \begin{bmatrix} \left(\frac{\partial f_1}{\partial X_1}\right)_0 & \left(\frac{\partial f_1}{\partial X_2}\right)_0 & \cdots & \left(\frac{\partial f_1}{\partial X_n}\right)_0 \\ \left(\frac{\partial f_2}{\partial X_1}\right)_0 & \left(\frac{\partial f_2}{\partial X_2}\right)_0 & \cdots & \left(\frac{\partial f_2}{\partial X_n}\right)_0 \\ \vdots & \vdots & & \vdots \\ \left(\frac{\partial f_t}{\partial X_1}\right)_0 & \left(\frac{\partial f_t}{\partial X_2}\right)_0 & \cdots & \left(\frac{\partial f_t}{\partial X_n}\right)_0 \end{bmatrix} \tag{3-1-32}$$

则有

$$\mathrm{d}\boldsymbol{Z} = \boldsymbol{K}\mathrm{d}\boldsymbol{X} \tag{3-1-33}$$

亦可按式(3-1-10) 求得 $\underset{t1}{\boldsymbol{Z}}$ 的协方差阵

$$\boldsymbol{D}_{ZZ} = \boldsymbol{K}\boldsymbol{D}_{XX}\boldsymbol{K}^{\mathrm{T}} \tag{3-1-34}$$

同样，若还有函数

$$\begin{cases} Y_1 = F_1(X_1, X_2, \cdots, X_n) \\ Y_2 = F_2(X_1, X_2, \cdots, X_n) \\ \cdots\cdots\cdots\cdots\cdots\cdots\cdots\cdots \\ Y_r = F_r(X_1, X_2, \cdots, X_n) \end{cases} \tag{3-1-35}$$

记

$$\underset{r1}{\boldsymbol{Y}} = \begin{bmatrix} Y_1 \\ Y_2 \\ \vdots \\ Y_x \end{bmatrix}, \quad \mathrm{d}\underset{r1}{\boldsymbol{Y}} = \begin{bmatrix} \mathrm{d}Y_1 \\ \mathrm{d}Y_2 \\ \vdots \\ \mathrm{d}Y_r \end{bmatrix}, \quad \underset{rn}{\boldsymbol{F}} = \begin{bmatrix} \left(\frac{\partial F_1}{\partial X_1}\right)_0 & \left(\frac{\partial F_1}{\partial X_2}\right)_0 & \cdots & \left(\frac{\partial F_1}{\partial X_n}\right)_0 \\ \left(\frac{\partial F_2}{\partial X_1}\right)_0 & \left(\frac{\partial F_2}{\partial X_2}\right)_0 & \cdots & \left(\frac{\partial F_2}{\partial X_n}\right)_0 \\ \vdots & \vdots & & \vdots \\ \left(\frac{\partial F_r}{\partial X_1}\right)_0 & \left(\frac{\partial F_r}{\partial X_2}\right)_0 & \cdots & \left(\frac{\partial F_r}{\partial X_n}\right)_0 \end{bmatrix} \tag{3-1-36}$$

则有

$$\mathrm{d}\boldsymbol{Y} = \boldsymbol{F}\mathrm{d}\boldsymbol{X} \tag{3-1-37}$$

按式(3-1-10) 和式(3-1-15) 可得到

$$\begin{cases} \boldsymbol{D}_{YY} = \boldsymbol{F}\boldsymbol{D}_{XX}\boldsymbol{F}^{\mathrm{T}} \\ \boldsymbol{D}_{YZ} = \boldsymbol{F}\boldsymbol{D}_{XX}\boldsymbol{K}^{\mathrm{T}} \end{cases} \tag{3-1-38}$$

例 3-6　图 3-3 所示为一块土地面积按比例尺的放样，图中全部内角均已知为直角，给定数据为

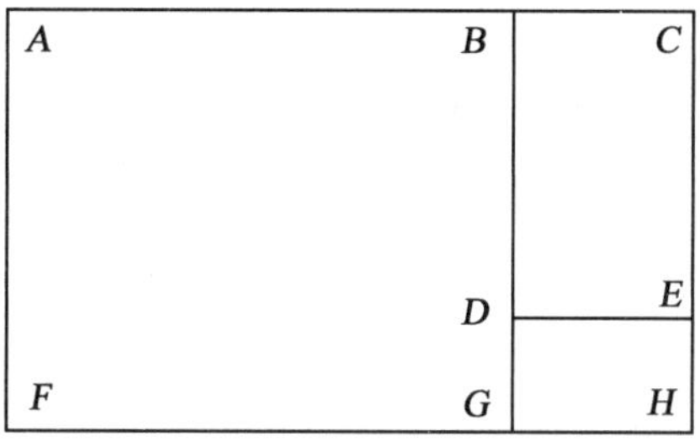

图 3-3　土地面积示意图

$$\overline{FH}=y_1=7\text{cm},\ \overline{BC}=y_2=2\text{cm}$$

$$\overline{HE}=x_1=1\text{cm},\ \overline{CE}=x_2=3\text{cm}$$

$$\boldsymbol{Y}=(y_1\quad y_2)^{\mathrm{T}},\ \boldsymbol{D}_{YY}=\begin{bmatrix}2&1\\1&2\end{bmatrix}(\text{mm}^2)$$

$$\boldsymbol{X}=(x_1\quad x_2)^{\mathrm{T}},\ \boldsymbol{D}_{XX}=\begin{bmatrix}2&1\\1&2\end{bmatrix}(\text{mm}^2)$$

$$\boldsymbol{D}_{XY}=0$$

试计算矩形 $ABFG$ 的面积 Z 及其方差。

解:

$$Z=(y_1-y_2)(x_1+x_2)=20(\text{cm}^2)$$

对 Z 全微分得

$$\mathrm{d}Z=(y_1-y_2)(\mathrm{d}x_1+\mathrm{d}x_2)+(x_1+x_2)(\mathrm{d}y_1-\mathrm{d}y_2)$$

令 $\mathrm{d}x=(\mathrm{d}x_1+\mathrm{d}x_2)$， $\mathrm{d}y=(\mathrm{d}y_1-\mathrm{d}y_2)$，则上式为

$$\mathrm{d}Z=(y_1-y_2)\mathrm{d}x+(x_1+x_2)\mathrm{d}y$$

按协方差传播律式(3-1-4) 得 Z 的方差为

$$\sigma_Z^2=(y_1-y_2)^2\sigma_x^2+(x_1+x_2)^2\sigma_y^2$$

式中顾及 $D_{XY}=0$。其中

$$\sigma_x^2=\sigma_{x_1}^2+\sigma_{x_2}^2+2\sigma_{x_1x_2}$$

$$\sigma_y^2=\sigma_{y_1}^2+\sigma_{y_2}^2-2\sigma_{y_1y_2}$$

最后得

$$\begin{aligned}\sigma_Z^2&=(y_1-y_2)^2\left(\sigma_{x_1}^2+\sigma_{x_2}^2+2\sigma_{x_1x_2}\right)+(x_1+x_2)^2\left(\sigma_{y_1}^2+\sigma_{y_2}^2-2\sigma_{y_1y_2}\right)\\&=25(0.02+0.02+0.02)+16(0.02+0.02-0.02)\\&=1.82\text{cm}^4\end{aligned}$$

$$\sigma_Z=1.3\text{cm}^2$$

例 3-7　设在三角形 ABC(如图 3-4) 中，观测三个内角 L_1、L_2、L_3，将闭合差平均分配后得到的各角之值为

$$\hat{L}_1=40°10'30''$$

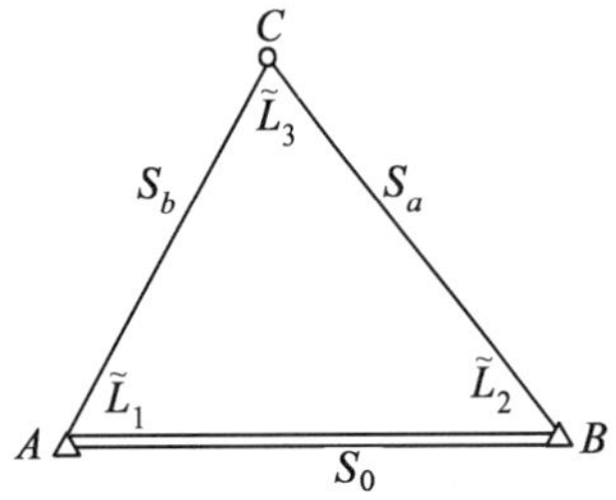

图 3-4　三角形

$$\hat{L}_2 = 50°05'20''$$

$$\hat{L}_3 = 89°44'10''$$

按例 3-4 的方法求得它们的协方差阵为

$$D_{\hat{L}\hat{L}} = \begin{bmatrix} 6 & -3 & -3 \\ -3 & 6 & -3 \\ -3 & -3 & 6 \end{bmatrix} \quad (\text{单位：秒}^2)$$

已知边长 $S_0 = 1500.000\text{m}$(无误差)，试求 S_a、S_b 的长度和它们的协方差阵 $\boldsymbol{D}_{SS}$。

解：边长 S_a、S_b 可按下式计算：

$$S_a = S_0 \frac{\sin\hat{L}_1}{\sin\hat{L}_3} = 1500.00 \times \frac{0.6451244}{0.9999894} = 967.697\text{m}$$

$$S_b = S_0 \frac{\sin\hat{L}_2}{\sin\hat{L}_3} = 1500.00 \times \frac{0.7670407}{0.9999894} = 1150.573\text{m}$$

为了求它们的协方差阵，要对上述函数式进行全微分，也可以先将函数式取对数，再求全微分，本题解算用对数形式较为简便。

现对函数式取自然对数，得

$$\ln S_a = \ln S_0 + \ln \sin\hat{L}_1 - \ln \sin\hat{L}_3$$

$$\ln S_b = \ln S_0 + \ln \sin\hat{L}_2 - \ln \sin\hat{L}_3$$

对上式取全微分得

$$\frac{\mathrm{d}S_a}{S_a} = \frac{\cos\hat{L}_1}{\sin\hat{L}_1}\mathrm{d}\hat{L}_1 - \frac{\cos\hat{L}_3}{\sin\hat{L}_3}\mathrm{d}\hat{L}_3$$

$$\frac{\mathrm{d}S_b}{S_b} = \frac{\cos\hat{L}_2}{\sin\hat{L}_2}\mathrm{d}\hat{L}_2 - \frac{\cos\hat{L}_3}{\sin\hat{L}_3}\mathrm{d}\hat{L}_3$$

或为

$$\mathrm{d}S_a = S_a\cot\hat{L}_1\mathrm{d}\hat{L}_1 - S_a\cot\hat{L}_3\mathrm{d}\hat{L}_3$$

$$\mathrm{d}S_b = S_b\cot\hat{L}_2\mathrm{d}\hat{L}_2 - S_b\cot\hat{L}_3\mathrm{d}\hat{L}_3$$

写成矩阵形式

$$\mathrm{d}\boldsymbol{S} = \begin{bmatrix} \mathrm{d}S_a \\ \mathrm{d}S_b \end{bmatrix} = \begin{bmatrix} S_a\cot\hat{L}_1 & 0 & -S_a\cot\hat{L}_3 \\ 0 & S_b\cot\hat{L}_2 & -S_b\cot\hat{L}_3 \end{bmatrix} \begin{bmatrix} \mathrm{d}\hat{L}_1 \\ \mathrm{d}\hat{L}_2 \\ \mathrm{d}\hat{L}_3 \end{bmatrix}$$

按式(3-1-10)就可得到 $\boldsymbol{D}_{SS}$，但在代入数值时必须注意，上式中的 $\mathrm{d}\hat{L}_i$ 是以弧度为单位的，当所给的角度中误差(或方差、协方差)是度分秒单位系统时，则应除以 ρ(或

ρ^2，$\rho = 180°/\pi$)，将其单位化为弧度系统。本例中的 $\boldsymbol{D}_{\hat{L}\hat{L}}$ 是以秒^2 为单位的，故有

$$\boldsymbol{D}_{SS} = \frac{1}{(206 \times 10^3)^2}\begin{bmatrix} 1146 & 0 & -4 \\ 0 & 962 & -5 \end{bmatrix}\begin{bmatrix} 6 & -3 & -3 \\ -3 & 6 & -3 \\ -3 & -3 & 6 \end{bmatrix}\begin{bmatrix} 1146 & 0 \\ 0 & 962 \\ -4 & -5 \end{bmatrix}$$

$$= \frac{1}{(206 \times 10^3)^2}\begin{bmatrix} 6888 & -3462 & -3426 \\ -2871 & 5787 & -2916 \end{bmatrix}\begin{bmatrix} 1146 & 0 \\ 0 & 962 \\ -4 & -5 \end{bmatrix}\mathrm{m}^2$$

$$= \begin{bmatrix} 1.86 & -0.77 \\ -0.77 & 1.32 \end{bmatrix}\mathrm{cm}^2$$

所以 S_a 和 S_b 的中误差和协方差分别为

$$\sigma_{S_a} = 1.36\mathrm{cm}$$
$$\sigma_{S_b} = 1.15\mathrm{cm}$$
$$\sigma_{S_aS_b} = -0.77\mathrm{cm}^2$$

通过本例可以看出：

(1) 有些函数可以先取对数再求全微分较为方便；

(2) 偏导数$\left(\frac{\partial f}{\partial X_i}\right)_0$ 的数值是用 X 的近似值代入后算出的；

(3) 用数值代入计算时，应注意各项的单位要统一。

根据以上非线性函数的协方差的计算过程，可以总结出应用协方差传播律的计算规则为：

(1) 按要求写出函数式，如 $Z_i = f_i(X_1, X_2, \cdots, X_n)$，　$(i = 1, 2, \cdots, t)$；

(2) 对函数式求全微分，得

$$\mathrm{d}Z_i = \left(\frac{\partial f_i}{\partial X_1}\right)_0 \mathrm{d}X_1 + \left(\frac{\partial f_i}{\partial X_2}\right)_0 \mathrm{d}X_2 + \cdots + \left(\frac{\partial f_i}{\partial X_n}\right)_0 \mathrm{d}X_n, \quad (i = 1, 2, \cdots, t);$$

(3) 将微分关系写成矩阵形式

$$\underset{t1}{\mathrm{d}\boldsymbol{Z}} = \underset{tn}{\boldsymbol{K}}\,\underset{n1}{\mathrm{d}\boldsymbol{X}}$$

其中

$$\underset{t1}{\mathrm{d}\boldsymbol{Z}} = \begin{bmatrix} \mathrm{d}Z_1 \\ \mathrm{d}Z_2 \\ \vdots \\ \mathrm{d}Z_t \end{bmatrix}, \quad \underset{tn}{\boldsymbol{K}} = \begin{bmatrix} \left(\frac{\partial f_1}{\partial X_1}\right)_0 & \left(\frac{\partial f_1}{\partial X_2}\right)_0 & \cdots & \left(\frac{\partial f_1}{\partial X_n}\right)_0 \\ \left(\frac{\partial f_2}{\partial X_1}\right)_0 & \left(\frac{\partial f_2}{\partial X_2}\right)_0 & \cdots & \left(\frac{\partial f_2}{\partial X_n}\right)_0 \\ \vdots & \vdots & & \vdots \\ \left(\frac{\partial f_t}{\partial X_1}\right)_0 & \left(\frac{\partial f_t}{\partial X_2}\right)_0 & \cdots & \left(\frac{\partial f_t}{\partial X_n}\right)_0 \end{bmatrix}$$

(4) 应用协方差传播律式(3-1-4)、式(3-1-10) 或式(3-1-15) 求方差或协方差阵。

按最小二乘法进行平差，其主要内容之一是评定精度，即评定观测值及观测值函数

的精度。协方差传播律正是用来求观测值函数的中误差和协方差的基本公式。在以后有关平差计算的几章中，都是以协方差传播律为基础，分别推导适用于不同平差方法的精度计算公式的。

3.2　协方差传播律的应用

3.2.1　水准测量的精度

经 N 个测站测定 A、B 两水准点间的高差，其中第 i 站的观测高差为 h_i，则 A、B 两水准点间的总高差 h_{AB} 为

$$h_{AB} = h_1 + h_2 + \cdots + h_N \tag{3-2-1}$$

设各测站观测高差是精度相同的独立观测值，其方差均为 $\sigma_{站}^2$，则可由协方差传播律式(3-1-5)并顾及 $\sigma_{ij} = 0(i \neq j)$ 或式(2-1-16)，求得 h_{AB} 的方差 $\sigma_{h_{AB}}^2$ 为

$$\sigma_{h_{AB}}^2 = \sigma_{站}^2 + \sigma_{站}^2 + \cdots + \sigma_{站}^2 = N\sigma_{站}^2$$

由此得中误差 $\sigma_{h_{AB}}$ 为

$$\sigma_{h_{AB}} = \sqrt{N}\sigma_{站} \tag{3-2-2}$$

若水准路线敷设在平坦地区，前后两测站间的距离 s 大致相等，设 A、B 间的距离为 S，则测站数 $N = S/s$，代入上式得

$$\sigma_{h_{AB}} = \sqrt{\frac{S}{s}}\sigma_{站} \tag{3-2-3}$$

如果 $S = 1\text{km}$，s 以 km 为单位，则 1 公里的测站数为

$$N_{公里} = \frac{1}{s}$$

而 1 公里观测高差的中误差即为

$$\sigma_{公里} = \sqrt{\frac{1}{s}}\sigma_{站} \tag{3-2-4}$$

所以，距离为 S 公里的 A、B 两点的观测高差的中误差为

$$\sigma_{h_{AB}} = \sqrt{S}\sigma_{公里} \tag{3-2-5}$$

(3-2-2)和(3-2-5)两式是水准测量中计算高差中误差的基本公式。由式(3-2-2)可知，当各测站高差的观测精度相同时，水准测量高差的中误差与测站数的平方根成正比；由式(3-2-5)可知，当各测站的距离大致相等时，水准测量高差的中误差与距离的平方根成正比。

3.2.2　同精度独立观测值的算术平均值的精度

设对某量以同精度独立观测了 N 次，得观测值 L_1，L_2，…，L_N，它们的中误差均等于 σ。则 N 个观测值的算术平均值 x 为

$$x = \frac{1}{N}\sum_{i=1}^{N} L_i = \frac{1}{N}L_1 + \frac{1}{N}L_2 + \cdots + \frac{1}{N}L_N \tag{3-2-6}$$

由协方差传播律式(3-1-6)知，平均值 x 的方差为

$$\sigma_x^2 = \frac{1}{N^2}\sigma^2 + \frac{1}{N^2}\sigma^2 + \cdots + \frac{1}{N^2}\sigma^2 = \frac{1}{N}\sigma^2$$

或中误差为

$$\sigma_x = \frac{1}{\sqrt{N}}\sigma \tag{3-2-7}$$

即 N 个同精度独立观测值的算术平均值的中误差等于各观测值的中误差除以 $\sqrt{N}$。

3.2.3 若干独立误差的联合影响

测量工作中经常会遇到这种情况：一个观测结果同时受到许多独立误差的联合影响。例如照准误差、读数误差、目标偏心误差和仪器偏心误差对测角的影响。在这种情况下，观测结果的真误差是各个独立误差的代数和，即

$$\Delta_Z = \Delta_1 + \Delta_2 + \cdots + \Delta_n$$

由于这里的真误差是相互独立的，各种误差的出现都是纯属偶然(随机)的，因而也可由式(3-1-5)并顾及 $\sigma_{ij} = 0(i \neq j)$ 得出它们之间的方差关系式

$$\sigma_Z^2 = \sigma_1^2 + \sigma_2^2 + \cdots + \sigma_n^2 \tag{3-2-8}$$

即观测结果的方差 σ_Z^2，等于各独立误差所对应的方差之和。

3.2.4 交会定点的精度

图 3-5 表示用侧方交会法测定点 P 的位置。图中 A、B 为已知点。边长 S_0 和坐标方位角 α_0 认为是没有误差的，设独立观测值为 L_1 和 L_2，它们的中误差均为 σ。交会点 P 的坐标(x, y)由以下公式计算

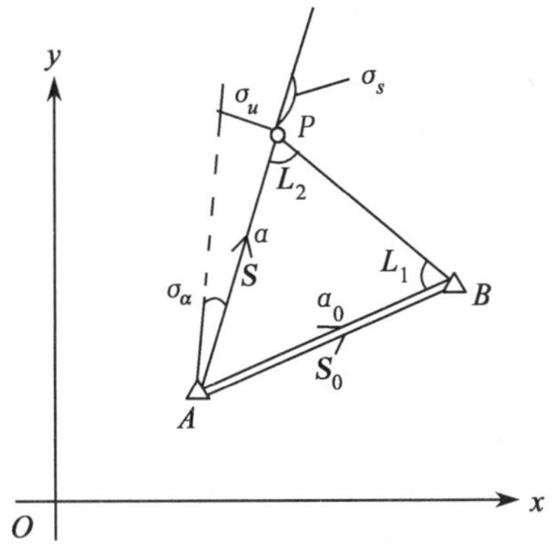

图 3-5 侧方交会示意图及纵、横方向误差对 P 点的影响

$$\begin{cases} S = S_0 \dfrac{\sin L_1}{\sin L_2} \\ \alpha = \alpha_0 - (180^\circ - L_1 - L_2) \\ x = x_A + S\cos\alpha \\ y = y_A + S\sin\alpha \end{cases} \tag{3-2-9}$$

式中，S 为 AB 边的边长，α 为它的方位角。

为了求得交会点 P 的坐标(x, y) 的中误差和协方差，可以先求边长 S 和方位角 α 的方差和协方差。为此，由式(3-2-9) 中的第一、第二式求全微分可得

$$\begin{aligned} dS &= S_0 \frac{\cos L_1}{\sin L_2}\frac{dL_1}{\rho} - S_0 \frac{\sin L_1 \cos L_2}{\sin^2 L_2}\frac{dL_2}{\rho} \\ &= S\cot L_1 \frac{dL_1}{\rho} - S\cot L_2 \frac{dL_2}{\rho} \end{aligned}$$

$$d\alpha = dL_1 + dL_2$$

即得

$$\begin{bmatrix} dS \\ d\alpha \end{bmatrix} = \begin{bmatrix} \dfrac{S}{\rho}\cot L_1 & -\dfrac{S}{\rho}\cot L_2 \\ 1 & 1 \end{bmatrix} \begin{bmatrix} dL_1 \\ dL_2 \end{bmatrix} \tag{3-2-10}$$

因

$$\boldsymbol{D}_{LL} = \begin{bmatrix} \sigma^2 & 0 \\ 0 & \sigma^2 \end{bmatrix}$$

所以 S、α 的协方差阵为

$$\begin{aligned} \begin{bmatrix} \sigma_S^2 & \sigma_{S\alpha} \\ \sigma_{\alpha S} & \sigma_\alpha^2 \end{bmatrix} &= \begin{bmatrix} \dfrac{S}{\rho}\cot L_1 & -\dfrac{S}{\rho}\cot L_2 \\ 1 & 1 \end{bmatrix} \begin{bmatrix} \sigma^2 & 0 \\ 0 & \sigma^2 \end{bmatrix} \begin{bmatrix} \dfrac{S}{\rho}\cot L_1 & 1 \\ -\dfrac{S}{\rho}\cot L_2 & 1 \end{bmatrix} \\ &= \begin{bmatrix} \dfrac{S^2}{\rho^2}(\cot^2 L_1 + \cot^2 L_2) & \dfrac{S}{\rho}(\cot L_1 - \cot L_2) \\ \dfrac{S}{\rho}(\cot L_1 - \cot L_2) & 2 \end{bmatrix} \sigma^2 \end{aligned} \tag{3-2-11}$$

即

$$\begin{cases} \sigma_S^2 = \dfrac{S^2}{\rho^2}(\cot^2 L_1 + \cot^2 L_2)\sigma^2 \\ \sigma_\alpha^2 = 2\sigma^2 \\ \sigma_{S\alpha} = \dfrac{S}{\rho}(\cot L_1 - \cot L_2)\sigma^2 \end{cases} \tag{3-2-12}$$

再由式(3-2-9) 的第三、第四式取全微分得

$$dx = \cos\alpha dS - S\sin\alpha \frac{d\alpha}{\rho}$$

$$dy = \sin\alpha dS + S\cos\alpha \frac{d\alpha}{\rho}$$

上式写为

$$\begin{bmatrix} dx \\ dy \end{bmatrix} = \begin{bmatrix} \cos\alpha & -\frac{S}{\rho}\sin\alpha \\ \sin\alpha & \frac{S}{\rho}\cos\alpha \end{bmatrix} \begin{bmatrix} dS \\ d\alpha \end{bmatrix} \tag{3-2-13}$$

故 P 点坐标(x, y)的协方差阵为

$$\begin{bmatrix} \sigma_x^2 & \sigma_{xy} \\ \sigma_{yx} & \sigma_y^2 \end{bmatrix} = \begin{bmatrix} \cos\alpha & -\frac{S}{\rho}\sin\alpha \\ \sin\alpha & \frac{S}{\rho}\cos\alpha \end{bmatrix} \begin{bmatrix} \sigma_S^2 & \sigma_{S\alpha} \\ \sigma_{\alpha S} & \sigma_\alpha^2 \end{bmatrix} \begin{bmatrix} \cos\alpha & \sin\alpha \\ -\frac{S}{\rho}\sin\alpha & \frac{S}{\rho}\cos\alpha \end{bmatrix}$$

将式(3-2-11)代入上式，整理后可得

$$\left\{\begin{aligned} \sigma_x^2 &= \left(\cos^2\alpha\sigma_S^2 - \frac{2S}{\rho}\sin\alpha\cos\alpha\sigma_{\alpha S} + \frac{S^2}{\rho^2}\sin^2\alpha\sigma_\alpha^2\right) \\ &= [\cos^2\alpha(\cot^2 L_1 + \cot^2 L_2) - \sin2\alpha(\cot L_1 - \cot L_2) + 2\sin^2\alpha]\frac{S^2\sigma^2}{\rho^2} \\ \sigma_y^2 &= \left(\sin^2\alpha\sigma_S^2 + \frac{2S}{\rho}\sin\alpha\cos\alpha\sigma_\alpha + \frac{S^2}{\rho^2}\cos^2\alpha\sigma_\alpha^2\right) \\ &= [\sin^2\alpha(\cot^2 L_1 + \cot^2 L_2) + \sin2\alpha(\cot L_1 - \cot L_2) + 2\cos^2\alpha]\frac{S^2\sigma^2}{\rho^2} \\ \sigma_{xy} &= \left[\cos\alpha\sin\alpha\sigma_S^2 + \frac{S}{\rho}(\cos^2\alpha - \sin^2\alpha)\sigma_{\alpha S} - \frac{S^2}{\rho^2}\sin\alpha\cos\alpha\sigma_\alpha^2\right] \\ &= \left[\frac{1}{2}\sin2\alpha(\cot^2 L_1 + \cot^2 L_2 - 2) + \cos2\alpha(\cot L_1 - \cot L_2)\right]\frac{S^2\sigma^2}{\rho^2} \end{aligned}\right. \tag{3-2-14}$$

在测量工作中，常用点位方差来衡量交会点的精度，点位方差等于该点在两个互相垂直方向上的方差之和，因此，交会点 P 的点位方差为

$$\sigma_P^2 = \sigma_x^2 + \sigma_y^2 \tag{3-2-15}$$

将式(3-2-14)代入上式，可得

$$\sigma_P^2 = \frac{S^2\sigma^2}{\rho^2}(\cot^2 L_1 + \cot^2 L_2 + 2) \tag{3-2-16}$$

另外，图 3-5 中交会点 P 在 AP 边上边长方差 σ_S^2 称为纵向方差，而在它的垂直方向的方差 σ_u^2 称为横向方差。横向方差 σ_u^2 是由 AP 边的坐标方位角 α 的方差 σ_α^2 引起的，由图 3-5 可知

$$\sigma_u = \frac{S\sigma_\alpha}{\rho}, \quad \sigma_u^2 = \frac{S^2\sigma_\alpha^2}{\rho^2}$$

所以，点位方差也可由 σ_S^2 和 σ_u^2 来计算。即

$$\sigma_P^2 = \sigma_S^2 + \sigma_u^2 = \sigma_S^2 + \frac{S^2\sigma_\alpha^2}{\rho^2} \tag{3-2-17}$$

将式(3-2-12)的结果代入上式，也得

$$\sigma_P^2 = \frac{S^2\sigma^2}{\rho^2}(\cot^2 L_1 + \cot^2 L_2 + 2)$$

P 点点位中误差为

$$\sigma_P = \frac{S}{\rho}\sqrt{(\cot^2 L_1 + \cot^2 L_2 + 2)}\,\sigma \tag{3-2-18}$$

3.2.5　GIS 线元要素的方差

图 3-6 中，设已知直线两端点数字化坐标为 $A(x_1, y_1)$，$B(x_2, y_2)$，其协方差阵为

$$\boldsymbol{D} = \begin{bmatrix} \sigma_{x_1}^2 & \sigma_{x_1y_1} & \sigma_{x_1x_2} & \sigma_{x_1y_2} \\ \sigma_{x_1y_1} & \sigma_{y_1}^2 & \sigma_{y_1x_2} & \sigma_{y_1y_2} \\ \sigma_{x_1x_2} & \sigma_{y_1x_2} & \sigma_{x_2}^2 & \sigma_{x_2y_2} \\ \sigma_{x_1y_2} & \sigma_{y_1y_2} & \sigma_{x_2y_2} & \sigma_{y_2}^2 \end{bmatrix}$$

试求在 AB 直线上 $AP = S_1$ 的 P 点坐标(x, y)及其协方差阵。

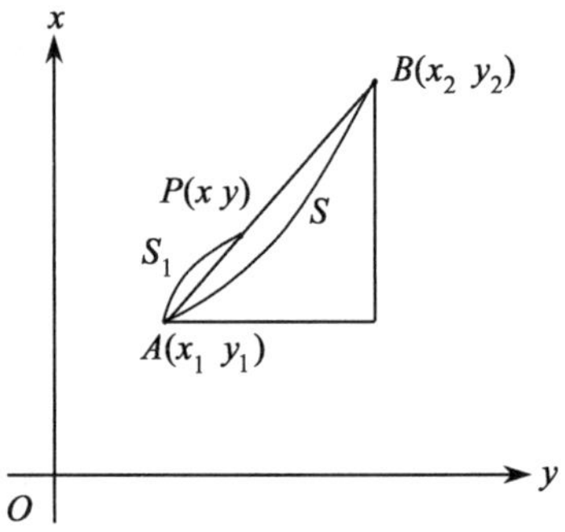

图 3-6　直线上任意点线元要素的影响

由图 3-6 知

$$\begin{cases} x = x_1 + \Delta x_{AP} = x_1 + \dfrac{S_1}{S}(x_2 - x_1) = (1 - r_1)x_1 + r_1x_2 \\ y = y_1 + \Delta y_{AP} = y_1 + \dfrac{S_1}{S}(y_2 - y_1) = (1 - r_1)y_1 + r_1y_2 \end{cases} \tag{3-2-19}$$

式中，比例数 $r_1 = \dfrac{S_1}{S}$ 视为无误差，则 P 点坐标的方差为

$$\begin{cases} \sigma_x^2 = (1 - r_1)^2\sigma_{x_1}^2 + r_1^2\sigma_{x_2}^2 + 2(1 - r_1)r_1\sigma_{x_1x_2} \\ \sigma_y^2 = (1 - r_1)^2\sigma_{y_1}^2 + r_1^2\sigma_{y_2}^2 + 2(1 - r_1)r_1\sigma_{y_1y_2} \\ \sigma_{xy} = (1 - r_1)^2\sigma_{x_1y_1} + (1 - r_1)r_1\sigma_{x_1y_2} + (1 - r_1)r_1\sigma_{x_2y_1} + r_1^2\sigma_{x_2y_2} \end{cases} \tag{3-2-20}$$

以上就是计算直线 AB 上任意点的坐标及其方差、协方差的一般公式。

3.2.6　时间观测序列平滑平均值的方差

设有等时间间隔观测序列

$$X_1,\ X_2,\ \cdots,\ X_{i-1},\ X_i,\ X_{i+1},\ \cdots,\ X_{n-1},\ X_n$$

为对序列进行平滑，取三点滑动，其平均值为

$$\overline{X}_{i-1}=\frac{1}{3}(X_{i-2}+X_{i-1}+X_i)$$

$$\overline{X}_i=\frac{1}{3}(X_{i-1}+X_i+X_{i+1})$$

$$\overline{X}_{i+1}=\frac{1}{3}(X_i+X_{i+1}+X_{i+2})$$

已知观测序列为等精度独立观测序列，各观测值中误差为 σ，协方差 $\sigma_{ij}=0(i\neq j)$，试求各滑动平均值的方差及它们之间的协方差。

其函数式为

$$\boldsymbol{\overline{X}}=\begin{bmatrix}\overline{X}_{i-1}\\ \overline{X}_i\\ \overline{X}_{i+1}\end{bmatrix}=\begin{bmatrix}1/3 & 1/3 & 1/3 & 0 & 0\\ 0 & 1/3 & 1/3 & 1/3 & 0\\ 0 & 0 & 1/3 & 1/3 & 1/3\end{bmatrix}\begin{bmatrix}X_{i-2}\\ X_{i-1}\\ X_i\\ X_{i+1}\\ X_{i+2}\end{bmatrix}$$

由协方差传播律得

$$\boldsymbol{D}_{\overline{X}}=\frac{1}{3}\begin{bmatrix}1 & 1 & 1 & 0 & 0\\ 0 & 1 & 1 & 1 & 0\\ 0 & 0 & 1 & 1 & 1\end{bmatrix}\sigma^2\begin{bmatrix}1 & 0 & 0 & 0 & 0\\ 0 & 1 & 0 & 0 & 0\\ 0 & 0 & 1 & 0 & 0\\ 0 & 0 & 0 & 1 & 0\\ 0 & 0 & 0 & 0 & 1\end{bmatrix}\begin{bmatrix}1 & 0 & 0\\ 1 & 1 & 0\\ 1 & 1 & 1\\ 0 & 1 & 1\\ 0 & 0 & 1\end{bmatrix}\frac{1}{3}$$

$$=\frac{1}{9}\begin{bmatrix}3 & 2 & 1\\ 2 & 3 & 2\\ 1 & 2 & 3\end{bmatrix}\sigma^2$$

亦即

$$\sigma_{\overline{X}_{i-1}}=\sigma_{\overline{X}_i}=\sigma_{\overline{X}_{i+1}}=\sigma\sqrt{\frac{1}{3}}$$

$$\sigma_{\overline{X}_{i-1}\overline{X}_i}=\sigma_{\overline{X}_i\overline{X}_{i+1}}=\frac{2}{9}\sigma^2,\quad \sigma_{\overline{X}_{i-1},\ \overline{X}_{i+1}}=\frac{1}{9}\sigma^2$$

3.3 权与定权的常用方法

如 2.4 小节所述，一定的观测条件就对应着一定的误差分布，而一定的误差分布就对应着一个确定的方差(或中误差)。因此，方差是表征精度的一个绝对的数字指标。为了比较各观测值之间的精度，除了可以应用方差外，还可以通过方差之间的比例关系来衡量观测值之间的精度的高低。这种表示各观测值方差之间比例关系的数字特征称为权。所以，权是表征精度的相对的数字指标。

在测量实际工作中，平差计算之前，精度的绝对数字指标(方差) 往往是不知道的，而精度的相对的数值(指权)却可以根据事先给定的条件予以确定，然后根据平差的结果估算出表征精度的绝对的数字指标(方差)。因此，权在平差计算中将起着很重要的作用。本节将先给出权的定义，讨论权的一些性质，然后介绍测量工作中常用的几种定权方法。

3.3.1　权的定义

设有一组不相关观测值 $L_i(i=1,2,\cdots,n)$，它们的方差为 $\sigma_i^2(i=1,2,\cdots,n)$，如选定任一常数 σ_0，则定义

$$p_i=\frac{\sigma_0^2}{\sigma_i^2} \tag{3-3-1}$$

并称 p_i 为观测值 L_i 的权。

由权的定义式(3-3-1)可以写出各观测值的权之间的比例关系为

$$\begin{aligned}p_1:p_2:\cdots:p_n&=\frac{\sigma_0^2}{\sigma_1^2}:\frac{\sigma_0^2}{\sigma_2^2}:\cdots:\frac{\sigma_0^2}{\sigma_n^2}\\&=\frac{1}{\sigma_1^2}:\frac{1}{\sigma_2^2}:\cdots:\frac{1}{\sigma_n^2}\end{aligned} \tag{3-3-2}$$

可见，对于一组观测值，其权之比等于相应方差的倒数之比，这就表明，方差(或中误差)愈小，其权愈大；或者说，精度愈高，其权愈大。因此，权可以作为比较观测值之间的精度高低的一种指标。

就普遍情况而言，式(3-3-1)中的方差 σ_i^2，可以是同一个量的观测值的方差，也可以是不同量的观测值的方差。就是说，用权来比较各观测值之间的精度高低，不限于是对同一个量的观测值，同样也适用于对不同量的观测值。

在式(3-3-1)中，σ_0 是可以任意选定的常数，例如在图 3-7 的水准网中，已知各条路线的距离为 $S_1=1.5\text{km}$，$S_2=2.5\text{km}$，$S_3=2.0\text{km}$，$S_4=4.0\text{km}$，$S_5=3.0\text{km}$。

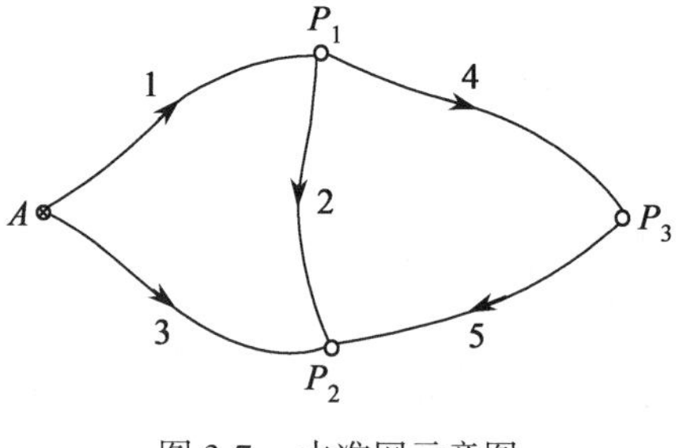

图 3-7　水准网示意图

在该水准网中，如果我们并不知道每公里观测高差中误差的具体数值，而只知道每公里观测高差的精度相同，例如，水准网中的所有水准路线都是按同一等级的水准测量规范的技术要求进行观测的，那么，一般就可认为每公里观测高差的精度是相同的，此

时若假定每公里观测高差的中误差为 $\sigma_{公里}$，则根据协方差传播律可知，各线路观测高差的中误差为

$$\sigma_1=\sqrt{1.5}\sigma_{公里},\quad \sigma_2=\sqrt{2.5}\sigma_{公里},\quad \sigma_3=\sqrt{2.0}\sigma_{公里},$$
$$\sigma_4=\sqrt{4.0}\sigma_{公里},\quad \sigma_5=\sqrt{3.0}\sigma_{公里},$$

如令 $\sigma_0=\sigma_5=\sqrt{3.0}\sigma_{公里}$，代入式(3-3-1)，则得

$$p_1=2.0,\quad p_2=1.2,\quad p_3=1.5,\quad p_4=0.75,\quad p_5=1.0$$

可以看出，在上述事先给定的条件之下(即每公里观测高差的精度相同，各路线的距离不等)，由于 $\sigma_i=\sqrt{S_i}\sigma_{公里}$，其中 $\sigma_{公里}$ 是一个定值，S_i 为第 i 条线路的公里数，当 S_i 愈小时，则 σ_i 愈小，而其对应的权则愈大，反之亦然。所以，通过权的大小可以反映各观测高差的精度高低。

若另选 $\sigma_0=\sigma_1=\sqrt{1.5}\sigma_{公里}$，则得

$$p'_1=1.0,\quad p'_2=0.6,\quad p'_3=0.75,\quad p'_4=0.375,\quad p'_5=0.5$$

这一组权虽然由于所取的 σ_0 值不同，其大小与前一组不同，但各路线的权之比例相同，它们同样能反映各观测高差间的精度高低。

由以上例子可知，对于一组已知中误差的观测值而言：

(1) 选定了一个 σ_0 值，即有一组对应的权。或者说，有一组权，必有一个对应的 σ_0 值。

(2) 一组观测值的权，其大小是随 σ_0 的不同而异，但不论选用何值，权之间的比例关系始终不变。如果设观测值 $L_i(i=1,2,\cdots,n)$ 对于选定的 σ_0 和 σ'_0 的权分别为 p_i 和 $p'_i(i=1,2,\cdots,n)$，则有

$$p_1:p_2:\cdots:p_n=p'_1:p'_2:\cdots:p'_n$$

例如，前述的两组权之比为

$$2.0:1.2:1.5:0.75:1.0=1.0:0.6:0.75:0.375:0.5$$

(3) 为了使权能起到比较精度高低的作用，在同一问题中只能选定一个 σ_0 值，不能同时选用几个不同的 σ_0 值，否则就破坏了权之间的比例关系。

(4) 只要事先给定了一定的观测条件，例如，已知每公里观测高差的精度相同和各水准线路的公里数，则不一定要知道每公里观测高差精度的具体数值，就可以确定出权的数值。

由以上讨论可知，方差是用来反映观测值的绝对精度的，而权仅是用来比较各观测值相互之间精度高低的比例数。因而，权的意义，不在于它们本身数值的大小，而重要的是它们之间所存在的比例关系。

3.3.2 单位权中误差

从以上所述来看，σ_0 只起着一个比例常数的作用，但 σ_0 值一经选定，它还有着具体的含义。

在上述的水准网的前一组权 p_i 中，因令 $\sigma_0=\sigma_5$，实际上就是以路线为 S_5 的观测

高差 h_5 的精度作为标准，其他观测高差的精度都是和它进行比较的。因此，h_5 的权 $p_5=1$，而其他的观测高差的权，则是以 p_5 作为单位而确定出来的。同样，在后一组权 p_i' 中，因令 $\sigma_0=\sigma_1$，故 $p_1'=1$，其他观测高差的权，就是以 p_1' 作为单位而确定出来的。由此可见，凡是中误差等于 σ_0 的观测值，其权必然等于1；或者说，权为1的观测值的中误差必然等于 σ_0。因此，通常称 σ_0 为单位权中误差，而 σ_0^2 称为单位权方差或方差因子，把权等于1的观测值，称为单位权观测值。例如，在上例中，前一组权中的 $p_5=1$，此时是令 $\sigma_0=\sigma_5$，所以 σ_5 就是单位权中误差，h_5 就是单位权观测值，而后一组权中的 $p_1'=1$，此时是令 $\sigma_0=\sigma_1$，所以 σ_1 就是单位权中误差，h_1 就是单位权观测值。

因为 σ_0 可以是任意选定的某一个常数，故所选定的 σ_0 也可能不等于某一个具体观测值的中误差。例如，对于上述水准网，若选定 $\sigma_0=\sqrt{6}\sigma_{公里}$，则可求得一组权为

$$p_1''=4.0,\quad p_2''=2.4,\quad p_3''=3.0,\quad p_4''=1.5,\quad p_5''=2.0$$

这时，σ_0 不再是5个观测值中某一个的中误差，因而，也就不出现数值为1的权。所以，为了实际的需要或计算上的方便，可以选取某一假定的观测值作为单位权观测值，以这个假定观测值的中误差作为单位权中误差。如这里选 $\sigma_0=\sqrt{6}\sigma_{公里}$，它是代表路线长度为6km的观测高差的中误差，因此，路线长度为6km的观测高差就是单位权观测值，它的中误差就是单位权的中误差。

在确定一组同类元素的观测值的权时，所选取的单位权中误差 σ_0 的单位，一般是与观测值中误差的单位相同的，由于权是单位权中误差平方与观测值中误差平方之比，所以，权一般是一组无量纲的数值，也就是说，在这种情况下权是没有单位的。但如果需要确定权的观测值(或它们的函数) 包含有两种以上的不同类型元素时，情况就不同了。定其权的观测值(或它们的函数) 包含角度和长度，它们的中误差的单位分别为"秒" 和"毫米"，若选取的单位权中误差的单位是秒，即与角度观测值的中误差单位相同，那么，各个角度观测值的权是无量纲(或无单位) 的，而长度观测值的权的量纲则为"秒^2/mm^2"。这种情况在平差计算中是会常常遇到的。

3.3.3　测量上确定权的常用方法举例

前面已经提到，在测量实际工作中，往往是要根据事先给定的条件，先确定出各观测值的权，也就是先确定它们精度的相对数字指标，然后通过平差计算，一方面求出各观测值的平差值，另一方面求出它们精度的绝对数字指标。下面将从权的定义式(3-3-1) 及式(3-3-2) 出发，对于测量作业中经常遇到的几种情况，导出其实用的定权公式。这些定权方法称为定权的常用方法。

1. 水准测量的权

设在图3-8所示的水准网中，有 $n(=7)$ 条水准路线，现沿每一条路线测定两点间的高差，得各路线的观测高差为 h_1，h_2，…，h_n，各路线的测站数分别为 N_1，N_2，…，N_n。

设每一测站观测高差的精度相同，其中误差均为σ_0，则由式(3-2-2)知，各路线观测高差的中误差为

$$\sigma_i = \sqrt{N_i}\sigma_{站} \quad (i = 1, 2, \cdots, n) \tag{3-3-3}$$

如以p_i代表h_i的权，并设单位权中误差为

$$\sigma_0 = \sqrt{C}\sigma_{站} \tag{3-3-4}$$

则将式(3-3-3)和式(3-3-4)代入式(3-3-1)可得

$$p_i = \frac{C}{N_i} \quad (i = 1, 2, \cdots, n) \tag{3-3-5}$$

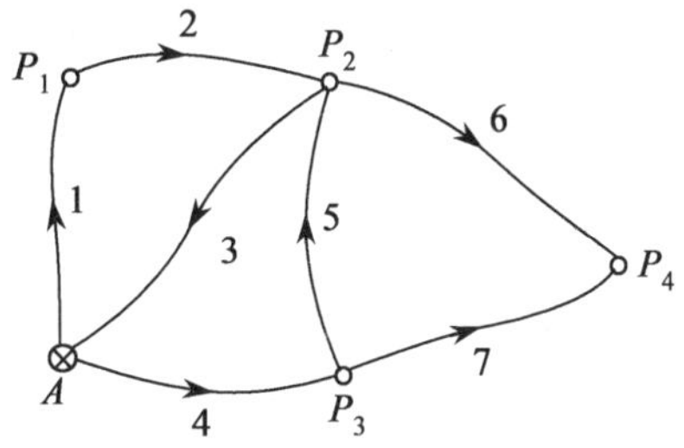

图 3-8　水准网示意图

且有关系

$$p_1 : p_2 : \cdots : p_n = \frac{C}{N_1} : \frac{C}{N_2} : \cdots : \frac{C}{N_n} = \frac{1}{N_1} : \frac{1}{N_2} : \cdots : \frac{1}{N_n} \tag{3-3-6}$$

即当各测站的观测高差为同精度时，各路线的权与测站数成反比。

由式(3-3-5)可知，如果某段高差的测站数$N_i = 1$，则它的权为

$$p_i = C$$

而当$p_i = 1$时，有

$$N_i = C$$

可见，常数C有两个意义：①C是1测站的观测高差的权；②C是单位权观测高差的测站数。

例3-8　设在图3-8的水准网中，已知各路线的测站数分别为40，25，50，20，40，50，25。试确定各路线所测得的高差的权。

解： 设$C = 100$，即取100个测站的观测高差为单位权观测值，由式(3-3-5)得

$$p_1 = \frac{100}{40} = 2.5, \quad p_2 = \frac{100}{25} = 4.0, \quad p_3 = \frac{100}{50} = 2.0$$

$$p_4 = \frac{100}{20} = 5.0, \quad p_5 = \frac{100}{40} = 2.5, \quad p_6 = \frac{100}{50} = 2.0$$

$$p_7 = \frac{100}{25} = 4.0$$

在水准测量中，如已知一公里的观测高差的中误差均相等，设为$\sigma_{公里}$，又已知各路线的距离为S_1，S_2，…，S_n，则由式(3-2-5)知各路线观测高差的中误差为

$$\sigma_i = \sqrt{S_i}\sigma_{公里} \tag{3-3-7}$$

若令

$$\sigma_0 = \sqrt{C}\sigma_{公里} \tag{3-3-8}$$

则得

$$p_i = \frac{C}{S_i} \quad (i = 1, 2, \cdots, n) \tag{3-3-9}$$

$$p_1 : p_2 : \cdots : p_n = \frac{C}{S_1} : \frac{C}{S_2} : \cdots : \frac{C}{S_n} = \frac{1}{S_1} : \frac{1}{S_2} : \cdots : \frac{1}{S_n} \tag{3-3-10}$$

即当每公里观测高差为同精度时，各路线观测高差的权与距离的公里数成反比。

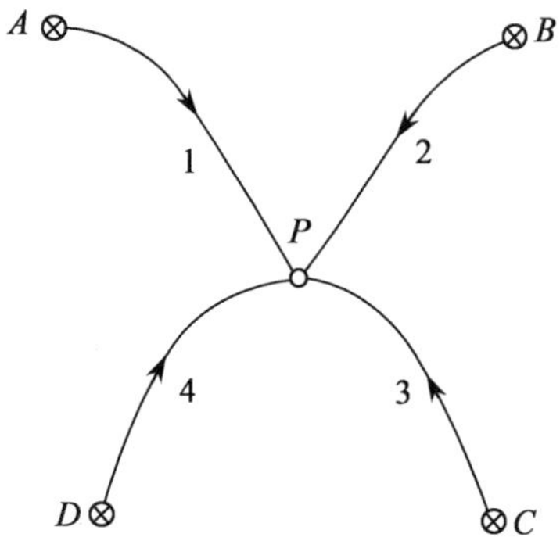

图 3-9　水准网示意图

由式(3-3-9)可知，若 $S_i = 1$，则 $p_i = C$，而当 $p_i = 1$ 时，$S_i = C$，可见，这里的 C 的意义是：①C 是一公里观测高差的权；②C 是单位权观测高差的线路公里数。

例 3-9　在图 3-9 中，各水准路线的长度为 $S_1 = 3.0\text{km}$，$S_2 = 6.0\text{km}$，$S_3 = 2.0\text{km}$，$S_4 = 1.5\text{km}$。设每公里观测高差的精度相同，已知第 4 条路线观测高差的权为 3，试求其他各路线观测高差的权。

解： 因 $p_4 = \dfrac{C}{S_4}$，所以

$$C = p_4 S_4 = 1.5 \times 3 = 4.5$$

故有

$$p_1 = \frac{C}{S_1} = \frac{4.5}{3.0} = 1.5$$

$$p_2 = \frac{C}{S_2} = \frac{4.5}{6.0} = 0.75$$

$$p_3 = \frac{C}{S_3} = \frac{4.5}{2.0} = 2.25$$

在水准测量中，究竟用水准路线的距离 S 定权，还是用测站数 N 定权，这要视具体情况而定。一般说来，起伏不大的地区，每公里的测站数大致相同，则可按水准路线的距离定权；而在起伏较大的地区，每公里的测站数相差较大，则按测站数定权。

2. 同精度观测值的算术平均值的权

设有 L_1，L_2，…，L_n，它们分别是 N_1，N_2，…，N_n 次同精度观测值的平均值，若每次观测的中误差均为 σ，则由式(3-2-7)可知，L_i 的中误差为

$$\sigma_i = \frac{\sigma}{\sqrt{N_i}} \quad (i = 1, 2, \cdots, n) \tag{3-3-11}$$

令

$$\sigma_0 = \frac{\sigma}{\sqrt{C}} \tag{3-3-12}$$

则由权的定义可得 L_i 的权 p_i 为

$$p_i = \frac{N_i}{C} \quad (i = 1, 2, \cdots, n) \tag{3-3-13}$$

即由不同次数的同精度观测值所算得的算术平均值，其权与观测次数成正比。

若令 $N_i = 1$，则 $C = \frac{1}{p_i}$；当 $p_i = 1$ 时，$C = N_i$。所以 C 也有两个意义：①C 是一次观测的权倒数；②C 是单位权观测值的观测次数。

显然 C 可以任意假定，但不论 C 取何值，权的比例关系不会改变，C 一经确定，单位权观测值也就确定了。

以上几种常用的定权方法的共同特点是，虽然它们都是以权的定义式(3-3-1)为依据的，但是在实际定权时，并不需要知道各观测值方差的具体数字，而只要应用测站数、公里数等就可以定权了。需要强调的是，在用这些方法定权时，必须注意它们的前提条件，例如，用测站数来定观测高差的权时，必须满足"每测站观测高差的精度均相等"这一前提条件，否则，就不能应用这个定权公式。

3.4　协因数阵与权阵

权是一种比较观测值之间相对精度高低的指标，当然，也可以用权来比较各个观测值函数之间的精度。因此，同3.1小节一样，也存在根据观测值的权来求观测值函数权的问题。

协方差传播律是通过协方差的运算规律导出的，由于权与方差成反比，所以，可以通过协方差传播律来导出求观测值函数之权的计算法则。但在导出这种法则之前，还需要阐述协因数和协因数阵的概念。

3.4.1　协因数

由权的定义知道，观测值的权与它的方差成反比，设有观测值 L_i 和 L_j，它们的方差分别为 σ_i^2 和 σ_j^2，它们之间的协方差为 σ_{ij}，我们令

$$\begin{cases} Q_{ii} = \dfrac{1}{p_i} = \dfrac{\sigma_i^2}{\sigma_0^2} \\ Q_{jj} = \dfrac{1}{p_j} = \dfrac{\sigma_j^2}{\sigma_0^2} \\ Q_{ij} = \dfrac{\sigma_{ij}}{\sigma_0^2} \end{cases} \tag{3-4-1}$$

或写为

$$\begin{cases} \sigma_i^2 = \sigma_0^2 Q_{ii} \\ \sigma_j^2 = \sigma_0^2 Q_{jj} \\ \sigma_{ij} = \sigma_0^2 Q_{ij} \end{cases} \tag{3-4-2}$$

称 Q_{ii} 和 Q_{jj} 分别为 L_i 和 L_j 的协因数，而称 Q_{ij} 为 L_i 关于 L_j 的协因数。在式(3-4-1) 和(3-4-2) 式中，σ_0 仍然是单位权中误差。

由(3-4-1) 式或(3-4-2) 式可知，观测值的协因数 Q_{ii} 和 Q_{jj} 与方差成正比，而协因数 Q_{ij}(相关权倒数) 与协方差成正比。容易理解，协因数 Q_{ii}，Q_{jj} 与权 p_i 和 p_j 有类似的作用，它们是比较观测值精度高低的一种指标，而协因数 Q_{ij} 是比较观测值之间相关程度的一种指标。

3.4.2　协因数阵

将协因数的概念扩充，假定有观测向量 $\underset{n1}{\boldsymbol{X}}$ 和 $\underset{r1}{\boldsymbol{Y}}$，它们的方差分别为 $\underset{nn}{\boldsymbol{D}_{XX}}$ 和 $\underset{rr}{\boldsymbol{D}_{YY}}$，$X$ 关于 Y 的协方差阵为 $\boldsymbol{D}_{XY}$，令

$$\underset{nn}{\boldsymbol{Q}_{XX}}=\frac{1}{\sigma_0^2}\underset{nn}{\boldsymbol{D}_{XX}}=\begin{bmatrix}\dfrac{\sigma_{x_1}^2}{\sigma_0^2} & \cdots & \dfrac{\sigma_{x_1x_n}}{\sigma_0^2}\\ \vdots & & \vdots\\ \dfrac{\sigma_{x_nx_1}}{\sigma_0^2} & \cdots & \dfrac{\sigma_{x_n}^2}{\sigma_0^2}\end{bmatrix}=\begin{bmatrix}Q_{x_1x_1} & \cdots & Q_{x_1x_n}\\ \vdots & & \vdots\\ Q_{x_nx_1} & \cdots & Q_{x_nx_n}\end{bmatrix}$$

$$\underset{rr}{\boldsymbol{Q}_{YY}}=\frac{1}{\sigma_0^2}\underset{rr}{\boldsymbol{D}_{YY}}=\begin{bmatrix}\dfrac{\sigma_{y_1}^2}{\sigma_0^2} & \cdots & \dfrac{\sigma_{y_1y_r}}{\sigma_0^2}\\ \vdots & & \vdots\\ \dfrac{\sigma_{y_ry_1}}{\sigma_0^2} & \cdots & \dfrac{\sigma_{y_r}^2}{\sigma_0^2}\end{bmatrix}=\begin{bmatrix}Q_{y_1y_1} & \cdots & Q_{y_1y_r}\\ \vdots & & \vdots\\ Q_{y_ry_1} & \cdots & Q_{y_ry_r}\end{bmatrix}$$

$$\underset{nr}{\boldsymbol{Q}_{XY}}=\frac{1}{\sigma_0^2}\underset{nr}{\boldsymbol{D}_{XY}}=\begin{bmatrix}\dfrac{\sigma_{x_1y_1}}{\sigma_0^2} & \cdots & \dfrac{\sigma_{x_1y_r}}{\sigma_0^2}\\ \vdots & & \vdots\\ \dfrac{\sigma_{x_ny_1}}{\sigma_0^2} & \cdots & \dfrac{\sigma_{x_ny_r}}{\sigma_0^2}\end{bmatrix}=\begin{bmatrix}Q_{x_1y_1} & \cdots & Q_{x_1y_r}\\ \vdots & & \vdots\\ Q_{x_ny_1} & \cdots & Q_{x_ny_r}\end{bmatrix}\tag{3-4-3}$$

或写为

$$\begin{cases}\underset{nn}{\boldsymbol{D}_{XX}}=\sigma_0^2\boldsymbol{Q}_{XX}\\ \underset{rr}{\boldsymbol{D}_{YY}}=\sigma_0^2\boldsymbol{Q}_{YY}\\ \underset{nr}{\boldsymbol{D}_{XY}}=\sigma_0^2\boldsymbol{Q}_{XY}\end{cases}\tag{3-4-4}$$

则称 $\boldsymbol{Q}_{XX}$ 和 $\boldsymbol{Q}_{YY}$ 分别为 X 和 Y 的协因数阵，而称 $\boldsymbol{Q}_{XY}$ 为 X 关于 Y 的互协因数阵。由权的定义可以看出，协因数阵 $\boldsymbol{Q}_{XX}$ 中的对角元素就是各个 X_i 的权倒数，相应地它的非对角元素就称为 X_i 关于 $X_j(i\neq j)$ 的相关权倒数，而 $\boldsymbol{Q}_{XY}$ 中的元素就是 X_i 关于 Y_j 的相关权倒

数，所以，也称$\boldsymbol{Q}_{XX}$和$\boldsymbol{Q}_{YY}$为X和Y的权逆阵，而称互协因数阵$\boldsymbol{Q}_{XY}$为X关于Y的相关权逆阵。因$\boldsymbol{D}_{YX}=\boldsymbol{D}_{XY}^{\mathrm{T}}$，所以$\boldsymbol{Q}_{YX}=\boldsymbol{Q}_{XY}^{\mathrm{T}}$。当$\boldsymbol{Q}_{XY}=\boldsymbol{Q}_{YX}^{\mathrm{T}}=\boldsymbol{0}$时，$X$和$Y$是两个相互独立的观测向量。

若记

$$\boldsymbol{Z}=\begin{bmatrix}X\\Y\end{bmatrix}$$

则$\boldsymbol{Z}$的方差阵$\boldsymbol{D}_{ZZ}$和协因数阵(权逆阵)$\boldsymbol{Q}_{ZZ}$为

$$\begin{cases}\boldsymbol{D}_{ZZ}=\begin{bmatrix}D_{XX} & D_{XY}\\ D_{YX} & D_{YY}\end{bmatrix}\\ \boldsymbol{Q}_{ZZ}=\begin{bmatrix}Q_{XX} & Q_{XY}\\ Q_{YX} & Q_{YY}\end{bmatrix}\end{cases}\tag{3-4-5}$$

且有

$$\begin{cases}\boldsymbol{Q}_{ZZ}=\dfrac{1}{\sigma_0^2}\boldsymbol{D}_{ZZ}\\ \boldsymbol{D}_{ZZ}=\sigma_0^2\boldsymbol{Q}_{XX}\end{cases}\tag{3-4-6}$$

3.4.3　权阵

一个观测值的权与其协因数互为倒数：

$$\boldsymbol{Q}_{ii}=\frac{1}{p_i}=p_i^{-1}\tag{3-4-7}$$

扩展到n维，可定义n维向量$\boldsymbol{X}$的权阵为

$$\boldsymbol{P}_{XX}=\boldsymbol{Q}_{XX}^{-1}=\begin{bmatrix}p_{11} & \cdots & p_{1n}\\ \vdots & & \vdots\\ p_{n1} & \cdots & p_{nn}\end{bmatrix}\tag{3-4-8}$$

$\boldsymbol{P}_{XX}$也为对称方阵，$\boldsymbol{P}_{XX}\boldsymbol{Q}_{XX}=I$。

协因数与权互为倒数，协因数阵与权阵互为逆矩阵。

设有独立观测值$L_i(i=1, 2, \cdots, n$，下同)，其方差为σ_i^2，权为p_i，单位权方差为σ_0^2，现组成向量和矩阵

$$\underset{n1}{\boldsymbol{L}}=\begin{bmatrix}L_1\\L_2\\ \vdots\\L_n\end{bmatrix},\quad \underset{nn}{\boldsymbol{D}_{LL}}=\begin{bmatrix}\sigma_1^2 & 0 & \cdots & 0\\ 0 & \sigma_1^2 & \cdots & 0\\ \vdots & \vdots & & \vdots\\ 0 & 0 & \cdots & \sigma_1^2\end{bmatrix},\quad \underset{nn}{\boldsymbol{P}_{LL}}=\begin{bmatrix}p_1 & 0 & \cdots & 0\\ 0 & p_2 & \cdots & 0\\ \vdots & \vdots & & \vdots\\ 0 & 0 & \cdots & p_n\end{bmatrix}$$

则由式(3-4-3)知，L的协因数阵为

$$\underset{nn}{\boldsymbol{Q}_{LL}}=\frac{1}{\sigma_0^2}\boldsymbol{D}_{LL}=\begin{bmatrix}\frac{\sigma_1^2}{\sigma_0^2} & 0 & \cdots & 0\\ 0 & \frac{\sigma_2^2}{\sigma_0^2} & \cdots & 0\\ \vdots & \vdots & & \vdots\\ 0 & 0 & \cdots & \frac{\sigma_n^2}{\sigma_0^2}\end{bmatrix}=\begin{bmatrix}Q_{11} & 0 & \cdots & 0\\ 0 & Q_{22} & \cdots & 0\\ \vdots & \vdots & & \vdots\\ 0 & 0 & \cdots & Q_{nn}\end{bmatrix}=\begin{bmatrix}\frac{1}{p_1} & 0 & \cdots & 0\\ 0 & \frac{1}{p_2} & \cdots & 0\\ \vdots & \vdots & & \vdots\\ 0 & 0 & \cdots & \frac{1}{p_n}\end{bmatrix}=\boldsymbol{P}^{-1}$$

当观测值互不相关时，协因数阵和权阵均为对角阵，协因数阵主对角线上的元素为观测值的协因数，权阵主对角线上的元素为观测值的权。

需指出的是，当观测值相关时，协因数阵和权阵均不是对角阵，协因数阵主对角线上的元素 Q_{ii} 仍为观测值 L_i 的权倒数。但权阵主对角线上的元素并不是观测值的权，因为(3-4-8) 式中的 $P_{ii}\neq\frac{1}{Q_{ii}}$，权阵 $\boldsymbol{P}_{LL}$ 的各个元素也不再有权的意义了。但是，相关观测量的权阵在平差计算的公式中，也能起到同独立观测向量的权阵一样的作用，故仍将 $\boldsymbol{P}_{LL}$ 称为权阵。

例 3-10　已知观测向量 $\underset{21}{\boldsymbol{L}}=[L_1\quad L_2]^{\mathrm{T}}$ 的协因数阵为 $\boldsymbol{Q}=\begin{bmatrix}2 & -1\\ -1 & 3\end{bmatrix}$，求 $\boldsymbol{L}$ 的权阵 $\boldsymbol{P}$，观测值 $\boldsymbol{L}_1$ 的权 $\boldsymbol{P}_1$。

解：L 的权阵 $\boldsymbol{P}=\boldsymbol{Q}^{-1}=\begin{bmatrix}2 & -1\\ -1 & 3\end{bmatrix}^{-1}=\frac{1}{5}\begin{bmatrix}3 & 1\\ 1 & 2\end{bmatrix}$，$L_1$ 的权 $\boldsymbol{P}_1=\boldsymbol{Q}_{11}^{-1}=\frac{1}{2}$。

3.5　协因数传播律

由协因数和协因数阵的定义可知，协因数阵可以由协方差阵乘上常数 $1/\sigma_0^2$ 得到，而且，观测向量的协因数阵的对角元素是相应的权倒数。因此，有了协因数和协因数阵的概念，根据协方差传播律，可以方便地得到由观测向量的协因数阵求其函数的协因数阵的计算公式，从而也就得到了函数的权。

设有观测值 X，已知它的协因数阵为 $\boldsymbol{Q}_{XX}$，又设有 X 的函数 Y 和 Z

$$\begin{cases}Y=FX+F^0\\ Z=KX+K^0\end{cases}\tag{3-5-1}$$

下面根据协方差传播律式(3-1-10) 和式(3-1-15)，来导出由 $\boldsymbol{Q}_{XX}$ 求 $\boldsymbol{Q}_{YY}$、$\boldsymbol{Q}_{ZZ}$ 和 $\boldsymbol{Q}_{ZY}$ 的公式。

假定 X 的方差阵为 $\boldsymbol{D}_{XX}$，单位权方差为 σ_0^2，则按协方差传播律式(3-1-10) 知，Y 和 Z 的协方差阵为

$$\begin{cases}\boldsymbol{D}_{YY}=\boldsymbol{F}\boldsymbol{D}_{XX}\boldsymbol{F}^{\mathrm{T}}\\ \boldsymbol{D}_{ZZ}=\boldsymbol{K}\boldsymbol{D}_{XX}\boldsymbol{K}^{\mathrm{T}}\end{cases}\tag{3-5-2}$$

由式(3-1-15) 知 $\boldsymbol{Y}$ 关于 $\boldsymbol{Z}$ 的互协方差阵为

$$\boldsymbol{D}_{YZ}=\boldsymbol{F}\boldsymbol{D}_{XX}\boldsymbol{K}^{\mathrm{T}} \tag{3-5-3}$$

而由式(3-4-4)知

$$\begin{cases}\boldsymbol{D}_{XX}=\sigma_0^2\boldsymbol{Q}_{XX}, & \boldsymbol{D}_{YY}=\sigma_0^2\boldsymbol{Q}_{YY}\\ \boldsymbol{D}_{ZZ}=\sigma_0^2\boldsymbol{Q}_{ZZ}, & \boldsymbol{D}_{YZ}=\sigma_0^2 Q_{YZ}\end{cases} \tag{3-5-4}$$

将上式代入式(3-5-2)及式(3-5-3)，得

$$\begin{cases}\sigma_0^2\boldsymbol{Q}_{YY}=\boldsymbol{F}(\sigma_0^2\boldsymbol{Q}_{XX})\boldsymbol{F}^{\mathrm{T}}\\ \sigma_0^2\boldsymbol{Q}_{ZZ}=\boldsymbol{K}(\sigma_0^2\boldsymbol{Q}_{XX})\boldsymbol{K}^{\mathrm{T}}\end{cases} \tag{3-5-5}$$

$$\sigma_0^2\boldsymbol{Q}_{YZ}=\boldsymbol{F}(\sigma_0^2\boldsymbol{Q}_{XX})\boldsymbol{K}^{\mathrm{T}} \tag{3-5-6}$$

再将(3-5-5)和(3-5-6)两式都除以 σ_0^2，即得

$$\begin{cases}\boldsymbol{Q}_{YY}=\boldsymbol{F}\boldsymbol{Q}_{XX}\boldsymbol{F}^{\mathrm{T}}\\ \boldsymbol{Q}_{ZZ}=\boldsymbol{K}\boldsymbol{Q}_{XX}\boldsymbol{K}^{\mathrm{T}}\\ \boldsymbol{Q}_{YZ}=\boldsymbol{F}\boldsymbol{Q}_{XX}\boldsymbol{K}^{\mathrm{T}}\end{cases} \tag{3-5-7}$$

这就是观测值的协因数阵与其线性函数的协因数阵的关系式，通常称之为协因数传播律，或称之为权逆阵传播律。式(3-5-7)在形式上与协方差传播律相同，所以将协方差传播律与协因数传播律合称为广义传播律。

如果 Y 和 Z 的各个分量都是 X 的非线性函数

$$\begin{cases}\boldsymbol{Y}=\begin{bmatrix}Y_1\\Y_2\\ \vdots\\Y_r\end{bmatrix}=\begin{bmatrix}F_1(X_1,X_2,\cdots,X_n)\\F_2(X_1,X_2,\cdots,X_n)\\ \vdots\\F_r(X_1,X_2,\cdots,X_n)\end{bmatrix}\\ \boldsymbol{Z}=\begin{bmatrix}Z_1\\Z_2\\ \vdots\\Z_t\end{bmatrix}=\begin{bmatrix}f_1(X_1,X_2,\cdots,X_n)\\f_2(X_1,X_2,\cdots,X_n)\\ \vdots\\f_t(X_1,X_2,\cdots,X_n)\end{bmatrix}\end{cases} \tag{3-5-8}$$

也可按3.1小节的方法求 Y 和 Z 的全微分，即

$$\begin{cases}\mathrm{d}\boldsymbol{Y}=\boldsymbol{F}\mathrm{d}\boldsymbol{X}\\ \mathrm{d}\boldsymbol{Z}=\boldsymbol{K}\mathrm{d}\boldsymbol{X}\end{cases} \tag{3-5-9}$$

式中

$$\boldsymbol{F}=\begin{bmatrix}\frac{\partial F_1}{\partial X_1} & \frac{\partial F_1}{\partial X_2} & \cdots & \frac{\partial F_1}{\partial X_n}\\ \frac{\partial F_2}{\partial X_1} & \frac{\partial F_2}{\partial X_2} & \cdots & \frac{\partial F_2}{\partial X_n}\\ \vdots & \vdots & & \vdots\\ \frac{\partial F_r}{\partial X_1} & \frac{\partial F_r}{\partial X_2} & \cdots & \frac{\partial F_r}{\partial X_n}\end{bmatrix},\quad \boldsymbol{K}=\begin{bmatrix}\frac{\partial f_1}{\partial X_1} & \frac{\partial f_1}{\partial X_2} & \cdots & \frac{\partial f_1}{\partial X_n}\\ \frac{\partial f_2}{\partial X_1} & \frac{\partial f_2}{\partial X_2} & \cdots & \frac{\partial f_2}{\partial X_n}\\ \vdots & \vdots & & \vdots\\ \frac{\partial f_t}{\partial X_1} & \frac{\partial f_t}{\partial X_2} & \cdots & \frac{\partial f_t}{\partial X_n}\end{bmatrix}$$

则 $\boldsymbol{Y}$、$\boldsymbol{Z}$ 的协因数阵 $\boldsymbol{Q}_{YY}$、$\boldsymbol{Q}_{ZZ}$、$\boldsymbol{Q}_{YZ}$ 也可按式(3-5-7) 求得。

对于独立观测值 $\underset{n\,1}{L}$，假定各 L_i 的权为 p_i，则 L 的权阵为对角阵

$$\underset{n\,n}{\boldsymbol{P}_{LL}} = \begin{bmatrix} p_1 & 0 & \cdots & 0 \\ 0 & p_2 & \cdots & 0 \\ \vdots & \vdots & & \vdots \\ 0 & 0 & \cdots & p_n \end{bmatrix}$$

它的协因数阵(权逆阵) 也是对角阵

$$\underset{n\,n}{\boldsymbol{Q}_{LL}} = \begin{bmatrix} Q_{11} & 0 & \cdots & 0 \\ 0 & Q_{22} & \cdots & 0 \\ \vdots & \vdots & & \vdots \\ 0 & 0 & \cdots & Q_{nn} \end{bmatrix} = \begin{bmatrix} \frac{1}{p_1} & 0 & \cdots & 0 \\ 0 & \frac{1}{p_2} & \cdots & 0 \\ \vdots & \vdots & & \vdots \\ 0 & 0 & \cdots & \frac{1}{p_n} \end{bmatrix}$$

如果有函数

$$\boldsymbol{Z} = f(L_1,\ L_2,\ \cdots,\ L_n) \tag{3-5-10}$$

则全微分为

$$\mathrm{d}Z = \frac{\partial f}{\partial L_1}\mathrm{d}L_1 + \frac{\partial f}{\partial L_2}\mathrm{d}L_2 + \cdots + \frac{\partial f}{\partial L_n}\mathrm{d}L_n = K\mathrm{d}L \tag{3-5-11}$$

由协因数传播律式(3-5-7) 可得

$$\boldsymbol{Q}_{ZZ} = \boldsymbol{K}\boldsymbol{Q}_{LL}\boldsymbol{K}^{\mathrm{T}} = \begin{bmatrix} \frac{\partial f}{\partial L_1} & \frac{\partial f}{\partial L_2} & \cdots & \frac{\partial f}{\partial L_n} \end{bmatrix} \begin{bmatrix} \frac{1}{p_1} & 0 & \cdots & 0 \\ 0 & \frac{1}{p_2} & \cdots & 0 \\ \vdots & \vdots & & \vdots \\ 0 & 0 & \cdots & \frac{1}{p_n} \end{bmatrix} \begin{bmatrix} \frac{\partial f}{\partial L_1} \\ \frac{\partial f}{\partial L_2} \\ \vdots \\ \frac{\partial f}{\partial L_n} \end{bmatrix}$$

展开后得纯量形式为

$$\frac{1}{p_Z} = \left(\frac{\partial f}{\partial L_1}\right)^2 \frac{1}{p_1} + \left(\frac{\partial f}{\partial L_2}\right)^2 \frac{1}{p_2} + \cdots + \left(\frac{\partial f}{\partial L_n}\right)^2 \frac{1}{p_n} \tag{3-5-12}$$

这就是独立观测值权倒数与其函数的权倒数之间的关系式，通常称之为权倒数传播律。它与式(3-1-6) 的形式相同，显然，它是协因数传播律的一种特殊情况。

由于协因数传播律与协方差传播律在形式上完全相同，因此，应用协因数传播律的实际步骤也与应用协方差传播律的步骤相同，这里就不多述了。

例 3-11　已知独立观测值 $L_i(i = 1,\ 2,\ \cdots,\ n)$ 的权均为 p，试求算术平均值 $X = \frac{1}{n}\sum_{i=1}^{n} L_i$ 的权 p_X。

解：

$$X = \frac{1}{n}L_1 + \frac{1}{n}L_2 + \cdots + \frac{1}{n}L_n$$

由权倒数传播律得

$$\frac{1}{p_X} = \frac{1}{n^2}\left(\frac{1}{p} + \frac{1}{p} + \cdots + \frac{1}{p}\right) = \frac{1}{n^2}\frac{n}{p} = \frac{1}{np}$$

所以

$$p_X = np \tag{3-5-13}$$

即算术平均值之权等于观测值之权的 n 倍。

当各个观测值为单位权观测值，即令 $p = 1$ 时，则 $p_X = n$。

例 3-12　已知独立观测值 L_i 的权为 $p_i(i = 1,\ 2,\ \cdots,\ n)$，试求 $X = \dfrac{\sum_{i=1}^{n} p_i L_i}{\sum_{i=1}^{n} p_i}$ 的权 p_X。

解：

$$X = \frac{1}{\sum_{i=1}^{n} p_i}(p_1 L_1 + p_2 L_2 + \cdots + p_n L_n) \tag{3-5-14}$$

应用权倒数传播律得

$$\frac{1}{p_X} = \left(\frac{1}{\sum_{i=1}^{n} p_i}\right)^2 \left(p_1^2 \frac{1}{p_1} + p_2^2 \frac{1}{p_2} + \cdots + p_n^2 \frac{1}{p_n}\right) = \frac{1}{\sum_{i=1}^{n} p_i}$$

所以

$$p_X = \sum_{i=1}^{n} p_i \tag{3-5-15}$$

一般称式(3-5-14)的 X 为带权平均值，因此带权平均值的权等于各观测值权之和。若 $p_1 = p_2 = \cdots = p_n = p$ 时，则由式(3-5-15)得 $p_X = np$，这就是式(3-5-13)中的结果。可见，例 3-10 是本例的一种特殊情况。

例 3-13　已知观测向量 $\boldsymbol{X}_1$ 和 $\boldsymbol{X}_2$ 的协因数阵 $\boldsymbol{Q}_{X_1X_1}$、$\boldsymbol{Q}_{X_2X_2}$ 和互协因数阵 $\boldsymbol{Q}_{X_1X_2}$，或写为

$$\boldsymbol{X} = \begin{bmatrix} \boldsymbol{X}_1 \\ \boldsymbol{X}_2 \end{bmatrix},\quad \boldsymbol{Q}_{XX} = \begin{bmatrix} \boldsymbol{Q}_{X_1X_1} & \boldsymbol{Q}_{X_1X_2} \\ \boldsymbol{Q}_{X_1X_2} & \boldsymbol{Q}_{X_2X_2} \end{bmatrix},$$

设有函数

$$\begin{cases} \boldsymbol{Y} = \boldsymbol{F}\boldsymbol{X}_1 \\ \boldsymbol{Z} = \boldsymbol{K}\boldsymbol{X}_2 \end{cases} \tag{3-5-16}$$

试求 $\boldsymbol{Y}$ 关于 $\boldsymbol{Z}$ 的协因数阵 $\boldsymbol{Q}_{YZ}$。

解： 式(3-5-16)可写为

$$\begin{cases} \boldsymbol{Y} = [F \quad 0] \begin{bmatrix} X_1 \\ X_2 \end{bmatrix} \\ \boldsymbol{Z} = [0 \quad K] \begin{bmatrix} X_1 \\ X_2 \end{bmatrix} \end{cases}$$

应用协因数传播律得

$$\boldsymbol{Q}_{YZ} = [\boldsymbol{F} \quad \boldsymbol{0}] \begin{bmatrix} \boldsymbol{Q}_{X_1X_1} & \boldsymbol{Q}_{X_1X_2} \\ \boldsymbol{Q}_{X_1X_2} & \boldsymbol{Q}_{X_2X_2} \end{bmatrix} \begin{bmatrix} \boldsymbol{0} \\ \boldsymbol{K}^{\mathrm{T}} \end{bmatrix}$$

$$= [\boldsymbol{F}\boldsymbol{Q}_{X_1X_1} \quad \boldsymbol{A}\boldsymbol{Q}_{X_1X_2}] \begin{bmatrix} \boldsymbol{0} \\ \boldsymbol{K}^{\mathrm{T}} \end{bmatrix}$$

即有

$$\boldsymbol{Q}_{YZ} = \boldsymbol{F}\boldsymbol{Q}_{X_1X_2}\boldsymbol{K}^{\mathrm{T}} \tag{3-5-17}$$

上式也可以作为协因数传播律的一个应用。不难理解，若已知 X_1 关于 X_2 的协方差 $D_{X_1X_2}$，也可得到 Y 关于 Z 的协方差阵为

$$\boldsymbol{D}_{YZ} = \boldsymbol{F}\boldsymbol{D}_{X_1X_2}\boldsymbol{K}^{\mathrm{T}} \tag{3-5-18}$$

例 3-14　设已知观测值 L 的协因数阵为 $\boldsymbol{Q}_{LL}$，又设

$$\begin{cases} \boldsymbol{V} = \boldsymbol{Q}_{LL}\boldsymbol{A}^{\mathrm{T}}\boldsymbol{K} \\ \boldsymbol{A}\boldsymbol{Q}_{LL}\boldsymbol{A}^{\mathrm{T}}\boldsymbol{K} + \boldsymbol{W} = 0 \\ \boldsymbol{W} = \boldsymbol{A}\boldsymbol{L} + A_0 \end{cases} \tag{3-5-19}$$

式中，$\boldsymbol{A}\boldsymbol{Q}_{LL}\boldsymbol{A}^{\mathrm{T}}$ 为对称方阵，且为可逆阵。试求 $\boldsymbol{K}$ 和 $\boldsymbol{V}$ 的协因数阵 $\boldsymbol{Q}_{KK}$、$\boldsymbol{Q}_{VV}$ 及 $\boldsymbol{K}$ 关于 $\boldsymbol{V}$ 的互协因数阵 $\boldsymbol{Q}_{KV}$。

解：应用协因数传播律，由式(3-5-19) 之第三式可得 $\boldsymbol{W}$ 的协因数阵为

$$\boldsymbol{Q}_{WW} = \boldsymbol{A}\boldsymbol{Q}_{LL}\boldsymbol{A}^{\mathrm{T}} \tag{3-5-20}$$

又由式(3-5-19) 的第二式得

$$\boldsymbol{K} = -(\boldsymbol{A}\boldsymbol{Q}_{LL}\boldsymbol{A}^{\mathrm{T}})^{-1}\boldsymbol{W}$$

所以

$$\boldsymbol{Q}_{KK} = (\boldsymbol{A}\boldsymbol{Q}_{LL}\boldsymbol{A}^{\mathrm{T}})^{-1}\boldsymbol{Q}_{WW}(\boldsymbol{A}\boldsymbol{Q}_{LL}\boldsymbol{A}^{\mathrm{T}})^{-1} = (\boldsymbol{A}\boldsymbol{Q}_{LL}\boldsymbol{A}^{\mathrm{T}})^{-1}(\boldsymbol{A}\boldsymbol{Q}_{LL}\boldsymbol{A}^{\mathrm{T}})(\boldsymbol{A}\boldsymbol{Q}_{LL}\boldsymbol{A}^{\mathrm{T}})^{-1}$$

即得

$$\boldsymbol{Q}_{KK} = (\boldsymbol{A}\boldsymbol{Q}_{LL}\boldsymbol{A}^{\mathrm{T}})^{-1} \tag{3-5-21}$$

又由式(3-5-19) 的第一式按协因数传播律得

$$\boldsymbol{Q}_{VV} = \boldsymbol{Q}_{LL}\boldsymbol{A}^{\mathrm{T}}\boldsymbol{Q}_{KK}(\boldsymbol{Q}_{LL}\boldsymbol{A}^{\mathrm{T}})^{\mathrm{T}} = \boldsymbol{Q}_{LL}\boldsymbol{A}^{\mathrm{T}}(\boldsymbol{A}\boldsymbol{Q}_{LL}\boldsymbol{A}^{\mathrm{T}})^{-1}\boldsymbol{A}\boldsymbol{Q}_{LL} \tag{3-5-22}$$

因为 $\boldsymbol{K} = \boldsymbol{I}\boldsymbol{K}$，$\boldsymbol{V} = \boldsymbol{Q}_{LL}\boldsymbol{A}^{\mathrm{T}}\boldsymbol{K}$，故有

$$\boldsymbol{Q}_{KV} = \boldsymbol{I}\boldsymbol{Q}_{KK}(\boldsymbol{Q}_{LL}\boldsymbol{A}^{\mathrm{T}})^{\mathrm{T}} = (\boldsymbol{A}\boldsymbol{Q}_{LL}\boldsymbol{A}^{\mathrm{T}})^{-1}\boldsymbol{A}\boldsymbol{Q}_{LL} \tag{3-5-23}$$

3.6　由真误差计算中误差及其实际应用

本节将阐述两方面的内容，一是如何利用一组不同精度的真误差来计算中误差的估

值；另一个是通过实例来说明这些估值公式的实际应用。

3.6.1　用不同精度的真误差计算单位权中误差的基本公式

设有一组同精度独立观测值L_1，L_2，…，L_n，它们的数学期望为μ_1，μ_2，…，μ_n，真误差为Δ_1，Δ_2，…，Δ_n，有

$$\Delta_i = \mu_i - L_i \quad (i = 1, 2, \cdots, n) \tag{3-6-1}$$

按定义知，各观测值L_i的中误差均为

$$\sigma = \sqrt{E(\Delta^2)} = \lim_{n\to\infty} \sqrt{\frac{\sum_{i=1}^{n} \Delta_i^2}{n}} \tag{3-6-2}$$

此时，Δ_i的数学期望为$E(\Delta_i) = 0$，它们的中误差也等于σ。由于L_i和Δ_i都服从正态分布，所以可以将它们写为

$$\begin{cases} L_i \sim N(\mu_i, \sigma^2) \\ \Delta_i \sim N(0, \sigma^2) \end{cases} \tag{3-6-3}$$

当n为有限值时，式(3-6-2)变成为

$$\hat{\sigma} = \sqrt{\frac{\sum_{i=1}^{n} \Delta_i^2}{n}} \tag{3-6-4}$$

上式就是2.3小节中的式(2-4-6)，它是根据一组同精度独立的真误差计算中误差的基本公式。

现在设L_1，L_2，…，L_n是一组不同精度的独立观测值，它们所对应的数学期望、中误差和权分别为

$$\mu_1, \mu_2, \cdots, \mu_n$$
$$\sigma_1, \sigma_2, \cdots, \sigma_n$$
$$p_1, p_2, \cdots, p_n$$

对应的真误差Δ_i仍按(3-6-1)式得到，则有

$$\begin{cases} L_i \sim N(\mu_i, \sigma_i^2) \\ \Delta_i \sim N(0, \sigma_i^2) \end{cases} \tag{3-6-5}$$

根据权的定义式(3-3-1)知

$$\sigma_i^2 = \frac{\sigma_0^2}{p_i} \tag{3-6-6}$$

式中，σ_0是单位权中误差。可见，如果单位权中误差为已知，则不难求得各观测值的中误差σ_i。现在提出问题：如何利用一组不同精度的真误差来求得单位权中误差σ_0?

可以看到，为了求得单位权中误差σ_0，应需要得到一组精度相同且其权为1的独立的真误差。有了这样一组真误差，便可由(3-6-2)式或(3-6-4)式来求得σ_0。我们不妨假定Δ_i'是一组同精度，且权为$p_i' = 1$的独立的真误差，并设Δ_i与Δ_i'有关系

$$\Delta_i' = \sqrt{p_i}\Delta_i \tag{3-6-7}$$

根据权倒数传播律知

$$\frac{1}{p_i'} = \sqrt{p_i}^2 \frac{1}{p_i} = 1$$

即 $p_i' = 1$。所以只要将 $\Delta_i(i=1, 2, \cdots, n)$ 乘以相应权 p_i 的平方根，得到一组 Δ_i'，就可转换成一组权为 1 的等精度观测值，由于 Δ_i 是独立的真误差，所以，Δ_i' 也是一组独立的真误差，即有

$$\Delta_i' \sim N(0, \sigma_0^2)$$

根据式(3-6-2)，就可得到

$$\sigma_0 = \sqrt{E(\Delta'^2)} = \lim_{n\to\infty}\sqrt{\frac{\sum_{i=1}^{n}\Delta_i'\Delta_i'}{n}} \tag{3-6-8}$$

将式(3-6-7)代入上式，则可写出

$$\sigma_0 = \lim_{n\to\infty}\sqrt{\frac{\sum_{i=1}^{n}p_i\Delta_i^2}{n}} \tag{3-6-9}$$

上式就是根据一组不同精度的真误差所定义的单位权中误差的理论值。在实用上，由于 n 总是有限的，故只能求得单位权中误差 σ_0 的估值 $\hat{\sigma}_0$，即

$$\hat{\sigma}_0 = \sqrt{\frac{\sum_{i=1}^{n}p_i\Delta_i^2}{n}} \tag{3-6-10}$$

上式就是根据一组不同精度的真误差计算单位权中误差的基本公式。

当所有观测值的权相等且都等于 1 时(即 $p_i = 1$)，式(3-6-10)就变成了式(2-4-6)的第二式。可见，式(2-4-6)的第二式是式(3-6-10)的一种特殊情况。

3.6.2　由真误差计算中误差的实际应用

在一般情况下，由于观测量的真值(或数学期望)是不知道的，因此真误差也就无法知道，这时也就不能直接利用式(3-6-10)计算方差或中误差的估值了。然而，在某些情况下，由若干个观测量(例如角度、长度、高差等)所构成的函数，其真值有时是已知的，因而，其真误差也是可以求得的。例如一个平面三角形三个内角之和的真值为 180°，由三个内角观测值算得的三角形闭合差，就是三个内角观测值之和的真误差。这时就有可能根据闭合差(真误差)算出实际作业中所需要求得的某些观测值的中误差。下面介绍在测量工作中常用的两种根据有限个真误差计算中误差(估值)的公式。

1. 由三角形闭合差求测角中误差

设在一个三角网中，以同精度独立地观测了各三角形之内角，由各观测角值计算而得的三角形内角和的闭合差分别为 w_1，w_2，…，w_n 它们是一组真误差，根据式(3-6-9)可知，三角形内角和的中误差为

$$\sigma_{\Sigma} = \lim_{n\to\infty}\sqrt{\frac{\sum_{i=1}^{n} w_i^2}{n}} \tag{3-6-11}$$

其中 n 为三角形的个数。

由于内角和 Σ_i 是一个三角形中三个观测角 α_i、β_i 和 γ_i 之和，即

$$\Sigma_i = \alpha_i + \beta_i + \gamma_i \quad (i = 1, 2, \cdots, n)$$

根据协方差传播律可得

$$\sigma_{\Sigma} = \sqrt{3}\sigma_{\beta}$$

式中，σ_{Σ} 为三角形三个内角和的中误差，σ_{β} 为各内角观测值的中误差。因此测角中误差为

$$\sigma_{\beta} = \frac{1}{\sqrt{3}}\sigma_{\Sigma} \tag{3-6-12}$$

当三角形个数 n 为有限的情况下，考虑式(3-6-11)可求得测角中误差 σ_{β} 的估值 $\hat{\sigma}_{\beta}$ 为

$$\hat{\sigma}_{\beta} = \sqrt{\frac{\sum_{i=1}^{n} w_i^2}{3n}} \tag{3-6-13}$$

上式称为菲列罗公式，在三角测量中经常用它来初步评定测角的精度。

2. 由双观测值之差计算中误差

在测量工作中，常常对一系列观测量分别进行成对的观测。例如，在水准测量中对每段路线进行往返观测，在导线测量中每条边测量两次等。这种成对的观测，称为双观测，对同一个量所进行的两次观测称为一个观测对。

设对量 X_1，X_2，…，X_n 各测两次，得独立观测值为

$$L_1', L_2', \cdots, L_n'$$
$$L_1'', L_2'', \cdots, L_n''$$

其中观测对 L_i' 和 L_i'' 是对量 X_i 的两次观测的结果。又假定不同的观测对精度不同，而同一观测对的两个观测值的精度相同，设已知各观测对的权分别为

$$p_1, p_2, \cdots, p_n$$

即 L_i' 和 L_i'' 的权都为 p_i。

对于任何一个观测量而言，不论其真值 X_i 的大小如何，L_i' 与 L_i'' 的真值总相同，设为 $\tilde{X}_i$，则

$$\tilde{X}_i - \tilde{X}_i = 0 \quad (i = 1, 2, \cdots, n)$$

即每一个双观测值的真值之差为零。

现在已对每个量 X_i 进行了两次观测，由于观测值带有误差，因此，每个量的两个观测值的差数一般不等于零，设

$$L_i' - L_i'' = d_i \quad (i = 1, 2, \cdots, n) \tag{3-6-14}$$

式中的 d_i 是第 i 个观测量 X_i 的两次观测值的差数。既然已知各差数的真值应为零，因此 d_i 也就是双观测差的真误差(反号)。

$$\Delta_{d_i}=(\tilde{X}_i-\tilde{X}_i)-(L_i'-L_i'')=0-d_i=-d_i \tag{3-6-15}$$

按权倒数传播律可得 d_i 的权倒数为

$$\frac{1}{p_{d_i}}=\frac{1}{p_i}+\frac{1}{p_i}=\frac{2}{p_i}$$

即

$$p_{d_i}=\frac{p_i}{2} \tag{3-6-16}$$

这样，我们就得到了 n 个差数的真误差 $-d_i$ 和它们的权 p_i。

顾及式(3-6-15)和式(3-6-16)，由公式

$$\sigma_0=\lim_{n\to\infty}\sqrt{\frac{\sum_{i=1}^{n}p_{d_i}\Delta_{d_i}^2}{n}}$$

可得由双观测值之差求单位权中误差的公式为

$$\sigma_0=\lim_{n\to\infty}\sqrt{\frac{\sum_{i=1}^{n}p_i d_i^2}{2n}}$$

当 n 有限时，其估值为

$$\hat{\sigma}_0=\sqrt{\frac{\sum_{i=1}^{n}p_i d_i^2}{2n}} \tag{3-6-17}$$

按式(3-3-1)，可求得各观测值 L_i' 和 L_i'' 的中误差为

$$\hat{\sigma}_{L_i'}=\hat{\sigma}_{L_i''}=\hat{\sigma}_0\sqrt{\frac{1}{p_i}} \tag{3-6-18}$$

而第 i 对观测值的平均值 $\bar{L}_i=\dfrac{L_i'+L_i''}{2}$ 的中误差为

$$\hat{\sigma}_{\bar{L}_i}=\frac{\hat{\sigma}_{L_i}}{\sqrt{2}}=\hat{\sigma}_0\sqrt{\frac{1}{2p_i}} \tag{3-6-19}$$

如果所有的观测值 L_1'，L_2'，…，L_n'和 L_1''，L_2''，…，L_n'' 都是同精度的，可令它们的权 p_i 都等于 1，则由式(3-6-17)得各观测值的中误差为

$$\hat{\sigma}_{L_i'}=\hat{\sigma}_{L_i''}=\sqrt{\frac{\sum_{i=1}^{n}d_i^2}{2n}} \tag{3-6-20}$$

而每对观测值的平均值 $\bar{L}_i$ 的中误差为

$$\hat{\sigma}_{\bar{L}_i} = \sigma_{L_i}\sqrt{\frac{1}{2}} = \frac{1}{2}\sqrt{\frac{\sum_{i=1}^{n} d_i^2}{n}} \tag{3-6-21}$$

例 3-15 设分5段测定 A、B 两水准点间的高差，每段各测两次，其结果列于表3-1。试求：(1) 每公里观测高差的中误差；(2) 第二段观测高差的中误差；(3) 第二段高差的平均值的中误差；(4) 全长一次(往测或返测) 观测高差的中误差及全长高差平均值的中误差。

解： 令 $C=1$，即令 1km 观测高差为单位权观测值。其数字计算列于表 3-1 中。

表 3-1 **水准路线两次观测高差值**

段号	高差(m)		$d_i = L_i' - L_i''$	$d_i d_i$	距离 S(km)	$p_i d_i d_i = \frac{d_i d_i}{S_i}$
	L_i'	L_i''				
1	+3.248	+3.240	+8	64	4.0	16.0
2	+0.348	+0.356	−8	64	3.2	20.0
3	+1.444	+1.437	+7	49	2.0	24.5
4	−3.360	−3.352	−8	64	2.6	24.6
5	−3.699	−3.704	+5	25	3.4	7.4
$\sum$					15.2	92.5

(1) 单位权中误差(每公里观测高差的中误差) 为

$$\hat{\sigma}_0 = \hat{\sigma}_{公里} = \sqrt{\frac{\sum_{i=1}^{n} p_i d_i^2}{2n}} = \sqrt{\frac{92.5}{10}} = 3.0\text{mm}$$

(2) 第二段观测高差的中误差为

$$\hat{\sigma}_2 = \hat{\sigma}_{公里}\sqrt{\frac{1}{p_2}} = 3.0\sqrt{3.2} = 5.4\text{mm}$$

(3) 第二段高差平均值的中误差为

$$\hat{\sigma}_{\bar{L}_2} = \frac{\hat{\sigma}_2}{\sqrt{2}} = 3.8\text{mm}$$

(4) 全长一次观测高差的中误差为

$$\hat{\sigma}_{全} = \hat{\sigma}_{公里}\sqrt{\sum_{i=1}^{5} S_i} = 3.0\sqrt{15.2} = 11.7\text{mm}$$

全长高差平均值的中误差为

$$\hat{\sigma}_{\bar{L}_{全}} = \frac{\hat{\sigma}_{全}}{\sqrt{2}} = \frac{11.7}{\sqrt{2}} = 8.3\text{mm}$$

3.7　系统误差的传播

前几节所讨论的问题，是以观测值只含有偶然误差为前提的。本节讨论观测值中同时含有系统误差时，观测值综合误差的方差(简称综合方差)估计及系统误差的传播规律。

在 2.5 小节中，已说明表征观测量系统误差大小是用准确度来度量的。同时考虑偶然误差和系统误差则是用精确度来度量的。其精确度指标是均方误差。本节对这些问题作进一步的讨论。

3.7.1　观测值的系统误差与综合方差

设有观测值 L，观测量的真值为 $\underset{n1}{\tilde{L}}$，则 L 的综合误差 Ω 可定义为

$$\Omega = \tilde{L} - L$$

如果综合误差 Ω 中只包含有偶然误差 Δ，由偶然误差的特性可知其数学期望应为 $E(\Omega) = E(\Delta) = 0$，如果 Ω 中除包含偶然误差 Δ 外，还包含有系统误差 ε，即

$$\Omega = \Delta + \varepsilon = \tilde{L} - L \tag{3-7-1}$$

此时，由于系统误差 ε 不是随机变量，所以 Ω 的数学期望为

$$E(\Omega) = E(\Delta) + \varepsilon = \varepsilon \neq 0 \tag{3-7-2}$$

又因为

$$\varepsilon = E(\Omega) = E(\tilde{L} - L) = \tilde{L} - E(L) \tag{3-7-3}$$

所以，ε 也就是观测值上的数学期望对于观测量真值的偏差值，观测值 L 包含的系统误差愈小，即 ε 愈小，则 L 的数学期望对于真值的偏差值愈小，或者说愈准确。这就是用 ε 来描述准确度的含义。

当观测值 L 中既存在偶然误差 Δ，又存在系统误差时，其观测值的综合方差 D_{LL} 是用均方误差表示的，由式(2-5-8)和式(2-5-9)得

$$D_{LL} = \mathrm{MSE}(L) = E(L - \tilde{L})^2 = E(\Omega^2) = \sigma^2 + \varepsilon^2 \tag{3-7-4}$$

亦即观测值的综合方差 D_{LL} 等于它的方差 σ^2 与系统误差的平方 ε^2 之和。

当系统误差 ε 为中误差 σ 的 1/5，即当 $\varepsilon = \sigma/5$ 时，则由式(3-7-4)得

$$\sigma_L = \sqrt{D_{LL}} = \sqrt{\sigma^2 + \frac{\sigma^2}{25}} = \sqrt{1.04}\sigma = 1.02\sigma$$

同样地，若 $\varepsilon = \sigma/3$，则有

$$\sigma_L = \sqrt{D_{LL}} = \sqrt{\sigma^2 + \frac{\sigma^2}{9}} = \sqrt{1.11}\sigma = 1.05\sigma$$

由此可见，在这种情况下，如果不考虑系统误差的影响，对于前者，所求得的 σ_L 将减

少 2%，对于后者，将减少 5%。因此，在实用上，如果系统误差部分是偶然误差的 1/3 或更小时，则可将系统误差的影响忽略不计。

3.7.2 系统误差的传播

由于某些观测值系统误差的影响，使观测值函数也产生系统误差，称之为系统误差的传播。

设已知观测值 $L_i(i=1, 2, \cdots, n)$ 的系统误差为

$$\varepsilon_i = E(\Omega_i) = \tilde{L}_i - E(L_i) \quad (i=1, 2, \cdots, n) \tag{3-7-5}$$

式中，$\tilde{L}_i$ 和 Ω_i 是 L_i 所对应的观测量的真值和综合误差。又设有线性函数

$$Z = k_1L_1 + k_2L_2 + \cdots + k_nL_n + k_0 \tag{3-7-6}$$

由上式容易写出函数的综合误差 Ω_z 与各个 L_i 的综合误差 Ω_i 之间的关系式为

$$\Omega_Z = k_1\Omega_1 + k_2\Omega_2 + \cdots + k_n\Omega_n \tag{3-7-7}$$

根据数学期望的运算规律可知

$$\begin{aligned} E(\Omega_Z) &= E(k_1\Omega_1) + E(k_2\Omega_2) + \cdots + E(k_n\Omega_n) \\ &= k_1E(\Omega_1) + k_2E(\Omega_2) + \cdots + k_nE(\Omega_n) \end{aligned}$$

所以得

$$\varepsilon_Z = E(\Omega_Z) = \sum_{i=1}^{n} k_i\varepsilon_i \tag{3-7-8}$$

上式就是线性函数的系统误差的传播公式。

若函数 Z 是非线性形式，即

$$Z = f(L_1, L_2, \cdots, L_n) \tag{3-7-9}$$

也可以用它们的微分关系代替它们的误差之间的关系，即有

$$\Omega_Z = \frac{\partial Z}{\partial L_1}\Omega_1 + \frac{\partial Z}{\partial L_2}\Omega_2 + \cdots + \frac{\partial Z}{\partial L_n}\Omega_n \tag{3-7-10}$$

令

$$k_i = \frac{\partial Z}{\partial L_i} \quad (i=1, 2, \cdots, n)$$

则仍有

$$\Omega_Z = k_1\Omega_1 + k_2\Omega_2 + \cdots + k_n\Omega_n$$

于是，同样可以得到式(3-7-8) 的关系。因此，式(3-7-8) 也就是一般函数的系统误差的传播公式。

3.7.3 系统误差与偶然误差联合传播

1. 系统误差为常数、常系差的情况

当观测值中同时含有偶然误差和系统误差时，需要考虑它们对观测值的函数的联合影响问题。这里只讨论独立观测值的情况。

设有函数

$$Z = k_1 L_1 + k_2 L_2 \tag{3-7-11}$$

其中 L_1 和 L_2 是独立观测值，其偶然误差的方差为 σ_1^2 和 σ_2^2，并已知

$$\Omega_1 = \Delta_1 + \varepsilon_1 \qquad \Omega_2 = \Delta_2 + \varepsilon_2$$

则 Z 的综合方差按式(2-5-10) 为

$$\begin{aligned} D_{ZZ} &= \mathrm{MSE}(Z) = E(Z - \tilde{Z})^2 = E[(Z - E(Z)) + (E(Z) - \tilde{Z})]^2 \\ &= E(Z - E(Z))^2 + E(E(Z) - \tilde{Z})^2 + 2E[(Z - E(Z))(E(Z) - \tilde{Z})] \end{aligned} \tag{3-7-12}$$

因为式中右端第一项为 Z 的偶然误差的方差，故有

$$E(Z - E(Z))^2 = k_1^2\sigma_1^2 + k_2^2\sigma_2^2 \tag{3-7-13}$$

右端第二项为 Z 的系统误差，故有

$$E(E(Z) - \tilde{Z})^2 = E(\varepsilon_Z^2) = \varepsilon_Z^2 = (k_1\varepsilon_1 + k_2\varepsilon_2)^2 \tag{3-7-14}$$

右端第三项为

$$E[(Z - E(Z))(E(Z) - \tilde{Z})] = \varepsilon_Z E(Z - E(Z)) = \varepsilon_Z (E(Z) - E(Z)) = 0$$

将这些式子代入式(3-7-12)，可得 Z 的综合方差为

$$D_{ZZ} = k_1^2\sigma_1^2 + k_2^2\sigma_2^2 + (k_1\varepsilon_1 + k_2\varepsilon_2)^2 \tag{3-7-15}$$

不难将上式的结果加以推广，对于线性函数

$$Z = k_1 L_1 + k_2 L_2 + \cdots + k_n L_n$$

它们的综合误差之间的关系为

$$\Omega_Z = k_1\Omega_1 + k_2\Omega_2 + \cdots + k_n\Omega_n$$

则 Z 的综合方差为

$$D_{ZZ} = \sum_{i=1}^{n} k_i^2\sigma_i^2 + \left(\sum_{i=1}^{n} k_i\varepsilon_i\right)^2 \tag{3-7-16}$$

当 Z 为非线性函数时，亦可用它们的微分关系代替误差关系。此时，以上两式中的系数 k_i 即为偏导数 $\dfrac{\partial Z}{\partial L_i}$。

当式(3-7-16) 中的 $k_1 = k_2 = \cdots = k_n = 1$ 时，则可写成

$$D_{ZZ} = \sigma_1^2 + \sigma_2^2 + \cdots + \sigma_n^2 + (\varepsilon_1 + \varepsilon_2 + \cdots + \varepsilon_n)^2 \tag{3-7-17}$$

例 3-16　在用钢尺量距时，共量了 n 个尺段，设已知每一尺段的读数和照准中误差为 σ，检定误差为 ε，求全长的综合中误差。

解： 量距的总长为

$$S = L_1 + L_2 + \cdots + L_n$$

其中

$$L_1 = L_2 = \cdots = L_n = L$$

$$\sigma_1 = \sigma_2 = \cdots = \sigma_n = \sigma$$

$$\varepsilon_1 = \varepsilon_2 = \cdots = \varepsilon_n = \varepsilon$$

由式(3-7-17)知，全长的综合误差为

$$\sigma_S^2 = n\sigma^2 + (n\varepsilon)^2$$

又因为 $n = \dfrac{S}{L}$，所以

$$\sigma_S^2 = \frac{S}{L}\sigma^2 + \frac{S^2}{L^2}\varepsilon^2$$

$$\sigma_S = \sqrt{\frac{S}{L}\sigma^2 + \frac{S^2}{L^2}\varepsilon^2}$$

此例说明，在观测值函数为 n 个观测值之和的情况下，偶然中误差的传播按$\sqrt{n}$ 增大，而系统误差 ε 则是按 n 倍积累。所以测量中应充分注意系统误差的处理。

2. 随机系统误差情况

在第 1 章绪论中曾指出，测量中的系统误差有时存在随机性，在测量中有时称为半系统误差。对于随机性系统误差应区别于上述的常系差。

通常对于随机性系统误差的精度指标也采用方差，即系统方差或系统中误差。设观测值 L 的综合误差仍是

$$\Omega = \Delta + \varepsilon$$

但 ε 为随机性系统误差，一般与 Δ 相互独立，若已知 Δ 的偶然方差为 σ^2，ε 的系统方差为 σ_ε^2，则仍可按协方差传播律，得

$$\sigma_L^2 = \sigma_\Omega^2 = \sigma^2 + \sigma_\varepsilon^2 \tag{3-7-18}$$

一般地，有观测值线性函数

$$Z = k_1L_1 + k_2L_2 + \cdots + k_nL_n \tag{3-7-19}$$

综合误差之间的关系为

$$\Omega_Z = k_1\Omega_1 + k_2\Omega_2 + \cdots + k_n\Omega_n \tag{3-7-20}$$

则按协方差传播律可得 Z 的综合误差的方差为

$$D_{ZZ} = \sum_{i=1}^{n} k_i^2\sigma_i^2 + \sum_{i=1}^{n} k_i^2\sigma_{\varepsilon_i}^2$$

也就是说，在这种情况下，系统误差的问题也可同样当做偶然误差处理。

第4章　平差数学模型与最小二乘原理

本章介绍测量平差的基本概念，简要地给出基本平差方法的数学模型，为以后各章系统地学习各种平差理论打好基础。最后介绍最小二乘原理，这是测量平差法所遵循的准则。

4.1　测量平差概述

在测量工程中，最常见的是要确定某些几何量的大小。例如，为了确定一些点的高程而建立了水准网，为了确定某些点的坐标而建立了平面控制网或三维测量网。前者包含点间的高差、点的高程元素，后者包含角度、边长、边的方位角以及点的二维或三维坐标等元素。这些元素都是几何量，以下统称这些网为几何模型。

4.1.1　必要观测

为了确定一个几何模型，并不需要知道该模型中所有元素的大小，而只需要知道其中部分元素的大小就行了，其他元素可以通过它们来确定。例如：

(1) 在图4-1的 $\triangle ABC$ 中，为了确定它的形状(相似形)，只要知道其中任意2个内角的大小就行了。如 $\tilde{L}_1$、$\tilde{L}_2$ 或 $\tilde{L}_1$、$\tilde{L}_3$ 或 $\tilde{L}_2$、$\tilde{L}_3$ 等。它们都是同一类型元素(角度)。

(2) 为了确定 $\triangle ABC$ 的形状和大小，只要知道其中任意的两角一边、两边一角或三边的大小就行了，如 $\tilde{L}_1$、$\tilde{L}_2$、$\tilde{S}_1$；$\tilde{S}_1$、$\tilde{S}_2$、$\tilde{L}_3$；$\tilde{S}_1$、$\tilde{S}_2$、$\tilde{S}_3$ 等。它们包含两种类型的元素(角度，边长)。

(3) 进一步的，为了确定已知形状和大小的 $\triangle ABC$ 在二维空间的位置和方向，还必须在(2) 的基础上，知道任一顶点的坐标(X，Y) 和任一条边的方位角 α 等三个元素，这三个元素称为外部配置的必要元素，它们的改变不会影响到几何模型的内部结构和相互关系。所以当外部配置必要元素缺失时也可以假设。

(4) 在图4-2所示的水准网中，为了确定A、B、C、D 4点之间高度的相对关系，只要知道其中3个高差就行了，如 $\tilde{h}_1$、$\tilde{h}_3$、$\tilde{h}_4$ 或 $\tilde{h}_1$、$\tilde{h}_2$、$\tilde{h}_6$ 或 $\tilde{h}_4$、$\tilde{h}_5$、$\tilde{h}_6$ 等。它们是同一类型的元素(高差)。

如果知道某一点的高程，就可根据其中任一组高差，推算其余各点的高程，这个已知高程即为水准网外部配置的必要元素，缺失时，即网中所有点的高程均未知时，可假

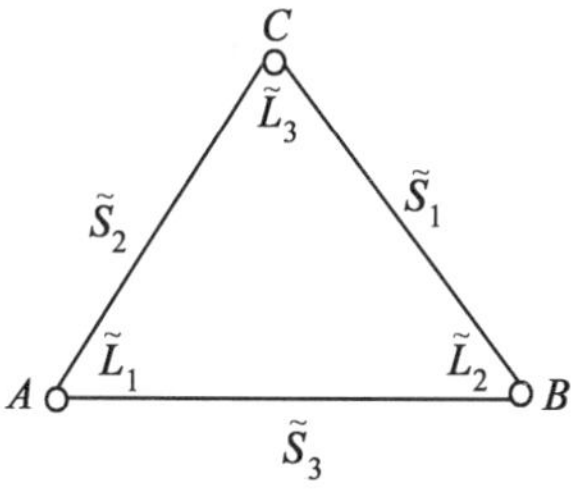

图 4-1　三角形几何模型

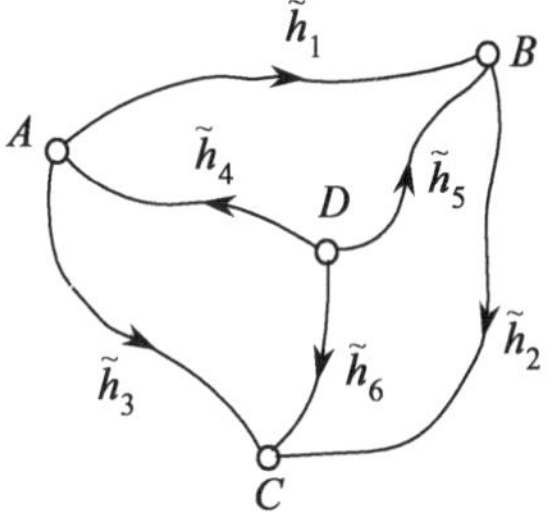

图 4-2　水准网示意图

设任意一点的高程。

4.1.2　必要元素

能够唯一确定一个几何模型所必要的元素，称为必要元素，除可以任意或必须给定的元素(外部配置元素)之外，其余的必要元素必须通过观测求得，如(1)、(2)和(4)中的角度、边长和高差等，通过观测得到的必要元素称为必要观测量，其个数用 t 表示，t 也称为必要观测数。对于上述四种情况的必要观测数，分别是(1)$t=2$，(2)$t=3$，(3)$t=3$，(4)$t=3$。

对于任一几何模型，它的 t 个必要元素之间必须不存在函数关系，亦即其中任一元素不能表达成其余$(t-1)$个元素的函数。例如，对于(1)中的情况，若以 $\tilde{L}_1$ 和 $\tilde{L}_2$ 作为必要元素，则 $\tilde{L}_1$ 与 $\tilde{L}_2$ 间无函数关系。如果在(2)的情况中，以 $\tilde{L}_1$、$\tilde{L}_2$、$\tilde{S}_1$ 作为必要元素，它们之间也不存在函数关系。如果在(2)的情况中，选 $\tilde{L}_1$、$\tilde{L}_2$、$\tilde{L}_3$，则 $\tilde{L}_1+\tilde{L}_2+\tilde{L}_3=180°$，三者之间存在函数关系，就不能说 $t=3$，实际上必要元素只选了两个，而漏选了一个，因此，必要元素 t 个量为函数独立量，简称独立量。

在一个几何模型中，除了 t 个独立量以外，若再增加一个量，则必然产生一个相应的函数关系式。仍以(2)中的情况为例，必要量选为 $\tilde{L}_1$、$\tilde{L}_2$、$\tilde{S}_1$，若增加一个量 $\tilde{L}_3$，则存在 $\tilde{L}_1+\tilde{L}_2+\tilde{L}_3=180°$，若再增加一个量 $\tilde{S}_2$，则有

$$\tilde{S}_2=\tilde{S}_1\frac{\sin\tilde{L}_2}{\sin\tilde{L}_1} \tag{4-1-1}$$

由此可知，一个几何模型的独立量个数最多为 t 个，除此之外，增加一个量必然要产生一个相应的函数关系式，这种函数关系式，在测量平差中称为条件方程。

4.1.3　多余观测

在测量工程中，为了求得一个几何模型中各量的大小就必须进行观测。如果总共观

测了该模型中 n 个量的大小，若观测个数少于必要元素的个数，即 $n < t$，显然无法确定该模型，即出现了数据不足的情况；若观测了 t 个独立量，$n = t$，则可唯一确定该模型。由于它都是独立量，故不存在任何条件方程，在这种情况下，如果观测结果中含有粗差甚至错误，都将无法发现，在测量工作中是不允许这样做的。为了能及时发现粗差和错误，并提高测量成果的精度，就必须使 $n > t$，即存在多余观测，这也是平差工作的前提。若令

$$r = n - t \tag{4-1-2}$$

式中，n 为观测值个数，t 称为必要观测数，r 称为多余观测数。多余观测数在测量中又称“自由度”。

一个几何模型如果有 r 个多余观测，就产生 r 个条件方程。由于观测值不可避免地存在观测误差，由观测值组成上述条件方程必不能满足，仍以(2)中的情况为例，若观测了角度 L_1、L_2、L_3 和边长 S_1、S_2，则 $r = n - t = 5 - 3 = 2$，可建立两个条件方程为

$$\tilde{L}_1 + \tilde{L}_2 + \tilde{L}_3 - 180° = 0 \tag{4-1-3}$$

及式(4-1-1)。考虑观测误差有

$$\tilde{L}_1 = L_1 + \Delta_1 \qquad \tilde{L}_2 = L_2 + \Delta_2 \qquad \tilde{L}_3 = L_3 + \Delta_3 \qquad \tilde{S}_1 = S_1 + \Delta_{S_1} \qquad \tilde{S}_2 = S_2 + \Delta_{S_2}$$

则两个条件方程为

$$(L_1 + \Delta_1) + (L_2 + \Delta_2) + (L_3 + \Delta_3) = 180°$$

$$(S_2 + \Delta_{S_2}) = (S_1 + \Delta_{S_1})\frac{\sin(L_2 + \Delta_2)}{\sin(L_1 + \Delta_1)}$$

若仅用观测值组成条件，显然上两式不能成立。即

$$L_1 + L_2 + L_3 - 180 = W \neq 0 \tag{4-1-4}$$

$$\frac{S_2 \sin L_1}{S_1 \sin L_2} - 1 = W_s \neq 0$$

产生闭合差 W 和 W_s。式(4-1-4)中的 W 称为该三角形图形条件的闭合差。

由于观测值不可避免地存在偶然误差，当 $n > t$ 时，几何模型中应该满足的 $r = n - t$ 个条件方程因实际存在闭合差而并不满足。如何调整观测值，即对观测值合理地加上改正数，使其达到消除闭合差的目的，这是测量平差的主要任务。

一个测量平差问题，首先要由观测值和未知量间组成函数模型，然后采用一定的平差原则对未知量进行估计，这种估计要求是最优的，最后计算和分析成果的精度。

4.2　函数模型

一个实际平差问题，都要选择建立某种函数模型，函数模型是描述观测量与未知量间的数学函数关系的模型，是确定客观实际的本质或特征的模型。事实上，测量平差的目的，就是为了最优估计函数模型的未知量。

测量数据的函数模型一般为几何模型和物理模型或几何、物理综合模型。测量控制

网，如水准网、测角网、边角网、测边网、GNSS 网等所建立的函数模型都属于几何模型。而与时间有关的，考虑速度、加速度、位移和应变等所描述观测量与未知量之间关系的模型，大多为物理模型。

函数模型中的未知量可视实际平差问题需要而选取。上述的条件方程，未知量为待观测量的真值($\tilde{L}$)，这是一种选取方法，也可选取几何模型中 t 个独立参数($\tilde{X}$) 为未知量，此时的函数模型，其形式与条件方程不同，所建立的函数模型是将观测量表达为 t 个独立参数的函数，称为观测方程。未知量还可有其他不同的选取方法。不同的函数模型，其未知量的估计有相应的平差方法。

函数模型分为线性模型和非线性模型两类。测量平差通常是基于线性模型的。当函数模型为非线性函数时，总是将其用泰勒公式展开，并取其一次项化为线性形式，本书阐述线性函数模型的测量平差理论和方法。

下面简略介绍几种基本平差方法的函数模型。

4.2.1 条件平差的函数模型

以条件方程为函数模型的平差方法，称为条件平差方法。

现以图 4-2 所示的水准网为例，说明条件平差的函数模型。图中 A 为已知其高程的水准点，B、C、D 均为未知点。网中观测向量的真值为

$$\underset{61}{\tilde{\boldsymbol{L}}} = [\tilde{h}_1 \quad \tilde{h}_2 \quad \tilde{h}_3 \quad \tilde{h}_4 \quad \tilde{h}_5 \quad \tilde{h}_6]^{\mathrm{T}}$$

为了确定B、C、D三点的高程，其必要观测数(即必要元素)$t=3$，故多余观测数$r=n-t=3$，应列出 3 个线性无关的条件方程，它们可以是

$$\begin{cases} F_1(\tilde{L}) = \tilde{h}_1 + \tilde{h}_2 - \tilde{h}_3 = 0 \\ F_2(\tilde{L}) = \tilde{h}_2 + \tilde{h}_5 - \tilde{h}_6 = 0 \\ F_3(\tilde{L}) = -\tilde{h}_3 - \tilde{h}_4 + \tilde{h}_6 = 0 \end{cases}$$

令

$$\underset{36}{\boldsymbol{A}} = \begin{bmatrix} 1 & 1 & -1 & 0 & 0 & 0 \\ 0 & 1 & 0 & 0 & 1 & -1 \\ 0 & 0 & -1 & -1 & 0 & 1 \end{bmatrix}$$

则上式为

$$\underset{36}{\boldsymbol{A}}\,\underset{61}{\tilde{\boldsymbol{L}}} = 0 \tag{4-2-1}$$

又如在图 4-1 所示 $\triangle ABC$ 中，观测了三个内角，多余观测 $r=n-t=3-2=1$，存在条件方程为

$$\tilde{L}_1 + \tilde{L}_2 + \tilde{L}_3 - 180° = 0$$

令

$$\underset{1\,3}{A} = [1 \quad 1 \quad 1]$$

$$\underset{3\,1}{\tilde{L}} = [\tilde{L}_1 \quad \tilde{L}_2 \quad \tilde{L}_3]^{\mathrm{T}}$$

$$A_0 = [-180°]$$

则上式为

$$\underset{1\,3}{A}\underset{3\,1}{\tilde{L}} + \underset{1\,1}{A_0} = 0 \tag{4-2-2}$$

一般而言，如果有 n 个观测值 $\underset{n\,1}{L}$，t 个必要观测，则应列出 $r = n - t$ 个条件方程，即

$$F(\tilde{L}) = 0 \tag{4-2-3}$$

如果条件方程为线性形式，可直接写为

$$\underset{r\,n}{A}\underset{n\,1}{\tilde{L}} + \underset{r\,1}{A_0} = \underset{r\,1}{\mathbf{0}} \tag{4-2-4}$$

A_0 为常数向量，如在式(4-2-1) 中 $A_0 = \underset{3\,1}{\mathbf{0}} = [0 \quad 0 \quad 0]^{\mathrm{T}}$，在式(4-2-2) 中为 $-180°$。将 $\tilde{L} = L + \Delta$ 代入式(4-2-4)，并令

$$W = AL + A_0 \tag{4-2-5}$$

则式(4-2-4) 为

$$A\Delta + W = \mathbf{0} \tag{4-2-6}$$

式(4-2-4) 或式(4-2-6) 为条件平差的函数模型。

条件平差的自由度即为多余观测数 r，即条件方程个数。

4.2.2　附有参数的条件平差的函数模型

设在平差问题中，观测值个数为 n，t 为必要观测数，则可列出 $r = n - t$ 个条件方程，现又增设了 u 个独立量作为参数，而 $0 < u < t$，每增设一个参数应增加一个条件方程。以含有参数的条件方程作为平差的函数模型，称为附有参数的条件平差法。

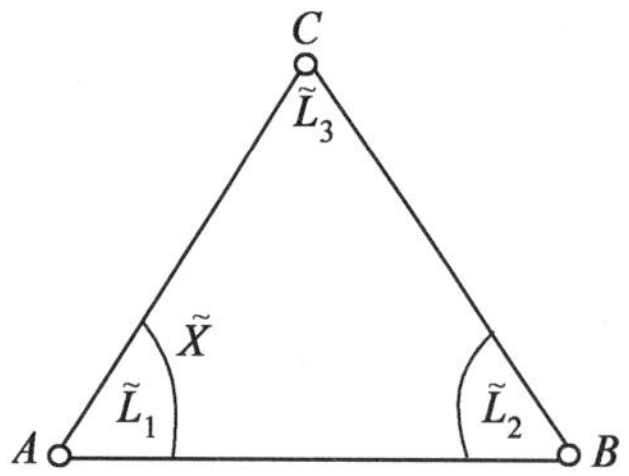

图 4-3　选择一个参数

例如，在图 4-3 的 $\triangle ABC$ 中，观测量为三个内角，$\tilde{L} = [\tilde{L}_1 \quad \tilde{L}_2 \quad \tilde{L}_3]^{\mathrm{T}}$，选择 $\angle A$ 为平差参数 $\tilde{X}$，此时，$r = n - t = 3 - 2 = 1$，有一个条件方程。由于增加了一个参数，应再增加一个条件方程。现列出如下

$$\tilde{L}_1 + \tilde{L}_2 + \tilde{L}_3 - 180 = 0$$

$$\tilde{L}_1 - \tilde{X} = 0$$

令

$$A = \begin{bmatrix} 1 & 1 & 1 \\ 1 & 0 & 0 \end{bmatrix}, \qquad B = \begin{bmatrix} 0 \\ -1 \end{bmatrix}, \qquad A_0 = \begin{bmatrix} -180 \\ 0 \end{bmatrix}$$

则上式可写成

$$\underset{2\,3}{A}\underset{3\,1}{\tilde{L}} + \underset{2\,1}{B}\tilde{X} + \underset{2\,1}{A_0} = 0$$

一般而言，在某一平差问题中，观测值个数为 n，必要观测数为 t，多余观测数 $r=n-t$，再增选 u 个独立参数，$0<u<t$，则总共应列出 $c=r+u$ 个条件方程，一般形式为

$$\underset{c1}{\boldsymbol{F}}(\tilde{\boldsymbol{L}},\ \tilde{\boldsymbol{X}})=0 \tag{4-2-7}$$

如果条件方程是线性的，其形式为

$$\underset{cn}{\boldsymbol{A}}\underset{n1}{\tilde{\boldsymbol{L}}}+\underset{cu}{\boldsymbol{B}}\underset{u1}{\tilde{\boldsymbol{X}}}+\underset{c1}{\boldsymbol{A}_0}=\boldsymbol{0} \quad \text{或} \quad \boldsymbol{A\Delta}+\boldsymbol{B}\tilde{\boldsymbol{X}}+\boldsymbol{W}=\boldsymbol{0} \tag{4-2-8}$$

式中，$\boldsymbol{W}=\boldsymbol{AL}+\boldsymbol{A}_0$ 就是附有参数的条件平差的函数模型，其特点是观测量 $\tilde{L}$ 和参数 $\tilde{X}$ 同时作为模型中的未知量参与平差，是一种间接平差与条件平差的混合模型。

此平差问题，由于增选了 u 个参数，条件方程总数由 r 个增加到 $c=r+u$ 个，平差自由度，即多余观测数不变，仍为 $r(r=c-u)$。

4.2.3　间接平差的函数模型

当没有设未知数时，有 r 个条件方程，如果设有 u 个独立量作为参数，且 $0<u<t$，可以列出 $r+u$ 个条件方程。而在一个几何模型中，独立量的个数最多只能选出 t 个，但选择 t 个独立量作为参数时，即 $u=t$，那么通过这 t 个独立参数就能唯一确定该几何模型了。换言之，模型中的所有量都一定是这 t 个独立参数的函数，亦即每个观测量都可表达成所选 t 个独立参数的函数。

选择几何模型中 t 个独立量为平差参数，将每一个观测量表达成所选参数的函数，列出 n 个这种函数关系式，称为观测方程，以此为平差的函数模型，称为间接平差法，又称为参数平差法。

在图4-4 的 $\triangle ABC$ 中，观测量为其中三个内角，$\underset{31}{\tilde{\boldsymbol{L}}}=[\tilde{L}_1\quad \tilde{L}_2\quad \tilde{L}_3]^{\mathrm{T}}$，选定 $\angle A$ 和 $\angle B$ 为平差参数，设为 $\tilde{X}_1$ 和 $\tilde{X}_2$，即

$$\underset{21}{\tilde{\boldsymbol{X}}}=[\tilde{X}_1,\ \tilde{X}_2]^{\mathrm{T}}$$

因为通过这 $t=2$ 个参数可以唯一确定该三角形的形状。将每一个观测量均表达为这两个平差参数的函数，由图知

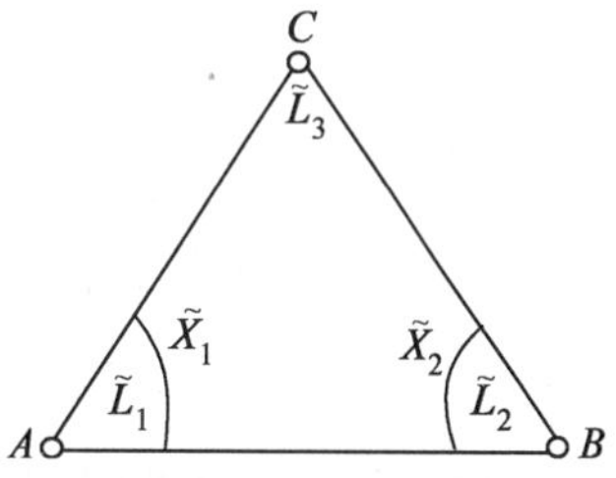

图 4-4　确定三角形形状的参数

$$\tilde{L}_1=\tilde{X}_1$$
$$\tilde{L}_2=\tilde{X}_2$$
$$\tilde{L}_3=-\tilde{X}_1-\tilde{X}_2+180$$

观测方程的个数等于观测值的个数。

在图4-2中，A 点高程已知，平差的目的是求待定点 B、C 和 D 的高程，因此可直接选这三个待定点高程为平差参数 $\tilde{X}_1$、$\tilde{X}_2$、$\tilde{X}_3$，由图 4-2 可列出观测方程为

$$\begin{cases} \tilde{h}_1 = \tilde{X}_1 - H_A \\ \tilde{h}_2 = -\tilde{X}_1 + \tilde{X}_2 \\ \tilde{h}_3 = \tilde{X}_2 - H_A \\ \tilde{h}_4 = -\tilde{X}_3 + H_A \\ \tilde{h}_5 = \tilde{X}_1 - \tilde{X}_3 \\ \tilde{h}_6 = \tilde{X}_2 - \tilde{X}_3 \end{cases} \tag{4-2-9}$$

在测量控制网中，常采用待定点的坐标为平差参数建立观测方程，这是间接平差的特点。

一般而言，如果某平差问题有 n 个观测值，t 个必要观测值，选择 t 个独立量作为平差参数 $\underset{t1}{\tilde{\boldsymbol{X}}}$，则每个观测量必定可以表达成这 t 个参数的函数，即有

$$\underset{n1}{\tilde{\boldsymbol{L}}} = F(\tilde{\boldsymbol{X}}) \tag{4-2-10}$$

如果这种表达式是线性的，一般为

$$\underset{n1}{\tilde{\boldsymbol{L}}} = \underset{nt}{\boldsymbol{B}}\underset{t1}{\tilde{\boldsymbol{X}}} + \underset{n1}{\boldsymbol{d}} \quad 或 \quad \boldsymbol{l} + \boldsymbol{\Delta} = \boldsymbol{B}\tilde{\boldsymbol{X}} \tag{4-2-11}$$

式中，$\boldsymbol{l} = \boldsymbol{L} - \boldsymbol{d}$。例如图4-3所示的观测方程，$\tilde{\boldsymbol{L}} = [\tilde{L}_1 \quad \tilde{L}_2 \quad \tilde{L}_3]^{\mathrm{T}}$，$\tilde{\boldsymbol{X}} = [\tilde{X}_1 \quad \tilde{X}_2]^{\mathrm{T}}$ 及

$$\boldsymbol{B} = \begin{bmatrix} 1 & 0 \\ 0 & 1 \\ -1 & -1 \end{bmatrix}, \quad \boldsymbol{d} = \begin{bmatrix} 0 \\ 0 \\ 180 \end{bmatrix}$$

以上的式(4-2-11) 就是间接平差的函数模型。

间接平差的函数模型中的未知量是 t 个独立参数，多余观测数不随平差方法不同而异，其自由度仍是 $r = n - t$。

4.2.4　附有限制条件的间接平差的函数模型

如果在平差问题中，选定的参数 $u > t$，其中包含 t 个独立参数，则多选的 $s = u - t$ 个参数必是 t 个独立参数的函数，亦即在 u 个参数之间存在着 s 个函数关系，它们是用来约束参数之间应满足的关系。因此，在选定 $u > t$ 个参数进行间接平差时，除了建立 n 个观测方程外，还要增加 s 个约束参数的条件方程，故称此平差方法为附有限制条件的间接平差法。

一般而言，附有限制条件的间接平差可组成下列方程：

$$\begin{cases} \underset{n1}{\tilde{\boldsymbol{L}}} = F(\underset{u1}{\tilde{\boldsymbol{X}}}) \\ \underset{s1}{\boldsymbol{\Phi}}(\tilde{X}) = 0 \end{cases} \tag{4-2-12}$$

线性形式的函数模型为

$$\begin{cases}\underset{n1}{\tilde{\boldsymbol{L}}} = \underset{nu}{\boldsymbol{B}}\underset{u1}{\tilde{\boldsymbol{X}}} + \underset{n1}{\boldsymbol{d}} \quad 或 \quad \boldsymbol{l} + \boldsymbol{\Delta} = \boldsymbol{B}\tilde{\boldsymbol{X}} \\ \underset{su}{\boldsymbol{C}}\underset{u1}{\tilde{\boldsymbol{X}}} + \underset{s1}{\boldsymbol{W}_x} = \underset{s1}{\boldsymbol{0}} \end{cases} \tag{4-2-13}$$

该平差问题的自由度仍是 $r = n - t = n - (u - s)$。

上面介绍了测量平差中建立函数模型的基本概念和基本方法，也说明了四种基本平差方法所对应的函数模型的基本形式。各种函数的基本类型和具体化将在有关章节中讨论。

4.3 函数模型的线性化

在各种平差中，所列出的条件方程或观测方程，有的是线性形式，也有的是非线性形式。在进行平差计算时，必须首先将非线性方程按泰勒公式展开，取至一次项，转换成线性方程。

四种基本平差方法的一般形式的函数模型为式(4-2-3)、式(4-2-8)、式(4-2-10)和式(4-2-12)。如果是非线性形式，就需要将其线性化：

$$\underset{c1}{\boldsymbol{F}} = \boldsymbol{F}\left(\underset{n1}{\tilde{\boldsymbol{L}}}, \underset{u1}{\tilde{\boldsymbol{X}}}\right) \tag{4-3-1}$$

为了线性化，取 $\tilde{X}$ 的充分近似值 X°，使

$$\tilde{X} = X^{\circ} + \tilde{x} \tag{4-3-2}$$

同时考虑到

$$\tilde{L} = L + \Delta \tag{4-3-3}$$

$\tilde{x}$ 和 Δ 均要求是微小量，故在按泰勒公式展开时可以略去二次和二次以上的项，而只取至一次项，于是有

$$F = F(L + \Delta, X^{\circ} + \tilde{x}) = F(L, X^{\circ}) + \left.\frac{\partial F}{\partial \tilde{L}}\right|_{L, X^{\circ}} \Delta + \left.\frac{\partial F}{\partial \tilde{X}}\right|_{L, X^{\circ}} \tilde{x}$$

若令

$$\underset{cn}{\boldsymbol{A}} = \left.\frac{\partial F}{\partial \tilde{L}}\right|_{L,X^{\circ}} = \begin{bmatrix} \frac{\partial F_1}{\partial \tilde{L}_1} & \frac{\partial F_1}{\partial \tilde{L}_2} & \cdots & \frac{\partial F_1}{\partial \tilde{L}_n} \\ \frac{\partial F_2}{\partial \tilde{L}_1} & \frac{\partial F_2}{\partial \tilde{L}_2} & \cdots & \frac{\partial F_2}{\partial \tilde{L}_n} \\ \vdots & \vdots & & \vdots \\ \frac{\partial F_c}{\partial \tilde{L}_1} & \frac{\partial F_c}{\partial \tilde{L}_2} & \cdots & \frac{\partial F_c}{\partial \tilde{L}_n} \end{bmatrix}_{L, X^{\circ}} \tag{4-3-4}$$

$$\underset{cu}{\boldsymbol{B}} = \left.\frac{\partial F}{\partial \tilde{X}}\right|_{L,X^0} = \begin{bmatrix} \frac{\partial F_1}{\partial \tilde{X}_1} & \frac{\partial F_1}{\partial \tilde{X}_2} & \cdots & \frac{\partial F_1}{\partial \tilde{X}_u} \\ \frac{\partial F_2}{\partial \tilde{X}_1} & \frac{\partial F_2}{\partial \tilde{X}_2} & \cdots & \frac{\partial F_2}{\partial \tilde{X}_u} \\ \vdots & \vdots & & \vdots \\ \frac{\partial F_c}{\partial \tilde{X}_1} & \frac{\partial F_c}{\partial \tilde{X}_2} & \cdots & \frac{\partial F_c}{\partial \tilde{X}_u} \end{bmatrix}_{L,\ X^0} \tag{4-3-5}$$

则函数 $\underset{c1}{\boldsymbol{F}}$ 的线性形式为

$$F = F(L,\ X^0) + A\Delta + B\tilde{x} \tag{4-3-6}$$

根据函数线性化过程，很容易将上述四种基本平差方法的非线性方程转换成线性方程。

条件平差法：

$$\underset{r1}{\boldsymbol{F}}(\tilde{L}) = \underset{r1}{\boldsymbol{F}}(L) + \underset{rn}{\boldsymbol{A}}\underset{n1}{\boldsymbol{\Delta}} = \underset{r1}{\boldsymbol{0}}$$

式中，$A = \left.\frac{\partial F}{\partial \tilde{L}}\right|_L$，令

$$W = F(L) \tag{4-3-7}$$

可得其函数模型为

$$\boldsymbol{A\Delta} + \boldsymbol{W} = \boldsymbol{0} \tag{4-3-8}$$

即式(4-2-6)。

附有参数的条件平差法：

$$\underset{c1}{\boldsymbol{F}}(\tilde{L},\ \tilde{X}) = \underset{c1}{\boldsymbol{F}}(L,\ X^0) + \underset{cn}{\boldsymbol{A}}\underset{n1}{\boldsymbol{\Delta}} + \underset{cu}{\boldsymbol{B}}\underset{u1}{\tilde{\boldsymbol{x}}} = \underset{c1}{\boldsymbol{0}}$$

式中 A、B 即式(4-3-4)、式(4-3-5)，令

$$\underset{c1}{\boldsymbol{W}} = \boldsymbol{F}(L,\ X^0) \tag{4-3-9}$$

可得其函数模型为

$$\boldsymbol{A\Delta} + \boldsymbol{B}\tilde{\boldsymbol{x}} + \boldsymbol{W} = 0 \tag{4-3-10}$$

即式(4-2-8)。

间接平差法：

$$\underset{n1}{\tilde{\boldsymbol{L}}} = \boldsymbol{L} + \boldsymbol{\Delta} = \boldsymbol{F}(\tilde{X}) = \underset{n1}{\boldsymbol{F}}(X^0) + \underset{nt}{\boldsymbol{B}}\underset{t1}{\tilde{\boldsymbol{x}}}$$

式中 $\boldsymbol{B} = \left.\frac{\partial F}{\partial \tilde{X}}\right|_{X^0}$，令

$$\boldsymbol{l} = \boldsymbol{L} - \boldsymbol{F}(X^0) \tag{4-3-11}$$

可得其函数模型为

$$\boldsymbol{l}+\boldsymbol{\Delta}=\boldsymbol{B}\tilde{\boldsymbol{x}} \tag{4-3-12}$$

即式(4-2-11)。

附有限制条件的间接平差法：

由式(4-2-12)知，一般方程为

$$\underset{n1}{\tilde{\boldsymbol{L}}}=F(\underset{u1}{\tilde{\boldsymbol{X}}})$$

$$\underset{s1}{\boldsymbol{\Phi}}(\tilde{X})=0$$

因为

$$\underset{s1}{\boldsymbol{\Phi}}(\tilde{X})=\Phi(X^0)+\left.\frac{\partial\Phi}{\partial\tilde{X}}\right|_{X^0}\tilde{\boldsymbol{x}}=\Phi(X^0)+\underset{su}{\boldsymbol{C}}\underset{u1}{\tilde{\boldsymbol{x}}}=0$$

令

$$W_x=\Phi(X^0) \tag{4-3-13}$$

考虑式(4-3-10)，其函数模型为

$$\boldsymbol{l}+\boldsymbol{\Delta}=\boldsymbol{B}\tilde{\boldsymbol{x}} \tag{4-3-14}$$

$$\boldsymbol{C}\tilde{\boldsymbol{x}}+\boldsymbol{W}_x=0 \tag{4-3-15}$$

即式(4-2-13)，式中

$$\underset{su}{\boldsymbol{C}}=\left.\frac{\partial\Phi}{\partial\tilde{X}}\right|_{X^0}=\begin{bmatrix}\frac{\partial\Phi_1}{\partial\tilde{X}_1} & \frac{\partial\Phi_1}{\partial\tilde{X}_2} & \cdots & \frac{\partial\Phi_1}{\partial\tilde{X}_u}\\ \frac{\partial\Phi_2}{\partial\tilde{X}_1} & \frac{\partial\Phi_2}{\partial\tilde{X}_2} & \cdots & \frac{\partial\Phi_2}{\partial\tilde{X}_u}\\ \vdots & \vdots & & \vdots\\ \frac{\partial\Phi_s}{\partial\tilde{X}_1} & \frac{\partial\Phi_s}{\partial\tilde{X}_2} & \cdots & \frac{\partial\Phi_s}{\partial\tilde{X}_u}\end{bmatrix}_{X^0} \tag{4-3-16}$$

4.4 测量平差的数学模型

平差的数学模型与一般代数学中解方程只考虑函数模型不同，它还要考虑随机模型，因为带有误差的观测量是一种随机变量，所以平差的数学模型同时包含函数模型和随机模型两部分，在研究任何平差方法时必须同时予以考虑，这是测量平差的主要特点。

函数模型已在4.2节、4.3节中作了介绍，下面来说明随机模型。

4.4.1　随机模型

随机模型是描述平差问题中的随机量(如观测量)及其相互间统计相关性质的模型。

观测不可避免地带有偶然误差，使观测结果具有随机性，从概率统计学的观点来看，观测量是一个随机变量，描述随机变量的精度指标是方差(中误差)，描述两个随机变量之间相关性的是协方差，方差、协方差是随机变量的主要统计性质。

对于观测向量 $\boldsymbol{L}=(L_1, L_2, \cdots, L_n)^{\mathrm{T}}$，随机模型是指 $\boldsymbol{L}$ 的方差-协方差阵，简称方差阵或协方差阵。观测向量 $\boldsymbol{L}$ 的方差阵为

$$\underset{nn}{\boldsymbol{D}}=\sigma_0^2\underset{nn}{\boldsymbol{Q}}=\sigma_0^2\underset{nn}{\boldsymbol{P}^{-1}} \tag{4-4-1}$$

式中，$\boldsymbol{Q}$ 为 $\boldsymbol{L}$ 的协因数阵，$\boldsymbol{P}$ 为 $\boldsymbol{L}$ 的权阵，$\boldsymbol{P}$ 与 $\boldsymbol{Q}$ 互为逆阵，σ_0^2 为单位权方差。

$\boldsymbol{L}$ 的随机性是由其误差 Δ 的随机性所决定的，$\boldsymbol{\Delta}$ 是随机向量。$\boldsymbol{\Delta}$ 的方差就是 $\boldsymbol{L}$ 的方差，即 $\boldsymbol{D}_L=\boldsymbol{D}_\Delta=D$。式(4-4-1)称为平差的随机模型。

以上讨论是基于平差函数模型中只有 $\boldsymbol{L}$(即 Δ)是随机量，而模型中的参数是非随机量的情况，这是平差问题中最为普遍的情形。

如果平差问题中所选的参数也是随机量，此时的随机模型除式(4-4-1)外，还要考虑参数的先验方差阵以及参数与观测量间的协方差等。

4.4.2　数学模型

平差的数学模型包含函数模型和随机模型两部分，4.2 节所述的四种基本平差方法的函数模型加上本节所述的随机模型式(4-4-1)，就是这些平差方法的数学模型。

依据函数模型中给出的观测值与未知量之间的函数关系，顾及观测量的先验方差和协方差，确定观测值的协因数阵或权阵，按最小二乘原理作出未知量的最佳估值，这就是数学模型的作用。

下面列出四种基本平差方法的数学模型。

条件平差：

$$\underset{r\,n\,n\,1}{\boldsymbol{A}\boldsymbol{\Delta}}+\underset{r\,1}{\boldsymbol{W}}=\boldsymbol{0}\qquad \underset{nn}{\boldsymbol{D}}=\sigma_0^2\underset{nn}{\boldsymbol{Q}}=\sigma_0^2\underset{nn}{\boldsymbol{P}^{-1}} \tag{4-4-2}$$

式中

$$\underset{r\,1}{\boldsymbol{W}}=\underset{r\,n\,n\,1}{\boldsymbol{A}\boldsymbol{L}}+\underset{r\,1}{\boldsymbol{A}_0} \tag{4-4-3}$$

附有参数的条件平差：

$$\underset{c\,n\,n\,1}{\boldsymbol{A}\boldsymbol{\Delta}}+\underset{c\,u\,u\,1}{\boldsymbol{B}\tilde{\boldsymbol{x}}}+\underset{c\,1}{\boldsymbol{W}}=\underset{c\,1}{\boldsymbol{0}}\qquad \boldsymbol{D}=\sigma_0^2\boldsymbol{Q}=\sigma_0^2\boldsymbol{P}^{-1} \tag{4-4-4}$$

式中，

$$\boldsymbol{W}=\boldsymbol{A}\boldsymbol{L}+\boldsymbol{B}\boldsymbol{X}^0+\boldsymbol{A}_0 \tag{4-4-5}$$

间接平差：

$$\underset{n\,1}{\boldsymbol{l}}+\underset{n\,1}{\boldsymbol{\Delta}}=\underset{n\,t\,t\,1}{\boldsymbol{B}\tilde{\boldsymbol{x}}}\qquad \boldsymbol{D}=\sigma_0^2\boldsymbol{Q}=\sigma_0^2\boldsymbol{P}^{-1} \tag{4-4-6}$$

式中 $$\tilde{x} = \tilde{X} - X^0$$

$$l = L - BX^\circ - d = L - L^0 \tag{4-4-7}$$

在式(4-4-6) 中 Δ 的数学期望 $E(\Delta) = 0$，数学模型式(4-4-6) 称为高斯 - 马尔柯夫(Gauss-Markoff) 模型，简称为 G-M 模型。

附有限制条件的间接平差：

$$\begin{cases} \underset{n1}{\boldsymbol{l}} + \underset{n1}{\boldsymbol{\Delta}} = \underset{nu}{\boldsymbol{B}}\underset{u1}{\tilde{\boldsymbol{x}}} \\ \underset{su}{\boldsymbol{C}}\underset{u1}{\tilde{\boldsymbol{x}}} + \underset{s1}{\boldsymbol{W}_x} = \underset{s1}{\boldsymbol{0}} \end{cases} \quad \boldsymbol{D} = \sigma_0^2\boldsymbol{Q} = \sigma_0^2\boldsymbol{P}^{-1} \tag{4-4-8}$$

式中，

$$l = L - BX^\circ - d = L - L^0 \qquad W_x = CX^0 + A_0 \tag{4-4-9}$$

式(4-4-8) 称为具有约束的高斯 - 马尔可夫模型。

以上平差函数模型都是用真误差Δ(观测量真 $\tilde{L} = L + \Delta$) 和未知量真值 $\tilde{x}$ ($\tilde{X} = X^\circ + \tilde{x}$) 表达的。真值是未知的，通过平差，即按最小二乘原理，可求出 Δ 和 $\tilde{x}$ 的最佳估值，称为平差值。$\tilde{L}$ 的平差值记为 $\hat{L}$，$\tilde{X}$ 的平差值记为 $\hat{X}$。定义为

$$\hat{L} = L + V, \quad \hat{X} = X^0 + \hat{x} \tag{4-4-10}$$

式中，V 是 Δ 的平差值，称为 L 的改正数，简称改正数，在讨论 V 的统计性质时，又称 V 为残差。$\hat{x}$ 为 $\tilde{x}$ 的平差值，它是 X° 的改正数。

在以下各章阐述基本平差方法的原理时，平差的函数模型一般将直接用平差值代以真值列出。在这种情况下，函数模型为

条件平差：

$$\underset{rn}{\boldsymbol{A}}\underset{n1}{\boldsymbol{V}} + \underset{r1}{\boldsymbol{W}} = \underset{r1}{\boldsymbol{0}} \tag{4-4-11}$$

附有参数的条件平差：

$$\underset{cn}{\boldsymbol{A}}\underset{n1}{\boldsymbol{V}} + \underset{cu}{\boldsymbol{B}}\underset{u1}{\hat{\boldsymbol{x}}} + \underset{c1}{\boldsymbol{W}} = \underset{c1}{\boldsymbol{0}} \tag{4-4-12}$$

间接平差：

$$\underset{n1}{\boldsymbol{V}} = \underset{nt}{\boldsymbol{B}}\underset{t1}{\hat{\boldsymbol{x}}} - \underset{n1}{\boldsymbol{l}} \tag{4-4-13}$$

附有限制条件的间接平差：

$$\begin{cases} \underset{n1}{\boldsymbol{V}} = \underset{nu}{\boldsymbol{B}}\underset{u1}{\hat{\boldsymbol{x}}} - \underset{n1}{\boldsymbol{l}} \\ \underset{su}{\boldsymbol{C}}\underset{u1}{\hat{\boldsymbol{x}}} + \underset{s1}{\boldsymbol{W}_x} = \underset{s1}{\boldsymbol{0}} \end{cases} \tag{4-4-14}$$

4.5 参数估计与最小二乘原理

平差问题是由于测量中进行了多余观测而产生的，不论何种平差方法，平差最终目的都是对参数 $\tilde{X}$ 和观测量 $\tilde{L}$ (或 Δ) 作出某种估计，并评定其精度。所谓评定精度，就

是对未知量的方差与协方差作出估计，统称为对平差模型的参数进行估计。

4.5.1　参数估计及其最优性质

多余观测产生的平差数学模型，都不可能直接获得唯一解。例如，条件平差的函数模型式(4-4-11)，条件方程个数为 r，而待估未知量 V 有 n 个，$n > r$，V 不能唯一确定。又如间接平差的函数模型式(4-4-12)，方程个数为 n，待求参数 $\hat{X}$ 和 V 共有 $t+n$ 个，同样，$\hat{X}$ 和 V 不能唯一确定。测量平差中的参数估计，是要在众多的解中，找出一个最为合理的解，作为平差参数的最终估计。为此，对最终估计值应该提出某种要求，考虑平差所处理的是随机观测值，这种要求自然从数理统计观点去寻求，即参数估计要具有最优的统计性质，从而可对平差数学模型附加某种约束，实现满足最优性质的参数唯一解。这种约束是用某种准则实现的，其中最广泛采用的准则是最小二乘原理。

数理统计中所述的估计量最优性质，主要是估计量应具有无偏性、一致性和有效性的要求，现简单说明如下：

1. 无偏性

设 $\hat{\theta}$ 为参数 θ 的估计量，如果估计量的数学期望 $E(\hat{\theta})$ 等于参数 θ，即

$$E(\hat{\theta}) = \theta \tag{4-5-1}$$

则称 $\hat{\theta}$ 为 θ 的无偏估计量。否则估计量不具有无偏性。

2. 一致性

满足概率表达式

$$\lim_{n\to\infty} P(\theta - \varepsilon < \hat{\theta} < \theta + \varepsilon) = 1 \tag{4-5-2}$$

的估计量 $\hat{\theta}$ 为参数 θ 的一致估计量，其中 n 为子样容量，ε 是任意小的正数。

若估计量同时满足

$$\begin{cases} E(\hat{\theta}) = \theta \\ \lim\limits_{n\to\infty} E[(\hat{\theta} - \theta)^2] = 0 \end{cases} \tag{4-5-3}$$

则称 $\hat{\theta}$ 为 θ 的严格一致性估计量。严格一致性估计量一定是一致性估计量。

3. 有效性

若 $\hat{\theta}$ 是 θ 的无偏估计量，具有无偏性的估计量并不唯一。如果对于两个无偏估计量 $\hat{\theta}_1$ 和 $\hat{\theta}_2$，有

$$D(\hat{\theta}_1) < D(\hat{\theta}_2) \tag{4-5-4}$$

则称 $\hat{\theta}_1$ 比 $\hat{\theta}_2$ 有效。其中方差最小的估计量 $\hat{\theta}$，即 $D(\hat{\theta}) = \min$，为 $\hat{\theta}$ 的最有效估计量，称为最优无偏估计量。

由式(4-5-3) 即知，具有无偏性、最优性的估计量必然是一致性估计量。所以测量平差中参数的最佳估值要求是最优无偏估计量。由于平差模型是线性的，最佳估计也称

为最优线性无偏估计。

4.5.2　最小二乘原理

1. 最小二乘法

在生产实践中，经常会遇到利用一组观测数据来估计某些未知参数的问题。例如，一个做匀速运动的质点在时刻 τ 的位置是 $\hat{y}$，可以用如下的线性函数来描述：

$$\hat{y} = \hat{\alpha} + \tau\hat{\beta} \tag{4-5-5}$$

式中，$\hat{\alpha}$ 是质点在 $\tau = 0$ 时刻的初始位置，$\hat{\beta}$ 是平均速度，它们是待估计的未知参数，可见这类问题为线性参数的估计问题。对于这一问题，如果观测没有误差，则只要在两个不同时刻 τ_1 和 τ_2 观测出质点的相应位置 y_1 和 y_2，由式(4-5-5) 分别建立两个方程，就可以解出 $\hat{\alpha}$ 和 $\hat{\beta}$ 的值了。但是，实际上在观测时，考虑到观测值带有偶然误差，所以总是作多余观测。在这种情况下，为了求得 $\hat{\alpha}$ 和 $\hat{\beta}$，就需要在不同时刻 τ_1，τ_2，…，τ_n 来测定其位置，得出一组观测值 y_1，y_2，…，y_n，这时，由上式可以得到

$$v_i = \hat{\alpha} + \tau_i\hat{\beta} - y_i,\ (i = 1,\ 2,\ \cdots,\ n) \tag{4-5-6}$$

若令

$$\underset{n1}{\boldsymbol{Y}} = \begin{bmatrix} y_1 \\ y_2 \\ \vdots \\ y_n \end{bmatrix},\ \underset{n2}{\boldsymbol{B}} = \begin{bmatrix} 1 & \tau_1 \\ 1 & \tau_2 \\ \vdots & \vdots \\ 1 & \tau_n \end{bmatrix},\ \underset{21}{\hat{\boldsymbol{X}}} = \begin{bmatrix} \hat{\alpha} \\ \hat{\beta} \end{bmatrix},\ \underset{n1}{\boldsymbol{V}} = \begin{bmatrix} v_1 \\ v_2 \\ \vdots \\ v_n \end{bmatrix}$$

由式(4-5-6) 为

$$\boldsymbol{V} = \boldsymbol{B}\hat{\boldsymbol{X}} - \boldsymbol{Y} \tag{4-5-7}$$

这是间接平差的函数模型。

如果我们将对应的 y_i、$\tau_i(i = 1,\ 2,\ \cdots,\ n)$ 用图解表示，则可作出如图 4-5 所示的图形。从图中可以看出，由于存在观测误差的缘故，由观测数据绘出的点 —— 观测点，描绘不成直线，而有某些“摆动”。

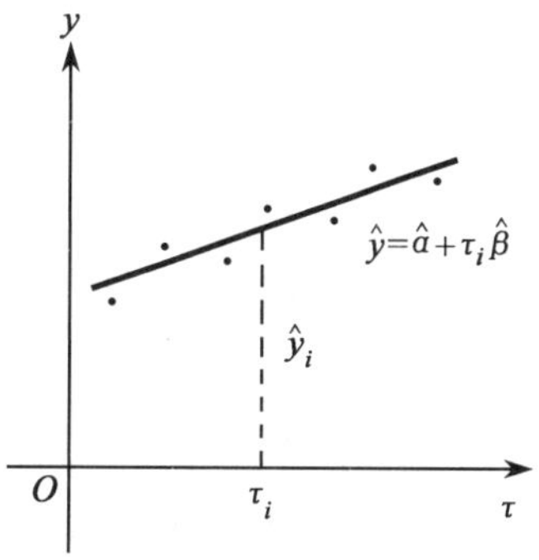

图 4-5　根据观测点确定直线

这里就产生这样一个问题：用什么准则来对参数 $\tilde{\alpha}$ 和 $\tilde{\beta}$ 进行估计，从而使估计直线 $\hat{y} = \hat{\alpha} + \tau_i\hat{\beta}$“最佳”地拟合于各观测点？这里的“最佳”一词可以有不同的理解。例如，可以认为：各观测点对直线最大距离取最小值时，直线是“最佳”的；也可以认为，各观测点到直线的偏差的绝对值之和取最小值时，直线是“最佳”的，等等。在不同的“最佳”要求下，可以求得相应问题中参数 $\hat{\alpha}$ 和 $\hat{\beta}$ 不同的估值。但是，在解这类问题时，一般应用的是最小二

乘原理。按照最小二乘原理的要求，认为“最佳”地拟合于各观测点的估计曲线，应使各观测点到该曲线的偏差的平方和达到最小。

所谓最小二乘原理，就是要在满足

$$\sum_{i=1}^{n} v_i^2 = \sum_{i=1}^{n} (\hat{\alpha} + \tau_i \hat{\beta} - y_i)^2 = 最小 \tag{4-5-8}$$

的条件下解出参数的估值 $\hat{\alpha}$ 和 $\hat{\beta}$，上式也可表达为

$$\boldsymbol{V}^{\mathrm{T}}\boldsymbol{V} = (\boldsymbol{B}\hat{\boldsymbol{X}} - \boldsymbol{Y})^{\mathrm{T}}(\boldsymbol{B}\hat{\boldsymbol{X}} - \boldsymbol{Y}) = 最小 \tag{4-5-9}$$

式中，$\hat{\boldsymbol{X}}$ 表示未知参数的估计向量，在上述例子中，$\hat{\boldsymbol{X}} = [\hat{\alpha} \quad \hat{\beta}]^{\mathrm{T}}$。满足式(4-5-9)的估计 $\hat{\boldsymbol{X}}$ 称为 $\tilde{\boldsymbol{X}}$ 的最小二乘估计，这种求估计量的方法就称为最小二乘法。

从以上的推导可以看出，只要具有式(4-5-7)的线性模型参数估计问题，则不论观测值属于何种统计分布，都可按最小二乘原理进行参数估计，因此，这种估计方法在实践中得到广泛的应用。

2. 最小二乘估计与极大似然估计

测量中的观测值是服从正态分布的随机变量，最小二乘原理可用数理统计中的最大似然估计来解释，两种估计准则的估值相同。

设观测向量为 $\underset{n1}{\boldsymbol{L}}$，$\boldsymbol{L}$ 为随机正态向量，其数学期望和方差分别为

$$\boldsymbol{\mu}_L = \boldsymbol{E}(L) = \begin{bmatrix} \mu_1 \\ \mu_2 \\ \vdots \\ \mu_n \end{bmatrix}, \quad \boldsymbol{D} = \boldsymbol{D}_{LL} = \begin{bmatrix} \sigma_1^2 & \sigma_{12} & \cdots & \sigma_{1n} \\ \sigma_{21} & \sigma_2^2 & \cdots & \sigma_{2n} \\ \vdots & \vdots & & \vdots \\ \sigma_{n1} & \sigma_{n2} & \cdots & \sigma_n^2 \end{bmatrix}$$

由最大似然估计准则知，其似然函数（即 L 的正态密度函数式(2-1-9)）为

$$\boldsymbol{G} = \frac{1}{(2\pi)^{n/2}|\boldsymbol{D}|^{1/2}}\exp\left[-\frac{1}{2}(\boldsymbol{L} - \boldsymbol{\mu}_L)^{\mathrm{T}}\boldsymbol{D}^{-1}(\boldsymbol{L} - \boldsymbol{\mu}_L)\right] \tag{4-5-10}$$

或

$$\ln\boldsymbol{G} = -\ln[(2\pi)^{n/2}|\boldsymbol{D}|^{1/2}] - \frac{1}{2}(\boldsymbol{L} - \boldsymbol{\mu}_L)^{\mathrm{T}}\boldsymbol{D}^{-1}(\boldsymbol{L} - \boldsymbol{\mu}_L) \tag{4-5-11}$$

按最大似然估计的要求，应选取能使 $\ln\boldsymbol{G}$ 取得极大值的 $\hat{L}$ 作为 μ_L 的估计量，考虑到 $\boldsymbol{L} - \boldsymbol{\mu}_L = -\Delta$，$L - \hat{L} = -V$，$\hat{L}$ 为 μ_L 的估计量也就是以改正数 $\boldsymbol{V}$ 作为真误差 Δ 的估计量。由于式(4-5-11)右边第一项为常量，第二项前负号，所以只有当第二项取得极小值时，似然函数 $\ln\boldsymbol{G}$ 才能取得极大值。因此由极大似然估计求得的 $\boldsymbol{V}$ 值必须满足条件

$$\boldsymbol{V}^{\mathrm{T}}\boldsymbol{D}^{-1}\boldsymbol{V} = \min \tag{4-5-12}$$

考虑到 $\boldsymbol{D} = \sigma_0^2\boldsymbol{Q} = \sigma_0^2\boldsymbol{P}^{-1}$，$\sigma_0^2$ 为常量，则上式等价于

$$\boldsymbol{V}^{\mathrm{T}}\boldsymbol{P}\boldsymbol{V} = \min \tag{4-5-13}$$

此即最小二乘原理。

由此可见，当观测值为正态随机变量时，最小二乘估计可由最大似然估计导出，由

以上两个准则出发，平差结果完全一致。

最小二乘原理中的 $\boldsymbol{P}$ 阵，称为权阵，定义是 $\boldsymbol{P}=\boldsymbol{Q}^{-1}$。

设 L_1，L_2，…，L_n 为独立观测值，其权为 P_1，P_2，…，P_n，则有

$$\sigma_i^2=\sigma_0^2\frac{1}{P_i}=\sigma_0^2Q_{ii}，(i=1，2，\cdots，n)$$

式中，Q_{ii} 为 L_i 的权倒数或协因数，权阵及协因数阵为

$$\boldsymbol{P}=\begin{bmatrix}P_1 & & & \\ & P_2 & & \\ & & \ddots & \\ & & & P_n\end{bmatrix}，\boldsymbol{Q}=\begin{bmatrix}Q_{11} & & & \\ & Q_{22} & & \\ & & \ddots & \\ & & & Q_{nn}\end{bmatrix}$$

如果 L_1，L_2，…，L_n 为相关观测值，则有

$$\boldsymbol{D}=\sigma_0^2\boldsymbol{Q}=\sigma_0^2\begin{bmatrix}Q_{11} & Q_{12} & \cdots & Q_{1n}\\ Q_{12} & Q_{22} & \cdots & Q_{2n}\\ \vdots & \vdots & & \vdots\\ Q_{1n} & Q_{2n} & \cdots & Q_{nn}\end{bmatrix}$$

协因数 $\boldsymbol{Q}$ 与协方差 $\boldsymbol{D}$ 统计含义相同，数值的表达式形式上仅差一个乘常量 σ_0^2，如果 $\sigma_0^2=1$，则 $\boldsymbol{D}=\boldsymbol{Q}$。因为权阵

$$\boldsymbol{P}=\begin{bmatrix}P_{11} & P_{12} & \cdots & P_{1n}\\ P_{12} & P_{22} & \cdots & P_{2n}\\ \vdots & \vdots & & \vdots\\ P_{1n} & P_{2n} & \cdots & P_{nn}\end{bmatrix}=\boldsymbol{Q}^{-1}=\begin{bmatrix}Q_{11} & Q_{12} & \cdots & Q_{1n}\\ Q_{12} & Q_{22} & \cdots & Q_{2n}\\ \vdots & \vdots & & \vdots\\ Q_{1n} & Q_{2n} & \cdots & Q_{nn}\end{bmatrix}^{-1}$$

由于 Q_{11}，Q_{22}，…，Q_{nn} 为 L_1，L_2，…，L_n 的权倒数，但 $Q_{ii}^{-1}\neq P_{ii}$，所以权阵 $\boldsymbol{P}$ 中的主对角元素 P_{ii} 已不再具有权的意义，$\boldsymbol{P}$ 仅表示 $\boldsymbol{Q}^{-1}$，但在运算时起着权的作用。

特别地，当为同精度观测时，$\boldsymbol{P}=\boldsymbol{I}$，则最小二乘原理是

$$\boldsymbol{V}^{\mathrm{T}}\boldsymbol{V}=\min \tag{4-5-14}$$

例 4-1　设对某物理量 $\tilde{X}$ 进行了 n 次同精度观测得 $\underset{n\,1}{\boldsymbol{L}}$，试按最小二乘原理求该量的估值。

解： 设该量的估值为 $\hat{X}$，则有

$$v_i=\hat{X}-L_i$$

根据式(4-5-14)知，此时 $\boldsymbol{V}^{\mathrm{T}}=[v_1，v_2，\cdots，v_n]$ 应满足

$$\boldsymbol{V}^{\mathrm{T}}\boldsymbol{V}=最小$$

为此，将 $\boldsymbol{V}^{\mathrm{T}}\boldsymbol{V}$ 对 $\hat{\boldsymbol{X}}$ 取一阶导数，并令其等于零，得

$$\frac{\mathrm{d}\boldsymbol{V}^{\mathrm{T}}\boldsymbol{V}}{\mathrm{d}\hat{\boldsymbol{X}}} = 2\underset{1\,n}{\boldsymbol{V}^{\mathrm{T}}}\underset{n\,1}{\begin{bmatrix}1\\1\\\vdots\\1\end{bmatrix}} = 2\sum_{i=1}^{n} v_i = 0$$

将 $v_i = \hat{X} - L_i$ 代入得

$$\sum_{i=1}^{n} v_i = \sum_{i=1}^{n} (\hat{X} - L_i) = n\hat{X} - \sum_{i=1}^{n} L_i = 0$$

由此解得

$$\hat{X} = \frac{1}{n}\sum_{i=1}^{n} L_i = \bar{L}$$

按最大似然法求得的参数估计称为最似然值或最或然值，因此，在测量中由最小二乘原理所求的估值也称为最或然值，所以平差值也就是最或然值。

第 5 章　条 件 平 差

5.1　条件平差原理

在测量工作中，为了能及时发现错误和提高测量成果的精度，常作多余观测，这就产生了平差问题。如果一个几何模型中有 r 个多余观测，就产生 r 个条件方程，以条件方程为函数模型的平差方法，就是条件平差。

在第四章中已给出了条件平差的函数模型为

$$\underset{r\,n}{\boldsymbol{A}}\,\underset{n\,1}{\hat{\boldsymbol{L}}} + \underset{r\,1}{\boldsymbol{A}_0} = \underset{r\,1}{\boldsymbol{0}} \tag{5-1-1}$$

或

$$\boldsymbol{AV} + \boldsymbol{W} = 0 \tag{5-1-2}$$

随机模型为

$$\underset{n\,n}{\boldsymbol{D}} = \sigma_0^2 \underset{n\,n}{\boldsymbol{Q}} = \sigma_0^2 \underset{n\,n}{\boldsymbol{P}^{-1}} \tag{5-1-3}$$

平差的准则为

$$\boldsymbol{V}^{\mathrm{T}}\boldsymbol{PV} = \min \tag{5-1-4}$$

条件平差就是要求在满足 r 个条件方程式(5-1-2) 条件下，求函数 $\boldsymbol{V}^{\mathrm{T}}\boldsymbol{PV} = \min$ 的 $\boldsymbol{V}$ 值，在数学中是求函数的条件极值问题。

5.1.1　基础方程及其解

设有 r 个平差值线性条件方程：

$$\begin{cases} a_1\hat{L}_1 + a_2\hat{L}_2 + \cdots + a_n\hat{L}_n + a_0 = 0 \\ b_1\hat{L}_1 + b_2\hat{L}_2 + \cdots + b_n\hat{L}_n + b_0 = 0 \\ \cdots\cdots\cdots\cdots\cdots\cdots\cdots\cdots\cdots\cdots\cdots\cdots \\ r_1\hat{L}_1 + r_2\hat{L}_2 + \cdots + r_n\hat{L}_n + r_0 = 0 \end{cases} \tag{5-1-5}$$

式中，a_i，b_i，⋯，$r_i(i = 1, 2, \cdots, n)$ 为条件方程系数，a_0，b_0，⋯，r_0 为条件方程常数项，系数和常数项随不同的平差问题取不同的值，它们与观测值无关。用 $\hat{L} = L + V$ 代入上式，可得

$$\begin{cases}a_1v_1 + a_2v_2 + \cdots + a_nv_n + w_a = 0\\ b_1v_1 + b_2v_2 + \cdots + b_nv_n + w_b = 0\\ \cdots\cdots\cdots\cdots\cdots\cdots\cdots\cdots\cdots\cdots\cdots\cdots\\ r_1v_1 + r_2v_2 + \cdots + r_nv_n + w_r = 0\end{cases} \tag{5-1-6}$$

式中，w_a，w_b，…，w_r 为条件方程的闭合差，或称不符值，即

$$\begin{cases}w_a = a_1L_1 + a_2L_2 + \cdots + a_nL_n + a_0\\ w_b = b_1L_1 + b_2L_2 + \cdots + b_nL_n + b_0\\ \cdots\cdots\cdots\cdots\cdots\cdots\cdots\cdots\cdots\cdots\cdots\cdots\\ w_r = r_1L_1 + r_2L_2 + \cdots + r_nL_n + r_0\end{cases} \tag{5-1-7}$$

令

$$\underset{r\,n}{\boldsymbol{A}} = \begin{bmatrix}a_1 & a_2 & \cdots & a_n\\ b_1 & b_2 & \cdots & b_n\\ \vdots & \vdots & & \vdots\\ r_1 & r_2 & \cdots & r_n\end{bmatrix},\quad \underset{r\,1}{\boldsymbol{W}} = \begin{bmatrix}w_a\\ w_b\\ \vdots\\ w_r\end{bmatrix},\quad \underset{n\,1}{\boldsymbol{V}} = \begin{bmatrix}v_1\\ v_2\\ \vdots\\ v_n\end{bmatrix}$$

则式(5-1-6) 为

$$\boldsymbol{AV} + \boldsymbol{W} = \boldsymbol{0} \tag{5-1-8}$$

同样，式(5-1-5) 可写成

$$\boldsymbol{A\hat{L}} + \boldsymbol{A}_0 = \boldsymbol{0} \tag{5-1-9}$$

式中，

$$\underset{n\,1}{\hat{\boldsymbol{L}}} = [L_1\ L_2\ \cdots\ L_n]^{\mathrm{T}} \qquad \underset{r\,1}{\boldsymbol{A}_0} = [a_0\ b_0\ \cdots\ r_0]^{\mathrm{T}}$$

式(5-1-7) 的矩阵形式为

$$\boldsymbol{W} = \boldsymbol{AL} + \boldsymbol{A}_0 \tag{5-1-10}$$

由式(5-1-9) 知，$\boldsymbol{AL} + \boldsymbol{A}_0$ 的应有值为零，所以闭合差等于观测值减去其应有值。

按求条件极值的拉格朗日乘数法，设其乘数为 $\underset{r\,1}{\boldsymbol{K}} = [k_a\ k_b\ \cdots\ k_r]^{\mathrm{T}}$，称为联系数向量。组成函数

$$\boldsymbol{\Phi} = \boldsymbol{V}^{\mathrm{T}}\boldsymbol{PV} - 2\boldsymbol{K}^{\mathrm{T}}(\boldsymbol{AV} + \boldsymbol{W})$$

将 $\boldsymbol{\Phi}$ 对 $\boldsymbol{V}$ 求一阶导数，并令其为零，得

$$\frac{\mathrm{d}\boldsymbol{\Phi}}{\mathrm{d}\boldsymbol{V}} = 2\boldsymbol{V}^{\mathrm{T}}\boldsymbol{P} - 2\boldsymbol{K}^{\mathrm{T}}\boldsymbol{A} = 0$$

两边转置，得

$$\boldsymbol{PV} = \boldsymbol{A}^{\mathrm{T}}\boldsymbol{K}$$

再用 $\boldsymbol{P}^{-1}$ 左乘上式两端，得改正数 $\boldsymbol{V}$ 的计算公式为

$$\boldsymbol{V} = \boldsymbol{P}^{-1}\boldsymbol{A}^{\mathrm{T}}\boldsymbol{K} = \boldsymbol{QA}^{\mathrm{T}}\boldsymbol{K} \tag{5-1-11}$$

上式称为改正数方程。

将 n 个改正数方程(5-1-11) 和 r 个条件方程(5-1-8) 联立求解，就可以求得一组唯一的解：n 个改正数和 r 个联系数。为此，将式(5-1-8) 和式(5-1-11) 合称为条件平差的基础方程。显然，由基础方程解出的一组 V，不仅能消除闭合差，也必能满足 $\boldsymbol{V}^{\mathrm{T}}\boldsymbol{P}\boldsymbol{V}=\min$ 的要求。

解算基础方程时，是先将式(5-1-11) 代入式(5-1-8)，得

$$\boldsymbol{A}\boldsymbol{Q}\boldsymbol{A}^{\mathrm{T}}\boldsymbol{K}+\boldsymbol{W}=0$$

令

$$\underset{rr}{\boldsymbol{N}_{AA}}=\underset{rn}{\boldsymbol{A}}\,\underset{nn}{\boldsymbol{Q}}\,\underset{nr}{\boldsymbol{A}^{\mathrm{T}}}=\boldsymbol{A}\boldsymbol{P}^{-1}\boldsymbol{A}^{\mathrm{T}} \tag{5-1-12}$$

则有

$$\boldsymbol{N}_{AA}\boldsymbol{K}+\boldsymbol{W}=0 \tag{5-1-13}$$

称为联系数法方程，它是条件平差的法方程，简称法方程。法方程系数阵的秩

$$\boldsymbol{R}(\boldsymbol{N}_{AA})=\boldsymbol{R}(\boldsymbol{A}\boldsymbol{Q}\boldsymbol{A}^{\mathrm{T}})=\boldsymbol{R}(\boldsymbol{A})=r \tag{5-1-14}$$

即 $\boldsymbol{N}_{AA}$ 是一个 r 阶满秩方阵，且可逆，由此可得联系数 $\boldsymbol{K}$ 的唯一解

$$\boldsymbol{K}=-\boldsymbol{N}_{AA}^{-1}\boldsymbol{W} \tag{5-1-15}$$

当权阵 $\boldsymbol{P}$ 为对角阵时，改正数方程(5-1-11) 和法方程(5-1-13) 的纯量形式分别为

$$\begin{aligned} v_i &= \frac{1}{p_i}(a_ik_a+b_ik_b+\cdots+r_ik_r)\\ &= Q_{ii}(a_ik_a+b_ik_b+\cdots+r_ik_r) \qquad (i=1,\ 2,\ \cdots,\ n) \end{aligned} \tag{5-1-16}$$

和

$$\begin{cases} \sum\limits_{i=1}^{n}\dfrac{a_ia_i}{p_i}k_a+\sum\limits_{i=1}^{n}\dfrac{a_ib_i}{p_i}k_b+\cdots+\sum\limits_{i=1}^{n}\dfrac{a_ir_i}{p_i}k_r+w_a=0\\ \sum\limits_{i=1}^{n}\dfrac{a_ib_i}{p_i}k_a+\sum\limits_{i=1}^{n}\dfrac{b_ib_i}{p_i}k_b+\cdots+\sum\limits_{i=1}^{n}\dfrac{b_ir_i}{p_i}k_r+w_b=0\\ \cdots\cdots\cdots\cdots\cdots\cdots\cdots\cdots\cdots\cdots\\ \sum\limits_{i=1}^{n}\dfrac{a_ir_i}{p_i}k_a+\sum\limits_{i=1}^{n}\dfrac{b_ir_i}{p_i}k_b+\cdots+\sum\limits_{i=1}^{n}\dfrac{r_ir_i}{p_i}k_r+w_r=0 \end{cases} \tag{5-1-17}$$

从法方程解出联系数 K 后，将 K 值代入改正数方程式(5-1-11)，求出改正数 V 值，再求平差值 $\hat{L}=L+V$，这样就完成了按条件平差求平差值的工作。

5.1.2 按条件平差求平差值的计算步骤及示例

综合以上所述可知，按条件平差求平差值的计算步骤归结为：

(1) 根据平差问题的具体情况，列出条件方程式(5-1-8)，条件方程的个数等于多余观测数 r。

(2) 根据条件式的系数，闭合差及观测值的协因数阵组成法方程式(5-1-13)，法方程的个数等于多余观测数 r。

(3) 解算法方程，求出联系数 K 值。

(4) 将 K 代入改正数方程式(5-1-11)，求出 V 值，并求出平差值 $\hat{L}=L+V$。

(5) 为了检查平差计算的正确性，常用平差值 $\hat{L}$ 重新列出平差值条件方程式(5-1-9)，看其是否满足方程。

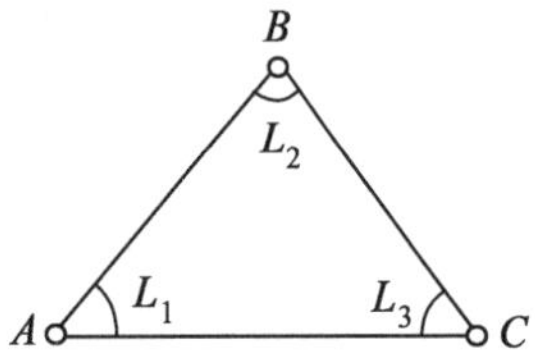

图 5-1　测角三角形

例 5-1　设对图5-1中 $\triangle ABC$ 的三个内角作同精度观测，得观测值：$L_1=42°12'20''$，$L_2=78°09'09''$，$L_3=59°38'40''$。试按条件平差求三个内角的平差值。

解：本题有一个条件式，其平差值条件为

$$\hat{L}_1+\hat{L}_2+\hat{L}_3-180°=0$$

以 $\hat{L}_i=L_i+v_i$ 及 L_i 的值代入上式得条件方程

$$v_1+v_2+v_3+9=0$$

式中

$$w=(L_1+L_2+L_3)-180°=9''$$

条件方程用矩阵表示为

$$\begin{bmatrix}1 & 1 & 1\end{bmatrix}\begin{bmatrix}v_1\\v_2\\v_3\end{bmatrix}+9=0$$

即 $\boldsymbol{A}=[1\quad 1\quad 1]$。

因为观测值精度相同，设其权 $p_1=p_2=p_3=1$，则观测值的权阵 $\boldsymbol{P}$ 为单位阵，即 $\boldsymbol{P}=\boldsymbol{I}$。故法方程系数为

$$\boldsymbol{N}_{AA}=\boldsymbol{AP}^{-1}\boldsymbol{A}^{\mathrm{T}}=\boldsymbol{AA}^{\mathrm{T}}=3$$

法方程为

$$3k_a+9=0$$

解得 $k_a=-3$，代入式(5-1-11)，得

$$\underset{31}{\boldsymbol{V}}=\boldsymbol{QA}^{\mathrm{T}}\boldsymbol{K}=\boldsymbol{A}^{\mathrm{T}}\boldsymbol{K}=[-3''\quad -3''\quad -3'']^{\mathrm{T}}$$

可见，各角的改正数为平均分配其闭合差，由此得各角平差值为

$$\begin{bmatrix}\hat{L}_1\\\hat{L}_2\\\hat{L}_3\end{bmatrix}=\begin{bmatrix}L_1\\L_2\\L_3\end{bmatrix}+\begin{bmatrix}v_1\\v_2\\v_3\end{bmatrix}=\begin{bmatrix}42° & 12' & 17''\\78° & 09' & 06''\\59° & 38' & 37''\end{bmatrix}$$

为了检核，将平差值 $\hat{L}$ 重新组成平差值条件方程，得

$$42°12'17''+78°09'06''+59°38'37''-180°=0$$

可见各角的平差值满足了三角形内角和等于 180° 的几何条件，即闭合差为零，故知计算无误。

例 5-2 在图5-2中，A、B 为已知水准点，其高程 $H_A=12.013\text{m}$，$H_B=10.013\text{m}$，可视为无误差。为了确定 C 点及 D 点的高程，共观测了四个高差，高差观测值及相应水准路线的距离为：

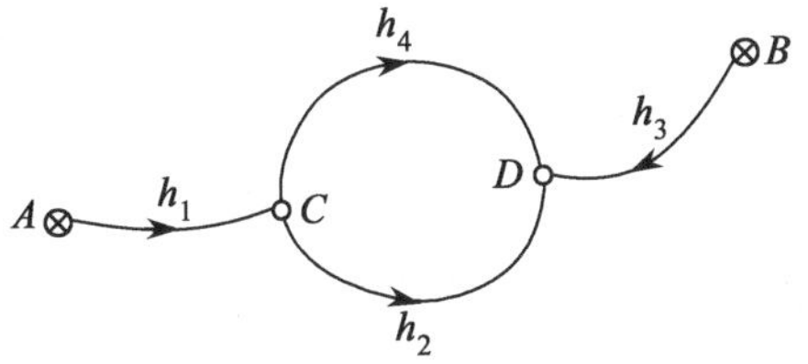

图 5-2 水准网

$h_1=-1.004\text{m}$，$S_1=2\text{km}$； $h_2=+1.516\text{m}$，$S_2=1\text{km}$；

$h_3=+2.512\text{m}$，$S_3=2\text{km}$； $h_4=+1.520\text{m}$，$S_4=1.5\text{km}$。

试求 C 点和 D 点高程的平差值。

解：此例 $n=4$，$t=2$，故 $r=2$，可列出如下两个条件方程：

$$\begin{cases}\hat{h}_1+\hat{h}_2-\hat{h}_3+H_A-H_B=0\\ \hat{h}_2-\hat{h}_4=0\end{cases}$$

以 $\hat{h}_i=h_i+v_i$ 代入上式，经计算可得条件方程最后形式为

$$\begin{bmatrix}1&1&-1&0\\0&1&0&-1\end{bmatrix}\begin{bmatrix}v_1\\v_2\\v_3\\v_4\end{bmatrix}+\begin{bmatrix}0\\-4\end{bmatrix}=0$$

式中闭合差的单位是 mm。

令 1km 的观测高差为单位权观测，即 $p_i=\dfrac{1}{S_i}$，于是有

$$\frac{1}{p_1}=S_1=2,\ \frac{1}{p_2}=S_2=1,\ \frac{1}{p_3}=S_3=2,\ \frac{1}{p_4}=S_4=1.5$$

法方程系数阵为

$$\boldsymbol{N}_{AA}=\boldsymbol{AP}^{-1}\boldsymbol{A}^{\mathrm{T}}=\begin{bmatrix}1&1&-1&0\\0&1&0&-1\end{bmatrix}\begin{bmatrix}2&0&0&0\\0&1&0&0\\0&0&2&0\\0&0&0&1.5\end{bmatrix}\begin{bmatrix}1&0\\1&1\\-1&0\\0&-1\end{bmatrix}=\begin{bmatrix}5&1\\1&2.5\end{bmatrix}$$

由此得法方程为

$$\begin{bmatrix}5&1\\1&2.5\end{bmatrix}\begin{bmatrix}k_a\\k_b\end{bmatrix}+\begin{bmatrix}0\\-4\end{bmatrix}=0$$

解得 $k_a = -0.35$，$k_b = 1.74$。代入改正数方程计算 $\boldsymbol{V}$ 得

$$\boldsymbol{V} = [-0.7 \quad 1.4 \quad 0.7 \quad -2.6]^{\mathrm{T}}(\mathrm{mm})$$

观测量的平差值为

$$\hat{L}_1 = -1.0047\mathrm{m},\ \hat{L}_2 = 1.5174\mathrm{m},\ \hat{L}_3 = 2.5127\mathrm{m},\ \hat{L}_4 = 1.5174\mathrm{m}$$

用平差值重新列出平差值条件方程，得

$$-1.0047 + 1.5174 - 2.5127 + 2.000 = 0$$

$$1.5174 - 1.5174 = 0$$

经检核计算无误，最后计算 C 点和 D 点平差高程为

$$H_C = H_A + \hat{L}_1 = 11.0083\mathrm{m}$$

$$H_D = H_A + \hat{L}_1 + \hat{L}_4 = 12.5257\mathrm{m}$$

例 5-3　在图 5-3中，A、B、C 三点在一直线上，测出了 AB、BC 及 AC 的距离，得 4 个独立观测值：$l_1 = 200.010\mathrm{m}$，$l_2 = 300.050\mathrm{m}$，$l_3 = 300.070\mathrm{m}$，$l_4 = 500.090\mathrm{m}$。若令 100m 量距的权为单位权，试按条件平差法确定 A、C 之间各段距离的平差值 $\underset{41}{\hat{l}}$。

解：本题 $n = 4$，$t = 2$，故 $r = n - t = 2$，可列出以下两个条件方程：

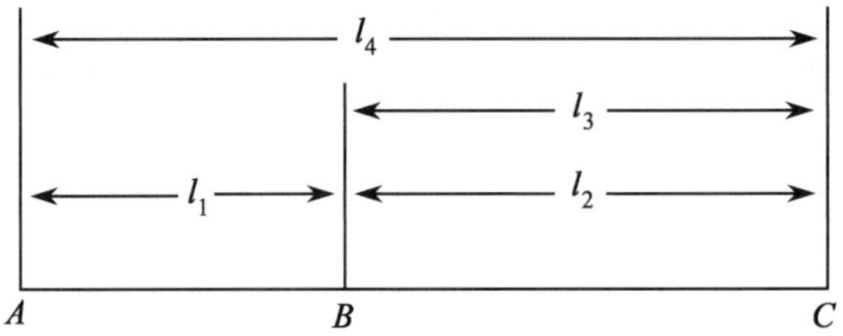

图 5-3　距离示意图

$$\left.\begin{aligned} \hat{l}_1 + \hat{l}_2 \quad - \hat{l}_4 &= 0 \\ \hat{l}_2 - \hat{l}_3 \quad &= 0 \end{aligned}\right\}$$

以 $\hat{l}_i = l_i + v_i$ 代入上式，经计算得条件方程为

$$\left.\begin{aligned} v_1 + v_2 \quad - v_4 - 3 &= 0 \\ v_2 - v_3 \quad - 2 &= 0 \end{aligned}\right\}$$

上列条件用矩阵表示为

$$\begin{bmatrix} 1 & 1 & 0 & -1 \\ 0 & 1 & -1 & 0 \end{bmatrix} \begin{bmatrix} v_1 \\ v_2 \\ v_3 \\ v_4 \end{bmatrix} + \begin{bmatrix} -3 \\ -2 \end{bmatrix} = 0$$

式中闭合差单位是 cm。

令 100m 量距的权为单位权，即 $p_i = \frac{100}{S_i}$，于是有

$$\frac{1}{p_1} = \frac{S_1}{100} = 2,\quad \frac{1}{p_2} = \frac{S_2}{100} = 3,\quad \frac{1}{p_3} = \frac{S_3}{100} = 3,\quad \frac{1}{p_4} = \frac{S_4}{100} = 5$$

法方程系数阵为

$$\boldsymbol{N}_{AA} = \boldsymbol{AQA}^{\mathrm{T}} = \begin{bmatrix} 1 & 1 & 0 & -1 \\ 0 & 1 & -1 & 0 \end{bmatrix} \begin{bmatrix} 2 & 0 & 0 & 0 \\ 0 & 3 & 0 & 0 \\ 0 & 0 & 3 & 0 \\ 0 & 0 & 0 & 5 \end{bmatrix} \begin{bmatrix} 1 & 0 \\ 1 & 1 \\ 0 & -1 \\ -1 & 0 \end{bmatrix} = \begin{bmatrix} 10 & 3 \\ 3 & 6 \end{bmatrix}$$

由此得法方程为

$$\begin{bmatrix} 10 & 3 \\ 3 & 6 \end{bmatrix} \begin{bmatrix} k_a \\ k_b \end{bmatrix} + \begin{bmatrix} -3 \\ -2 \end{bmatrix} = 0$$

解得 $k_a = 0.235$，$k_b = 0.216$，代入改正数方程计算 $\boldsymbol{V}$，得

$$\underset{41}{\boldsymbol{V}} = \boldsymbol{QA}^{\mathrm{T}}\boldsymbol{K} = [0.47 \quad 1.35 \quad -0.65 \quad -1.18]^{\mathrm{T}}\mathrm{cm}$$

观测量的平差值为

$$\hat{l}_1 = 200.0147\mathrm{m},\ \hat{l}_2 = 300.0635\mathrm{m},\ \hat{l}_3 = 300.0635\mathrm{m},\ \hat{l}_4 = 500.0782\mathrm{m}$$

为了检核，将平差值 $\hat{l}$ 重新组成平差值条件方程，得

$$200.0147 + 300.0635 - 500.0782 = 0$$
$$300.0635 - 300.0635 = 0$$

故知以上平差计算无误。

5.2 条件方程

本节讨论条件平差函数模型的建立方法，即条件方程的列立。条件方程的个数等于多余观测数 r，这是指在众多可能组成的条件方程中，只要列出其中 r 个彼此线性无关的条件方程参与平差，其余的条件方程都是所选 r 个条件方程的线性组合，即这部分条件方程均可由所选 r 个条件方程导出，所选的 r 个条件方程得到满足，其余可能的所有条件方程必然也得到满足。在此基础上，为了减少计算工作量，要优先选用形式简单、易于列立的条件方程。

5.2.1 以高差为观测值的条件方程

建立水准网的最终目的是求定网中各点的高程。本书中，以“⊗”表示高程为已知的点，“○”表示待定点，水准网中的观测量为点与点之间的高差。为了确定各点的高程，网中至少要有一个已知点作为推算其他点高程的依据。当网中没有已知点时，则可

假设某一点的高程为已知，并以此高程为基准来确定其他点的相对高程，构成局部高程系统。不难看出，从一个已知点高程出发确定待定点的高程，每增加一个待定点就必须相应地增测一段高差。如果设 p 表示水准网中待定点的总数，必要观测数 t 的确定方法是：

当网中有已知点时：$t = p$,

当网中没有已知点时：$t = p - 1$。

例如，在图 5-4(a)中，A、B、E 为已知水准点，其高程为 H_A，H_B，H_E，为了确定 C 点及 D 点的高程，共观测了 5 段高差即 $n = 5$。

在此例中，有 3 个起算数据，这时必要观测数就是待定点的个数，即 $t = 2$，$r = n - t = 5 - 2 = 3$。

故可列出两个附合条件方程和一个闭合条件方程：

$$\begin{cases}\hat{h}_1 + \hat{h}_2 - \hat{h}_3 + H_A - H_B = 0\\ \hat{h}_1 - \hat{h}_5 + H_A - H_E = 0\\ \hat{h}_2 - \hat{h}_4 = 0\end{cases} \tag{5-2-1}$$

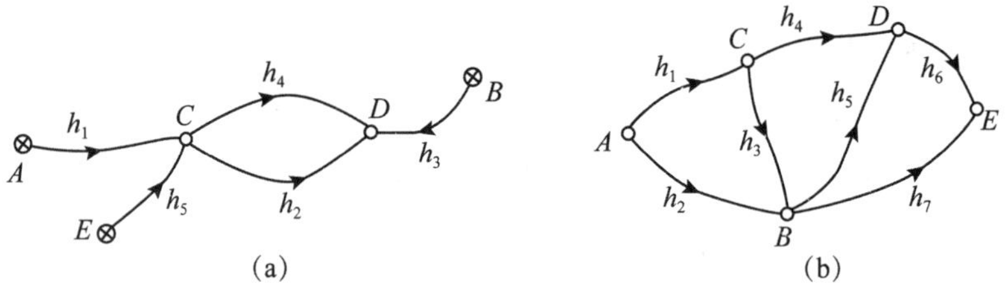

图 5-4　水准网

当水准网有多于一个起算数据时，通常可以列出少于一个起算数据的附合条件，如本例有 3 个起算数据，故可列 2 个附合条件，其余的是闭合条件，这样可保证所列的方程互相独立。

在图 5-4(b)所示的水准网中有 5 个待定点，$h_1 \sim h_7$ 为观测高差 $n = 7$。此例中没有已知点，必要观测数应等于总点数减 1，即 $t = 5 - 1 = 4$，$r = 7 - 4 = 3$，假设 E 点高程 H_E 为已知水准点，可列出 3 个条件方程：

$$\begin{cases}\hat{h}_1 - \hat{h}_2 + \hat{h}_3 = 0\\ \hat{h}_3 - \hat{h}_4 + \hat{h}_5 = 0\\ \hat{h}_5 + \hat{h}_6 - \hat{h}_7 = 0\end{cases} \tag{5-2-2}$$

需要指出的是，上面这 3 个方程是每个小闭合环列出的闭合条件，除此之外还可列出其他闭合环的条件方程，例如：

$$\hat{h}_1 - \hat{h}_2 + \hat{h}_4 + \hat{h}_6 - \hat{h}_7 = 0 \tag{5-2-3}$$

不难看出，方程(5-2-3)是式(5-2-2)的线性组合。一般来说，如果所列出的条件式，其中一部分可以由另一部分导出，则称这两部分条件是互不独立或者线性相关的。在平差中要求条件方程必须互相独立，而独立方程的个数有且仅有 r 个。

显然，式(5-2-2)和式(5-2-3)中 4 个方程只有 3 个是独立的，通常选择条件方程的原则是在保证方程足数、独立的前提下形式最简。

5.2.2 以角度、边长为观测值的条件方程

建立控制网的目的是要求定网中各点在统一坐标系或某一局部坐标系中的坐标，由于 GPS 和北斗卫星导航系统的广泛应用，传统的控制网布设方法几乎被淘汰，如测角网、测边网和边角网，取而代之的是 GNSS 网。但对于城市市区和一些特殊地带布设导线网来确定控制点坐标具有灵活、低成本的优势，仍然得到普遍应用。

本书在描述控制网的图形中，“△”表示坐标为已知的固定点，“○”表示待定点。构成导线网的观测值是角度和边长。如果要确定网在平面坐标系中的大小形状和位置，需要 4 个起算数据，它们可以是两个点的已知坐标，或者是一个已知点坐标、一条已知边长和一个已知方位角。

图 5-5 为一附合导线，其中 A、B、C、D 为已知点，P_1、P_2、P_3 为待定点，为确定其平面坐标，观测了 5 个水平角和 4 条边长即 $n=9$。如果要确定 P_1 点的坐标，只需要观测连接角 L_1 和边长 S_1，同样观测转角 L_2 和边长 S_2 就可确定 P_2 点的坐标，即每确定一个点坐标须有两个必要观测。本例中有 3 个待定点，则 $t=6$，而在图中，又观测了 L_4、L_5 和 S_4 构成了附合导线，此时 $r=n-t=9-6=3$，即有三个附合条件，它们是：一个方位角条件，两个坐标条件。

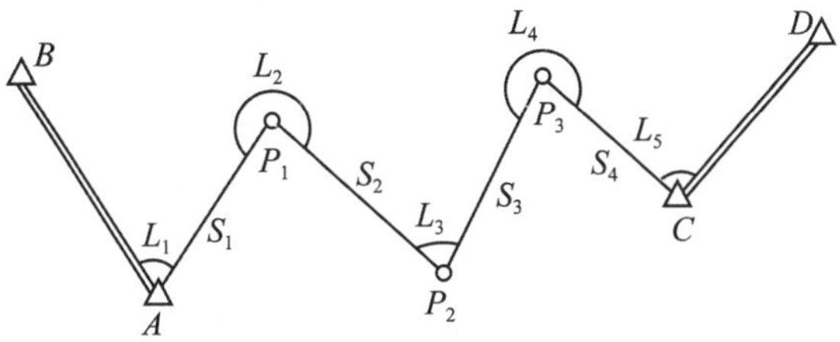

图 5-5　附合导线

方位角条件

$$\hat{L}_1 + \hat{L}_2 + \hat{L}_3 + \hat{L}_4 + \hat{L}_5 + \alpha_{AB} - \alpha_{CD} - 4 \times 180° = 0 \tag{5-2-4}$$

坐标条件

$$\hat{S}_1\cos\hat{\alpha}_{AP_1} + \hat{S}_2\cos\hat{\alpha}_{P_1P_2} + \hat{S}_3\cos\hat{\alpha}_{P_2P_3} + \hat{S}_4\cos\hat{\alpha}_{P_3C} + X_A - X_C = 0 \tag{5-2-5}$$

$$\hat{S}_1\sin\hat{\alpha}_{AP_1}+\hat{S}_2\sin\hat{\alpha}_{P_1P_2}+\hat{S}_3\sin\hat{\alpha}_{P_2P_3}+\hat{S}_4\sin\hat{\alpha}_{P_3C}+Y_A-Y_C=0 \tag{5-2-6}$$

式中，

$\hat{\alpha}_{AP_1}=\alpha_{AB}+\hat{L}_1$，

$\hat{\alpha}_{P_1P_2}=\alpha_{AB}+\hat{L}_1+\hat{L}_2\pm 180^\circ$

$\hat{\alpha}_{P_2P_3}=\alpha_{AB}+\hat{L}_1+\hat{L}_2+\hat{L}_3\pm 2\times 180^\circ$

$\hat{\alpha}_{P_3C}=\alpha_{AB}+\hat{L}_1+\hat{L}_2+\hat{L}_3+\hat{L}_4\pm 3\times 180^\circ$

$\alpha_{AB}=\arctan\dfrac{Y_B-Y_A}{X_B-X_A}$

$\alpha_{CD}=\arctan\dfrac{Y_D-Y_C}{X_D-X_C}$

设边长观测值的改正数为 v_{S_1}，v_{S_2}，v_{S_3}，v_{S_4}，角度观测值的改正数为 v_1，v_2，…，v_5。

方位角改正数条件方程为

$$v_1+v_2+v_3+v_4+v_5+w_1=0 \tag{5-2-7}$$

$$w_1=L_1+L_2+L_3+L_4+L_5+\alpha_{AB}-\alpha_{CD}-4\times 180^\circ \tag{5-2-8}$$

坐标条件是非线性的，需要线性化，X 坐标线性化后的条件方程为：

$$\begin{aligned}&\cos\alpha_{AP_1}v_{S_1}+\cos\alpha_{P_1P_2}v_{S_2}+\cos\alpha_{P_2P_3}v_{S_3}+\cos\alpha_{P_3C}v_{S_4}-\\&(S_1\sin\alpha_{AP_1}+S_2\sin\alpha_{P_1P_2}+S_3\sin\alpha_{P_2P_3}+S_4\sin\alpha_{P_3C})\frac{1}{\rho''}v_1-\\&(S_2\sin\alpha_{P_1P_2}+S_3\sin\alpha_{P_2P_3}+S_4\sin\alpha_{P_3C})\frac{1}{\rho''}v_2-\\&(S_3\sin\alpha_{P_2P_3}+S_4\sin\alpha_{P_3C})\frac{1}{\rho''}v_3-\\&(S_4\sin\alpha_{P_3C})\frac{1}{\rho''}v_4+w_2=0\end{aligned} \tag{5-2-9}$$

$$w_2=S_1\cos\alpha_{AP_1}+S_2\cos\alpha_{P_1P_2}+S_3\cos\alpha_{P_2P_3}+S_4\cos\alpha_{P_3C}+X_A-X_C \tag{5-2-10}$$

式中，

$$\alpha_{AP_1}=\alpha_{AB}+L_1,$$
$$\alpha_{P_1P_2}=\alpha_{AB}+L_1+L_2-180^\circ$$
$$\alpha_{P_2P_3}=\alpha_{AB}+L_1+L_2+L_3-2\times 180^\circ$$
$$\alpha_{P_3C}=\alpha_{AB}+L_1+L_2+L_3+L_4-3\times 180^\circ$$

考虑到式(5-2-9)括号内为对应两点坐标差，式(5-2-9)又可写为

$$\begin{aligned}&\cos\alpha_{AP_1}v_{S_1}+\cos\alpha_{P_1P_2}v_{S_2}+\cos\alpha_{P_2P_3}v_{S_3}+\cos\alpha_{P_3C}v_{S_4}-\\&\frac{Y_C-Y_A}{\rho''}v_1-\frac{Y_C-Y_1}{\rho''}v_2-\frac{Y_C-Y_2}{\rho''}v_3-\frac{Y_C-Y_3}{\rho''}v_4+w_2=0\end{aligned} \tag{5-2-11}$$

同理，Y 坐标线性化后的条件方程为

$$\sin\alpha_{AP_1}v_{S_1}+\sin\alpha_{P_1P_2}v_{S_2}+\sin\alpha_{P_2P_3}v_{S_3}+\sin\alpha_{P_3C}v_{S_4}-$$
$$\frac{X_C-X_A}{\rho''}v_1-\frac{X_C-X_1}{\rho''}v_2-\frac{X_C-X_2}{\rho''}v_3-\frac{X_C-X_3}{\rho''}v_4+w_3=0 \tag{5-2-12}$$

$$w_3=S_1\sin\alpha_{AP_1}+S_2\sin\alpha_{P_1P_2}+S_3\sin\alpha_{P_2P_3}+S_4\sin\alpha_{P_3C}+Y_A-Y_C \tag{5-2-13}$$

5.2.3 以角度为观测值的条件方程

图 5-6 为一测角网，其中 A、B 是坐标为已知的三角点，C 和 D 为待定点，要确定其坐标，共观测了 9 个水平角，即 a_i，b_i，$c_i(i=1,2,3)$。根据角度交会的原理知，为了确定 C、D 两点的平面坐标，必要观测 $t=4$，例如测量 a_1 和 b_1 可计算 D 点坐标，再测量 a_2 和 c_2 可确定待定点 C。于是，图 5-6 的多余观测数 $r=n-t=9-4=5$。故总共应列出 5 个条件方程。

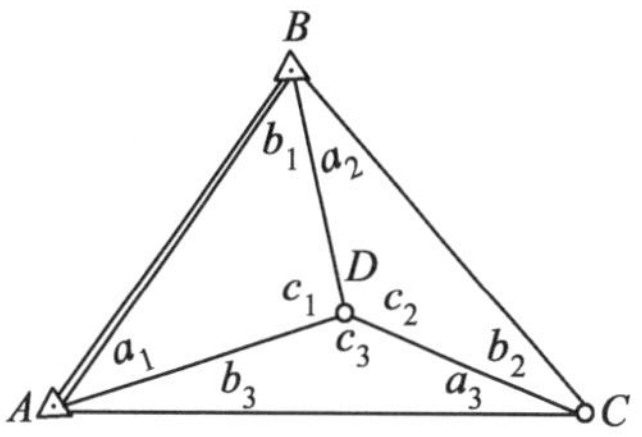

图 5-6 测角中点三边形

测角网的基本条件方程有三种类型，现以此例说明。

1. 图形条件(内角和条件)

图形条件是指每个闭合的平面多边形中，诸内角平差值之和应等于其应有值。由图 5-6 可列出三个图形条件，即

$$\hat{a}_i+\hat{b}_i+\hat{c}_i-180^\circ=0 \quad (i=1,2,3) \tag{5-2-14}$$

其最后形式为

$$\begin{cases} v_{a_1}+v_{b_1}+v_{c_1}+w_a=0,\ w_a=a_1+b_1+c_1-180^\circ \\ v_{a_2}+v_{b_2}+v_{c_2}+w_b=0,\ w_b=a_2+b_2+c_2-180^\circ \\ v_{a_3}+v_{b_3}+v_{c_3}+w_c=0,\ w_c=a_3+b_3+c_3-180^\circ \end{cases} \tag{5-2-15}$$

2. 圆周条件(水平条件)

对于中点多边形来说，如果仅仅满足了上述三个图形条件，还不能保证它的几何图形能够完全闭合，因此还要列出圆周条件。由图 5-6 可列出一个圆周条件为

$$\hat{c}_1+\hat{c}_2+\hat{c}_3-360^\circ=0 \tag{5-2-16}$$

或

$$v_{c_1}+v_{c_2}+v_{c_3}+w_d=0,\ w_d=c_1+c_2+c_3-360^\circ \tag{5-2-17}$$

由图 5-6 可以看出，图形条件尚可有其他列法，如可列如下形式的条件方程：

$$\hat{a}_1+\hat{b}_1+\hat{a}_2+\hat{b}_2+\hat{a}_3+\hat{b}_3-180^\circ=0 \tag{5-2-18}$$

$$\hat{a}_1+\hat{b}_1+\hat{c}_1+\hat{a}_2+\hat{b}_2+\hat{c}_2-360^\circ=0 \tag{5-2-19}$$

等等。但这些条件方程都是上面列出的式(5-2-14)、式(5-2-16)的线性组合，将式(5-2-14)中三个式子相加并减去式(5-2-16)即得式(5-2-18)，前两式成立，式(5-2-18)必满足，式(5-2-19)也同样满足。所以列出条件方程(5-2-14)和(5-2-16)后，不能再列

出其他三角和或多边形角度和的图形条件了。

此例 $r=5$，还要列出一个条件方程，是极条件。

3. 极条件(边长条件)

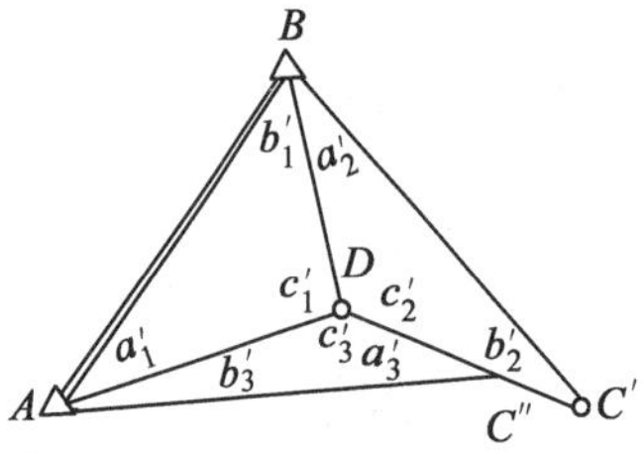

图 5-7　极条件不闭合的情况

满足上述四个条件方程的角值，还不能使图 5-6 的几何图形完全闭合。例如图 5-7 中的角值 a_i'、b_i'、c_i' $(i=1, 2, 3)$ 已满足 4 个条件方程。但是，通过这些角值计算 CD 边长时，从已知边 AB 和 a_1'、c_1'、a_2'、b_2' 求得的边长为 $C'D$；而从已知边 AB 和 b_1'、c_1'、a_3'、b_3' 求得的边长为 $C''D$，于是 CD 就出现了两个不同的长度。为了使平差值满足相应几何图形的要求，平差时应考虑到这样的条件，就是由不同路线推算得到的同一条边长的长度应相等，即

$$\overline{CD}=\overline{AB}\frac{\sin\hat{a}_1}{\sin\hat{c}_1}\frac{\sin\hat{a}_2}{\sin\hat{b}_2}=\overline{AB}\frac{\sin\hat{b}_1}{\sin\hat{c}_1}\frac{\sin\hat{b}_3}{\sin\hat{a}_3}$$

或

$$\frac{\sin\hat{a}_1}{\sin\hat{b}_1}\frac{\sin\hat{a}_2}{\sin\hat{b}_2}\frac{\sin\hat{a}_3}{\sin\hat{b}_3}=1 \tag{5-2-20}$$

此即

$$\frac{\overline{DB}}{\overline{DA}}\cdot\frac{\overline{DA}}{\overline{DC}}\cdot\frac{\overline{DC}}{\overline{DB}}=1$$

以 D 点为极，列出各图形边长比的积为 1，故称为极条件方程，或称为边长条件方程。极条件方程为非线性形式，按函数模型线性化的方法，将上式用泰勒公式展开取至一次项，可得线性形式的极条件方程。

将 $\hat{a}_i=a_i+v_{a_i}$，$\hat{b}_i=b_i+v_{b_i}$，$\hat{c}_i=c_i+v_{c_i}$ 代入式(5-2-20)展开可得

$$\frac{\sin(a_1+v_{a_1})\sin(a_2+v_{a_2})\sin(a_3+v_{a_3})}{\sin(b_1+v_{b_1})\sin(b_2+v_{b_2})\sin(b_3+v_{b_3})}-1=\frac{\sin a_1\sin a_2\sin a_3}{\sin b_1\sin b_2\sin b_3}-$$

$$1+\frac{\sin a_1\sin a_2\sin a_3}{\sin b_1\sin b_2\sin b_3}\cot a_1\frac{v_{a_1}}{\rho''}+\frac{\sin a_1\sin a_2\sin a_3}{\sin b_1\sin b_2\sin b_3}\cot a_2\frac{v_{a_2}}{\rho''}+$$

$$\frac{\sin a_1\sin a_2\sin a_3}{\sin b_1\sin b_2\sin b_3}\cot a_3\frac{v_{a_3}}{\rho''}-\frac{\sin a_1\sin a_2\sin a_3}{\sin b_1\sin b_2\sin b_3}\cot b_1\frac{v_{b_1}}{\rho''}-$$

$$\frac{\sin a_1\sin a_2\sin a_3}{\sin b_1\sin b_2\sin b_3}\cot b_2\frac{v_{b_2}}{\rho''}-\frac{\sin a_1\sin a_2\sin a_3}{\sin b_1\sin b_2\sin b_3}\cot b_3\frac{v_{b_3}}{\rho''}=0$$

经化简有

$$\cot a_1v_{a_1}+\cot a_2v_{a_2}+\cot a_3v_{a_3}-\cot b_1v_{b_1}-\cot b_2v_{b_2}-\cot b_3v_{b_3}+$$

$$\left(1-\frac{\sin b_1\ \sin b_2\ \sin b_3}{\sin a_1\ \sin a_2\ \sin a_3}\right)\rho''=0 \tag{5-2-21}$$

这就是极条件方程式(5-2-20)的线性形式。

上述非线性条件方程也可以先取对数，再按泰勒公式展开成线性形式。

例 5-4 在图 5-8中，9 个同精度观测值为

$$a_1=30°52'39''.2,\ b_1=42°16'41''.2,$$
$$a_2=33°40'54''.8,\ b_2=20°58'26''.4,$$
$$a_3=23°45'12''.5,\ b_3=28°26'07''.9,$$
$$c_1=106°50'40''.6,\ c_2=125°20'37''.2,\ c_3=127°48'39''.0,$$

试列出条件方程。

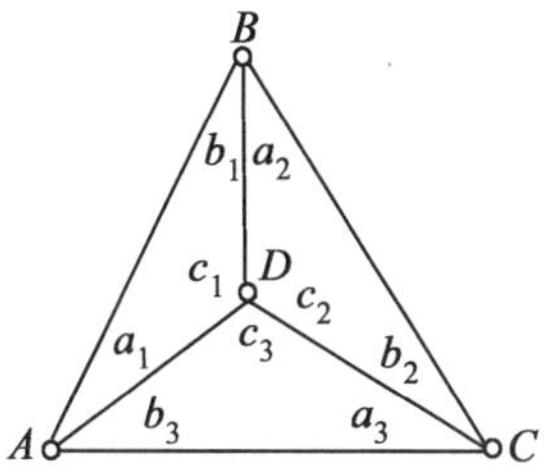

图 5-8 测角中点三边形

解：本题有条件方程 $r=n-t=9-4=5$ 个，其中三个图形条件及一个圆周条件为：

$$v_{a_1}+v_{b_1}+v_{c_1}+1.0=0$$
$$v_{a_2}+v_{b_2}+v_{c_2}-1.6=0$$
$$v_{a_3}+v_{b_3}+v_{c_3}-0.6=0$$
$$v_{c_1}+v_{c_2}+v_{c_3}-3.2=0$$

而非线性的极条件为

$$\frac{\sin\hat{a}_1\ \sin\hat{a}_2\ \sin\hat{a}_3}{\sin\hat{b}_1\ \sin\hat{b}_2\ \sin\hat{b}_3}=1$$

其线性形式为

$$\cot a_1 v_{a_1}+\cot a_2 v_{a_2}+\cot a_3 v_{a_3}-\cot b_1 v_{b_1}-\cot b_2 v_{b_2}-\cot b_3 v_{b_3}+\left(1-\frac{\sin b_1\ \sin b_2\ \sin b_3}{\sin a_1\ \sin a_2\ \sin a_3}\right)\rho''=0$$

将观测值代入，得

$$1.67v_{a_1}+1.50v_{a_2}+2.27v_{a_3}-1.10v_{b_1}-2.61v_{b_2}-1.85v_{b_3}-33.12=0$$

例 5-5 图5-9为一大地四边形，试列出条件方程。

解：本题条件方程个数 $r=n-t=8-4=4$，可组成三个图形条件和一个极条件。即

$$\begin{cases}v_{a_1}+v_{b_1}+v_{a_2}+v_{b_4}+w_a=0\\ v_{b_1}+v_{a_2}+v_{b_2}+v_{a_3}+w_b=0\\ v_{b_2}+v_{a_3}+v_{b_3}+v_{a_4}+w_c=0\end{cases}$$

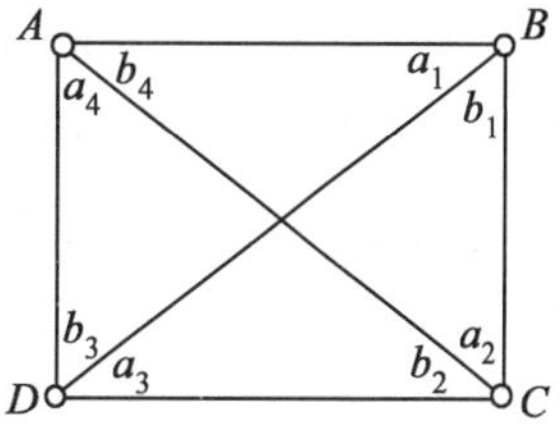

图 5-9 测角大地四边形

和

$$\frac{\overline{AB}}{\overline{AC}}\cdot\frac{\overline{AC}}{\overline{AD}}\cdot\frac{\overline{AD}}{\overline{AB}}=1 \tag{5-2-22}$$

或

$$\frac{\sin\hat{a}_2\sin(\hat{a}_3+\hat{b}_3)\sin\hat{a}_1}{\sin(\hat{a}_1+\hat{b}_1)\sin\hat{b}_2\sin\hat{b}_3}=1 \tag{5-2-23}$$

其线性形式为

$$\cot a_2 v_{a_2}+\cot(a_3+b_3)(v_{a_3}+v_{b_3})+\cot a_1 v_{a_1}-$$
$$\cot(a_1+b_1)(v_{a_1}+v_{b_1})-\cot b_2 v_{b_2}-\cot b_3 v_{b_3}+w_d=0$$

整理之，得

$$[\cot a_1-\cot(a_1+b_1)]v_{a_1}-\cot(a_1+b_1)v_{b_1}+\cot a_2 v_{a_2}-\cot b_2 v_{b_2}+$$
$$\cot(a_3+b_3)v_{a_3}+[\cot(a_3+b_3)-\cot b_3]v_{b_3}+w_d=0 \tag{5-2-24}$$

式中

$$w_d=\left(1-\frac{\sin(a_1+b_1)\sin b_2\sin b_3}{\sin a_2\sin(a_3+b_3)\sin a_1}\right)\rho''$$

式(5-2-24)为大地四边形的极条件方程。

从式(5-2-22)看出，组成极条件时以 A 点为极点，即从 AB 出发，经过 AC、AD 闭合至 AB。此例中也可以 B 或 C 或 D 为极，按以上推导类似方法组成极条件。但在列出三个图形条件情况下，只能任选其中一个为极条件，保持 4 个互相独立的(不存在线性组合)条件方程。

测角网是由三角形、大地四边形和中点多边形等三种基本图形互相邻接或互相重叠而成的。综上所述可知：三角形中有一个多余观测值，应列一个图形条件；大地四边形中有四个多余观测值，应列三个图形条件和一个极条件；中点 n' 边形有 $(n'+2)$ 个多余观测值，应列 n' 个图形条件、一个圆周条件和一个极条件。

5.2.4　以边长为观测值的条件方程

和测角网一样，测边网也可分解为三角形、大地四边形和中点多边形等三种基本图形。对于测边三角形，决定其形状和大小的必要观测为三条边长，即 $t=3$，此时 $r=n-t=3-3=0$，说明测边三角形不存在条件方程。对于大地四边形，要确定第一个三角形，必须观测其中 3 条边长，确定第二个三角形只需再增加 2 条边长，所以确定一个四边形的图形，必须观测 5 条边长，即 $t=5$，所以 $r=n-t=6-5=1$，存在一个条件方程。对于中点多边形，例如中点五边形，它由四个独立三角形组成，此时 $t=3+2\times3=9$，故有 $r=n-t=10-9=1$。因此，测边网中的中点多边形与大地四边形个数之和，即为该网条件方程的总数，这类条件称为图形条件。

图形条件的列出，可利用角度闭合法、边长闭合法和面积闭合法等，本节仅介绍角度闭合法。

测边网的图形条件按角度闭合法列出，其基本思想是：利用观测边长求出网中的内角，列出角度间应满足的条件，然后，以边长改正数代换角度改正数，得到以边长改正数表示的图形条件。现以图 5-10 为例，说明条件方程的组成方法。

1. 以角度改正数表示的条件方程

在图 5-10 的测边网中，由观测边长 $S_i(i=1, 2, 3, \cdots, 6)$ 算出角值 $\beta_j(j=1, 2, 3)$，此时，平差值条件方程为

$$\beta_1+\beta_2-\beta_3=0$$

以角度改正数表示的图形条件为

$$v_{\beta_1}+v_{\beta_2}-v_{\beta_3}+w=0 \tag{5-2-25}$$

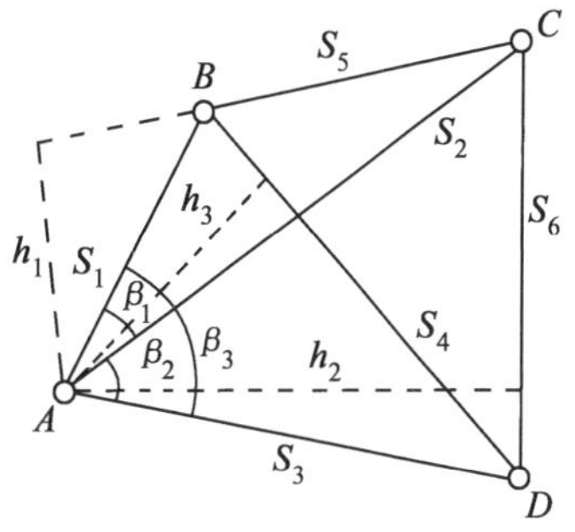

图 5-10 测边大地四边形

式中

$$w=\beta_1+\beta_2-\beta_3$$

同样，在图 5-11 的测边中点三边形中，以角度改正数表示的图形条件为：

$$v_{\beta_1}+v_{\beta_2}+v_{\beta_3}+w=0 \tag{5-2-26}$$

式中

$$w=\beta_1+\beta_2+\beta_3-360°$$

上述条件中的角度改正数必须代换成观测值(边长)的改正数，才是图形条件的最终形式。为此，必须找出边长改正数和角度改正数之间的关系式。

2. 角度改正数与边长改正数的关系式

在图 5-12 中，由余弦定理知

$$S_a^2=S_b^2+S_c^2-2S_bS_c\cos A$$

微分得

$$2S_a\mathrm{d}S_a=(2S_b-2S_c\cos A)\mathrm{d}S_b+(2S_c-2S_b\cos A)\mathrm{d}S_c+2S_bS_c\sin A\mathrm{d}A$$

$$\mathrm{d}A=\frac{1}{S_bS_c\sin A}[S_a\mathrm{d}S_a-(S_b-S_c\cos A)\mathrm{d}S_b-(S_c-S_b\cos A)\mathrm{d}S_c] \tag{5-2-27}$$

由图 5-12 知

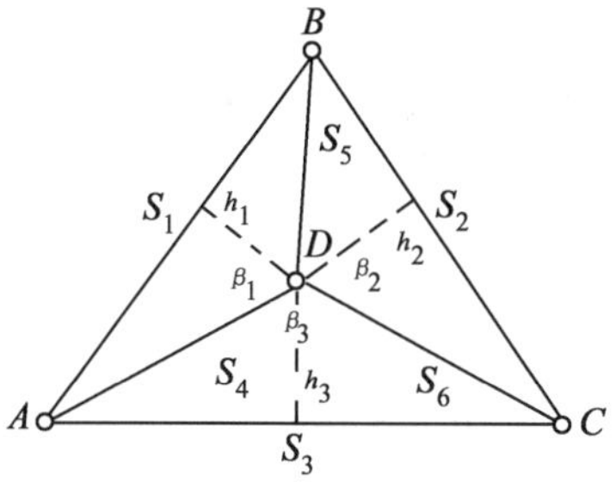

图 5-11 测边中点三边形

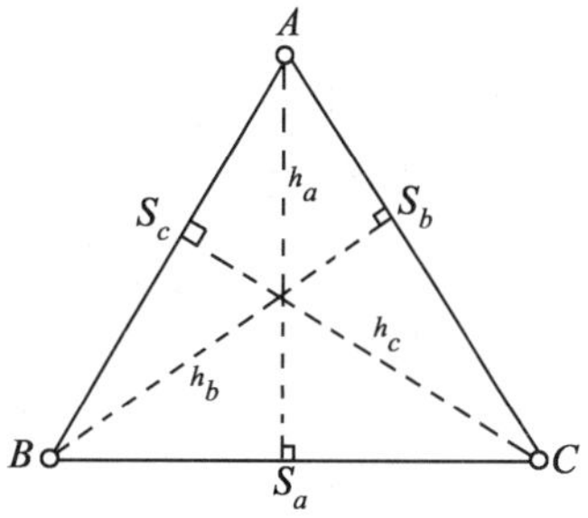

图 5-12 测边三角形

$$S_bS_c\sin A = S_bh_b = (2\text{倍三角形面积}) = S_ah_a$$
$$S_b - S_c\cos A = S_a\cos C, \quad S_c - S_b\cos A = S_a\cos B$$

故有

$$dA = \frac{1}{h_a}(dS_a - \cos C dS_b - \cos B dS_c) \tag{5-2-28}$$

将上式中的微分换成相应的改正数，同时考虑到式中 dA 的单位是弧度，而角度改正数是以(″)为单位，故上式可写成：

$$v''_A = \frac{\rho''}{h_a}(v_{s_a} - \cos C v_{s_b} - \cos B v_{s_c}) \tag{5-2-29}$$

这就是角度改正数与三个边长改正数之间的关系式，以后称该式为角度改正数方程。上式规律极为明显，即任意一角(例如 A 角)的改正数等于其对边(S_a 边)的改正数与两个夹边(S_b，S_c 边)的改正数分别与其邻角余弦(S_b 边邻角为 C 角，S_c 边邻角为 B 角)乘积负值之和，再乘以 ρ'' 为分子，以该角至其对边之高(h_a)为分母的分数。

3. *以边长改正数表示的图形条件方程*

按照上述规律，可以写出图5-10中角 β_1、β_2 及 β_3 的角度改正数方程分别为

$$v_{\beta_1} = \frac{\rho''}{h_1}(v_{s_5} - \cos\angle ABC v_{s_1} - \cos\angle ACB v_{s_2})$$
$$v_{\beta_2} = \frac{\rho''}{h_2}(v_{s_6} - \cos\angle ACD v_{s_2} - \cos\angle ADC v_{s_3})$$
$$v_{\beta_3} = \frac{\rho''}{h_3}(v_{s_4} - \cos\angle ABD v_{s_1} - \cos\angle ADB v_{s_3})$$

式中，h_1、h_2 及 h_3 分别是从 A 点向 $\beta_i(i=1, 2, 3)$ 角对边所作的高。将上面三式代入式(5-2-25)，按 $v_{s_i}(i=1, 2, \cdots, 6)$ 的顺序并项，即得四边形的以边长改正数表示的图形条件：

$$\begin{aligned}&\rho''\left(\frac{\cos\angle ABD}{h_3} - \frac{\cos\angle ABC}{h_1}\right)v_{s_1} - \rho''\left(\frac{\cos\angle ACB}{h_1} + \frac{\cos\angle ACD}{h_2}\right)v_{s_2} + \\ &\rho''\left(\frac{\cos\angle ADB}{h_3} - \frac{\cos\angle ADC}{h_2}\right)v_{s_3} - \frac{\rho''}{h_3}v_{s_4} + \frac{\rho''}{h_1}v_{s_5} + \frac{\rho''}{h_2}v_{s_6} + w = 0\end{aligned} \tag{5-2-30}$$

如果图形中出现已知边时，在条件方程中要把相应于该边的改正数项舍去。

对于图5-11中的中点三边形来说，β_1、β_2 及 β_3 的改正数与各边改正数的关系式为

$$v_{\beta_1} = \frac{\rho''}{h_1}(v_{s_1} - \cos\angle DAB v_{s_4} - \cos\angle DBA v_{s_5})$$
$$v_{\beta_2} = \frac{\rho''}{h_2}(v_{s_2} - \cos\angle DBC v_{s_5} - \cos\angle DCB v_{s_6})$$
$$v_{\beta_3} = \frac{\rho''}{h_3}(v_{s_3} - \cos\angle DCA v_{s_6} - \cos\angle DAC v_{s_4})$$

将上述关系代入式(5-2-26)，并按 $v_{s_i}(i=1, 2, \cdots, 6)$ 的顺序并项，即得中点三边形的

图形条件：

$$\frac{\rho''}{h_1}v_{s_1}+\frac{\rho''}{h_2}v_{s_2}+\frac{\rho''}{h_3}v_{s_3}-\rho''\left(\frac{\cos\angle DAB}{h_1}+\frac{\cos\angle DAC}{h_3}\right)v_{s_4}-$$
$$\rho''\left(\frac{\cos\angle DBA}{h_1}+\frac{\cos\angle DBC}{h_2}\right)v_{s_5}-$$
$$\rho''\left(\frac{\cos\angle DCB}{h_2}+\frac{\cos\angle DCA}{h_3}\right)v_{s_6}+w=0 \tag{5-2-31}$$
$$w=\beta_1+\beta_2+\beta_3-360^\circ$$

在具体计算图形条件的系数和闭合差时，一般取边长改正数的单位为 cm，高 h 的单位为 km，ρ'' 取 2.062，而闭合差 w 的单位为(″)。由观测边长计算系数中的角值(图 5-12)，可按余弦定理或下式计算

$$\tan\frac{A}{2}=\frac{r}{p-S_a},\quad \tan\frac{B}{2}=\frac{r}{p-S_b} \tag{5-2-32}$$
$$\tan\frac{C}{2}=\frac{r}{p-S_c}$$

式中

$$p=(S_a+S_b+S_c)/2$$
$$r=\sqrt{\frac{(p-S_a)(p-S_b)(p-S_c)}{p}}$$

而高 h 为

$$\begin{cases}h_a=S_b\sin C=S_c\sin B\\ h_b=S_a\sin C=S_c\sin A\\ h_c=S_a\sin B=S_b\sin A\end{cases} \tag{5-2-33}$$

5.2.5 以基线向量为观测值的条件方程

图 5-13 为一 GNSS 三维无约束基线向量网，每条基线有三个观测值，它们分别是 Δx_{ij}，Δy_{ij}，Δz_{ij}，$n=3s$，s 是基线数。为了确定待定点的三维坐标，网中至少要有一个已知点，如果没有起算数据，则可假设某一点的三维坐标为已知，并以此坐标为基准来确定其他点的相对坐标。

设 A 点的坐标已知，m 为网中总的点数，则图中有三个坐标基准 X、Y、Z，必要观测数为 $t=3(m-1)$，所以条件方程的个数为：

$$r=n-t=3s-3(m-1)=3(s-m)+3$$

在图 5-13 中，有 12 条基线，每条基线有 3 个观测值：$n=12\times3=36$，必要观测数 $t=5\times3=15$，$r=7\times3=21$。因为没有多余的起算数据，这 21 个条件方程都是闭合条件。在图 5-13 中，有两个没有重叠的四边形：$ABFE$ 和 $BCDF$，每个四边形有 3 个独立的三角形组成的闭合圈，两个四边形有 6 个独立的闭合圈，再有一个三角形 FDE，共有 7

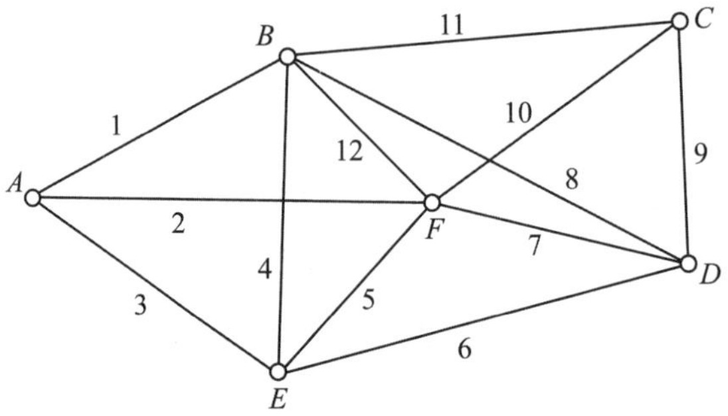

图 5-13　GNSS 无约束基线向量网

个独立的闭合圈，每个闭合圈可以列出 3 个坐标闭合条件。

5.2.6　以坐标为观测值的条件方程

数字化所得数据是数字化仪或扫描仪对地面点坐标数字化得出的坐标值，该坐标值是仪器机械坐标系统的坐标，经坐标变换得到地面坐标系统中的坐标值。由于数字化过程有误差，这些坐标被认为是一组观测值而参与平差。下面举例说明。

1. 直角与直线型的条件方程

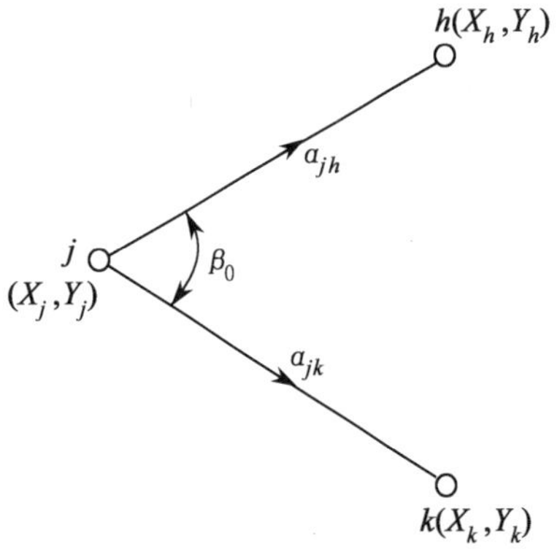

图 5-14　坐标观测值和内角

设有数字化坐标观测值 (X_h, Y_h)、(X_j, Y_j) 和 (X_k, Y_k)，如图 5-14 所示。坐标平差值为 $\hat{X}=X+v_x$，$\hat{Y}=Y+v_y$，β_0 为应有值，如果两条直线垂直，则 $\beta_0=90°$ 或 $270°$；如 h、j、k 三个点在同一条直线上，则 $\beta_0=180°$ 或 $0°$。故有条件方程为

$$\hat{\alpha}_{jk}-\hat{\alpha}_{jh}=\beta_0 \tag{5-2-34}$$

或

$$\arctan\frac{(Y_k+v_{y_k})-(Y_j+v_{y_j})}{(X_k+v_{x_k})-(X_j+v_{x_j})}-\arctan\frac{(Y_h+v_{y_h})-(Y_j+v_{y_j})}{(X_h+v_{x_h})-(X_j+v_{x_j})}-\beta_0=0 \tag{5-2-35}$$

式中，左端的第一项为

$$\hat{\alpha}_{jk}=\arctan\frac{(Y_k+v_{y_k})-(Y_j+v_{y_j})}{(X_k+v_{x_k})-(X_j+v_{x_j})}$$

将上式右端按泰勒公式展开，得

$$\hat{\alpha}_{jk}=\arctan\frac{Y_k-Y_j}{X_k-X_j}+\left(\frac{\partial\hat{\alpha}_{jk}}{\partial\hat{X}_j}\right)_0 v_{x_j}+\left(\frac{\partial\hat{\alpha}_{jk}}{\partial\hat{Y}_j}\right)_0 v_{y_j}+\left(\frac{\partial\hat{\alpha}_{jk}}{\partial\hat{X}_k}\right)_0 v_{x_k}+\left(\frac{\partial\hat{\alpha}_{jk}}{\partial\hat{Y}_k}\right)_0 v_{y_k}\quad(5\text{-}2\text{-}36)$$

令

$$\alpha_{jk}^0=\arctan\frac{Y_k-Y_j}{X_k-X_j}$$

$$\delta\alpha_{jk}=\left(\frac{\partial\hat{\alpha}_{jk}}{\partial\hat{X}_j}\right)_0 v_{x_j}+\left(\frac{\partial\hat{\alpha}_{jk}}{\partial\hat{Y}_j}\right)_0 v_{y_j}+\left(\frac{\partial\hat{\alpha}_{jk}}{\partial\hat{X}_k}\right)_0 v_{x_k}+\left(\frac{\partial\hat{\alpha}_{jk}}{\partial\hat{Y}_k}\right)_0 v_{y_k}$$

式中$(\quad)_0$表示用坐标观测值代替坐标平差值计算的偏导数值。于是式(5-2-36)又可写为

$$\hat{\alpha}_{jk}=\alpha_{jk}^0+\delta\alpha_{jk}\quad(5\text{-}2\text{-}37)$$

因为

$$\left(\frac{\partial\hat{\alpha}_{jk}}{\partial\hat{X}_j}\right)_0=\frac{Y_k-Y_j}{(X_k-X_j)^2+(Y_k-Y_j)^2}=\frac{\Delta Y_{jk}^0}{(S_{jk}^0)^2}$$

$$\left(\frac{\partial\hat{\alpha}_{jk}}{\partial\hat{Y}_j}\right)_0=-\frac{\Delta X_{jk}^0}{(S_{jk}^0)^2}$$

$$\left(\frac{\partial\hat{\alpha}_{jk}}{\partial\hat{X}_k}\right)_0=-\frac{\Delta Y_{jk}^0}{(S_{jk}^0)^2}$$

$$\left(\frac{\partial\hat{\alpha}_{jk}}{\partial\hat{Y}_k}\right)_0=\frac{\Delta X_{jk}^0}{(S_{jk}^0)^2}$$

将上列结果代入式(5-2-36)，并顾及全式的单位得

$$\hat{\alpha}_{jk}=\alpha_{jk}^0+\frac{\rho''\Delta Y_{jk}^0}{(S_{jk}^0)^2}v_{x_j}-\frac{\rho''\Delta X_{jk}^0}{(S_{jk}^0)^2}v_{y_j}-\frac{\rho''\Delta Y_{jk}^0}{(S_{jk}^0)^2}v_{x_k}+\frac{\rho''\Delta X_{jk}^0}{(S_{jk}^0)^2}v_{y_k}\quad(5\text{-}2\text{-}38)$$

同理，可得

$$\hat{\alpha}_{jh}=\alpha_{jh}^0+\delta\alpha_{jh}=\alpha_{jh}^0+\frac{\rho''\Delta Y_{jh}^0}{(S_{jh}^0)^2}v_{x_j}-\frac{\rho''\Delta X_{jh}^0}{(S_{jh}^0)^2}v_{y_j}-\frac{\rho''\Delta Y_{jh}^0}{(S_{jh}^0)^2}v_{x_h}+\frac{\rho''\Delta X_{jh}^0}{(S_{jh}^0)^2}v_{y_h}\quad(5\text{-}2\text{-}39)$$

将式(5-2-38)、式(5-2-39)代入式(5-2-34)，即得条件方程为

$$\rho''\left(\frac{\Delta Y_{jk}^0}{(S_{jk}^0)^2}-\frac{\Delta Y_{jh}^0}{(S_{jh}^0)^2}\right)v_{x_j}-\rho''\left(\frac{\Delta X_{jk}^0}{(S_{jk}^0)^2}-\frac{\Delta X_{jh}^0}{(S_{jh}^0)^2}\right)v_{y_j}-\frac{\rho''\Delta Y_{jk}^0}{(S_{jk}^0)^2}v_{x_k}+$$
$$\frac{\rho''\Delta X_{jk}^0}{(S_{jk}^0)^2}v_{y_k}+\frac{\rho''\Delta Y_{jh}^0}{(S_{jh}^0)^2}v_{x_h}-\frac{\rho''\Delta X_{jh}^0}{(S_{jh}^0)^2}v_{y_h}+w=0\quad(5\text{-}2\text{-}40)$$

及

$$w=\alpha_{jk}^0-\alpha_{jh}^0-\beta_0\quad(5\text{-}2\text{-}41)$$

2. 距离型的条件方程

数字化所得两点间距离应与已知值相符合，为此所组成的条件方程称为距离型条件

方程。

设点$(\hat{X}_j, \hat{Y}_j)$与点$(\hat{X}_k, \hat{Y}_k)$之间的距离已知值为S_0，则其条件方程为

$$[(\hat{Y}_k - \hat{Y}_j)^2 + (\hat{X}_k - \hat{X}_j)^2]^{\frac{1}{2}} = S_0$$

将数字化坐标观测值及其改正数代入，并用泰勒公式展开取至一次项，得条件方程为

$$-\frac{\Delta X_{jk}^0}{S_{jk}^0}v_{x_j} - \frac{\Delta Y_{jk}^0}{S_{jk}^0}v_{y_j} + \frac{\Delta X_{jk}^0}{S_{jk}^0}v_{x_k} + \frac{\Delta Y_{jk}^0}{S_{jk}^0}v_{y_k} + w_s = 0 \tag{5-2-42}$$

式中

$$w_s = S_{jk}^0 - S_0 = [(Y_k - Y_j)^2 + (X_k - X_j)^2]^{\frac{1}{2}} - S_0 \tag{5-2-43}$$

例5-6　在摄影测量的竖直平面相对控制中，为使n个观测点(x_i, y_i)位于同一竖直面上，试列出所应满足的条件方程。

解：本题$t=2$(不在同一铅垂线上的2个点)，条件方程个数$r=n-2$。设观测点坐标的平差值为(X_i, Y_i)，则可列出$n-2$个条件方程为

$$\frac{X_i - X_1}{Y_i - Y_1} = \frac{X_i - X_2}{Y_i - Y_2} \quad (i = 3, 4, \cdots, n)$$

或

$$(X_i - X_1)(Y_i - Y_2) - (X_i - X_2)(Y_i - Y_1) = 0 \qquad (i = 3, 4, \cdots, n)$$

将$X_i = x_i + v_{x_i}$，$Y_i = y_i + v_{y_i}$代入，用泰勒公式展开取至一次项可得条件方程的线性形式为

$$[\Delta y_{2i} - \Delta y_{1i}]v_{x_i} + [\Delta x_{1i} - \Delta x_{2i}]v_{y_i} + w = 0$$

式中$\Delta x_{1i} = x_i - x_1$，$\Delta x_{2i} = x_i - x_2$，$\Delta y_{1i} = y_i - y_1$，$\Delta y_{2i} = y_i - y_2$，$w = \Delta x_{1i}\Delta y_{2i} - \Delta x_{2i}\Delta y_{1i}^0$.

例5-7　设用扫描仪采集到图5-15中各顶点坐标观测值(x_i, y_i)，$i = 1, 2, \cdots, 8$，图中各转折角均为90°，试列出所应满足的条件方程。

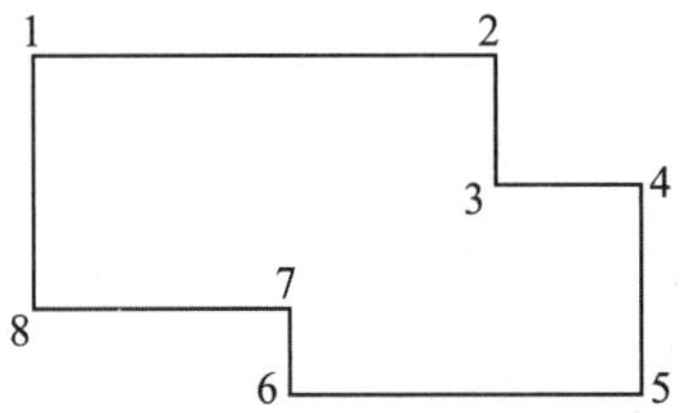

图5-15　示意图

解：观测值为N个顶点的坐标，其个数为$n = 2N$必要观测数$t = N + 1 = 9$，$r = N - 1 = 7$，这7个条件均为直角条件；

$$\arctan\frac{\hat{y}_8 - \hat{y}_1}{\hat{x}_8 - \hat{x}_1} - \arctan\frac{\hat{y}_2 - \hat{y}_1}{\hat{x}_2 - \hat{x}_1} - 90° = 0°$$

根据式(5-2-20)，线性化后的条件方程

$$\rho''\left(\frac{\Delta Y_{18}^{0}}{(S_{18}^{0})^{2}}-\frac{\Delta Y_{12}^{0}}{(S_{12}^{0})^{2}}\right)v_{x_1}-\rho''\left(\frac{\Delta X_{18}^{0}}{(S_{18}^{0})^{2}}-\frac{\Delta X_{12}^{0}}{(S_{12}^{0})^{2}}\right)v_{y_1}$$
$$+\frac{\rho''\Delta Y_{12}^{0}}{(S_{12}^{0})^{2}}v_{x_2}-\frac{\rho''\Delta X_{12}^{0}}{(S_{12}^{0})^{2}}v_{y_2}-\frac{\rho''\Delta Y_{18}^{0}}{(S_{18}^{0})^{2}}v_{x_8}+\frac{\rho''\Delta X_{18}^{0}}{(S_{18}^{0})^{2}}v_{y_8}+w_1=0 \tag{5-2-44}$$

$$w_1=\alpha_{18}^{0}-\alpha_{12}^{0}-90°$$

同理，可以列出其余 6 个直角条件方程，线性化后的形式如式(5-2-44)。

5.3 精度评定

测量平差的目的之一是要评定测量成果的精度，测量成果精度包括两个方面：一是观测值的实际精度；一是由观测值经平差得到的观测值函数的精度。

设观测值向量 $\boldsymbol{L}$ 的方差为

$$\boldsymbol{D}_L=\boldsymbol{D}=\sigma_0^2Q=\sigma_0^2\boldsymbol{P}^{-1} \tag{5-3-1}$$

平差前已知的是先验方差，由此定权参与平差。但是，评定精度需要的是观测的实际精度，式(5-3-1)中，Q 已知，故只要对单位权方差 σ_0^2 作出估计，由估值 $\hat{\sigma}_0^2$ 代入式(5-3-1)求得方差估值 $\hat{D}$，同时通过 $\hat{D}$ 与 D 的比较，可用统计检验方法检验后验方差 $\hat{D}$ 是否与先验方差一致。

通过条件平差，求得改正数 V，平差值 $\hat{L}$，由此可计算平差值 $\hat{L}$ 的任何函数 $\hat{\varphi}=\boldsymbol{f}^{\mathrm{T}}\hat{\boldsymbol{L}}$。$V$、$\hat{L}$、$\hat{\varphi}$ 等都是观测值 L 的函数。一般地，设观测值的函数为

$$\boldsymbol{G}=\boldsymbol{F}^{\mathrm{T}}\boldsymbol{L}$$

则按协方差传播律可得

$$\hat{\boldsymbol{D}}_G=\hat{\sigma}_0^2\boldsymbol{F}^{\mathrm{T}}\boldsymbol{QF}=\hat{\sigma}_0^2\boldsymbol{Q}_{GG} \tag{5-3-2}$$

所以，为求定 $\boldsymbol{G}$ 的方差估值，需要计算 $\boldsymbol{G}$ 的协因数阵和估计单位权方差。

5.3.1 单位权方差的估值公式

一个平差问题，不论采用上述何种基本平差方法，单位权方差的估值都是残差平方和 $\boldsymbol{V}^{\mathrm{T}}\boldsymbol{PV}$ 除以该平差问题的自由度 r(多余观测数)，即

$$\hat{\sigma}_0^2=\frac{\boldsymbol{V}^{\mathrm{T}}\boldsymbol{PV}}{r} \tag{5-3-3}$$

对于条件平差，r 也是条件方程的个数。

考虑到四种基本平差方法的单位权方差估值公式都是式(5-3-3)，它与具体采用的平差方法无关，所以此公式的证明留在第 9 章中的 9.5 小节中证明。

$\boldsymbol{V}^{\mathrm{T}}\boldsymbol{PV}$ 除用 $\boldsymbol{V}$ 直接计算外，还可按以下导出的公式计算：

因为 $\boldsymbol{V}=\boldsymbol{QA}^{\mathrm{T}}\boldsymbol{K}$，故有

$$\boldsymbol{V}^{\mathrm{T}}\boldsymbol{PV}=(\boldsymbol{QA}^{\mathrm{T}}\boldsymbol{K})^{\mathrm{T}}\boldsymbol{PQA}^{\mathrm{T}}\boldsymbol{K}=\boldsymbol{K}^{\mathrm{T}}\boldsymbol{AQA}^{\mathrm{T}}\boldsymbol{K}=\boldsymbol{K}^{\mathrm{T}}\boldsymbol{N}_{AA}\boldsymbol{K} \tag{5-3-4}$$

即二次型 $\boldsymbol{V}^{\mathrm{T}}\boldsymbol{PV}$ 也可用联系数 $\boldsymbol{K}$ 的具有方阵 $\boldsymbol{N}_{AA}$ 的二次型来进行计算。

此外，

$$\boldsymbol{V}^{\mathrm{T}}\boldsymbol{PV}=\boldsymbol{V}^{\mathrm{T}}\boldsymbol{P}(\boldsymbol{QA}^{\mathrm{T}}\boldsymbol{K})=\boldsymbol{V}^{\mathrm{T}}\boldsymbol{A}^{\mathrm{T}}\boldsymbol{K}=-\boldsymbol{W}^{\mathrm{T}}\boldsymbol{K} \tag{5-3-5}$$

式中顾及了条件方程 $\boldsymbol{AV}+\boldsymbol{W}=\boldsymbol{0}$，即 $\boldsymbol{V}^{\mathrm{T}}\boldsymbol{PV}$ 可用闭合差和联系数的积反号来计算。

顺便指出，残差平方和这一二次型函数是测量平差中一个重要的统计量，在误差估计和检验中常要用到。

5.3.2　协因数阵的计算

在条件平差中，基本向量为 $\boldsymbol{L}$、$\boldsymbol{W}$、$\boldsymbol{K}$、$\boldsymbol{V}$ 和 $\hat{\boldsymbol{L}}$，它们都是观测值向量的函数，下面将推求基本向量各自的协因数阵以及两两向量间的互协因数阵。令

$$\boldsymbol{Z}^{\mathrm{T}}=[\boldsymbol{L}^{\mathrm{T}}\quad \boldsymbol{W}^{\mathrm{T}}\quad \boldsymbol{K}^{\mathrm{T}}\quad \boldsymbol{V}^{\mathrm{T}}\quad \hat{\boldsymbol{L}}^{\mathrm{T}}]$$

则 $\boldsymbol{Z}$ 的协因阵为

$$\boldsymbol{Q}_{ZZ}=\begin{bmatrix} Q_{LL} & Q_{LW} & Q_{LK} & Q_{LV} & Q_{L\hat{L}} \\ Q_{WL} & Q_{WW} & Q_{WK} & Q_{WV} & Q_{W\hat{L}} \\ Q_{KL} & Q_{KW} & Q_{KK} & Q_{KV} & Q_{K\hat{L}} \\ Q_{VL} & Q_{VW} & Q_{VK} & Q_{VV} & Q_{V\hat{L}} \\ Q_{\hat{L}L} & Q_{\hat{L}W} & Q_{\hat{L}K} & Q_{\hat{L}V} & Q_{\hat{L}\hat{L}} \end{bmatrix}$$

已知 $\boldsymbol{Q}_{LL}=\boldsymbol{Q}$，求 $\boldsymbol{Q}_{ZZ}$。

基本向量的关系式为

$$\boldsymbol{L}=\boldsymbol{L}$$

$$\boldsymbol{W}=\boldsymbol{AL}+\boldsymbol{A}_0 \tag{5-3-6}$$

$$\boldsymbol{K}=-\boldsymbol{N}_{AA}^{-1}\boldsymbol{W}=-\boldsymbol{N}_{AA}^{-1}\boldsymbol{AL}-\boldsymbol{N}_{AA}^{-1}\boldsymbol{A}_0 \tag{5-3-7}$$

$$\boldsymbol{V}=\boldsymbol{QA}^{\mathrm{T}}\boldsymbol{K}=-\boldsymbol{QA}^{\mathrm{T}}\boldsymbol{N}_{AA}^{-1}\boldsymbol{W}=-\boldsymbol{QA}^{\mathrm{T}}\boldsymbol{N}_{AA}^{-1}\boldsymbol{AL}-\boldsymbol{QA}^{\mathrm{T}}\boldsymbol{N}_{AA}^{-1}\boldsymbol{A}_0 \tag{5-3-8}$$

$$\hat{\boldsymbol{L}}=\boldsymbol{L}+\boldsymbol{V} \tag{5-3-9}$$

按协因数传播律，可得 $\boldsymbol{L}$、$\boldsymbol{W}$、$\boldsymbol{K}$、$\boldsymbol{V}$ 的自协因数阵及相互间的协因数阵为

$$\boldsymbol{Q}_{LL}=\boldsymbol{Q}$$

$$\boldsymbol{Q}_{WW}=\boldsymbol{AQA}^{\mathrm{T}}=\boldsymbol{N}_{AA}$$

$$\boldsymbol{Q}_{KK}=\boldsymbol{N}_{AA}^{-1}\boldsymbol{Q}_{WW}\boldsymbol{N}_{AA}^{-1}=\boldsymbol{N}_{AA}^{-1}\boldsymbol{N}_{AA}\boldsymbol{N}_{AA}^{-1}=\boldsymbol{N}_{AA}^{-1}$$

$$\boldsymbol{Q}_{VV}=\boldsymbol{QA}^{\mathrm{T}}\boldsymbol{Q}_{KK}\boldsymbol{AQ}=\boldsymbol{QA}^{\mathrm{T}}\boldsymbol{N}_{AA}^{-1}\boldsymbol{AQ}$$

$$\boldsymbol{Q}_{LW}=\boldsymbol{QA}^{\mathrm{T}}$$

$$\boldsymbol{Q}_{LK}=-\boldsymbol{QA}^{\mathrm{T}}\boldsymbol{N}_{AA}^{-1}$$

$$\boldsymbol{Q}_{LV}=-\boldsymbol{QA}^{\mathrm{T}}\boldsymbol{N}_{AA}^{-1}\boldsymbol{AQ}$$

$$\boldsymbol{Q}_{WK} = -\boldsymbol{AQA}^{\mathrm{T}}\boldsymbol{N}_{AA}^{-1} = -\boldsymbol{N}_{AA}\boldsymbol{N}_{AA}^{-1} = -\boldsymbol{I}$$

$$\boldsymbol{Q}_{WV} = -\boldsymbol{Q}_{WW}\boldsymbol{N}_{AA}^{-1}\boldsymbol{AQ} = -\boldsymbol{N}_{AA}\boldsymbol{N}_{AA}^{-1}\boldsymbol{AQ} = -\boldsymbol{AQ}$$

$$\boldsymbol{Q}_{KV} = \boldsymbol{N}_{AA}^{-1}\boldsymbol{Q}_{WW}\boldsymbol{N}_{AA}^{-1}\boldsymbol{AQ} = \boldsymbol{N}_{AA}^{-1}\boldsymbol{AQ}$$

下面再计算 $\hat{\boldsymbol{L}}$ 的自协因数阵以及它和 $\boldsymbol{L}$、$\boldsymbol{W}$、$\boldsymbol{K}$、$\boldsymbol{V}$ 间的互协因数阵，得

$$\boldsymbol{Q}_{L\hat{L}} = \boldsymbol{Q}_{LL} + \boldsymbol{Q}_{LV} = \boldsymbol{Q} - \boldsymbol{QA}^{\mathrm{T}}\boldsymbol{N}_{AA}^{-1}\boldsymbol{AQ}$$

$$\boldsymbol{Q}_{W\hat{L}} = \boldsymbol{Q}_{WL} + \boldsymbol{Q}_{WV} = \boldsymbol{Q}_{LW}^{\mathrm{T}} + \boldsymbol{Q}_{WV} = \boldsymbol{AQ} - \boldsymbol{AQ} = \boldsymbol{0}$$

$$\boldsymbol{Q}_{K\hat{L}} = \boldsymbol{Q}_{KL} + \boldsymbol{Q}_{KV} = -\boldsymbol{N}_{AA}^{-1}\boldsymbol{AQ} + \boldsymbol{N}_{AA}^{-1}\boldsymbol{AQ} = \boldsymbol{0}$$

$$\boldsymbol{Q}_{V\hat{L}} = \boldsymbol{Q}_{VL} + \boldsymbol{Q}_{VV} = \boldsymbol{0}$$

因为 $\boldsymbol{Q}_{\hat{L}\hat{L}} = \boldsymbol{Q}_{LL} + \boldsymbol{Q}_{LV} + \boldsymbol{Q}_{VL} + \boldsymbol{Q}_{VV}$，而 $\boldsymbol{Q}_{LV} = \boldsymbol{Q}_{VL} = -\boldsymbol{Q}_{VV}$，于是有

$$\boldsymbol{Q}_{\hat{L}\hat{L}} = \boldsymbol{Q}_{LL} - \boldsymbol{Q}_{VV} = \boldsymbol{Q} - \boldsymbol{QA}^{\mathrm{T}}\boldsymbol{N}_{AA}^{-1}\boldsymbol{AQ}$$

将以上结果列于表 5-1，以便查用。

由表 5-1 可见，平差值 $\hat{\boldsymbol{L}}$ 与改正数 $\boldsymbol{V}$、闭合差 $\boldsymbol{W}$、联系数 $\boldsymbol{K}$ 是不相关的统计量，因为它们都是正态向量，所以也可以说 $\hat{\boldsymbol{L}}$ 与 $\boldsymbol{V}$、$\boldsymbol{W}$、$\boldsymbol{K}$ 相互独立。

表 5-1　　条件平差基本向量的协因数阵

	$\boldsymbol{L}$	$\boldsymbol{W}$	$\boldsymbol{K}$	$\boldsymbol{V}$	$\hat{\boldsymbol{L}}$
$\boldsymbol{L}$	$\boldsymbol{Q}$	$\boldsymbol{QA}^{\mathrm{T}}$	$-\boldsymbol{QA}^{\mathrm{T}}\boldsymbol{N}_{AA}^{-1}$	$-\boldsymbol{Q}_{VV}$	$\boldsymbol{Q} - \boldsymbol{QA}^{\mathrm{T}}\boldsymbol{N}_{AA}^{-1}\boldsymbol{AQ}$
$\boldsymbol{W}$	$\boldsymbol{AQ}$	$\boldsymbol{N}_{AA}$	$-\boldsymbol{I}$	$-\boldsymbol{AQ}$	$\boldsymbol{0}$
$\boldsymbol{K}$	$-\boldsymbol{N}_{AA}^{-1}\boldsymbol{AQ}$	$-\boldsymbol{I}$	$\boldsymbol{N}_{AA}^{-1}$	$\boldsymbol{N}_{AA}^{-1}\boldsymbol{AQ}$	$\boldsymbol{0}$
$\boldsymbol{V}$	$-\boldsymbol{Q}_{VV}$	$-\boldsymbol{QA}^{\mathrm{T}}$	$\boldsymbol{QA}^{\mathrm{T}}\boldsymbol{N}_{AA}^{-1}$	$\boldsymbol{QA}^{\mathrm{T}}\boldsymbol{N}_{AA}^{-1}\boldsymbol{AQ}$	$\boldsymbol{0}$
$\hat{\boldsymbol{L}}$	$\boldsymbol{Q} - \boldsymbol{QA}^{\mathrm{T}}\boldsymbol{N}_{AA}^{-1}\boldsymbol{AQ}$	$\boldsymbol{0}$	$\boldsymbol{0}$	$\boldsymbol{0}$	$\boldsymbol{Q} - \boldsymbol{Q}_{VV}$

（$\boldsymbol{N}_{AA} = \boldsymbol{AQA}^{\mathrm{T}}$）

5.3.3　平差值函数的中误差

在条件平差中，经平差计算，首先得到的是各个观测量的平差值。例如，水准网平差先求得的是观测高差的平差值，测角网中则是观测角度、边长、基线向量和坐标等的平差值。但是，水准网平差后要求得到的是各待定点的平差高程，控制网平差后则要知道点的坐标、边长和方位角等。这些都是观测量平差值的函数，如何计算平差值函数的中误差，是下面要讨论的问题。

由方差和协因数的关系式

$$\sigma_i^2 = \sigma_0^2 Q_{ii}$$

可知，计算某个量的中误差，必须先求出其协因数。下面讨论平差值函数的协因数计算

问题。

如在例 5-2 中，为求 C 点平差高程可建立如下平差值函数式

$$\hat{\varphi} = H_C = H_A + \hat{h}_1$$

这是一种线性形式。

在图 5-5 中，为评定平差后 P_2 的坐标（$\hat{X}_{P_2}$，$\hat{Y}_{P_2}$）精度，可列出其平差值函数式：

$$\hat{X}_{P_2} = X_A + \hat{S}_1\cos(\alpha_{AB} + \hat{L}_1) + \hat{S}_2\cos(\alpha_{AB} + \hat{L}_1 + \hat{L}_2 - 180°)$$

$$\hat{Y}_{P_2} = Y_A + \hat{S}_1\sin(\alpha_{AB} + \hat{L}_1) + \hat{S}_2\sin(\alpha_{AB} + \hat{L}_1 + \hat{L}_2 - 180°)$$

这是一种非线性形式。

又如，在图 5-16 中，为求平差后 CD 边方位角 $\hat{\alpha}_{CD}$、边长 $\hat{S}_{CD}$ 和 D 点坐标（$\hat{X}_D$，$\hat{Y}_D$），可列出其平差值函数式为

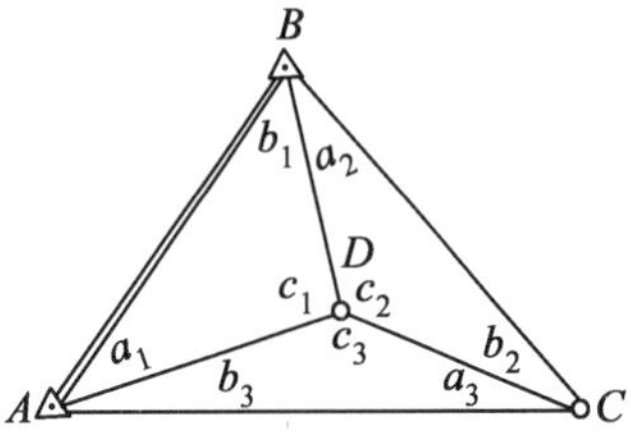

图 5-16　测边中点三边形

$$\hat{\alpha}_{CD} = \alpha_{AB} + \hat{a}_1 + \hat{c}_1 + \hat{c}_2$$

$$\hat{S}_{CD} = S_{AB}\frac{\sin\hat{a}_1\sin\hat{a}_2}{\sin\hat{c}_1\sin\hat{b}_2}$$

$$\hat{X}_D = X_A + \hat{S}_{AD}\cos\hat{\alpha}_{AD}$$

$$\hat{Y}_D = Y_A + \hat{S}_{AD}\sin\hat{\alpha}_{AD}$$

后两式中的 $\hat{S}_{AD}$、$\hat{\alpha}_{AD}$ 也要像前两式那样化为观测量平差值的函数，并代入该两式中，才是最后的形式。

一般地，设平差值函数为

$$\hat{\varphi} = f(\hat{L}_1, \hat{L}_2, \cdots, \hat{L}_n) \tag{5-3-10}$$

按 3.2 小节所述的非线性函数的协方差（或协因数）传播律计算规则，可将上式全微分化为误差之间关系的线性形式

$$\mathrm{d}\hat{\varphi} = \left(\frac{\partial f}{\partial \hat{L}_1}\right)_0 \mathrm{d}\hat{L}_1 + \left(\frac{\partial f}{\partial \hat{L}_2}\right)_0 \mathrm{d}\hat{L}_2 + \cdots + \left(\frac{\partial f}{\partial \hat{L}_n}\right)_0 \mathrm{d}\hat{L}_n \tag{5-3-11}$$

式中，$\left(\frac{\partial f}{\partial \hat{L}_i}\right)_0$ 表示用 L_i 代替偏导数中的 $\hat{L}_i$，令其系数值为 f_i，则上式为

$$\mathrm{d}\hat{\varphi} = f_1\mathrm{d}\hat{L}_1 + f_2\mathrm{d}\hat{L}_2 + \cdots + f_n\mathrm{d}\hat{L}_n \tag{5-3-12}$$

式(5-3-12) 称为权函数式。将上式写成矩阵形式

$$\mathrm{d}\hat{\varphi} = f^{\mathrm{T}}\mathrm{d}\hat{L} = [f_1 \quad f_2 \quad \cdots \quad f_n]\begin{bmatrix}\mathrm{d}\hat{L}_1 \\ \mathrm{d}\hat{L}_2 \\ \vdots \\ \mathrm{d}\hat{L}_n\end{bmatrix} \tag{5-3-13}$$

由此即得

$$Q_{\hat{\varphi}\hat{\varphi}}=f^{\mathrm{T}}Q_{\hat{L}\hat{L}}f \tag{5-3-14}$$

式中，$Q_{\hat{L}\hat{L}}$ 为平差值 $\hat{L}$ 的协因数阵。由表 5-1 查得

$$Q_{\hat{L}\hat{L}}=Q-Q_{VV}=Q-QA^{\mathrm{T}}N_{AA}^{-1}AQ \tag{5-3-15}$$

代入式(5-3-14) 即得

$$Q_{\hat{\varphi}\hat{\varphi}}=f^{\mathrm{T}}Qf-(AQf)^{\mathrm{T}}N_{AA}^{-1}AQf \tag{5-3-16}$$

由此可见，当列出平差值函数后，只要对函数进行全微分，求出系数 f_i，即可按式(5-3-16) 计算函数 $\hat{\varphi}$ 的协因数。

当平差值函数为线性形式时，其函数式为

$$\hat{\varphi}=f_1\hat{L}_1+f_2\hat{L}_2+\cdots+f_n\hat{L}_n+f_0 \tag{5-3-17}$$

则可直接应用式(5-3-16) 计算 $\hat{\varphi}$ 的协因数。

平差值函数的中误差为

$$\hat{\sigma}_{\hat{\varphi}}=\hat{\sigma}_0\sqrt{Q_{\hat{\varphi}\hat{\varphi}}} \tag{5-3-18}$$

例 5-8 图5-17中的 6 个同精度观测值为 $L_1=45°30'46''$，$L_2=67°22'10''$，$L_3=67°07'14''$，$L_4=69°03'14''$，$L_5=52°32'22''$，$L_6=58°24'18''$。图中 AB 为已知边长，设为无误差，经平差求得测角中误差 $\hat{\sigma}_0=\sqrt{\dfrac{V^{\mathrm{T}}PV}{r}}=4.8''$，试求平差后 CD 边边长相对中误差。

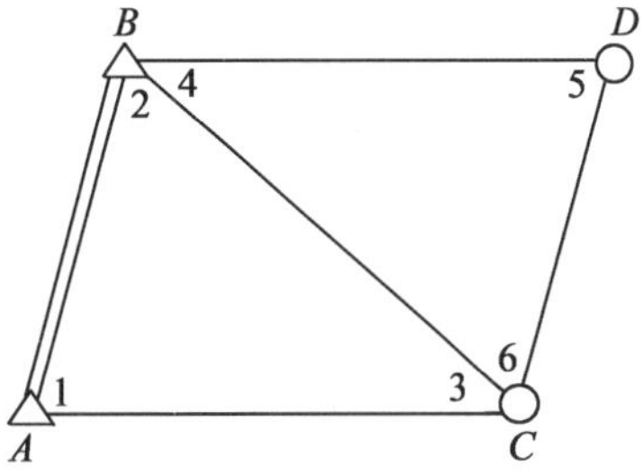

图 5-17　测角三角形

解： 本题 $n=6$，$t=4$，$r=n-t=2$。

(1) 列条件方程。两个条件方程为

$$\left.\begin{array}{l}v_1+v_2+v_3+w_a=0\\ v_4+v_5+v_6+w_b=0\end{array}\right\}$$

(2) 按题意要求列出平差值函数式。由图可知，平差后 CD 边长的函数式为

$$\hat{S}_{CD}=\hat{S}_{AB}\frac{\sin\hat{L}_1\sin\hat{L}_4}{\sin\hat{L}_3\sin\hat{L}_5}$$

求其全微分，得权函数式

$$\mathrm{d}\hat{S}_{CD}=S_{CD}\cot L_1\frac{\mathrm{d}\hat{L}_1}{\rho''}+S_{CD}\cot L_4\frac{\mathrm{d}\hat{L}_4}{\rho''}-S_{CD}\cot L_3\frac{\mathrm{d}\hat{L}_3}{\rho''}-S_{CD}\cot L_5\frac{\mathrm{d}\hat{L}_5}{\rho''}$$

即

$$\frac{\mathrm{d}\hat{S}_{CD}}{S_{CD}}\rho''=\cot L_1\mathrm{d}\hat{L}_1+\cot L_4\mathrm{d}\hat{L}_4-\cot L_3\mathrm{d}\hat{L}_3-\cot L_5\mathrm{d}\hat{L}_5 \tag{5-3-19}$$

或
$$\mathrm{d}\hat{\varphi}=\frac{\mathrm{d}\hat{S}_{CD}}{S_{CD}}\rho''=0.98\mathrm{d}\hat{L}_1-0.42\mathrm{d}\hat{L}_3+0.38\mathrm{d}\hat{L}_4-0.77\mathrm{d}\hat{L}_5$$

于是有$f_1=0.98$，$f_2=f_6=0$，$f_3=-0.42$，$f_4=0.38$，$f_5=-0.77$，即

$$\boldsymbol{f}=[0.98\quad 0\quad -0.42\quad 0.38\quad -0.77\quad 0]^{\mathrm{T}}$$

(3) 根据式(5-3-16)计算平差值函数的协因数$Q_{\hat{\varphi}\hat{\varphi}}$。已知$\boldsymbol{Q}=\boldsymbol{I}$，于是有

$$Q_{\hat{\varphi}\hat{\varphi}}=\boldsymbol{f}^{\mathrm{T}}\boldsymbol{f}-(\boldsymbol{Af})^{\mathrm{T}}\boldsymbol{N}_{AA}^{-1}\boldsymbol{Af}$$

式中

$$\boldsymbol{f}^{\mathrm{T}}\boldsymbol{f}=1.87$$

$$\boldsymbol{Af}=\begin{bmatrix}0.56\\-0.39\end{bmatrix}$$

$$\boldsymbol{N}_{AA}=\boldsymbol{AA}^{\mathrm{T}}=\begin{bmatrix}3&0\\0&3\end{bmatrix},\quad \boldsymbol{N}_{AA}^{-1}=\begin{bmatrix}\frac{1}{3}&0\\0&\frac{1}{3}\end{bmatrix}$$

经计算得

$$Q_{\hat{\varphi}\hat{\varphi}}=1.71$$

$$\hat{\sigma}_{\hat{\varphi}}=\hat{\sigma}_0\sqrt{Q_{\hat{\varphi}\hat{\varphi}}}=4.8\sqrt{1.71}=6.27''$$

由于所列出的权函数式(5-3-19)是$\frac{\mathrm{d}\hat{S}_{CD}}{S_{CD}}\rho''=\mathrm{d}\hat{\varphi}$，故有

$$\frac{\hat{\sigma}_{S_{CD}}}{S_{CD}}=\frac{\hat{\sigma}_{\hat{\varphi}}}{\rho''}=\frac{6.27}{206265}=\frac{1}{33000}$$

例5-9 图5-18是某航片上的梯形地块，用卡规量得上下两边及高分别为d_1、d_2和d_3，又用求积仪测得该地块面积为d_4，观测值及观测精度列于表5-2，按条件平差法求该地块面积平差值及其方差。

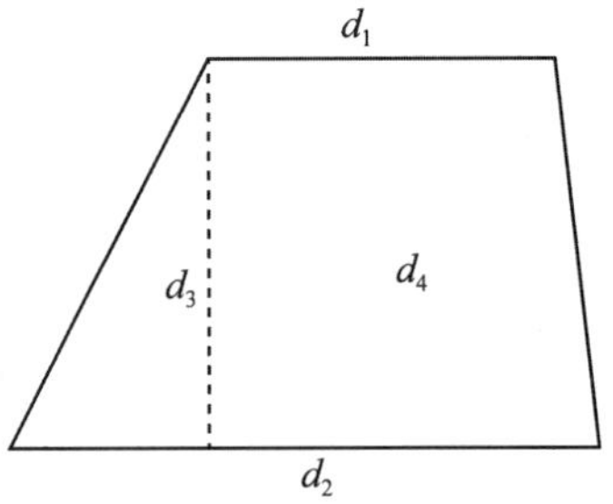

图5-18 梯形地块

表 5-2 观测值及精度

序号	观测值 d	观测精度
1	20cm	0.4cm^2
2	30cm	0.4cm^2
3	10cm	0.4cm^2
4	265.5cm^2	40cm^4

解：(1)列条件方程

$$n=4,\ t=3,\ r=1$$

$$\frac{1}{2}(\hat{d}_1+\hat{d}_2)\hat{d}_3-\hat{d}_4=0$$

线性化后得：

$$d_3v_1+d_3v_2+(d_1+d_2)v_3-2v_4+w=0$$
$$w=(d_1+d_2)d_3-2d_4=-31$$

将数据代入得：

$$10v_1+10v_2+50v_3-2v_4-31=0$$

(2)组成法方程并解算

因为 $\boldsymbol{D}=\mathrm{diag}[0.4\quad 0.4\quad 0.4\quad 40]$

令 $\sigma_0^2=0.4$

则观测值的协因数阵为 $\boldsymbol{Q}=\mathrm{diag}[1\quad 1\quad 1\quad 100]$

$$\boldsymbol{A}=[10\quad 10\quad 50\quad -2],\ \boldsymbol{N}_{AA}=\boldsymbol{AQA}^{\mathrm{T}}=3100$$

$$\boldsymbol{k}=-(\boldsymbol{AQA}^{\mathrm{T}})^{-1}\boldsymbol{w}=0.01$$

(3)计算观测值改正数

$$\boldsymbol{v}=\boldsymbol{QA}^{\mathrm{T}}\boldsymbol{k}=[0.1\quad 0.1\quad 0.5\quad -2]^{\mathrm{T}}$$

$$\boldsymbol{L}=[d_1\quad d_2\quad d_3\quad d_4]^{\mathrm{T}}$$

平差值为 $\hat{\boldsymbol{L}}=\boldsymbol{L}+\boldsymbol{v}=[2\quad 0.1\quad 30.1\quad 10.5\quad 263.5]^{\mathrm{T}}$

(4)精度评定

$$\boldsymbol{V}^{\mathrm{T}}\boldsymbol{PV}=-\boldsymbol{w}^{\mathrm{T}}\boldsymbol{k}=0.31,$$

①验后单位权方差为：

$$\hat{\sigma}_0^2=\frac{\boldsymbol{V}^{\mathrm{T}}\boldsymbol{PV}}{r}=\frac{0.31}{1}=0.31(\mathrm{cm}^2),\ \hat{\sigma}_0=0.56(\mathrm{cm})$$

②平差值函数的中误差：

平差值函数(地块面积)有两种列法：

$$\hat{\varphi}_1=\frac{1}{2}(\hat{d}_1+\hat{d}_2)\hat{d}_3,\ d\hat{\varphi}_1=f_1^{\mathrm{T}}d\hat{L}$$

$$\boldsymbol{f}_1^{\mathrm{T}}=\frac{1}{2}[d_3 \quad d_3 \quad d_1+d_2 \quad 0]=[5 \quad 5 \quad 25 \quad 0]$$

$$\hat{\varphi}_2=\hat{d}_4,\ \ d\hat{\varphi}_2=\boldsymbol{f}_2^{\mathrm{T}}d\hat{L},\ \ \boldsymbol{f}_2^{\mathrm{T}}=[0 \quad 0 \quad 0 \quad 1],$$

③平差值函数的权倒数：

$$Q_{\varphi_1\varphi_1}=\boldsymbol{f}_1^{\mathrm{T}}\boldsymbol{Q}\boldsymbol{f}_1-(\boldsymbol{A}\boldsymbol{Q}\boldsymbol{f}_1)^{\mathrm{T}}\boldsymbol{N}_{AA}^{-1}\boldsymbol{A}\boldsymbol{Q}\boldsymbol{f}_1=675-588=87,$$

$$Q_{\hat{\varphi}_2\hat{\varphi}_2}=\boldsymbol{f}_2^{\mathrm{T}}\boldsymbol{Q}\boldsymbol{f}_2-(\boldsymbol{A}\boldsymbol{Q}\boldsymbol{f}_2)^{\mathrm{T}}\boldsymbol{N}_{AA}^{-1}\boldsymbol{A}\boldsymbol{Q}\boldsymbol{f}_2=100-13=87$$

$$Q_{\hat{\varphi}\hat{\varphi}}=Q_{\hat{\varphi}_1\hat{\varphi}_1}=Q_{\hat{\varphi}_2\hat{\varphi}_2},$$

④平差后地块面积的方差为：

$$\hat{\sigma}_{\hat{\varphi}}^2=\hat{\sigma}_0^2 Q_{\hat{\varphi}\hat{\varphi}}=27.0(\mathrm{cm}^4),\ \ \hat{\sigma}_{\hat{\varphi}}=5.2\mathrm{cm}^2$$

5.4 条件平差公式汇编和水准网平差示例

5.4.1 公式汇编

条件平差的函数模型和随机模型是

$$\boldsymbol{A}\boldsymbol{V}+\boldsymbol{W}=0 \tag{5-1-2}$$

$$\boldsymbol{D}=\sigma_0^2\boldsymbol{Q}=\sigma_0^2\boldsymbol{P}^{-1} \tag{5-1-3}$$

条件方程：

$$\boldsymbol{A}\boldsymbol{V}+\boldsymbol{W}=0 \tag{5-1-2}$$

法方程：

$$\boldsymbol{N}_{AA}\boldsymbol{K}+\boldsymbol{W}=0 \tag{5-1-13}$$

其解为

$$\boldsymbol{K}=-\boldsymbol{N}_{AA}^{-1}\boldsymbol{W} \tag{5-1-15}$$

改正数方程：

$$\boldsymbol{V}=\boldsymbol{P}^{-1}\boldsymbol{A}^{\mathrm{T}}\boldsymbol{K}=\boldsymbol{Q}\boldsymbol{A}^{\mathrm{T}}\boldsymbol{K} \tag{5-1-11}$$

观测量平差值：

$$\hat{\boldsymbol{L}}=\boldsymbol{L}+\boldsymbol{V}$$

平差值函数：

$$\hat{\varphi}=f(\hat{L}_1,\ \hat{L}_2,\ \cdots,\ \hat{L}_n)$$

其权函数式为

$$\mathrm{d}\hat{\varphi}=f_1\mathrm{d}\hat{L}_1+f_2\mathrm{d}\hat{L}_2+\cdots+f_n\mathrm{d}\hat{L}_n,\ f_i=\left(\frac{\partial f}{\partial \hat{L}_i}\right)_0 \tag{5-3-12}$$

单位权方差的估值：

$$\hat{\sigma}_0^2=\frac{\boldsymbol{V}^{\mathrm{T}}\boldsymbol{P}\boldsymbol{V}}{r},\ \ \hat{\sigma}_0=\sqrt{\frac{\boldsymbol{V}^{\mathrm{T}}\boldsymbol{P}\boldsymbol{V}}{r}} \tag{5-3-3}$$

平差值函数 $\hat{\varphi}$ 的中误差：

$$\hat{\sigma}_{\hat{\varphi}} = \hat{\sigma}_0 \sqrt{Q_{\hat{\varphi}\hat{\varphi}}} \tag{5-3-18}$$

$$\boldsymbol{Q}_{\hat{\varphi}\hat{\varphi}} = \boldsymbol{f}^{\mathrm{T}}\boldsymbol{Q}\boldsymbol{f} - (\boldsymbol{AQf})^{\mathrm{T}}\boldsymbol{N}_{AA}^{-1}\boldsymbol{AQf} \tag{5-3-16}$$

条件平差基本向量的协因数阵见表 5-1。

5.4.2 水准网条件平差示例

例 5-10 在水准网(图 5-19)中，A 和 B 是已知高程的水准点，并设这些点已知高程无误差。图中 C，D 和 E 点是待定点。A 和 B 点高程、观测高差和相应的水准路线长度见表 5-3。试按条件平差求：(1) 各待定点的平差高程；(2) C 至 D 点间高差平差值的中误差。

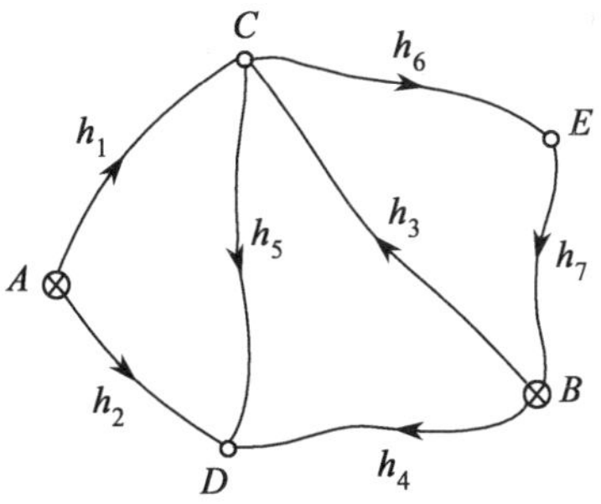

图 5-19 水准网

表 5-3 **观测值与起始数据**

路线号	观测高差(m)	水准路线长度(km)	已知高程(m)
1	+ 1.359	1.1	H_A = 5.016
2	+ 2.009	1.7	H_B = 6.016
3	+ 0.363	2.3	
4	+ 1.012	2.7	
5	+ 0.657	2.4	
6	+ 0.238	1.4	
7	− 0.595	2.6	

解：(1) 列条件方程和平差值函数式。

本题有 7 个观测值，3 个待定点，所以有条件方程 $r = n - t = 7 - 3 = 4$ 个。

①4 个条件方程为：

$$\left.\begin{array}{l}v_1-v_2+v_5+7=0\\ v_3-v_4+v_5+8=0\\ v_3+v_6+v_7+6=0\\ v_2-v_4-3=0\end{array}\right\}$$

式中闭合差以 mm 为单位。

② 平差值函数式：

$$\hat{\varphi}=\hat{L}_5$$

所以 $f_1=f_2=f_3=f_4=f_6=f_7=0$，$f_5=+1$。

(2) 定权并组成法方程。令 $C=1$，即以一公里观测高差为单位权观测，于是 $p_i=\dfrac{1}{S_i}$，$Q_{ii}=\dfrac{1}{p_i}=S_i$。因各观测高差不相关，故协因数阵为对角阵，即

$$\underset{77}{\boldsymbol{Q}}=\boldsymbol{P}^{-1}=\begin{bmatrix}1.1&&&&&&\\&1.7&&&&&\\&&2.3&&&&\\&&&2.7&&&\\&&&&2.4&&\\&&&&&1.4&\\&&&&&&2.6\end{bmatrix}$$

由条件方程知系数阵为

$$\underset{47}{\boldsymbol{A}}=\begin{bmatrix}1&-1&0&0&1&0&0\\0&0&1&-1&1&0&0\\0&0&1&0&0&1&1\\0&1&0&-1&0&0&0\end{bmatrix}$$

由此组成法方程为

$$\begin{bmatrix}5.2&2.4&0&-1.7\\2.4&7.4&2.3&2.7\\0&2.3&6.3&0\\-1.7&2.7&0&4.4\end{bmatrix}\begin{bmatrix}k_a\\k_b\\k_c\\k_d\end{bmatrix}+\begin{bmatrix}7\\8\\6\\-3\end{bmatrix}=0$$

(3) 解算法方程。可用解线性方程组的任意方法计算，现用高斯约化法程序算得

$$k_a=-0.2226,\ k_b=-1.4028,\ k_c=-0.4414,\ k_d=1.4568$$

(4) 计算改正数。利用改正数方程求得

$$\boldsymbol{V}=[-0.2\quad 2.9\quad -4.2\quad -0.1\quad -3.9\quad -0.6\quad -1.2]^{\mathrm{T}}(\mathrm{mm})$$

(5) 计算平差值，并代入平差值条件式检核。

$$\hat{\boldsymbol{L}}=[1.3588\quad 2.0119\quad 0.3588\quad 1.0119\quad 0.6531\quad 0.2374\quad -0.5962]^{\mathrm{T}}(\mathrm{m})$$

经检验满足所有条件方程。

(6) 计算 C、D 和 E 点平差高程

$$H_C = H_A + \hat{L}_1 = 6.3748\text{m}$$

$$H_D = H_A + \hat{L}_2 = 7.0279\text{m}$$

$$H_E = H_B - \hat{L}_7 = 6.6121\text{m}$$

(7) 计算单位权中误差

$$\hat{\sigma}_0 = \sqrt{\frac{\boldsymbol{V}^{\mathrm{T}}\boldsymbol{P}\boldsymbol{V}}{r}} = \sqrt{\frac{19.80}{4}} = 2.2\text{mm}$$

即该水准网一公里观测高差的中误差为 2.2mm。

(8) 计算平差后 C 至 D 点间平差高差及其中误差

$$\hat{\varphi} = \hat{L}_5 = 0.6531\text{m}$$

按式(5-3-16) 计算得

$$Q_{\hat{\varphi}\hat{\varphi}} = 0.99$$

$$\hat{\sigma}_{\hat{\varphi}} = \hat{\sigma}_0\sqrt{Q_{\hat{\varphi}\hat{\varphi}}} = 2.2\sqrt{0.99} = 2.2\text{mm}$$

第 6 章　附有参数的条件平差

在一个平差问题中，如果观测值个数为 n，必要观测数为 t，则多余观测数 $r = n - t$。若不增选参数，只需列出 r 个条件方程，这就是条件平差法。如果又选了 u 个独立量为参数(而 $0 < u < t$) 参加平差计算，就可建立含有参数的条件方程作为平差的函数模型，这就是附有参数的条件平差法。

例如，在图 6-1 的附合导线中，A、C 为已知点，P_1、P_2 为待定点，$t = 4$。已知 AB 边和 DC 边方位角 α_{AB}，α_{DC}，如果观测了导线中所有边长、连接角和转角，即 7 个观测值 $n = 7$，按条件平差可列出 3 个条件方程，即一个方位角条件方程和两个坐标条件方程，但现在 C 点上的连接角没有观测，$n = 6$，则只能列出两个坐标条件，不能列出方位角条件，如果可以设缺失的这个角度为参数 X，这时条件方程的个数为 $c = r + u = 2 + 1 = 3$，不仅可以列出两个坐标条件，还能列出方位角条件。

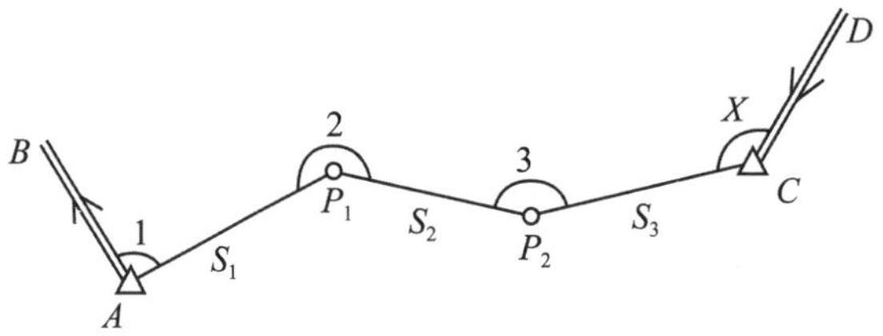

图 6-1　单一附合导线

$$\hat{L}_1 + \hat{L}_2 + \hat{L}_3 + \hat{X} + \alpha_{AB} - \alpha_{DC} - 4 \times 180° = 0$$

$$\hat{S}_1\cos\hat{\alpha}_{AP_1} + \hat{S}_2\cos\hat{\alpha}_{P_1P_2} + \hat{S}_3\cos\hat{\alpha}_{P_2C} + X_A - X_C = 0$$

$$\hat{S}_1\sin\hat{\alpha}_{AP_1} + \hat{S}_2\sin\hat{\alpha}_{P_1P_2} + \hat{S}_3\sin\hat{\alpha}_{P_2C} + Y_A - Y_C = 0$$

对这含有独立参数的条件方程进行解算，就是附有参数的条件平差方法，它是平差的基础方法之一。

6.1　附有参数的条件平差原理

附有参数的条件平差的函数模型在第 4 章中已给出，即

$$\underset{c\,n\,n\,1}{\boldsymbol{A}\boldsymbol{V}} + \underset{c\,u\,u\,1}{\boldsymbol{B}\hat{\boldsymbol{x}}} + \underset{c\,1}{\boldsymbol{W}} = \underset{c\,1}{\boldsymbol{0}} \tag{6-1-1}$$

式中 $\boldsymbol{V}$ 为观测值 $\boldsymbol{L}$ 的改正数，$\hat{\boldsymbol{x}}$ 为参数近似值 $\boldsymbol{X}^0$ 的改正数，即

$$\hat{\boldsymbol{L}} = \boldsymbol{L} + \boldsymbol{V},\ \hat{\boldsymbol{X}} = \boldsymbol{X}^0 + \hat{\boldsymbol{x}}$$

这里 $c = r + u$，$c < n$，$u < t$，系数阵的秩分别为

$$R(A) = c \qquad R(B) = u$$

即 A 为行满秩阵，B 为列满秩阵。式中，

$$\boldsymbol{W} = \boldsymbol{AL} + \boldsymbol{BX}^0 + \boldsymbol{A}_0 \tag{6-1-2}$$

随机模型为

$$\underset{nn}{\boldsymbol{D}} = \sigma_0^2 \underset{nn}{\boldsymbol{Q}} = \sigma_0^2 \underset{nn}{\boldsymbol{P}}^{-1} \tag{6-1-3}$$

式(6-1-1) 中待求量为 n 个改正数和 u 个参数，方程的个数为 $c = r + u$，而 $c < n + u$，即方程个数少于未知数的个数，且其系数矩阵的秩等于其增广矩阵的秩，即 $R(A\ B) = R(AB \vdots W) = c$，故式(6-1-1) 是一组具有无穷多组解的相容方程组。按最小二乘原理，应在无穷多组解中求出能使 $\boldsymbol{V}^{\mathrm{T}}\boldsymbol{PV} = \min$ 的一组解。

6.1.1 基础方程及其解

为了求出能使 $\boldsymbol{V}^{\mathrm{T}}\boldsymbol{PV} = \min$ 的一组解，按求函数条件极值的方法，组成函数

$$\boldsymbol{\Phi} = \boldsymbol{V}^{\mathrm{T}}\boldsymbol{PV} - 2\boldsymbol{K}^{\mathrm{T}}(\boldsymbol{AV} + \boldsymbol{B}\hat{\boldsymbol{x}} + \boldsymbol{W})$$

式中，$\underset{c1}{\boldsymbol{K}}$ 是对应于条件方程(6-1-1) 的联系数向量，为求 $\boldsymbol{\Phi}$ 的极小值，将其分别对 $\boldsymbol{V}$ 和 $\hat{\boldsymbol{x}}$ 求一阶导数并令其等于零，则有

$$\partial \Phi / \partial V = 2\boldsymbol{V}^{\mathrm{T}}\boldsymbol{P} - 2\boldsymbol{K}^{\mathrm{T}}\boldsymbol{A} = 0$$

$$\partial \Phi / \partial \hat{x} = -2\boldsymbol{K}^{\mathrm{T}}\boldsymbol{B} = 0$$

由两式转置得

$$\underset{nn}{\boldsymbol{P}}\underset{n1}{\boldsymbol{V}} - \underset{nc}{\boldsymbol{A}^{\mathrm{T}}}\underset{c1}{\boldsymbol{K}} = \boldsymbol{0} \tag{6-1-4}$$

$$\underset{uc}{\boldsymbol{B}^{\mathrm{T}}}\underset{c1}{\boldsymbol{K}} = \underset{u1}{\boldsymbol{0}} \tag{6-1-5}$$

在式(6-1-1)、式(6-1-4) 和式(6-1-5) 三式中，总共有 $c + n + u$ 个方程，待求的未知数是 n 个改正数、u 个参数和 c 个联系数，即方程个数等于未知数个数，所以由它们可以求得能使 $\boldsymbol{V}^{\mathrm{T}}\boldsymbol{PV} = \min$ 的一组唯一解。称这三式为附有参数的条件平差的基础方程。

用 $\boldsymbol{P}^{-1}$ 左乘式(6-1-4) 得

$$\underset{n1}{\boldsymbol{V}} = \boldsymbol{P}^{-1}\boldsymbol{A}^{\mathrm{T}}\boldsymbol{K} = \boldsymbol{QA}^{\mathrm{T}}\boldsymbol{K} \tag{6-1-6}$$

上式称为改正数方程。于是基础方程为

$$\begin{cases} \underset{cn}{\boldsymbol{A}}\underset{n1}{\boldsymbol{V}} + \underset{cu}{\boldsymbol{B}}\underset{u1}{\hat{\boldsymbol{x}}} + \underset{c1}{\boldsymbol{W}} = \underset{c1}{\boldsymbol{0}} \\ \underset{n1}{\boldsymbol{V}} = \underset{nn}{\boldsymbol{P}^{-1}}\underset{nc}{\boldsymbol{A}^{\mathrm{T}}}\underset{c1}{\boldsymbol{K}} = \underset{nn}{\boldsymbol{Q}}\underset{nc}{\boldsymbol{A}^{\mathrm{T}}}\underset{c1}{\boldsymbol{K}} \\ \underset{uc}{\boldsymbol{B}^{\mathrm{T}}}\underset{c1}{\boldsymbol{K}} = \boldsymbol{0} \end{cases} \tag{6-1-7}$$

解算此基础方程，通常是将其中的改正数方程代入条件方程，得到一组包含 K 和 $\hat{x}$ 的对称线性方程组，即

$$\begin{cases} \boldsymbol{AQA}^{\mathrm{T}}\boldsymbol{K} + \boldsymbol{B}\hat{\boldsymbol{x}} + \boldsymbol{W} = \boldsymbol{0} \\ \boldsymbol{B}^{\mathrm{T}}\boldsymbol{K} = \boldsymbol{0} \end{cases} \tag{6-1-8}$$

在第5章中已令 $N_{AA}=AQA^{\mathrm{T}}$，故上式也可写成

$$\begin{cases}\underset{cc}{N_{AA}}\underset{c1}{K}+\underset{cu}{B}\underset{u1}{\hat{x}}+\underset{c1}{W}=\underset{c1}{0}\\ \underset{uc}{B^{\mathrm{T}}}\underset{c1}{K}=\underset{u1}{0}\end{cases}\tag{6-1-9}$$

上式称为附有参数的条件平差的法方程。因为 $R(\underset{cc}{N_{AA}})=R(AQA^{\mathrm{T}})=R(\underset{cn}{A})=c$，且 $N_{AA}^{\mathrm{T}}=(AQA^{\mathrm{T}})^{\mathrm{T}}=AQA^{\mathrm{T}}=N_{AA}$，故知 N_{AA} 为一 c 阶的对称满秩方阵，是一可逆阵。用 N_{AA}^{-1} 左乘式(6-1-9) 的第一式，得

$$\underset{c1}{K}=-N_{AA}^{-1}(B\hat{x}+W)\tag{6-1-10}$$

又以 $B^{\mathrm{T}}N_{AA}^{-1}$ 左乘式(6-1-9) 中的第一式，并与第二式相减，得

$$B^{\mathrm{T}}N_{AA}^{-1}B\hat{x}+B^{\mathrm{T}}N_{AA}^{-1}W=0$$

现令

$$N_{BB}=B^{\mathrm{T}}N_{AA}^{-1}B\tag{6-1-11}$$

则有

$$\underset{uu}{N_{BB}}\underset{u1}{\hat{x}}+\underset{uc}{B^{\mathrm{T}}}\underset{cc}{N_{AA}^{-1}}\underset{c1}{W}=0\tag{6-1-12}$$

因 $R(N_{BB})=R(B^{\mathrm{T}}N_{AA}^{-1}B)=R(B)=u$，且 $N_{BB}^{\mathrm{T}}=N_{BB}$，故 N_{BB} 是 u 阶可逆对称方阵，解之得

$$\hat{x}=-N_{BB}^{-1}B^{\mathrm{T}}N_{AA}^{-1}W\tag{6-1-13}$$

在实际计算时，由式(6-1-13) 计算 $\hat{x}$，然后由式(6-1-10) 计算 K，再由式(6-1-6) 计算 V，最后可计算平差值

$$\hat{L}=L+V\tag{6-1-14}$$

$$\hat{X}=X^0+\hat{x}\tag{6-1-15}$$

联系数 K 不是平差计算的目的，有时可以不计算，这样就可将式(6-1-10) 代入式(6-1-6)，得

$$V=-QA^{\mathrm{T}}N_{AA}^{-1}(B\hat{x}+W)\tag{6-1-16}$$

在算出 $\hat{x}$ 后，直接计算改正数 V。

6.1.2　附有参数的条件平差的计算步骤及示例

综上所述，附有参数的条件平差求观测量平差值和参数平差值的计算步骤可归结为：

(1) 根据平差问题的具体情况，设 u 个独立量为参数($0<u<t$)，列出附有参数的条件方程式(6-1-1)，条件方程的个数等于多余观测数与参数个数之和，即 $c=r+u$。

(2) 根据条件方程的系数阵 $\underset{cn}{A}$、$\underset{cu}{B}$，闭合差 $\underset{c1}{W}$ 以及观测值的协因数阵 $\underset{nn}{Q}$，组成法方程式(6-1-9)，法方程的个数为 $c+u$ 个。

(3) 解算法方程。先由式(6-1-13) 计算 $\hat{x}$，然后由式(6-1-10) 计算联系数 K，再将 K 代入改正数方程式(6-1-6) 计算 V 值。

(4) 计算观测量平差值 $\hat{L}=L+V$ 和参数平差值 $\hat{X}=X^0+\hat{x}$。

(5) 为了检查平差计算的正确性，用平差值 $\hat{\boldsymbol{L}}$ 和 $\hat{\boldsymbol{X}}$ 重新列出平差值条件方程，看其是否满足方程。

例 6-1 在某航测像片上有一块矩形的稻田(见图 6-2)。为了确定该稻田的面积，现用卡规量测了该矩形的长和宽分别为 l_1、l_2，又用求积仪量测了该矩形的面积为 l_3。若设该矩形的面积为参数 $\hat{X}$，按附有参数的条件平差法平差，试列出其条件方程。

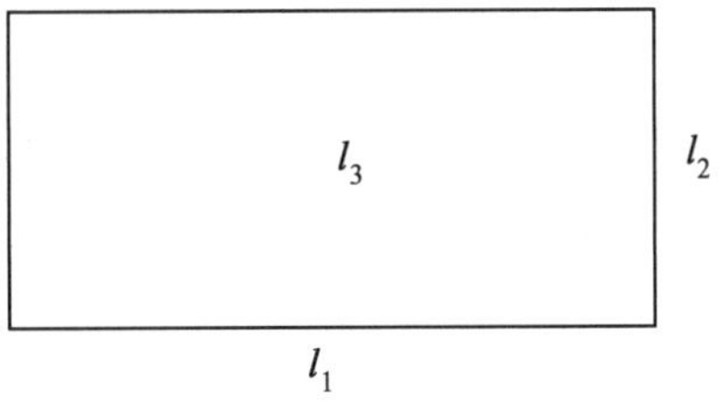

图 6-2 矩形稻田

解：设观测值向量 $\underset{31}{\boldsymbol{l}} = [l_1 \quad l_2 \quad l_3]^{\mathrm{T}}$。本题 $n=3$，$t=2$，故 $r=n-t=1$，又设 $u=1$，条件方程总数 $c=r+u=2$。

两个平差值条件方程为

$$\begin{cases}\hat{l}_1\hat{l}_2-\hat{l}_3=0\\ \hat{l}_3-\hat{X}=0\end{cases}$$

以 $\hat{L}_i=L_i+v_i(i=1,\ 2,\ 3)$，$\hat{X}=X^0+\hat{x}$ 代入以上条件方程，并将它们化为线性形式：

$$\begin{cases}l_2v_1+l_1v_2-v_3+w_a=0,\ w_a=l_1l_2-l_3\\ v_3-\hat{x}+w_b=0,\ w_b=l_3-X^0\end{cases}$$

用矩阵表示条件方程为

$$\begin{bmatrix}l_2 & l_1 & -1\\ 0 & 0 & 1\end{bmatrix}\begin{bmatrix}v_1\\ v_2\\ v_3\end{bmatrix}+\begin{bmatrix}0\\ -1\end{bmatrix}\hat{x}+\begin{bmatrix}w_a\\ w_b\end{bmatrix}=0$$

对照(6-1-1)式可知

$$\underset{23}{\boldsymbol{A}}=\begin{bmatrix}l_2 & l_1 & -1\\ 0 & 0 & 1\end{bmatrix},\ \underset{21}{\boldsymbol{B}}=\begin{bmatrix}0\\ -1\end{bmatrix},\ \underset{21}{\boldsymbol{W}}=\begin{bmatrix}w_a\\ w_b\end{bmatrix}。$$

例 6-2 在△ABC中(见图6-3)，同精度测得L_1，L_2，L_3和L_4等4个角度，现选∠BAC为参数$\hat{X}$进行平差，试写出其函数模型和法方程。

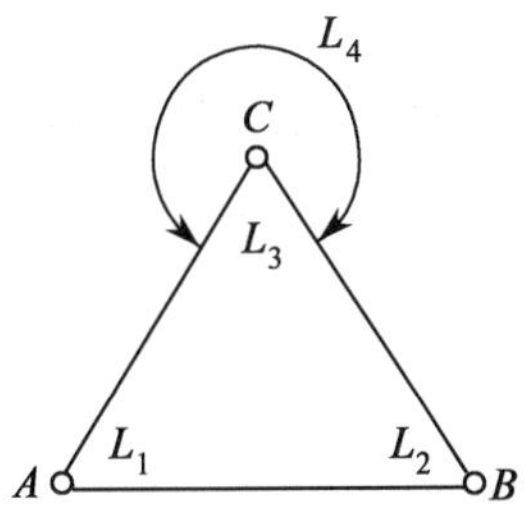

图 6-3 测角三角形

解：本题 $n=4$，必要观测数 $t=2\times(3-2)=2$，多余观测数 $r=n-t=2$，$u=1<t$，故应按附有参数的条件平差法进行平差。条件方程数 $c=r+u=2+1=3$，即其函数模型为3个附有参数的条件方程。

(1) 平差值方程：

$$\left.\begin{array}{l}\hat{L}_1+\hat{L}_2+\hat{L}_3-180^\circ=0\\ \hat{L}_3+\hat{L}_4-360^\circ=0\\ \hat{L}_1-\hat{X}=0\end{array}\right\}$$

(2) 条件方程:

将 $\hat{X}=X^0+\hat{x}$, $X^0=L_1$ 和 $\hat{L}_i=L_i+v_i$ 代入平差值方程，得

$$\begin{array}{ll}v_1+v_2+v_3+w_a=0, & w_a=L_1+L_2+L_3-180^\circ\\ v_3+v_4+w_b=0, & w_b=L_3+L_4-360^\circ\\ v_1-\hat{x}+w_c=0, & w_c=L_1-X^0=0\end{array}$$

(3) 法方程:

由条件方程得

$$\underset{34}{\boldsymbol{A}}=\begin{bmatrix}1&1&1&0\\0&0&1&1\\1&0&0&0\end{bmatrix},\quad \underset{31}{\boldsymbol{B}}=\begin{bmatrix}0\\0\\-1\end{bmatrix},\quad \underset{31}{\boldsymbol{W}}=\begin{bmatrix}w_a\\w_b\\w_c\end{bmatrix}$$

已知 $\boldsymbol{Q}=\boldsymbol{I}$，经计算有

$$\underset{33}{\boldsymbol{N}_{AA}}=\boldsymbol{AQA}^{\mathrm{T}}=\boldsymbol{AA}^{\mathrm{T}}=\begin{bmatrix}3&1&1\\1&2&0\\1&0&1\end{bmatrix}$$

根据式(6-1-9) 组成法方程为

$$\begin{bmatrix}3&1&1&0\\1&2&0&0\\1&0&1&-1\\0&0&-1&0\end{bmatrix}\begin{bmatrix}k_a\\k_b\\k_c\\\hat{x}\end{bmatrix}+\begin{bmatrix}w_a\\w_b\\w_c\\0\end{bmatrix}=0$$

6.2　精度评定

6.2.1　单位权方差的估值公式

单位权方差估值公式同式(5-3-3)，即残差平方和除以平差问题的自由度(多余观测数):

$$\hat{\sigma}_0^2=\frac{\boldsymbol{V}^{\mathrm{T}}\boldsymbol{PV}}{r}=\frac{\boldsymbol{V}^{\mathrm{T}}\boldsymbol{PV}}{c-u}\tag{6-2-1}$$

它与平差时是否选取参数 $\hat{X}$ 无关。

6.2.2　协因数阵的计算

在附有参数的条件平差中，基本向量为 $\boldsymbol{L}$, $\boldsymbol{W}$, $\hat{\boldsymbol{X}}$, $\boldsymbol{K}$, $\boldsymbol{V}$ 和 $\hat{\boldsymbol{L}}$，由已知 $\boldsymbol{Q}_{LL}=\boldsymbol{Q}$ 可推

求各向量的自协因数阵以及两两向量间的互协因数阵。

关于闭合差 W 的表达式，在线性模型时由式(4-4-7)知

$$W = AL + BX^0 + A_0 = AL + W^0 \tag{6-2-2}$$

如为非线性模型，则由式(4-3-11)为

$$W = F(L,\ X^0)$$

它是非线性函数，为了计算其协因数，可对上式全微分，给出 W 与 L 的误差关系式，可得

$$\mathrm{d}W = A\mathrm{d}L \tag{6-2-3}$$

所以对协因数阵计算而言(6-2-2)、(6-2-3)两式是等价的，下面的推导就是采用线性模型的表达式。

附有参数的条件平差中各基本向量的表达式为

$$\boldsymbol{L} = \boldsymbol{L}$$

$$\boldsymbol{W} = \boldsymbol{AL} + \boldsymbol{W}^0$$

$$\hat{\boldsymbol{X}} = \boldsymbol{X}^0 + \hat{\boldsymbol{x}} = \boldsymbol{X}^0 - \boldsymbol{N}_{BB}^{-1}\boldsymbol{B}^{\mathrm{T}}\boldsymbol{N}_{AA}^{-1}\boldsymbol{W}$$

$$\boldsymbol{K} = -\boldsymbol{N}_{AA}^{-1}\boldsymbol{W} - \boldsymbol{N}_{AA}^{-1}\boldsymbol{B}\hat{\boldsymbol{x}}$$

$$\boldsymbol{V} = \boldsymbol{QA}^{\mathrm{T}}K$$

$$\hat{\boldsymbol{L}} = \boldsymbol{L} + \boldsymbol{V}$$

先求以上前三个向量的自协因数阵和互协因数阵的计算公式。按协因数传播律得

$$\boldsymbol{Q}_{LL} = \boldsymbol{Q}$$

$$\boldsymbol{Q}_{WW} = \boldsymbol{AQA}^{\mathrm{T}} = \boldsymbol{N}_{AA}$$

$$\begin{aligned}\boldsymbol{Q}_{\hat{X}\hat{X}} &= \boldsymbol{N}_{BB}^{-1}\boldsymbol{B}^{\mathrm{T}}\boldsymbol{N}_{AA}^{-1}\boldsymbol{Q}_{WW}\boldsymbol{N}_{AA}^{-1}\boldsymbol{BN}_{BB}^{-1} = \boldsymbol{N}_{BB}^{-1}\boldsymbol{B}^{\mathrm{T}}\boldsymbol{N}_{AA}^{-1}\boldsymbol{N}_{AA}\boldsymbol{N}_{AA}^{-1}\boldsymbol{BN}_{BB}^{-1}\\ &= \boldsymbol{N}_{BB}^{-1}\boldsymbol{B}^{\mathrm{T}}\boldsymbol{N}_{AA}^{-1}\boldsymbol{BN}_{BB}^{-1} = \boldsymbol{N}_{BB}^{-1}\boldsymbol{N}_{BB}\boldsymbol{N}_{BB}^{-1} = \boldsymbol{N}_{BB}^{-1}\end{aligned}$$

$$\boldsymbol{Q}_{WL} = \boldsymbol{AQ}$$

$$\boldsymbol{Q}_{\hat{X}L} = -\boldsymbol{N}_{BB}^{-1}\boldsymbol{B}^{\mathrm{T}}\boldsymbol{N}_{AA}^{-1}\boldsymbol{Q}_{WL} = -\boldsymbol{N}_{BB}^{-1}\boldsymbol{B}^{\mathrm{T}}\boldsymbol{N}_{AA}^{-1}\boldsymbol{AQ} = -\boldsymbol{Q}_{\hat{X}\hat{X}}\boldsymbol{B}^{\mathrm{T}}\boldsymbol{N}_{AA}^{-1}\boldsymbol{AQ}$$

$$\boldsymbol{Q}_{\hat{X}W} = -\boldsymbol{N}_{BB}^{-1}\boldsymbol{B}^{\mathrm{T}}\boldsymbol{N}_{AA}^{-1}\boldsymbol{Q}_{WW} = -\boldsymbol{N}_{BB}^{-1}\boldsymbol{B}^{\mathrm{T}}\boldsymbol{N}_{AA}^{-1}\boldsymbol{N}_{AA} = -\boldsymbol{N}_{BB}^{-1}\boldsymbol{B}^{\mathrm{T}} = -\boldsymbol{Q}_{\hat{X}\hat{X}}\boldsymbol{B}^{\mathrm{T}}$$

以下推导其他向量的有关协因数阵：

$$\begin{aligned}\boldsymbol{Q}_{KK} &= \boldsymbol{N}_{AA}^{-1}\boldsymbol{Q}_{WW}\boldsymbol{N}_{AA}^{-1} + \boldsymbol{N}_{AA}^{-1}\boldsymbol{BQ}_{\hat{X}W}\boldsymbol{N}_{AA}^{-1} + \boldsymbol{N}_{AA}^{-1}\boldsymbol{Q}_{W\hat{X}}\boldsymbol{B}^{\mathrm{T}}\boldsymbol{N}_{AA}^{-1} + \boldsymbol{N}_{AA}^{-1}\boldsymbol{BQ}_{\hat{X}\hat{X}}\boldsymbol{B}^{\mathrm{T}}\boldsymbol{N}_{AA}^{-1}\\ &= \boldsymbol{N}_{AA}^{-1} - \boldsymbol{N}_{AA}^{-1}\boldsymbol{BN}_{BB}^{-1}\boldsymbol{B}^{\mathrm{T}}\boldsymbol{N}_{AA}^{-1} - \boldsymbol{N}_{AA}^{-1}\boldsymbol{BN}_{BB}^{-1}\boldsymbol{B}^{\mathrm{T}}\boldsymbol{N}_{AA}^{-1} + \boldsymbol{N}_{AA}^{-1}\boldsymbol{BN}_{BB}^{-1}\boldsymbol{B}^{\mathrm{T}}\boldsymbol{N}_{AA}^{-1}\\ &= \boldsymbol{N}_{AA}^{-1} - \boldsymbol{N}_{AA}^{-1}\boldsymbol{BN}_{BB}^{-1}\boldsymbol{B}^{\mathrm{T}}\boldsymbol{N}_{AA}^{-1} = \boldsymbol{N}_{AA}^{-1} - \boldsymbol{N}_{AA}^{-1}\boldsymbol{BQ}_{\hat{X}\hat{X}}\boldsymbol{B}^{\mathrm{T}}\boldsymbol{N}_{AA}^{-1}\end{aligned}$$

$$\begin{aligned}\boldsymbol{Q}_{KL} &= -\boldsymbol{N}_{AA}^{-1}\boldsymbol{Q}_{WL} - \boldsymbol{N}_{AA}^{-1}\boldsymbol{BQ}_{\hat{X}L} = -\boldsymbol{N}_{AA}^{-1}\boldsymbol{AQ} + \boldsymbol{N}_{AA}^{-1}\boldsymbol{BN}_{BB}^{-1}\boldsymbol{B}^{\mathrm{T}}\boldsymbol{N}_{AA}^{-1}\boldsymbol{AQ}\\ &= -(\boldsymbol{N}_{AA}^{-1} - \boldsymbol{N}_{AA}^{-1}\boldsymbol{BN}_{BB}^{-1}\boldsymbol{B}^{\mathrm{T}}\boldsymbol{N}_{AA}^{-1})\boldsymbol{AQ} = -\boldsymbol{Q}_{KK}\boldsymbol{AQ}\end{aligned}$$

$$\boldsymbol{Q}_{KW} = -\boldsymbol{N}_{AA}^{-1}\boldsymbol{Q}_{WW} - \boldsymbol{N}_{AA}^{-1}\boldsymbol{BQ}_{\hat{X}W} = -\boldsymbol{N}_{AA}^{-1}\boldsymbol{N}_{AA} + \boldsymbol{N}_{AA}^{-1}\boldsymbol{BN}_{BB}^{-1}\boldsymbol{B}^{\mathrm{T}}\boldsymbol{N}_{AA}^{-1}\boldsymbol{N}_{AA} = -\boldsymbol{Q}_{KK}\boldsymbol{N}_{AA}$$

$$\boldsymbol{Q}_{K\hat{X}} = -\boldsymbol{N}_{AA}^{-1}\boldsymbol{Q}_{W\hat{X}} - \boldsymbol{N}_{AA}^{-1}\boldsymbol{BQ}_{\hat{X}\hat{X}} = \boldsymbol{N}_{AA}^{-1}\boldsymbol{BN}_{BB}^{-1} - \boldsymbol{N}_{AA}^{-1}\boldsymbol{BN}_{BB}^{-1} = 0$$

$$\boldsymbol{Q}_{VV} = \boldsymbol{QA}^{\mathrm{T}}\boldsymbol{Q}_{KK}\boldsymbol{AQ}$$

$$\boldsymbol{Q}_{VL}=\boldsymbol{QA}^{\mathrm{T}}\boldsymbol{Q}_{KL}=-\boldsymbol{QA}^{\mathrm{T}}\boldsymbol{Q}_{KK}\boldsymbol{AQ}=-\boldsymbol{Q}_{VV}$$
$$\boldsymbol{Q}_{VW}=\boldsymbol{QA}^{\mathrm{T}}\boldsymbol{Q}_{KW}=-\boldsymbol{QA}^{\mathrm{T}}\boldsymbol{Q}_{KK}\boldsymbol{N}_{AA}$$
$$\boldsymbol{Q}_{V\hat{X}}=\boldsymbol{QA}^{\mathrm{T}}\boldsymbol{Q}_{K\hat{X}}=0$$
$$\boldsymbol{Q}_{VK}=\boldsymbol{QA}^{\mathrm{T}}\boldsymbol{Q}_{KK}$$
$$\boldsymbol{Q}_{\hat{L}\hat{L}}=\boldsymbol{Q}+\boldsymbol{Q}_{LV}+\boldsymbol{Q}_{VL}+\boldsymbol{Q}_{VV}=\boldsymbol{Q}-\boldsymbol{Q}_{VV}-\boldsymbol{Q}_{VV}+\boldsymbol{Q}_{VV}=\boldsymbol{Q}-\boldsymbol{Q}_{VV}$$
$$\boldsymbol{Q}_{\hat{L}L}=\boldsymbol{Q}+\boldsymbol{Q}_{VL}=\boldsymbol{Q}-\boldsymbol{Q}_{VV}$$
$$\boldsymbol{Q}_{\hat{L}W}=\boldsymbol{Q}_{LW}+\boldsymbol{Q}_{VW}=\boldsymbol{QA}^{\mathrm{T}}-\boldsymbol{QA}^{\mathrm{T}}\boldsymbol{Q}_{KK}\boldsymbol{N}_{AA}=\boldsymbol{QA}^{\mathrm{T}}\boldsymbol{N}_{AA}^{-1}\boldsymbol{BQ}_{\hat{X}\hat{X}}\boldsymbol{B}^{\mathrm{T}}$$
$$\boldsymbol{Q}_{\hat{L}K}=\boldsymbol{Q}_{LK}+\boldsymbol{Q}_{VK}=-\boldsymbol{QA}^{\mathrm{T}}\boldsymbol{Q}_{KK}+\boldsymbol{QA}^{\mathrm{T}}\boldsymbol{Q}_{KK}=0$$
$$\boldsymbol{Q}_{\hat{L}\hat{X}}=\boldsymbol{Q}_{L\hat{X}}+\boldsymbol{Q}_{V\hat{X}}=-\boldsymbol{QA}^{\mathrm{T}}\boldsymbol{N}_{AA}^{-1}\boldsymbol{BN}_{BB}^{-1}$$
$$\boldsymbol{Q}_{\hat{L}V}=\boldsymbol{Q}_{LV}+\boldsymbol{Q}_{VV}=0$$

现将以上推出的协因数阵的计算列于表 6-1，以供查阅。

表 6-1　**基本向量的协因数阵**

	$\boldsymbol{L}$	$\boldsymbol{W}$	$\hat{\boldsymbol{X}}$	$\boldsymbol{K}$	$\boldsymbol{V}$	$\hat{\boldsymbol{L}}$
$\boldsymbol{L}$	$\boldsymbol{Q}$	$\boldsymbol{QA}^{\mathrm{T}}$	$-\boldsymbol{QA}^{\mathrm{T}}\boldsymbol{N}_{AA}^{-1}\boldsymbol{BQ}_{\hat{X}\hat{X}}$	$-\boldsymbol{QA}^{\mathrm{T}}\boldsymbol{Q}_{KK}$	$-\boldsymbol{Q}_{VV}$	$\boldsymbol{Q}-\boldsymbol{Q}_{VV}$
$\boldsymbol{W}$	$\boldsymbol{AQ}$	$\boldsymbol{N}_{AA}$	$-\boldsymbol{BQ}_{\hat{X}\hat{X}}$	$-\boldsymbol{N}_{AA}\boldsymbol{Q}_{KK}$	$-\boldsymbol{N}_{AA}\boldsymbol{Q}_{KK}\boldsymbol{AQ}$	$\boldsymbol{BQ}_{\hat{X}\hat{X}}\boldsymbol{B}^{\mathrm{T}}\boldsymbol{N}_{AA}^{-1}\boldsymbol{AQ}$
$\hat{\boldsymbol{X}}$	$-\boldsymbol{Q}_{\hat{X}\hat{X}}\boldsymbol{B}^{\mathrm{T}}\boldsymbol{N}_{AA}^{-1}\boldsymbol{AQ}$	$-\boldsymbol{Q}_{\hat{X}\hat{X}}\boldsymbol{B}^{\mathrm{T}}$	$\boldsymbol{N}_{BB}^{-1}$	$\boldsymbol{0}$	$\boldsymbol{0}$	$-\boldsymbol{N}_{BB}^{-1}\boldsymbol{B}^{\mathrm{T}}\boldsymbol{N}_{AA}^{-1}\boldsymbol{AQ}$
$\boldsymbol{K}$	$-\boldsymbol{Q}_{KK}\boldsymbol{AQ}$	$-\boldsymbol{Q}_{KK}\boldsymbol{N}_{AA}$	$\boldsymbol{0}$	$\boldsymbol{N}_{AA}^{-1}-\boldsymbol{N}_{AA}^{-1}\boldsymbol{BQ}_{\hat{X}\hat{X}}\boldsymbol{B}^{\mathrm{T}}\boldsymbol{N}_{AA}^{-1}$	$\boldsymbol{Q}_{KK}\boldsymbol{AQ}$	$\boldsymbol{0}$
$\boldsymbol{V}$	$-\boldsymbol{Q}_{VV}$	$-\boldsymbol{QA}^{\mathrm{T}}\boldsymbol{Q}_{KK}\boldsymbol{N}_{AA}$	$\boldsymbol{0}$	$\boldsymbol{QA}^{\mathrm{T}}\boldsymbol{Q}_{KK}$	$\boldsymbol{QA}^{\mathrm{T}}\boldsymbol{Q}_{KK}\boldsymbol{AQ}$	$\boldsymbol{0}$
$\hat{\boldsymbol{L}}$	$\boldsymbol{Q}-\boldsymbol{Q}_{VV}$	$\boldsymbol{QA}^{\mathrm{T}}\boldsymbol{N}_{AA}^{-1}\boldsymbol{BQ}_{\hat{X}\hat{X}}\boldsymbol{B}^{\mathrm{T}}$	$-\boldsymbol{QA}^{\mathrm{T}}\boldsymbol{N}_{AA}^{-1}\boldsymbol{BN}_{BB}^{-1}$	$\boldsymbol{0}$	$\boldsymbol{0}$	$\boldsymbol{Q}-\boldsymbol{Q}_{VV}$

（$\boldsymbol{N}_{AA}=\boldsymbol{AQA}^{\mathrm{T}}$，$\boldsymbol{N}_{BB}=\boldsymbol{B}^{\mathrm{T}}\boldsymbol{N}_{AA}^{-1}\boldsymbol{B}$）

6.2.3　平差值函数的中误差

在附有参数的条件平差中，任何一个量的平差值都可表达成观测量平差值和参数平差值的函数。例如，在图 6-1 中，如果要求平差后 $\angle BAC$ 的角值和中误差，则由图知，它的函数式应为

$$\hat{\varphi}_1=180°-\hat{X}-\hat{L}_8-\hat{L}_6+\hat{L}_1$$

若还要求平差后 BD 边的边长和中误差，由图知它的函数式可写成

$$\hat{\varphi}_2 = \hat{S}_{BD} = S_{AB} \frac{\sin(180° - \hat{L}_6 - \hat{L}_8 - \hat{X})}{\sin(\hat{L}_6 + \hat{L}_8)}$$

式中，S_{AB}、180° 均为常量，视为无误差。$\hat{\varphi}_1$ 为线性函数，$\hat{\varphi}_2$ 为非线性函数。一般而言，如有一平差值函数为

$$\hat{\varphi} = \Phi\left(\underset{n1}{\hat{\boldsymbol{L}}}, \underset{u1}{\hat{\boldsymbol{X}}}\right) \tag{6-2-4}$$

对其全微分，得权函数式为

$$\mathrm{d}\hat{\boldsymbol{\varphi}} = \frac{\partial \Phi}{\partial \hat{\boldsymbol{L}}}\mathrm{d}\hat{\boldsymbol{L}} + \frac{\partial \Phi}{\partial \hat{\boldsymbol{X}}}\mathrm{d}\hat{\boldsymbol{X}} = \boldsymbol{F}^{\mathrm{T}}\mathrm{d}\hat{\boldsymbol{L}} + \boldsymbol{F}_x^{\mathrm{T}}\mathrm{d}\hat{\boldsymbol{X}} \tag{6-2-5}$$

式中

$$\underset{1n}{\boldsymbol{F}^{\mathrm{T}}} = \begin{bmatrix} \dfrac{\partial \Phi}{\partial \hat{L}_1} & \dfrac{\partial \Phi}{\partial \hat{L}_2} & \cdots & \dfrac{\partial \Phi}{\partial \hat{L}_n} \end{bmatrix}_{L,\ X^0}, \quad \underset{1u}{\boldsymbol{F}_x^{\mathrm{T}}} = \begin{bmatrix} \dfrac{\partial \Phi}{\partial \hat{X}_1} & \dfrac{\partial \Phi}{\partial \hat{X}_2} & \cdots & \dfrac{\partial \Phi}{\partial \hat{X}_u} \end{bmatrix}_{L,\ X^0} \tag{6-2-6}$$

按协因数传播律得 $\hat{\varphi}$ 的协因数为

$$\boldsymbol{Q}_{\hat{\varphi}\hat{\varphi}} = \boldsymbol{F}^{\mathrm{T}}\boldsymbol{Q}_{\hat{L}\hat{L}}\boldsymbol{F} + \boldsymbol{F}^{\mathrm{T}}\boldsymbol{Q}_{\hat{L}\hat{X}}\boldsymbol{F}_x + \boldsymbol{F}_x^{\mathrm{T}}\boldsymbol{Q}_{\hat{X}\hat{L}}\boldsymbol{F} + \boldsymbol{F}_x^{\mathrm{T}}\boldsymbol{Q}_{\hat{X}\hat{X}}\boldsymbol{F}_x \tag{6-2-7}$$

其中，$\boldsymbol{Q}_{\hat{L}\hat{L}}$，$\boldsymbol{Q}_{\hat{L}\hat{X}} = \boldsymbol{Q}_{\hat{X}\hat{L}}^{\mathrm{T}}$，$\boldsymbol{Q}_{\hat{X}\hat{X}}$ 等协因数阵可按表 6-1 中的公式计算。$\hat{\varphi}$ 的中误差为

$$\hat{\sigma}_{\hat{\varphi}} = \hat{\sigma}_0\sqrt{\boldsymbol{Q}_{\hat{\varphi}\hat{\varphi}}} \tag{6-2-8}$$

6.3 公式汇编和示例

6.3.1 公式汇编

附有参数的条件平差的函数模型和随机模型

$$\underset{cn}{\boldsymbol{A}}\underset{n1}{\boldsymbol{V}} + \underset{cu}{\boldsymbol{B}}\underset{u1}{\hat{\boldsymbol{x}}} + \underset{c1}{\boldsymbol{W}} = \underset{c1}{\boldsymbol{0}} \tag{6-1-1}$$

$$\underset{nn}{\boldsymbol{D}} = \sigma_0^2\underset{nn}{\boldsymbol{Q}} = \sigma_0^2\underset{nn}{\boldsymbol{P}^{-1}} \tag{6-1-3}$$

$$\boldsymbol{W} = \boldsymbol{AL} + \boldsymbol{BX}^0 + \boldsymbol{A}_0 \tag{6-1-2}$$

法方程

$$\begin{cases} \underset{cc}{\boldsymbol{N}_{AA}}\underset{c1}{\boldsymbol{K}} + \underset{cu}{B}\underset{u1}{\hat{\boldsymbol{x}}} + \underset{c1}{\boldsymbol{W}} = \underset{c1}{\boldsymbol{0}} \\ \underset{uc}{\boldsymbol{B}^{\mathrm{T}}}\underset{c1}{\boldsymbol{K}} = \underset{u1}{\boldsymbol{0}} \end{cases} \tag{6-1-9}$$

其解为

$$\underset{c1}{\boldsymbol{K}} = -\boldsymbol{N}_{AA}^{-1}(\boldsymbol{B}\hat{\boldsymbol{x}} + \boldsymbol{W}) \tag{6-1-10}$$

$$\underset{u1}{\hat{\boldsymbol{x}}} = -\boldsymbol{N}_{BB}^{-1}\boldsymbol{B}^{\mathrm{T}}\boldsymbol{N}_{AA}^{-1}\boldsymbol{W} \tag{6-1-13}$$

$$\underset{n1}{\boldsymbol{V}} = \boldsymbol{QA}^{\mathrm{T}}\boldsymbol{K} \tag{6-1-6}$$

观测值和参数的平差值

$$\underset{n1}{\hat{\boldsymbol{L}}} = \boldsymbol{L} + \boldsymbol{V} \tag{6-1-14}$$

$$\underset{u\,1}{\hat{\boldsymbol{X}}} = \boldsymbol{X}^0 + \hat{\boldsymbol{x}} \tag{6-1-15}$$

单位权方差估值公式

$$\hat{\sigma}_0^2 = \frac{\boldsymbol{V}^{\mathrm{T}}\boldsymbol{P}\boldsymbol{V}}{r} = \frac{\boldsymbol{V}^{\mathrm{T}}\boldsymbol{P}\boldsymbol{V}}{c-u} \tag{6-2-1}$$

平差参数的协方差阵

$$\boldsymbol{D}_{\hat{X}\hat{X}} = \hat{\sigma}_0^2\boldsymbol{Q}_{\hat{X}\hat{X}} = \hat{\sigma}_0^2\boldsymbol{N}_{BB}^{-1} \quad (\text{表 6-1})$$

平差值函数的权函数式及其协因数、中误差

$$\mathrm{d}\hat{\boldsymbol{\varphi}} = \boldsymbol{F}^{\mathrm{T}}\mathrm{d}\hat{\boldsymbol{L}} + \boldsymbol{F}_x^{\mathrm{T}}\mathrm{d}\hat{\boldsymbol{X}} \tag{6-2-5}$$

$$\boldsymbol{Q}_{\hat{\varphi}\hat{\varphi}} = \boldsymbol{F}^{\mathrm{T}}\boldsymbol{Q}_{\hat{L}\hat{L}}\boldsymbol{F} + \boldsymbol{F}^{\mathrm{T}}\boldsymbol{Q}_{\hat{L}\hat{X}}\boldsymbol{F}_x + \boldsymbol{F}_x^{\mathrm{T}}\boldsymbol{Q}_{\hat{X}\hat{L}}\boldsymbol{F} + \boldsymbol{F}_x^{\mathrm{T}}\boldsymbol{Q}_{\hat{X}\hat{X}}\boldsymbol{F}_x \tag{6-2-7}$$

$$\hat{\sigma}_{\hat{\varphi}} = \hat{\sigma}_0\sqrt{\boldsymbol{Q}_{\hat{\varphi}\hat{\varphi}}} \tag{6-2-8}$$

6.3.2　示例

例 6-3　图 6-1 所示附合导线中，等精度观测了 3 个角度和 3 条边长，各观测值列于表 6-3 中，观测角的中误差为 6 秒，边长中误差为 6mm。起算数据列于表 6-2。

表 6-2　　**起 算 数 据**

	坐标 X(m)	坐标 Y(m)
A	203059.503	−59796.549
C	203020.348	−59049.801
	α_{AB} = 324° 46′ 03″	α_{DC} = 226° 44′ 59″

设 C 点上连接角为参数 X，试用附有参数的条件平差法求各观测值的平差值，各未知点的坐标平差值及平差后 $\overline{P_1P_2}$ 边长的中误差。

解：(1)确定观测值的权：

设单位权中误差 $\sigma_0 = 6''$，测角观测值的权 $P_i = \dfrac{\sigma_0^2}{\sigma_i^2} = 1$，测边观测值的权 $P_{S_i} = \dfrac{\sigma_0^2}{\sigma_{S_i}^2} = 1\ (''/\mathrm{mm})^2$

观测值的协因数阵为 $\boldsymbol{Q} = \mathrm{diag}[1\quad 1\quad 1\quad 1\quad 1\quad 1]$

(2) 条件方程：

本例观测了 3 个角度 3 条边长即 $n = 6$，必要观测数 $t = 4$，$r = 2$，

现设 C 点上的连接角为参数 X，即 $u = 1$，则条件方程个数为 $c = r + u = 3$，即有三个条件方程，其中为 1 个方位角条件，2 个坐标条件：

$$\hat{L}_1 + \hat{L}_2 + \hat{L}_3 + \hat{X} + \alpha_{AB} - \alpha_{DC} - 4\times 180° = 0$$

$$\hat{S}_1\cos\hat{\alpha}_{AP_1}+\hat{S}_2\cos\hat{\alpha}_{P_1P_2}+\hat{S}_3\cos\hat{\alpha}_{P_2C}+X_A-X_C=0$$
$$\hat{S}_1\sin\hat{\alpha}_{AP_1}+\hat{S}_2\sin\hat{\alpha}_{P_1P_2}+\hat{S}_3\sin\hat{\alpha}_{P_2C}+Y_A-Y_C=0$$

(3)计算参数近似值:

近似坐标方位角和近似坐标计算值列于表6-3。

表6-3 **方位角及坐标推算**

	角度观测值 (° ′ ″)	边长观测值 (m)	方位角 (° ′ ″)	ΔX (m)	ΔY (m)	X (m)	Y (m)
A	123 11 23					203 059.503	-59 796.549
		345.153	87 57 26	12.303	344.934		
P_1	189 20 38					203 071.806	-59 451.615
		200.130	97 18 04	-25.433	198.507		
P_2	179 59 18					203 046.373	-59 253.108
		204.952	97 17 22	-26.005	203.296		
C						203 020.368	-59 049.812

由 P_2 点近似坐标和 C 点已知坐标反算求得 $\alpha_{CP_2}=277°17'41''$,

$$X^0=\alpha_{DC}-\alpha_{CP_2}+180°=129°27'18''$$

参照式(5-2-11),方位角条件方程和坐标条件方程线性化后形式为

$$v_1+v_2+v_3+\hat{x}+w_1=0$$
$$w_1=L_1+L_2+L_3+X^0+\alpha_{AB}-\alpha_{DC}-4\times180°=-19''$$
$$\cos\alpha_{AP_1}v_{S_1}+\cos\alpha_{P_1P_2}v_{S_2}+\cos\alpha_{P_2C}v_{S_3}-\frac{Y_C-Y_A}{\rho''}v_1-\frac{Y_C-Y_{P_1}}{\rho''}v_2-\frac{Y_C-Y_2}{\rho''}v_3+w_2=0$$
$$\sin\alpha_{AP_1}v_{S_1}+\sin\alpha_{P_1P_2}v_{S_2}+\sin\alpha_{P_2C}v_{S_3}+\frac{X_C-X_A}{\rho''}v_1+\frac{X_C-X_1}{\rho''}v_2+\frac{X_C-X_2}{\rho''}v_3+w_3=0$$
$$w_2=S_1\cos\alpha_{AP_1}+S_2\cos\alpha_{P_1P_2}+S_3\cos\alpha_{P_2C}+X_A-X_C=20\text{mm}$$
$$w_3=S_1\sin\alpha_{AP_1}+S_2\sin\alpha_{P_1P_2}+S_3\sin\alpha_{P_2C}+Y_A-Y_C=-11\text{mm}$$

条件方程的系数阵和常数项

$$\boldsymbol{A}=\begin{bmatrix}0&0&0&1&1&1\\0.04&-0.13&-0.13&-3.6&-1.95&-0.99\\1.00&0.99&0.99&-0.19&-0.25&-0.13\end{bmatrix}\quad\boldsymbol{B}=\begin{bmatrix}1\\0\\0\end{bmatrix},\quad\boldsymbol{w}=\begin{bmatrix}-19\\20\\-11\end{bmatrix}$$

(4)法方程组成与解算:

$$\boldsymbol{N}_{AA}=\boldsymbol{AQA}^{\mathrm{T}}=\begin{bmatrix}3&-6.54&-0.57\\-6.54&17.78&1.08\\-0.57&1.08&3.08\end{bmatrix},\quad\boldsymbol{N}_{AA}^{-1}=\begin{bmatrix}1.711&0.623&0.098\\0.623&0.285&0.016\\0.098&0.016&0.337\end{bmatrix}$$

$$N_{BB}=B^{\mathrm{T}}N_{AA}^{-1}B=1.711,\ \hat{x}=-N_{BB}^{-1}B^{\mathrm{T}}N_{AA}^{-1}W=12.3''$$

$$k=-N_{AA}^{-1}(B\hat{x}+W)=\begin{bmatrix}0.08\\-1.35\\4.04\end{bmatrix}$$

(5)观测值改正数计算：

$$V=QA^{\mathrm{T}}k=[4\quad 4\quad 4\quad 4\quad 2\quad 1]^{\mathrm{T}}$$

(6)平差值计算：

将改正数填到表 6-4，与观测值相加，得到观测值平差值，将观测值的平差值重新计算各方位角和未知点的坐标计算结果见表 6-5。

表 6-4　　**观测值及平差值**

	边长观测值 (m)	v(mm)	边长平差值 (m)		角度观测值 (°　′　″)	v(″)	角度平差值 (°　′　″)
$S1$	345.153	4	345.157	A	123 11 23	4	123 11 27
$S2$	200.130	4	200.134	$P1$	189 20 38	2	189 20 40
$S3$	204.952	4	204.956	$P2$	179 59 18	1	179 59 19

参数 $\hat{X}=X^{\circ}+\hat{x}=129°27'18''+12''=129°27'30''$

表 6-5　　**方位角及坐标平差值**

	角度平差值 °　′　″	边长平差值 (m)	方位角 °　′　″	ΔX (m)	ΔY (m)	X (m)	Y (m)
A	123 11 27					203 059.503	-59 796.549
		345.157	8757 30	12.297	344.938		
P_1	189 20 40					203 071.800	-59 451.611
		200.134	97 18 10	-25.440	198.511		
P_2	179 59 19					203 046.360	-59 253.100
		204.956	97 17 29	-26.012	203.299		
C						203 020.348	-59049.801

(7)精度评定：

单位权中误差

$$\hat{\sigma}_0=\sqrt{\frac{V^{\mathrm{T}}PV}{r}}=\sqrt{\frac{69}{2}}=5.9''$$

$$\hat{\varphi}=\overline{P_1P_2}=\hat{S}_2$$

计算平差值函数的中误差。

按式(6-2-7)计算

$$\boldsymbol{Q}_{\hat{\varphi}\hat{\varphi}} = 0.67$$

$$\hat{\sigma}_{\hat{\varphi}} = \hat{\sigma}_0 \sqrt{\boldsymbol{Q}_{\hat{\varphi}\hat{\varphi}}} = 4.8\text{mm}$$

第7章　间接平差

7.1　间接平差原理

在一个平差问题中，当所选的独立参数 $\hat{X}$ 的个数等于必要观测数 t 时，可将每个观测值表达成这 t 个参数的函数，组成观测方程，这种以观测方程为函数模型的平差方法，就是间接平差。

在第四章中已给出间接平差的函数模型为

$$\underset{n1}{\hat{\boldsymbol{L}}} = \underset{nt}{\boldsymbol{B}}\underset{t1}{\hat{\boldsymbol{X}}} + \underset{n1}{\boldsymbol{d}} \tag{7-1-1}$$

平差时，一般对参数 $\hat{\boldsymbol{X}}$ 都要取近似值 $\boldsymbol{X}^0$，令

$$\hat{\boldsymbol{X}} = \boldsymbol{X}^0 + \hat{\boldsymbol{x}} \tag{7-1-2}$$

代入上式，并令

$$\boldsymbol{l} = \boldsymbol{L} - (\boldsymbol{B}\boldsymbol{X}^0 + \boldsymbol{d}) = \boldsymbol{L} - \boldsymbol{L}^0 \tag{7-1-3}$$

$\boldsymbol{L}^0 = \boldsymbol{B}\boldsymbol{X}^0 + \boldsymbol{d}$ 为观测值的近似值，所以 l 是观测值与其近似值之差，由此可得误差方程

$$\boldsymbol{V} = \boldsymbol{B}\hat{\boldsymbol{x}} - \boldsymbol{l} \tag{7-1-4}$$

式中，$\boldsymbol{l}$ 为误差方程常数项，当参数不取近似值时，也就是式(7-1-3)中 $X^0 = 0$ 的情形，由于 $\boldsymbol{l}$ 与 $\boldsymbol{L}$ 只差一个常数项 $\boldsymbol{L}^0 = (\boldsymbol{B}\boldsymbol{X}^0 + \boldsymbol{d})$，故其精度相同，即 $\boldsymbol{D}_l = \boldsymbol{D}_L = \boldsymbol{D}$，$\boldsymbol{Q}_{ll} = \boldsymbol{Q}_{LL} = \boldsymbol{Q}$，所以 $\boldsymbol{l}$ 也称为观测值。

间接平差的随机模型为

$$\underset{nn}{\boldsymbol{D}} = \sigma_0^2 \underset{nn}{\boldsymbol{Q}} = \sigma_0^2 \boldsymbol{P}^{-1} \tag{7-1-5}$$

平差的准则为

$$\boldsymbol{V}^{\mathrm{T}}\boldsymbol{P}\boldsymbol{V} = \min \tag{7-1-6}$$

间接平差就是在最小二乘准则要求下求出误差方程中的待定参数 $\hat{x}$，在数学中是求多元函数的极值问题。

7.1.1　基础方程及其解

设有 n 个观测值方程为

$$
\begin{aligned}
L_1 + v_1 &= a_1\hat{X}_1 + b_1\hat{X}_2 + \cdots + t_1\hat{X}_t + d_1 \\
L_2 + v_2 &= a_2\hat{X}_1 + b_2\hat{X}_2 + \cdots + t_2\hat{X}_t + d_2 \\
&\cdots\cdots \\
L_n + v_n &= a_n\hat{X}_1 + b_n\hat{X}_2 + \cdots + t_n\hat{X}_t + d_n
\end{aligned}
$$

令

$$\hat{X}_j = X_j^0 + \hat{x}_j \quad (j = 1,\ 2,\ \cdots,\ t),$$

$$l_i = L_i - (a_iX_1^0 + b_iX_2^0 + \cdots + t_iX_t^0 + d_i) \quad (i = 1,\ 2,\ \cdots,\ n)$$

则得误差方程为

$$v_i = a_i\hat{x}_1 + b_i\hat{x}_2 + \cdots + t_i\hat{x}_t - l_i \quad (i = 1,\ 2,\ \cdots,\ n)$$

令

$$
\underset{n\,t}{\boldsymbol{B}} = \begin{bmatrix} a_1 & b_1 & \cdots & t_1 \\ a_2 & b_2 & \cdots & t_2 \\ \vdots & \vdots & & \vdots \\ a_n & b_n & \cdots & t_n \end{bmatrix}
$$

$$\underset{n\,1}{\boldsymbol{V}} = [v_1 \quad v_2 \quad \cdots \quad v_n]^{\mathrm{T}}$$

$$\underset{t\,1}{\hat{\boldsymbol{x}}} = [\hat{x}_1 \quad \hat{x}_2 \quad \cdots \quad \hat{x}_t]^{\mathrm{T}}$$

$$\underset{n\,1}{\boldsymbol{l}} = [l_1 \quad l_2 \quad \cdots \quad l_n]^{\mathrm{T}}$$

$$\underset{n\,1}{\boldsymbol{L}} = [L_1 \quad L_2 \quad \cdots \quad L_n]^{\mathrm{T}}$$

$$\underset{n\,1}{\boldsymbol{d}} = [d_1 \quad d_2 \quad \cdots \quad d_n]^{\mathrm{T}}$$

$$\underset{t\,1}{\boldsymbol{X}^0} = [X_1^0 \quad X_2^0 \quad \cdots \quad X_t^0]^{\mathrm{T}}$$

可得平差值方程的矩阵形式 $\underset{n\,1}{\boldsymbol{L}^0} = [L_1^0 \quad L_2^0 \quad \cdots \quad L_n^0]^{\mathrm{T}}$

$$\boldsymbol{V} = \boldsymbol{B}\hat{\boldsymbol{x}} - \boldsymbol{l},\ \boldsymbol{l} = \boldsymbol{L} - (\boldsymbol{B}\boldsymbol{X}^0 + \boldsymbol{d}) = \boldsymbol{L} - \boldsymbol{L}^0 \tag{7-1-7}$$

按最小二乘原理，上式的 $\hat{x}$ 必须满足 $\boldsymbol{V}^{\mathrm{T}}\boldsymbol{P}\boldsymbol{V} = \min$ 的要求，因为 t 个参数为独立量，故可按数学上求函数自由极值的方法，得

$$\frac{\partial \boldsymbol{V}^{\mathrm{T}}\boldsymbol{P}\boldsymbol{V}}{\partial \hat{\boldsymbol{x}}} = 2\boldsymbol{V}^{\mathrm{T}}\boldsymbol{P}\frac{\partial \boldsymbol{V}}{\partial \hat{\boldsymbol{x}}} = \boldsymbol{V}^{\mathrm{T}}\boldsymbol{P}\boldsymbol{B} = \boldsymbol{0}$$

转置后得

$$\boldsymbol{B}^{\mathrm{T}}\boldsymbol{P}\boldsymbol{V} = \boldsymbol{0} \tag{7-1-8}$$

以上所得的式(7-1-7) 和式(7-1-8) 中的待求量是 n 个 V 和 t 个 $\hat{x}$，而方程个数也是 $n+t$ 个，有唯一解，称此两式为间接平差的基础方程。

解此基础方程，一般是将式(7-1-7) 代入式(7-1-8)，以便先消去 $\boldsymbol{V}$，得

$$\boldsymbol{B}^{\mathrm{T}}\boldsymbol{P}\boldsymbol{B}\hat{\boldsymbol{x}} - \boldsymbol{B}^{\mathrm{T}}\boldsymbol{P}\boldsymbol{l} = \boldsymbol{0} \tag{7-1-9}$$

令

$$\underset{t\,t}{\boldsymbol{N}_{BB}} = \boldsymbol{B}^{\mathrm{T}}\ \boldsymbol{P}\ \boldsymbol{B},\ \underset{t\,1}{\boldsymbol{W}} = \boldsymbol{B}^{\mathrm{T}}\ \boldsymbol{P}\boldsymbol{l}$$

上式可简写成

$$\boldsymbol{N}_{BB}\hat{\boldsymbol{x}} - \boldsymbol{W} = \boldsymbol{0} \tag{7-1-10}$$

式中系数阵 $\boldsymbol{N}_{BB}$ 为满秩，即 $\boldsymbol{R}(\boldsymbol{N}_{BB}) = t$，$\hat{\boldsymbol{x}}$ 有唯一解，上式称为间接平差的法方程。解之得

$$\hat{\boldsymbol{x}} = \boldsymbol{N}_{BB}^{-1}\boldsymbol{W} \tag{7-1-11}$$

或

$$\hat{\boldsymbol{x}} = (\boldsymbol{B}^{\mathrm{T}}\boldsymbol{P}\boldsymbol{B})^{-1}\boldsymbol{B}^{\mathrm{T}}\boldsymbol{P}\boldsymbol{l} \tag{7-1-12}$$

将求出的 $\hat{\boldsymbol{x}}$ 代入误差方程(7-1-7)，即可求得改正数 $\boldsymbol{V}$，从而平差结果为

$$\hat{\boldsymbol{L}} = \boldsymbol{L} + \boldsymbol{V},\ \hat{\boldsymbol{X}} = \boldsymbol{X}^0 + \hat{\boldsymbol{x}} \tag{7-1-13}$$

特别地，当 P 为对角阵时，即观测值间相互独立，则法方程(7-1-10)的纯量形式为

$$\begin{cases} \sum_{i=1}^{n} p_i a_i a_i \hat{x}_1 + \sum_{i=1}^{n} p_i a_i b_i \hat{x}_2 + \cdots + \sum_{i=1}^{n} p_i a_i t_i \hat{x}_t = \sum_{i=1}^{n} p_i a_i l_i \\ \sum_{i=1}^{n} p_i a_i b_i \hat{x}_1 + \sum_{i=1}^{n} p_i b_i b_i \hat{x}_2 + \cdots + \sum_{i=1}^{n} p_i b_i t_i \hat{x}_t = \sum_{i=1}^{n} p_i b_i l_i \\ \cdots\cdots\cdots\cdots\cdots\cdots\cdots\cdots\cdots\cdots\cdots\cdots \\ \sum_{i=1}^{n} p_i a_i t_i \hat{x}_1 + \sum_{i=1}^{n} p_i b_i t_i \hat{x}_2 + \cdots + \sum_{i=1}^{n} p_i t_i t_i \hat{x}_t = \sum_{i=1}^{n} p_i t_i l_i \end{cases} \tag{7-1-14}$$

7.1.2　按间接平差法求平差值的计算步骤

(1) 根据平差问题的性质，选择 t 个独立量作为参数；

(2) 将每一个观测量的平差值分别表达成所选参数的函数，若函数为非线性，则要将其线性化，列出误差方程(7-1-7)；

(3) 由误差方程系数 B 和自由项 l 组成法方程(7-1-10)，法方程个数等于参数的个数 t；

(4) 解算法方程，求出参数 $\hat{x}$，计算参数的平差值 $\hat{X} = X^0 + \hat{x}$；

(5) 由误差方程计算 V，求出观测量平差值 $\hat{L} = L + V$。

例 7-1　在图7-1所示的水准网中，已知水准点 A 的高程为 $H_A = 237.483\text{m}$，为求 B、C、D 三点的高程，进行了水准测量，测得高差 L_{51} 和水准路线的长度 S_{51}，其结果见表 7-1，试按间接平差求定 B、C、D 三点高程的平差值。

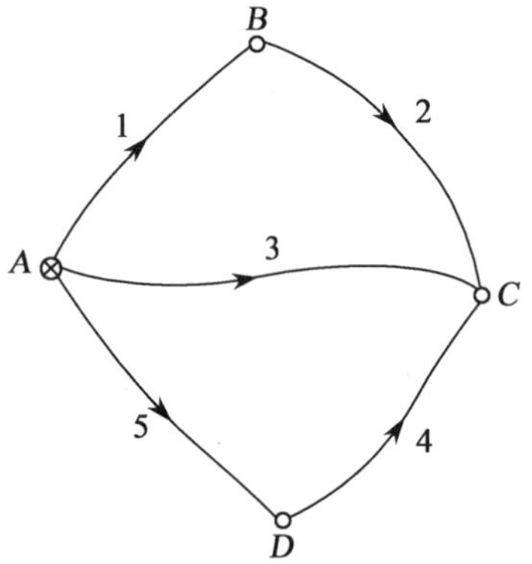

图 7-1　水准网

表 7-1　**水准路线观测值**

水准路线 i	观测高差 L_i (m)	路线长度 S_i (km)
1	5.835	3.5
2	3.782	2.7
3	9.640	4.0
4	7.384	3.0
5	2.270	2.5

解：按题意知必要观测数 $t=3$，选取 B、C、D 三点高程 $\hat{X}_1$、$\hat{X}_2$、$\hat{X}_3$ 为参数。

1) 列误差方程

根据图 7-1 所示的水准路线写出 $5(=n)$ 个平差值方程

$$\begin{cases} L_1+v_1=\hat{X}_1 & & -H_A \\ L_2+v_2=-\hat{X}_1+\hat{X}_2 & & \\ L_3+v_3= & \hat{X}_2 & -H_A \\ L_4+v_4= & \hat{X}_2-\hat{X}_3 & \\ L_5+v_5= & \hat{X}_3 & -H_A \end{cases}$$

将观测值移至等号右侧，即得误差方程

$$\begin{cases} v_1=\hat{X}_1 & -(H_A+L_1) \\ v_2=-\hat{X}_1+\hat{X}_2 & -L_2 \\ v_3=\hat{X}_2 & -(H_A+L_3) \\ v_4=\hat{X}_2-\hat{X}_3 & -L_4 \\ v_5=\hat{X}_3 & -(H_A+L_5) \end{cases}$$

将观测高差和已知点高程代入上式，即可计算误差方程的常数项。此时，这些常数项将很大，这对后续计算是不利的。为了便于计算，应选取参数的近似值，例如令

$$\begin{cases} X_1^0=H_A+L_1 \\ X_2^0=H_A+L_3 \\ X_3^0=H_A+L_5 \end{cases}$$

这样，后续计算求定的只是未知数近似值的改正数 $\hat{x}_1$、$\hat{x}_2$、$\hat{x}_3$，它们存在下列关系：

$$\begin{cases} \hat{X}_1=X_1^0+\hat{x}_1=\hat{x}_1+H_A+L_1 \\ \hat{X}_2=X_2^0+\hat{x}_2=\hat{x}_2+H_A+L_3 \\ \hat{X}_3=X_3^0+\hat{x}_3=\hat{x}_3+H_A+L_5 \end{cases}$$

将上式代入误差方程，得

$$\begin{cases} v_1=\hat{x}_1 & +0 \\ v_2=-\hat{x}_1+\hat{x}_2 & +23 \\ v_3=\hat{x}_2 & +0 \\ v_4=\hat{x}_2-\hat{x}_3 & -14 \\ v_5=\hat{x}_3 & +0 \end{cases}$$

按式(7-1-7) 写成矩阵形式

$$
\begin{bmatrix} V_1 \\ V_2 \\ V_3 \\ V_4 \\ V_5 \end{bmatrix} = \begin{bmatrix} 1 & 0 & 0 \\ -1 & 1 & 0 \\ 0 & 1 & 0 \\ 0 & 1 & -1 \\ 0 & 0 & 1 \end{bmatrix} \begin{bmatrix} \hat{x}_1 \\ \hat{x}_2 \\ \hat{x}_3 \end{bmatrix} - \begin{bmatrix} 0 \\ -23 \\ 0 \\ 14 \\ 0 \end{bmatrix}
$$

2）组成法方程

取 10km 的观测高差为单位权观测，即按

$$
P_i = \frac{C}{S_i} = \frac{10}{S_i}
$$

定权，得观测值的权阵

$$
\boldsymbol{P} = \begin{bmatrix} 2.9 & 0 & 0 & 0 & 0 \\ 0 & 3.7 & 0 & 0 & 0 \\ 0 & 0 & 2.5 & 0 & 0 \\ 0 & 0 & 0 & 3.3 & 0 \\ 0 & 0 & 0 & 0 & 4.0 \end{bmatrix}
$$

按式(7-1-9) 组成法方程为

$$
\begin{bmatrix} 6.6 & -3.7 & 0 \\ -3.7 & 9.5 & -3.3 \\ 0 & -3.3 & 7.3 \end{bmatrix} \begin{bmatrix} \hat{x}_1 \\ \hat{x}_2 \\ \hat{x}_3 \end{bmatrix} - \begin{bmatrix} 85.1 \\ -38.9 \\ -46.2 \end{bmatrix} = 0
$$

3）解法方程

$$
\hat{x}_1 = 11.75\text{mm},\ \hat{x}_2 = -2.04\text{mm},\ \hat{x}_3 = -7.25\text{mm}
$$

4）计算改正数

将 $\hat{x}$ 代入误差方程，计算观测值的改正数得

$$
V_1 = 12\text{mm},\ V_2 = 9\text{mm},\ V_3 = -2\text{mm},\ V_4 = -9\text{mm},\ V_5 = -7\text{mm}
$$

5）计算平差值

参数平差值 $\hat{X} = X^0 + \hat{x}$

$$
\hat{X}_1 = 243.330\text{m},\ \hat{X}_2 = 247.121\text{m},\ \hat{X}_3 = 239.746\text{m}
$$

观测值的平差值 $\hat{L} = L + V$

$$
\hat{L}_1 = 5.847\text{m},\ \hat{L}_2 = 3.791\text{m},\ \hat{L}_3 = 9.638\text{m},\ \hat{L}_4 = 7.375\text{m},\ \hat{L}_5 = 2.263\text{m}
$$

6）检核

平差值 $\hat{L}$ 应满足两个条件方程：

$$
\hat{L}_1 + \hat{L}_2 - \hat{L}_3 = 0,\ \hat{L}_3 - \hat{L}_4 - \hat{L}_5 = 0
$$

例 7-2　题同例5-3，试按间接平差确定图 5-3 中 A、C 之间各段距离的平差值。

解：按题意 $t=2$，选取 l_1、l_2 的平差值为参数，即 $\hat{l}_1=\hat{X}_1$，$\hat{l}_2=\hat{X}_2$，可列出 $n=4$ 个观测值方程：

$$
\begin{aligned}
l_1+v_1&=\hat{X}_1\\
l_2+v_2&=\hat{X}_2\\
l_3+v_3&=\hat{X}_2\\
l_4+v_4&=\hat{X}_1+\hat{X}_2
\end{aligned}
$$

令 $\hat{X}_1=X_1^0+\hat{x}_1$，$\hat{X}_2=X_2^0+\hat{x}_2$，$X_1^0=l_1$，$X_2^0=l_2$，并用观测数据代入，得误差方程为

$$
\begin{aligned}
v_1&=\hat{x}_1\\
v_2&=\hat{x}_2\\
v_3&=\hat{x}_2-2\\
v_4&=\hat{x}_1+\hat{x}_2-3
\end{aligned}
$$

常数项的单位为 cm。

令 100m 量距的权为单位权，即 $p_i=\dfrac{100}{S_i}$，于是有 $p_1=0.50$，$p_2=0.33$，$p_3=0.33$，$p_4=0.20$。

组成法方程为

$$
\begin{aligned}
0.70\hat{x}_1+0.20\hat{x}_2-0.60&=0\\
0.20\hat{x}_1+0.86\hat{x}_2-1.26&=0
\end{aligned}
$$

解得

$$\hat{x}_1=0.47\text{cm},\ \hat{x}_2=1.35\text{cm}$$

各段距离平差值为

$$
\begin{aligned}
\hat{l}_1&=200.0147\text{m},\ \hat{l}_2=300.0635\text{m}\\
\hat{l}_3&=300.0635\text{m},\ \hat{l}_4=500.0782\text{m}
\end{aligned}
$$

计算结果与例 5-3 条件平差的结果相同。

一个平差问题，无论采用条件平差还是间接平差，其最小二乘解是唯一和一致的，即它与采用的具体平差方法无关。

7.2 误差方程

本节讨论间接平差函数模型的建立方法，即误差方程的组成。误差方程的个数等于观测值的个数 n，即每个观测值都可以表示成参数的函数，其中所设参数的个数必须等于必要观测的个数 t，而且要求 t 个参数必须是独立的，即所选参数之间不存在函数关系。

下面阐述经常遇到的几种间接平差函数模型，说明其组成误差方程的方法。这些模型是以方向、角度和边长为观测值的三角网平差模型，以数字化坐标为观测值的拟合模型，多项式回归模型以及坐标转换模型等。

7.2.1　以方向为观测值的误差方程

在图 7-2 中，j 为测站点，h 和 k 为照准点，L_{jh}、L_{jk} 为其观测方向值，j_0 方向为测站 j 在观测时度盘置零方向（非观测值），$\hat{Z}_j$ 为 j 站的定向角，即零方向的方位角。

每一个测站有一个定向角，它们是方向坐标平差中的未知参数，设其平差值为 $\hat{Z}_j$。由图 7-2 可得

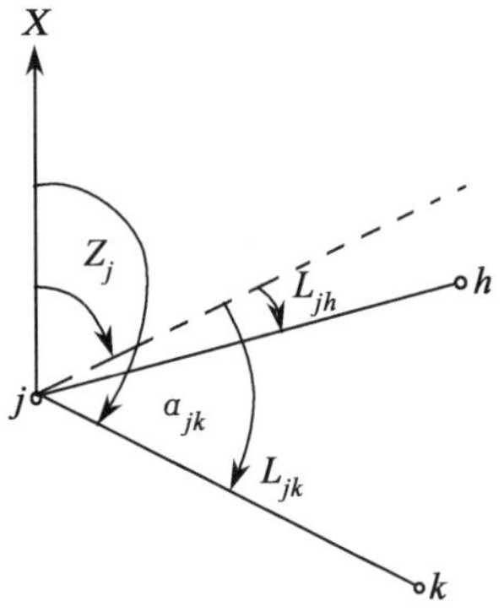

图 7-2　方向观测

$$L_{jk} + v_{jk} = \hat{\alpha}_{jk} - \hat{Z}_j \tag{7-2-1}$$

由上式可得 jk 方向的误差方程

$$v_{jk} = -\hat{Z}_j + \hat{\alpha}_{jk} - L_{jk} \tag{7-2-2}$$

式中 $\hat{\alpha}_{jk}$ 为 jk 方向的方位角的平差值。

设 j、k 两点均为待定点，它们的近似坐标为 X_j^0、Y_j^0 和 X_k^0、Y_k^0。根据这些近似坐标可以计算 j、k 两点间的近似坐标方位角 α_{jk}^0、近似边长 S_{jk}^0 和定向角的近似值 Z_j^0。设这两点的近似坐标改正数为 $\hat{x}_j$、$\hat{y}_j$ 和 $\hat{x}_k$、$\hat{y}_k$，即

$$\begin{cases}\hat{X}_j = X_j^0 + \hat{x}_j \\ \hat{Y}_j = Y_j^0 + \hat{y}_j\end{cases} \qquad \begin{cases}\hat{X}_k = X_k^0 + \hat{x}_k \\ \hat{Y}_k = Y_k^0 + \hat{y}_k\end{cases} \tag{7-2-3}$$

由近似坐标改正数引起的近似坐标方位角的改正数为 $\delta\alpha_{jk}$，即

$$\hat{\alpha}_{jk} = \alpha_{jk}^0 + \delta\alpha_{jk} \tag{7-2-4}$$

现求坐标改正数 $\hat{x}_j$、$\hat{y}_j$、$\hat{x}_k$、$\hat{y}_k$ 与坐标方位角改正数 $\delta\alpha_{jk}$ 之间的线性关系。

根据图 7-2 可以写出：

$$\hat{\alpha}_{jk} = \arctan\frac{(Y_k^0 + \hat{y}_k) - (Y_j^0 + \hat{y}_j)}{(X_k^0 + \hat{x}_k) - (X_j^0 + \hat{x}_j)}$$

将上式右端按泰勒公式展开，得

$$\hat{\alpha}_{jk} = \arctan\frac{Y_k^0 - Y_j^0}{X_k^0 - X_j^0} + \left(\frac{\partial\hat{\alpha}_{jk}}{\partial\hat{X}_j}\right)_0 \hat{x}_j + \left(\frac{\partial\hat{\alpha}_{jk}}{\partial\hat{Y}_j}\right)_0 \hat{y}_j + \left(\frac{\partial\hat{\alpha}_{jk}}{\partial\hat{X}_k}\right)_0 \hat{x}_k + \left(\frac{\partial\hat{\alpha}_{jk}}{\partial\hat{Y}_k}\right)_0 \hat{y}_k \tag{7-2-5}$$

等式中右边第一项就是由近似坐标算得的近似坐标方位角 α_{jk}^0，对照式(7-2-4) 可知

$$\delta\alpha_{jk} = \left(\frac{\partial\hat{\alpha}_{jk}}{\partial\hat{X}_j}\right)_0 \hat{x}_j + \left(\frac{\partial\hat{\alpha}_{jk}}{\partial\hat{Y}_j}\right)_0 \hat{y}_j + \left(\frac{\partial\hat{\alpha}_{jk}}{\partial\hat{X}_k}\right)_0 \hat{x}_k + \left(\frac{\partial\hat{\alpha}_{jk}}{\partial\hat{Y}_k}\right)_0 \hat{y}_k \tag{7-2-6}$$

式中，

$$
\left.\begin{aligned}
&\left(\frac{\partial \hat{\alpha}_{jk}}{\partial \hat{X}_j}\right)_0=\frac{\dfrac{Y_k^0-Y_j^0}{(X_k^0-X_j^0)^2}}{1+\left(\dfrac{Y_k^0-Y_j^0}{X_k^0-X_j^0}\right)^2}=\frac{Y_k^0-Y_j^0}{(X_k^0-X_j^0)^2+(Y_k^0-Y_j^0)^2}=\frac{\Delta Y_{jk}^0}{(S_{jk}^0)^2}\\
&\text{同理可得}\\
&\left(\frac{\partial \hat{\alpha}_{jk}}{\partial \hat{Y}_j}\right)_0=-\frac{\Delta X_{jk}^0}{(S_{jk}^0)^2}\\
&\left(\frac{\partial \hat{\alpha}_{jk}}{\partial \hat{X}_k}\right)_0=-\frac{\Delta Y_{jk}^0}{(S_{jk}^0)^2}\\
&\left(\frac{\partial \hat{\alpha}_{jk}}{\partial \hat{Y}_k}\right)_0=\frac{\Delta X_{jk}^0}{(S_{jk}^0)^2}
\end{aligned}\right\} \tag{7-2-7}
$$

将上列结果代入式(7-2-6)，并顾及全式的单位得

$$
\delta\alpha''_{jk}=\frac{\rho''\Delta Y_{jk}^0}{(S_{jk}^0)^2}\hat{x}_j-\frac{\rho''\Delta X_{jk}^0}{(S_{jk}^0)^2}\hat{y}_j-\frac{\rho''\Delta Y_{jk}^0}{(S_{jk}^0)^2}\hat{x}_k+\frac{\rho''\Delta X_{jk}^0}{(S_{jk}^0)^2}\hat{y}_k \tag{7-2-8}
$$

或写成

$$
\delta\alpha''_{jk}=\frac{\rho''\sin\alpha_{jk}^0}{S_{jk}^0}\hat{x}_j-\frac{\rho''\cos\alpha_{jk}^0}{S_{jk}^0}\hat{y}_j-\frac{\rho''\sin\alpha_{jk}^0}{S_{jk}^0}\hat{x}_k+\frac{\rho''\cos\alpha_{jk}^0}{S_{jk}^0}\hat{y}_k \tag{7-2-9}
$$

令

$$
a_{jk}=\frac{\rho''\Delta Y_{jk}^0}{(S_{jk}^0)^2}=\frac{\rho''\sin\alpha_{jk}^0}{S_{jk}^0} \tag{7-2-10}
$$

$$
b_{jk}=-\frac{\rho''\Delta X_{jk}^0}{(S_{jk}^0)^2}=-\frac{\rho''\cos\alpha_{jk}^0}{S_{jk}^0} \tag{7-2-11}
$$

则有

$$
\delta\alpha''_{jk}=a_{jk}\hat{x}_j+b_{jk}\hat{y}_j-a_{jk}\hat{x}_k-b_{jk}\hat{y}_k \tag{7-2-12}
$$

上式就是坐标改正数与坐标方位角改正数间的一般关系式，称为坐标方位角改正数方程。其中 $\delta\alpha$ 以秒为单位。

将式(7-2-12) 以及

$$
\hat{Z}_j=Z_j^0+\hat{z}_j \tag{7-2-13}
$$

代入式(7-2-2)，即得 jk 方向的误差方程：

$$
v_{jk}=-\hat{z}_j+a_{jk}\hat{x}_j+b_{jk}\hat{y}_j-a_{jk}\hat{x}_k-b_{jk}\hat{y}_k-l_{jk} \tag{7-2-14}
$$

式中常数项

$$
l_{jk}=L_{jk}-(\alpha_{jk}^0-Z_j^0)=L_{jk}-L_{jk}^0 \tag{7-2-15}
$$

L_{jk}^0 为 jk 的近似方向值，所以误差方程的常数项 l 为观测值减去其近似值。

网中各测站上的每一方向都可建立如式(7-2-14) 所示的误差方程。

测方向坐标平差的误差方程具有如下特点：

（1）误差方程中的参数除待定点坐标平差值之外，尚有测站定向角平差值。而且在每个测站的误差方程中，仅出现本站的定向角平差值，各测站不同，网中所有测站均存在一个定向角平差值参数，其系数均为 -1。

（2）当测站 j 和 k 两点均为待定点时，它们的坐标未知数系数的数值相等，符号相反。其他坐标未知数的系数均为零，即为式(7-2-14)。

（3）若测站点 j 为已知点，则 $\hat{x}_j=\hat{y}_j=0$，得

$$\delta\alpha_{jk}=-\frac{\rho''\Delta Y_{jk}^0}{(S_{jk}^0)^2}\hat{x}_k+\frac{\rho''\Delta X_{jk}^0}{(S_{jk}^0)^2}\hat{y}_k \tag{7-2-16}$$

jk 方向的误差方程变为

$$v_{jk}=-\hat{z}_j-a_{jk}\hat{x}_k-b_{jk}\hat{y}_k-l_{jk} \tag{7-2-17}$$

若照准点 k 为已知点，则 $\hat{x}_k=\hat{y}_k=0$，得

$$\delta\alpha_{jk}=+\frac{\rho''\Delta Y_{jk}^0}{(S_{jk}^0)^2}\hat{x}_j-\frac{\rho''\Delta X_{jk}^0}{(S_{jk}^0)^2}\hat{y}_j \tag{7-2-18}$$

jk 方向的误差方程为

$$v_{jk}=-\hat{z}_j+a_{jk}\hat{x}_j+b_{jk}\hat{y}_j-l_{jk} \tag{7-2-19}$$

（4）若某边的两个端点均为已知点时，则有 $\hat{x}_j=\hat{y}_j=0$，$\hat{x}_k=\hat{y}_k=0$，于是

$$\delta\alpha_{jk}=0$$

故

$$v_{jk}=-\hat{z}_j-l_{jk} \tag{7-2-20}$$

（5）同一边的正反坐标方位角的改正数相等，它们与坐标改正数的关系式也一样。这是因为

$$\delta\alpha''_{kj}=\frac{\rho''\Delta Y_{kj}}{(S_{jk}^0)^2}\hat{x}_k-\frac{\rho''\Delta X_{kj}^0}{(S_{jk}^0)^2}\hat{y}_k-\frac{\rho''\Delta Y_{kj}^0}{(S_{jk}^0)^2}\hat{x}_j+\frac{\rho''\Delta X_{kj}^0}{(S_{jk}^0)^2}\hat{y}_j$$

与式(7-2-8)相对照，并顾及 $\Delta Y_{jk}^0=-\Delta Y_{kj}^0$，$\Delta X_{jk}^0=-\Delta X_{kj}^0$，即知

$$\delta\alpha_{kj}=\delta\alpha_{jk} \tag{7-2-21}$$

例 7-3　在图7-3 中，A、B、C 为已知坐标的三个控制点，加密待定点 D，起算数据列于表 7-2，在四个测站上共观测 10 个方向，观测值列于表 7-3，试以 D 点坐标为平差参数，列出其误差方程。

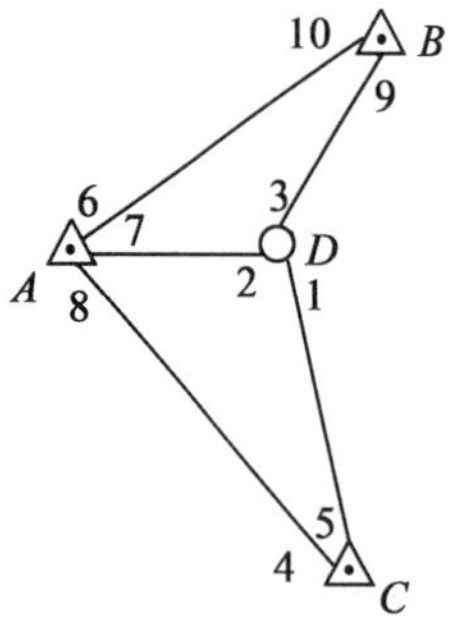

图 7-3　方向观测控制网

表 7-2　**起 算 数 据**

点名	坐　标　(m)		坐标方位角 α (° ′ ″)	边长 S (m)
	X	Y		
B	13 737.37	10 501.92		
A	8 986.68	5 705.03	225 16 38.1	6 751.24
C	6 642.27	14 711.75	104 35 24.3	9 306.84

表 7-3 **方向观测值**

测站	照准点		方向观测值（° ′ ″）			测站	照准点		方向观测值（° ′ ″）		
D	*C*	1	0	00	00.0	*A*	*B*	6	0	00	00.0
	A	2	127	48	41.2		*D*	7	30	52	44.0
	B	3	234	39	23.4		*C*	8	59	18	49.0
C	*A*	4	0	00	00.0	*B*	*D*	9	0	00	00.0
	D	5	23	45	16.2		*A*	10	42	16	39.1

解：本题 $n=10$，1 个待定点，必要观测为 $1\times 2=2$。另外在方向观测的情况下，还需确定 4 个测站定向角，故必要观测 $t=2+4=6$。

（1）由已知点 B、A 和观测角 $L_B=L_{10}-L_9$、$L_A=L_7-L_6$ 按余切公式计算待定点 D 的近似坐标

$$\begin{cases} X_D^0=\dfrac{X_A\cot L_B+X_B\cot L_A-Y_B+Y_A}{\cot L_A+\cot L_B}=10\ 122.12\text{m} \\ Y_D^0=\dfrac{Y_A\cot L_B+Y_B\cot L_A+X_B-X_A}{\cot L_A+\cot L_B}=10\ 312.47\text{m} \end{cases} \tag{7-2-22}$$

（2）由已知点坐标和待定点近似坐标计算待定边的近似坐标方位角 α^0 和近似边长 S^0，列于表 7-4。

（3）计算坐标方位角改正数方程的系数（见表 7-4）。计算时 S^0、ΔX^0、ΔY^0 均以 m 为单位，而 $\hat{x}_D$、$\hat{y}_D$ 因其数值较小，采用 dm 为单位。对于已知边，因 $\delta\alpha=0$，故不必计算。对本例而言，只要计算三条边的坐标方位角改正数方程，它们是

$$\begin{cases} \delta\alpha_{DA}=\dfrac{\rho''\Delta Y_{DA}^0}{(S_{DA}^0)^2\cdot 10}\hat{x}_D-\dfrac{\rho''\Delta X_{DA}^0}{(S_{DA}^0)^2\cdot 10}\hat{y}_D \\ \delta\alpha_{DB}=\dfrac{\rho''\Delta Y_{DB}^0}{(S_{DB}^0)^2\cdot 10}\hat{x}_D-\dfrac{\rho''\Delta X_{DB}^0}{(S_{DB}^0)^2\cdot 10}\hat{y}_D \\ \delta\alpha_{DC}=\dfrac{\rho''\Delta Y_{DC}^0}{(S_{DC}^0)^2\cdot 10}\hat{x}_D-\dfrac{\rho''\Delta X_{DC}^0}{(S_{DC}^0)^2\cdot 10}\hat{y}_D \end{cases} \tag{7-2-23}$$

表 7-4 **坐标方位角改正数方程系数计算表**

方向	ΔY^0(m)	ΔX^0(m)	$(S^0)^2$(m^2)	近似边长 S^0（m）	近似坐标方位角 α^0（° ′ ″）	$\delta\alpha$ 的系数（秒/dm）	
						a	*b*
DA	−4 607	−11.35	2 252.10^4	4 745	256 09 22.0	−4.22	+1.04
DB	189	3 615	1 311.10^4	3 620	2 59 59.0	+0.30	−5.69
DC	4 399	−3 480	3 146.10^4	5 609	128 20 39.0	+2.88	+2.28

表中

$$a = \frac{\rho''\Delta Y^0}{(S^0)^2 \cdot 10} = \frac{\rho''\sin\alpha^0}{S^0 \cdot 10}$$

$$b = -\frac{\rho''\Delta X^0}{(S^0)^2 \cdot 10} = -\frac{\rho''\cos\alpha^0}{S^0 \cdot 10}$$

（4）计算各测站定向角近似值 Z^0，公式为

$$Z_j^0 = \frac{\sum_{k=1}^{n_j}(\alpha_{jk}^0 - L_{jk})}{n_j} \tag{7-2-24}$$

式中 n_j 为在测站 j 上的观测方向数，例如，在本题中，对于测站 A，定向角近似值计算式为

$$Z_A^0 = \frac{(\alpha_{AB}^0 - L_6) + (\alpha_{AD}^0 - L_7) + (\alpha_{AC}^0 - L_8)}{3}$$

（5）按式(7-2-15) 计算误差方程的常数项

$$l_{jk} = L_{jk} - (\alpha_{jk}^0 - Z_j^0) = L_{jk} - L_{jk}^0$$

结果列于表 7-5。

表 7-5　**误差方程常数项计算表**

方向		编号	方向观测值 (° ′ ″)			近似方位角 (° ′ ″)			$\alpha^0 - L$ (° ′ ″)			$-l = \alpha^0 - L - Z^0$ (″)
D	C	1	0	00	00.00	128	20	39.0	128	20	39.0	0.53
	A	2	127	48	41.2	256	09	22.0			40.8	2.33
	B	3	234	39	23.4	2	59	59.0			35.6	-2.87
								Z_D^0 =	128	20	38.47	-0.01
C	A	4	0	00	00.0	284	35	24.3	284	35	24.3	0.75
	D	5	23	45	16.2	308	20	39.0			22.8	-0.75
								Z_C^0 =	284	35	23.55	0
A	B	6	0	00	00.0	45	16	38.1	45	16	38.1	0.97
	D	7	30	52	44.0	76	09	22.0			38.0	0.87
	C	8	59	18	49.0	104	35	24.3			35.3	-1.83
								Z_A^0 =	45	16	37.13	0.01
B	D	9	0	00	00.0	182	59	59.0	182	59	59.0	0
	A	10	42	16	39.1	225	16	38.1			59.0	0
								Z_B^0 =	182	59	59.0	0

（6）由表 7-4 中的系数 a、b 和表 7-5 中的 l 可按式(7-2-14) 组成各方向的误差方程

$$v_1 = -\hat{z}_D + 2.88\hat{x}_D + 2.28\hat{y}_D + 0.53$$

$$v_2 = -\hat{z}_D - 4.22\hat{x}_D + 1.04\hat{y}_D + 2.33$$

$$
\begin{aligned}
v_3 &= -\hat{z}_D + 0.30\hat{x}_D - 5.69\hat{y}_D - 2.87 \\
v_4 &= -\hat{z}_C + 0.75 \\
v_5 &= -\hat{z}_C + 2.88\hat{x}_D + 2.28\hat{y}_D - 0.75 \\
v_6 &= -\hat{z}_A + 0.97 \\
v_7 &= -\hat{z}_A - 4.22\hat{x}_D + 1.04\hat{y}_D + 0.87 \\
v_8 &= -\hat{z}_A - 1.83 \\
v_9 &= -\hat{z}_B + 0.30\hat{x}_D - 5.69\hat{y}_D + 0 \\
v_{10} &= -\hat{z}_B + 0
\end{aligned}
$$

7.2.2 以角度为观测值的误差方程

在图 7-4 中，观测值为角度 L_i，设 j、h、k 均为待定点，参数为$(\hat{x}_j, \hat{y}_j)$、$(\hat{X}_k, \hat{Y}_k)$、$(\hat{X}_h, \hat{Y}_h)$，并令 $\hat{X} = X^0 + \hat{x}$，$\hat{Y} = Y^0 + y$。对于角度 L_i，其观测方程为

$$L_i + v_i = \hat{\alpha}_{jk} - \hat{\alpha}_{jh} \tag{7-2-25}$$

将 $\hat{\alpha} = \alpha^0 + \delta\alpha$ 代入，并令

$$l_i = L_i - (\alpha_{jk}^0 - \alpha_{jh}^0) = L_i - L_i^0 \tag{7-2-26}$$

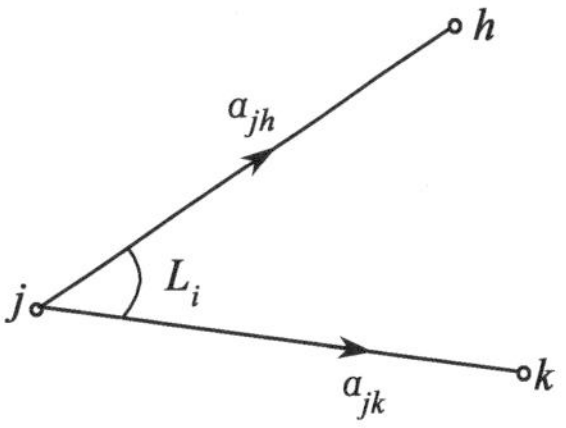

图 7-4 测角示意图

即观测角减去其近似角值就是常数项 l，代入上式得

$$v_i = \delta\alpha_{jk} - \delta\alpha_{jh} - l_i \tag{7-2-27}$$

这是由方位角改正数表示的误差方程。

将方位角改正数表达为坐标改正数可以利用前面导出的式(7-2-8) 或式(7-2-12)，将其代入式(7-2-27)，即得测角网坐标平差的误差方程：

$$
\begin{aligned}
v_i = &\rho''\left(\frac{\Delta Y_{jk}^0}{(S_{jk}^0)^2} - \frac{\Delta Y_{jh}^0}{(S_{jh}^0)^2}\right)\hat{x}_j - \rho''\left(\frac{\Delta X_{jk}^0}{(S_{jk}^0)^2} - \frac{\Delta X_{jh}^0}{(S_{jh}^0)^2}\right)\hat{y}_j - \\
&\rho''\frac{\Delta Y_{jk}^0}{(S_{jk}^0)^2}\hat{x}_k + \rho''\frac{\Delta X_{jk}^0}{(S_{jk}^0)^2}\hat{y}_k + \rho''\frac{\Delta Y_{jh}^0}{(S_{jh}^0)^2}\hat{x}_h - \rho''\frac{\Delta X_{jh}^0}{(S_{jh}^0)^2}\hat{y}_h - l_i
\end{aligned} \tag{7-2-28}
$$

或

$$v_i = (a_{jk} - a_{jh})\hat{x}_j + (b_{jk} - b_{jh})\hat{y}_j - a_{jk}\hat{x}_k - b_{jk}\hat{y}_k + a_{jh}\hat{x}_h + b_{jh}\hat{y}_h - l_i \tag{7-2-29}$$

实际上，也可按第二段所述的方法，对方向 jk 和 jh 分别列出误差方程式(7-2-14)，然后将两个方向的误差方程相减，$v_i = v_{jk} - v_{jh}$，即得式(7-2-29)。角度不存在定向角参数，而测方向值是不定的，依赖于度盘的零位置，所以必须引进定向角参数以固定方向值，从而才能与点的坐标建立函数关系，这是以方向为观测值和以角度为观测值的不同之处。

如果平面控制网是按方向观测的，应采用测方向的坐标平差，若要按角度平差，则其观测角由相邻两方向观测值之差求得，一个测站上的多个观测角之间相关，严密的平

差要顾及其相关权阵。

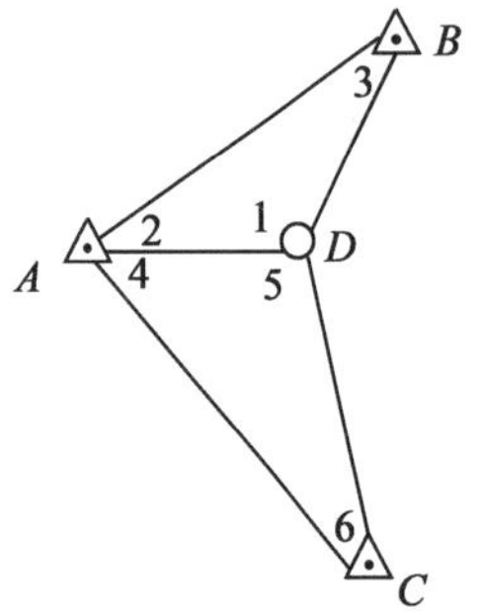

图 7-5　测角控制网

例 7-4　在图7-5所示的网中，同精度测得六个角度 L_1，L_2，…，L_6，已知点 A、B、C 的起算数据(见例7-3中的表7-2)，角度观测值列于表 7-6，试列出测角网坐标平差的误差方程(此例起始数据和观测数据取自例 7-3)。

解：(1) 计算 D 点近似坐标，见例 7-3 中式(7-2-22)。

$$X_D^0 = 10\ 122.12\text{m},\quad Y_D^0 = 10\ 312.47\text{m}$$

(2) 按已知点坐标及待定点近似坐标计算各边的近似方位角 α^0，近似边长 S^0，并按式(7-2-10)、式(7-2-11) 计算误差方程系数 a、b。其值列于例 7-3 的表 7-4。

根据表 7-4 的数据可以写出待定边的坐标方位角改正数方程：

表 7-6　**角度观测值**

角号	观测值 L_i (° ′ ″)	角号	观测值 L_i (° ′ ″)
1	106 50 42.2	4	28 26 05.0
2	30 52 44.0	5	127 48 41.2
3	42 16 39.1	6	23 45 16.2

$$\delta\alpha_{DA} = \delta\alpha_{AD} = -4.22\hat{x}_D + 1.04\hat{y}_D$$
$$\delta\alpha_{DB} = \delta\alpha_{BD} = 0.30\hat{x}_D - 5.69\hat{y}_D$$
$$\delta\alpha_{DC} = \delta\alpha_{CD} = 2.88\hat{x}_D + 2.28\hat{y}_D$$

(3) 参照图 7-5 列出观测值方程：

$$L_1 + v_1 = \hat{\alpha}_{DB} - \hat{\alpha}_{DA},\qquad L_4 + v_4 = \hat{\alpha}_{AC} - \hat{\alpha}_{AD}$$
$$L_2 + v_2 = \hat{\alpha}_{AD} - \hat{\alpha}_{AB},\qquad L_5 + v_5 = \hat{\alpha}_{DA} - \hat{\alpha}_{DC}$$
$$L_3 + v_3 = \hat{\alpha}_{BA} - \hat{\alpha}_{BD},\qquad L_6 + v_6 = \hat{\alpha}_{CD} - \hat{\alpha}_{CA}$$

将 $\hat{\alpha} = \alpha^0 + \delta\alpha$ 代入上式后可得

$$v_1 = \delta\alpha_{DB} - \delta\alpha_{DA} - l_1$$
$$v_2 = \delta\alpha_{AD} - l_2$$
$$v_3 = -\delta\alpha_{BD} - l_3$$
$$v_4 = -\delta\alpha_{AD} - l_4$$
$$v_5 = \delta\alpha_{DA} - \delta\alpha_{DC} - l_5$$
$$v_6 = \delta\alpha_{CD} - l_6$$

而

$$l_1 = L_1 - (\alpha_{DB}^0 - \alpha_{DA}^0) = L_1 - L_1^0$$

$$l_2 = L_2 - (\alpha_{AD}^0 - \alpha_{AB}) = L_2 - L_2^0$$

$$l_3 = L_3 - (\alpha_{BA} - \alpha_{BD}^0) = L_3 - L_3^0$$

$$l_4 = L_4 - (\alpha_{AC} - \alpha_{AD}^0) = L_4 - L_4^0$$

$$l_5 = L_5 - (\alpha_{DA}^0 - \alpha_{DC}^0) = L_5 - L_5^0$$

$$l_6 = L_6 - (\alpha_{CD}^0 - \alpha_{CA}) = L_6 - L_6^0$$

将(2)中算得的坐标方位角改正数方程、近似及已知的坐标方位角值和观测值代入上式，得误差方程式

$$\begin{cases} v_1 = 4.52\hat{x}_D - 6.73\hat{y}_D - 5.2 \\ v_2 = -4.22\hat{x}_D + 1.04\hat{y}_D - 0.1 \\ v_3 = -0.30\hat{x}_D + 5.69\hat{y}_D + 0.0 \\ v_4 = 4.22\hat{x}_D - 1.04\hat{y}_D - 2.7 \\ v_5 = -7.10\hat{x}_D - 1.24\hat{y}_D + 1.8 \\ v_6 = 2.88\hat{x}_D + 2.28\hat{y}_D - 1.5 \end{cases}$$

如果把属于同一个三角形的三个误差方程求和，其未知数部分自相抵消，而常数项之和就等于该三角形的闭合差反号。

为了后例 7-7 的需要，对此例继续往下计算。

(4) 组成法方程，求参数及观测量的平差值。

由误差方程组成法方程

$$\begin{bmatrix} 114.84 & -25.53 \\ -25.53 & 86.57 \end{bmatrix} \begin{bmatrix} \hat{x}_D \\ \hat{y}_D \end{bmatrix} - \begin{bmatrix} 51.58 \\ -32.05 \end{bmatrix} = 0$$

解算法方程，得

$$\hat{x}_D = 0.393\text{dm}$$

$$\hat{y}_D = -0.254\text{dm}$$

代入误差方程计算观测值的改正数和平差值，并计算待定点 D 的坐标平差值，得

$$\boldsymbol{V} = \begin{bmatrix} -1.7'' \\ -2.0 \\ -1.6 \\ -0.8 \\ -0.7 \\ -0.9 \end{bmatrix}, \quad \hat{\boldsymbol{L}} = \begin{bmatrix} 106^\circ & 50' & 40.5'' \\ 30 & 52 & 42.0 \\ 42 & 16 & 37.5 \\ 28 & 26 & 04.2 \\ 127 & 48 & 40.5 \\ 23 & 45 & 15.3 \end{bmatrix}, \quad \begin{cases} \hat{X}_D = 10\ 122.16\text{m} \\ \hat{Y}_D = 10\ 312.44\text{m} \end{cases}$$

7.2.3 以边长为观测值的误差方程

在图 7-6 中，测得待定点间的边长 L_i，设待定点的坐标平差值 $\hat{X}_j$、$\hat{Y}_j$、$\hat{X}_k$ 和 $\hat{Y}_k$ 为参

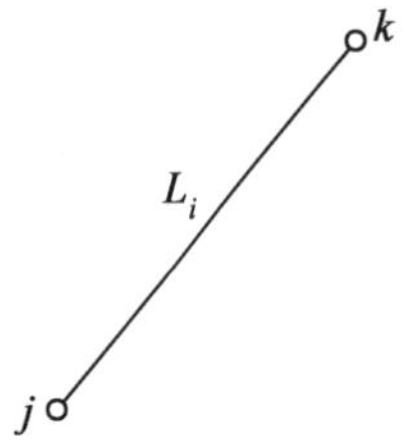

图7-6 边长观测示意图

数，令

$$\hat{X}_j = X_j^0 + \hat{x}_j,\ \hat{Y}_j = Y_j^0 + \hat{y}_j,$$
$$\hat{X}_k = X_k^0 + \hat{x}_k,\ \hat{Y}_k = Y_k^0 + \hat{y}_k.$$

由图7-6可写出 $\hat{L}_i$ 的平差值方程为

$$\hat{L}_i = L_i + v_i = \sqrt{(\hat{X}_k - \hat{X}_j)^2 + (\hat{Y}_k - \hat{Y}_j)^2} \quad (7\text{-}2\text{-}30)$$

按泰勒公式展开，得

$$L_i + v_i = S_{jk}^0 + \frac{\Delta X_{jk}^0}{S_{jk}^0}(\hat{x}_k - \hat{x}_j) + \frac{\Delta Y_{jk}^0}{S_{jk}^0}(\hat{y}_k - \hat{y}_j) \quad (7\text{-}2\text{-}31)$$

式中

$$\Delta X_{jk}^0 = X_k^0 - X_j^0,\ \Delta Y_{jk}^0 = Y_k^0 - Y_j^0$$
$$S_{jk}^0 = \sqrt{(X_k^0 - X_j^0)^2 + (Y_k^0 - Y_j^0)^2}$$

再令

$$l_i = L_i - S_{jk}^0 \quad (7\text{-}2\text{-}32)$$

则由式(7-2-31)可得测边的误差方程为

$$v_i = -\frac{\Delta X_{jk}^0}{S_{jk}^0}\hat{x}_j - \frac{\Delta Y_{jk}^0}{S_{jk}^0}\hat{y}_j + \frac{\Delta X_{jk}^0}{S_{jk}^0}\hat{x}_k + \frac{\Delta Y_{jk}^0}{S_{jk}^0}\hat{y}_k - l_i \quad (7\text{-}2\text{-}33)$$

式中右边前4项之和是由坐标改正数引起的边长改正数。

式(7-2-33)就是测边坐标平差误差方程的一般形式，它是在假设两端都是待定点的情况下导出的。具体计算时，可按不同情况灵活运用。

(1)若某边的两端均为待定点，则式(7-2-33)就是该观测边的误差方程。式中，$\hat{x}_j$ 与 $\hat{x}_k$ 的系数的绝对值相等，$\hat{y}_j$ 与 $\hat{y}_k$ 的系数的绝对值也相等。常数项 l 等于该边的观测值减去其近似值。

(2)若 j 为已知点，则 $\hat{x}_j = \hat{y}_j = 0$，得

$$v_i = \frac{\Delta X_{jk}^0}{S_{jk}^0}\hat{x}_k + \frac{\Delta Y_{jk}^0}{S_{jk}^0}\hat{y}_k - l_i \quad (7\text{-}2\text{-}34)$$

若 k 为已知点，则 $\hat{x}_k = \hat{y}_k = 0$，得

$$v_i = -\frac{\Delta X_{jk}^0}{S_{jk}^0}\hat{x}_j - \frac{\Delta Y_{jk}^0}{S_{jk}^0}\hat{y}_j - l_i \quad (7\text{-}2\text{-}35)$$

若 j、k 均为已知点，则该边为已知边(不观测)，故对该边不需要列误差方程。

(3)某边的误差方程，按 jk 向列立或按 kj 向列立的结果相同。

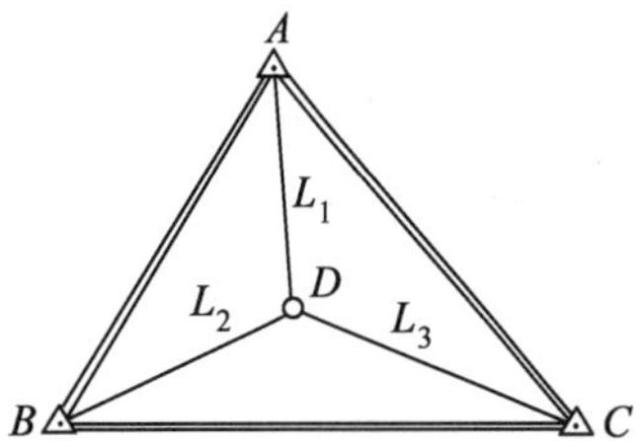

图7-7 测边加密点图

例7-5 同精度测得如图7-7中的三个边长，其结果为

$$L_1 = 387.363\text{m}$$
$$L_2 = 306.065\text{m}$$
$$L_3 = 354.862\text{m}$$

已知点 A、B、C 的起算数据列于表 7-7。试列出误差方程并求平差值。

表 7-7　**起算数据**

点名	坐标 (m)		边长(m)	方位角
	X	Y	S	α (° ′ ″)
A	2 692.201	5 203.153	603.608	186 44 26.4
B	2 092.765	5 132.304	545.984	77 32 13.3
C	2 210.593	5 665.422	667.562	316 10 25.6
A				

解：(1) 本题 $t=2$，选择待定点 D 的坐标 $\hat{X}_D$ 和 $\hat{Y}_D$ 为参数，其近似值 X_D^0 和 Y_D^0 由已知点 A、B 和观测边 L_1、L_2 交会计算而得。图 7-8 中，设 h 为三角形 ABD 底边 AB 上的高，l 为 L_1 在 AB 上的投影。得

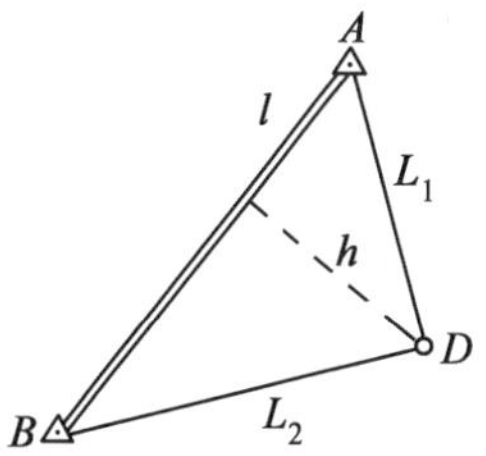

图 7-8　边长交会计算图

$$l=\frac{L_1^2+\overline{AB}^2-L_2^2}{2\,\overline{AB}}=348.502$$

$$h=\sqrt{L_1^2-l^2}=169.105$$

$$\cos\alpha_{AB}=\frac{x_B-x_A}{\overline{AB}}=-0.9930882$$

$$\sin\alpha_{AB}=\frac{y_B-y_A}{\overline{AB}}=-0.1173758$$

按此，计算待定点 D 的近似坐标为

$$\begin{cases}X_D^0=X_A+l\cos\alpha_{AB}+h\sin\alpha_{AB}=2\ 326.259\text{m}\\ Y_D^0=Y_A+l\sin\alpha_{AB}-h\cos\alpha_{AB}=5\ 330.184\text{m}\end{cases}$$

(2) 根据近似坐标和已知点坐标列出误差方程的系数和常数项，并组成误差方程。由表 7-8 的最后三列数值，写出误差方程

表 7-8　**误差方程系数计算表**

方向 j k	$X_k^0-X_j$ (m)	$Y_k^0-Y_j$ (m)	近似边长 S^0 (m)	$\frac{\Delta X_{jk}^0}{S^0}$	$\frac{\Delta Y_{jk}^0}{S^0}$	$l=L-S^0$ (m)
AD	−365.942	127.031	387.363	−0.9447	0.3279	0
BD	233.494	197.880	306.065	0.7629	0.6465	0
CD	115.666	−335.238	354.631	0.3262	−0.9453	0.231

$$V=\begin{bmatrix}-0.9447 & 0.3279\\ 0.7629 & 0.6465\\ 0.3262 & -0.9453\end{bmatrix}\hat{x}-\begin{bmatrix}0\\0\\0.231\end{bmatrix}$$

式中，$\hat{x}=[\hat{x}_D.\quad \hat{y}_D]^{\mathrm{T}}$。

7.2.4 拟合模型误差方程

拟合模型是测量平差中常遇到的一种特殊的函数模型。前面所述的测角网、测边网等其函数模型中所描述的观测数据与未知量间的关系是具有确定性的，即是一种确定性的函数模型。而拟合模型则是一种函数逼近型或是统计回归模型。用一个函数去逼近所给定的一组数据，或者利用变量与变量之间统计相关性质给定的回归模型都属于这里所说的拟合模型。

下面举两例说明回归模型和拟合模型误差方程的组成。

(1) 在地图数字化中，已知圆上 m 个点的数字化观测值$(X_i,\ Y_i)(i=1,\ 2,\ \cdots,\ m)$，设为等权独立观测，试求该圆的曲线方程及各点在圆上的精确位置。

由于数字化观测值有误差，m 个点并不在同一圆曲线上，需要在这些观测点上拟合一条最佳圆曲线，这就是拟合模型问题。

圆曲线的参数方程以平差值表示为

$$\begin{cases}\hat{X}_i=\hat{X}_0+\hat{r}\cos\hat{\alpha}_i\\ \hat{Y}_i=\hat{Y}_0+\hat{r}\sin\hat{\alpha}_i\end{cases}\tag{7-2-36}$$

式中，$(\hat{X}_0,\ \hat{Y}_0)$ 为圆心坐标平差值，$\hat{r}$ 和 $\hat{\alpha}_i$ 分别为半径和矢径方位角的平差值，它们为平差的未知参数，故此例 $n=2m$，$t=3+m$。

令

$$\hat{X}_i=X_i+v_{x_i},\quad \hat{Y}_i=Y_i+v_{y_i}$$
$$\hat{r}=r^0+\delta r,\quad \hat{\alpha}_i=\alpha_i^0+\delta\alpha_i$$
$$\hat{X}_0=X_0^0+\hat{x}_0,\quad \hat{Y}_0=Y_0^0+\hat{y}_0$$

将上式线性化，最后得误差方程为

$$\begin{cases}v_{x_i}=\hat{x}_0+\cos\alpha^0\delta r-r^0\sin\alpha_i^0\dfrac{\delta\alpha_i}{\rho}-l_{x_i}\\ v_{y_i}=\hat{y}_0+\sin\alpha^0\delta r+r^0\cos\alpha_i^0\dfrac{\delta\alpha_i}{\rho}-l_{y_i}\end{cases}\tag{7-2-37}$$

式中，

$$\begin{cases}l_{x_i}=X_i-(X_0^0+r^0\cos\alpha_i^0)=X_i-X_i^0\\ l_{y_i}=Y_i-(Y_0^0+r^0\sin\alpha_i^0)=Y_i-Y_i^0\end{cases}\tag{7-2-38}$$

(2) 在摄影测量中，数字高程模型、GPS 水准的高程异常拟合模型等，常采用多项式拟合模型。已知 m 个点的数据是$(Z_i,\ x_i,\ y_i)(i=1,\ 2,\ \cdots,\ m)$，其中 Z_i 是点 i 的高程(数字高程模型)或高程异常(GPS 水准拟合模型)，$(x_i,\ y_i)$ 为点 i 的坐标，视为无误

差，并认为 Z 是坐标的函数，即可取拟合函数为

$$\hat{Z}_i = \hat{b}_0 + \hat{b}_1 x_i + \hat{b}_2 y_i + \hat{b}_3 x_i^2 + \hat{b}_4 x_i y_i + \hat{b}_5 y_i^2 \tag{7-2-39}$$

式中 $\hat{Z}_i = Z_i + v_{Z_i}$，未知参数为 $\hat{b}_0$，$\hat{b}_1$，…，$\hat{b}_5$。$(x_i,\ y_i)$ 为常数，则其误差方程为

$$v_{Z_i} = \hat{b}_0 + x_i\hat{b}_1 + y_i\hat{b}_2 + x_i^2\hat{b}_3 + x_i y_i\hat{b}_4 + y_i^2\hat{b}_5 - Z_i \tag{7-2-40}$$

7.2.5 平面坐标转换误差方程

在工程测量中，当需要将地方性独立控制网合并到国家网或其他新测量的控制网上时，亦需进行平面坐标转换。为进行平面坐标转换，需要有一定数量的公共控制点，这些公共点应具有两个坐标系中的双重坐标。

在利用手工数字化仪采集 GIS 数据中，往往由于数字化仪坐标系与地面坐标系不一致及图纸变形而产生系统误差，为了消除此误差，通常是根据已知地面坐标的控制点和格网点采用平面相似变换法进行处理。

设有某点在新坐标系中的坐标为$(x_i,\ y_i)$，在旧坐标系中的坐标为$(x_i',\ y_i')$，如图 7-9 所示。旧坐标系原点在新坐标系中的坐标为$(x_0,\ y_0)$，为将旧网合理地配合到新网上，需对旧坐标系加以平移、旋转和尺度因子改正，以保持旧网的形状不变。

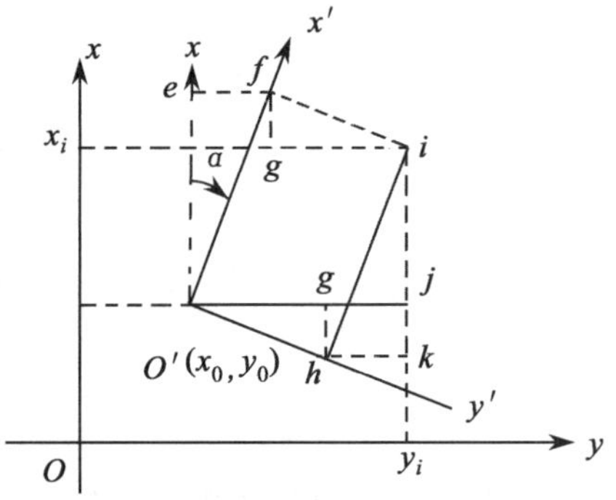

图 7-9 坐标转换示意图

$$\begin{cases} x_i = x_0 + \overline{ik} - \overline{qh} \\ y_i = y_0 + \overline{ig} + \overline{ef} \end{cases} \tag{7-2-41}$$

即

$$\begin{cases} x_i = x_0 + x_i'\cos\hat{\alpha} - y_i'\sin\hat{\alpha} \\ y_i = y_0 + y_i'\cos\hat{\alpha} + x_i'\sin\hat{\alpha} \end{cases} \tag{7-2-42}$$

由于两坐标系不是用同一个长度基准定义的，所以长度基准不一定严格相等，即两坐标系的单位长度 S 与 S' 之比可为

$$\frac{S}{S'} = \lambda \neq 1$$

于是坐标系 $x'o'y'$ 中的长度变换到坐标系 xoy 中时应乘以尺度比 λ。于是得到新旧坐标系的坐标变换方程为

$$\begin{cases} x_i = x_0 + \lambda x_i' \cos\hat{\alpha} - \lambda y_i' \sin\hat{\alpha} \\ y_i = y_0 + \lambda y_i' \cos\hat{\alpha} + \lambda x_i' \sin\hat{\alpha} \end{cases} \tag{7-2-43}$$

式中，平移量(x_0, y_0)、尺度比因子 λ 和旋转因子 α 为待定参数。

令

$$a = x_0 \qquad b = y_0 \qquad c = \lambda\cos\alpha \qquad d = \lambda\sin\alpha$$

则式(7-2-43)可写成

$$\begin{cases} x_i = a + x_i' c - y_i' d \\ y_i = b + y_i' c + y_i' d \end{cases} \tag{7-2-44}$$

式中 a、b、c、d 为所求的未知量，即平差参数。

设两坐标系中有 n 个公共点(x_i, y_i)和(x_i', y_i')，$i = 1, 2, \cdots, n$，令新坐标系的坐标为观测值，旧坐标系中坐标设为无误差，当 $n \geqslant 3$ 时，则可列出误差方程为

$$\begin{bmatrix} v_{x_1} \\ v_{y_1} \\ v_{x_2} \\ v_{y_2} \\ \vdots \\ v_{x_n} \\ v_{y_n} \end{bmatrix} = \begin{bmatrix} 1 & 0 & x_1' & -y_1' \\ 0 & 1 & y_1' & x_1' \\ 1 & 0 & x_2' & -y_2' \\ 0 & 1 & y_2' & x_2' \\ \vdots & \vdots & \vdots & \vdots \\ 1 & 0 & x_n' & -y_n' \\ 0 & 1 & y_n' & x_n' \end{bmatrix} \begin{bmatrix} \hat{a} \\ \hat{b} \\ \hat{c} \\ \hat{d} \end{bmatrix} - \begin{bmatrix} x_1 \\ y_1 \\ x_2 \\ y_2 \\ \vdots \\ x_n \\ y_n \end{bmatrix}$$

或

$$\underset{2n\,1}{\boldsymbol{V}} = \underset{2n\,4}{\boldsymbol{B}}\ \underset{4\,1}{\hat{\boldsymbol{X}}} - \underset{2n\,1}{\boldsymbol{l}} \tag{7-2-45}$$

在大地测量和工程测量中，通常坐标转换模型中的旋转因子 α 是微小量，即新旧坐标系间的方位角仅有微小的差异，这类坐标转换称为微量坐标转换，下面导出这种情况下的误差方程。

将坐标变换方程式(7-2-43)写成矩阵形式

$$\begin{bmatrix} x_i \\ y_i \end{bmatrix} = \begin{bmatrix} x_0 \\ y_0 \end{bmatrix} + \lambda R \begin{bmatrix} x_i' \\ y_i' \end{bmatrix} \tag{7-2-46}$$

式中，

$$\boldsymbol{R} = \begin{bmatrix} \cos\alpha & -\sin\alpha \\ \sin\alpha & \cos\alpha \end{bmatrix} \tag{7-2-47}$$

为旋转矩阵。

因为 α 为微小角度，$\alpha \to 0$，$\lambda \to 1$，令 $\alpha = \alpha^0 + \delta\alpha$（$\alpha$ 以弧度为单位），$\lambda = 1 + m$，其中 $\alpha^0 = 0$，m 是微小量；将 $\boldsymbol{R}$ 矩阵用泰勒级数展开，并取一次项得

$$\boldsymbol{R}=R^0+\mathrm{d}R=\begin{bmatrix}\cos\alpha^0 & -\sin\alpha^0\\ \sin\alpha^0 & \cos\alpha^0\end{bmatrix}+\begin{bmatrix}-\sin\alpha^0\delta\alpha & -\cos\alpha^0\delta\alpha\\ \cos\alpha^0\delta\alpha & -\sin\alpha^0\delta\alpha\end{bmatrix}$$
$$=\begin{bmatrix}1 & 0\\ 0 & 1\end{bmatrix}+\begin{bmatrix}0 & -\delta\alpha\\ \delta\alpha & 0\end{bmatrix} \tag{7-2-48}$$

则式(7-2-46)可写成

$$\begin{bmatrix}x_i\\ y_i\end{bmatrix}=\begin{bmatrix}x_0\\ y_0\end{bmatrix}+(1+m)\left(\begin{bmatrix}1 & 0\\ 0 & 1\end{bmatrix}+\begin{bmatrix}0 & -\delta\alpha\\ \delta\alpha & 0\end{bmatrix}\right)\begin{bmatrix}x_i'\\ y_i'\end{bmatrix} \tag{7-2-49}$$

将上式展开，并舍去 m 与 $\delta\alpha$ 乘积的二次微小量，得

$$\begin{bmatrix}x_i\\ y_i\end{bmatrix}=\begin{bmatrix}x_0\\ y_0\end{bmatrix}+\begin{bmatrix}x_i'\\ y_i'\end{bmatrix}+\begin{bmatrix}0 & -\delta\alpha\\ \delta\alpha & 0\end{bmatrix}\begin{bmatrix}x_i'\\ y_i'\end{bmatrix}+m\begin{bmatrix}x_i'\\ y_i'\end{bmatrix} \tag{7-2-50}$$

或

$$\begin{bmatrix}x_i\\ y_i\end{bmatrix}=\begin{bmatrix}x_i'\\ y_i'\end{bmatrix}+\begin{bmatrix}1 & 0 & -y_i' & x_i'\\ 0 & 1 & x_i' & y_i'\end{bmatrix}\begin{bmatrix}x_0\\ y_0\\ \delta\alpha\\ m\end{bmatrix} \tag{7-2-51}$$

此即新旧坐标系转换的微量坐标转换方程。

设新旧坐标系中有 n 个公共点$(x_i,\ y_i)$和$(x_i',\ y_i')$，仍然设新坐标系下的坐标为观测值，旧坐标系中的坐标无误差。当 $n\geqslant 3$ 时，相应的误差方程为

$$\begin{bmatrix}V_X\\ V_Y\end{bmatrix}=\begin{bmatrix}I & 0 & -Y' & X'\\ 0 & I & X' & Y'\end{bmatrix}\begin{bmatrix}x_0\\ y_0\\ \delta\alpha\\ m\end{bmatrix}-\begin{bmatrix}X-X'\\ Y-Y'\end{bmatrix} \tag{7-2-52}$$

式中，

$$\boldsymbol{V}_X=\begin{bmatrix}v_{x_1} & v_{x_2} & \cdots & v_{x_n}\end{bmatrix}^{\mathrm{T}},\ \boldsymbol{V}_Y=\begin{bmatrix}v_{y_1} & v_{y_2} & \cdots & v_{y_n}\end{bmatrix}^{\mathrm{T}},$$
$$\boldsymbol{X}=\begin{bmatrix}x_1 & x_2 & \cdots & x_n\end{bmatrix}^{\mathrm{T}},\ \boldsymbol{Y}=\begin{bmatrix}y_1 & y_2 & \cdots & y_n\end{bmatrix}^{\mathrm{T}},$$
$$\boldsymbol{X}'=\begin{bmatrix}x_1' & x_2' & \cdots & x_n'\end{bmatrix}^{\mathrm{T}},\ \boldsymbol{Y}'=\begin{bmatrix}y_1' & y_2' & \cdots & y_n'\end{bmatrix}^{\mathrm{T}}$$

及 $\boldsymbol{I}$ 为单位阵。

误差方程的一般形式仍为

$$\underset{2n\,1}{\boldsymbol{V}}=\underset{2n\,4}{\boldsymbol{B}}\,\underset{4\,1}{\boldsymbol{X}}-\underset{2n\,1}{\boldsymbol{l}} \tag{7-2-53}$$

7.3 精度评定

7.3.1 单位权方差的估值公式

间接平差与条件平差虽采用了不同的函数模型，但它们是在相同的最小二乘原理下

进行的，所以两种方法的平差结果总是相同的，这是因为在满足 $\boldsymbol{V}^{\mathrm{T}}\boldsymbol{PV}=\min$ 条件下的 $\boldsymbol{V}$ 是唯一确定的，故平差值 $\hat{\boldsymbol{L}}=\boldsymbol{L}+\boldsymbol{V}$ 不因方法不同而异。

单位权方差 σ_0^2 的估值 $\hat{\sigma}_0^2$，计算式仍是 $\boldsymbol{V}^{\mathrm{T}}\boldsymbol{PV}$ 除以其自由度，即

$$\hat{\sigma}_0^2=\frac{\boldsymbol{V}^{\mathrm{T}}\boldsymbol{PV}}{r}=\frac{\boldsymbol{V}^{\mathrm{T}}\boldsymbol{PV}}{n-t} \tag{7-3-1}$$

中误差的估值为

$$\hat{\sigma}_0=\sqrt{\frac{\boldsymbol{V}^{\mathrm{T}}\boldsymbol{PV}}{n-t}} \tag{7-3-2}$$

计算 $\boldsymbol{V}^{\mathrm{T}}\boldsymbol{PV}$，可将误差方程代入后计算，即

$$\boldsymbol{V}^{\mathrm{T}}\boldsymbol{PV}=(\boldsymbol{B}\hat{\boldsymbol{x}}-\boldsymbol{l})^{\mathrm{T}}\boldsymbol{PV}=\hat{\boldsymbol{x}}^{\mathrm{T}}\boldsymbol{B}^{\mathrm{T}}\boldsymbol{PV}-\boldsymbol{l}^{\mathrm{T}}\boldsymbol{PV}$$

顾及式(7-1-8)$\boldsymbol{B}^{\mathrm{T}}\boldsymbol{PV}=\boldsymbol{0}$，得

$$\boldsymbol{V}^{\mathrm{T}}\boldsymbol{PV}=-\boldsymbol{l}^{\mathrm{T}}\boldsymbol{P}(\boldsymbol{B}\hat{\boldsymbol{x}}-\boldsymbol{l})=\boldsymbol{l}^{\mathrm{T}}\boldsymbol{Pl}-\boldsymbol{l}^{\mathrm{T}}\boldsymbol{PB}\hat{\boldsymbol{x}}$$

考虑 $\boldsymbol{l}^{\mathrm{T}}\boldsymbol{PB}=(\boldsymbol{B}^{\mathrm{T}}\boldsymbol{Pl})^{\mathrm{T}}$，得

$$\boldsymbol{V}^{\mathrm{T}}\boldsymbol{PV}=\boldsymbol{l}^{\mathrm{T}}\boldsymbol{Pl}-(\boldsymbol{B}^{\mathrm{T}}\boldsymbol{Pl})^{\mathrm{T}}\hat{\boldsymbol{x}} \tag{7-3-3}$$

7.3.2　协因数阵

在间接平差中，基本向量为 $\boldsymbol{L}(l)$，$\hat{\boldsymbol{X}}(\hat{x})$，$\boldsymbol{V}$ 和 $\hat{\boldsymbol{L}}$，已知 $\boldsymbol{Q}_{LL}=\boldsymbol{Q}$。由式(4-3-9)知，$\boldsymbol{l}=\boldsymbol{L}-\boldsymbol{F}(\boldsymbol{X}^0)=\boldsymbol{L}-\boldsymbol{L}^0$，$\boldsymbol{L}^0=\boldsymbol{F}(\boldsymbol{X}^0)$ 是由近似值计算的函数值，故 $\boldsymbol{F}(\boldsymbol{X}^0)$ 对于讨论精度将不产生影响。此外，由定义知，$\hat{\boldsymbol{X}}=\boldsymbol{X}^0+\hat{\boldsymbol{x}}$，故 $\boldsymbol{Q}_{\hat{X}\hat{X}}=\boldsymbol{Q}_{\hat{x}\hat{x}}$，因此下面在与 $\hat{\boldsymbol{x}}$ 有关的协因数阵中，均将 $\hat{\boldsymbol{x}}$ 写成 $\hat{\boldsymbol{X}}$。

下面推求各基本向量的自协因数阵和两两向量间的互协因数阵。

设 $\boldsymbol{Z}^{\mathrm{T}}=(\boldsymbol{L}^{\mathrm{T}}\ \hat{\boldsymbol{X}}^{\mathrm{T}}\ \boldsymbol{V}^{\mathrm{T}}\ \hat{\boldsymbol{L}}^{\mathrm{T}})$，则 $\boldsymbol{Z}$ 的协因数阵为

$$\boldsymbol{Q}_{ZZ}=\begin{bmatrix}\boldsymbol{Q}_{LL} & \boldsymbol{Q}_{L\hat{X}} & \boldsymbol{Q}_{LV} & \boldsymbol{Q}_{L\hat{L}}\\ \boldsymbol{Q}_{\hat{X}L} & \boldsymbol{Q}_{\hat{X}\hat{X}} & \boldsymbol{Q}_{\hat{X}V} & \boldsymbol{Q}_{\hat{X}\hat{L}}\\ \boldsymbol{Q}_{VL} & \boldsymbol{Q}_{V\hat{X}} & \boldsymbol{Q}_{VV} & \boldsymbol{Q}_{V\hat{L}}\\ \boldsymbol{Q}_{\hat{L}L} & \boldsymbol{Q}_{\hat{L}\hat{X}} & \boldsymbol{Q}_{\hat{L}V} & \boldsymbol{Q}_{\hat{L}\hat{L}}\end{bmatrix}$$

式中对角线上的子矩阵，就是各基本向量的自协因数阵，非对角线上为两两向量的互协因数阵。已知 $\boldsymbol{Q}$，求 $\boldsymbol{Q}_{ZZ}$。

基本向量的关系式已知为

$$\boldsymbol{L}=\boldsymbol{l}+\boldsymbol{L}^0 \tag{7-3-4}$$

$$\hat{\boldsymbol{x}}=\boldsymbol{N}_{BB}^{-1}\boldsymbol{B}^{\mathrm{T}}\boldsymbol{Pl} \tag{7-3-5}$$

$$\boldsymbol{V}=\boldsymbol{B}\hat{\boldsymbol{x}}-\boldsymbol{l} \tag{7-3-6}$$

$$\hat{\boldsymbol{L}}=\boldsymbol{L}+\boldsymbol{V} \tag{7-3-7}$$

由前三个式子，按协因数传播律很容易得出：

$$\boldsymbol{Q}_{LL}=\boldsymbol{Q}$$

$$
\begin{aligned}
\boldsymbol{Q}_{\hat{X}\hat{X}} &= \boldsymbol{N}_{BB}^{-1}\boldsymbol{B}^{\mathrm{T}}\boldsymbol{PQPBN}_{BB}^{-1} = \boldsymbol{N}_{BB}^{-1} \\
\boldsymbol{Q}_{\hat{X}L} &= \boldsymbol{N}_{BB}^{-1}\boldsymbol{B}^{\mathrm{T}}\boldsymbol{PQ} = \boldsymbol{N}_{BB}^{-1}\boldsymbol{B}^{\mathrm{T}} = \boldsymbol{Q}_{L\hat{X}}^{\mathrm{T}} \\
\boldsymbol{Q}_{VL} &= \boldsymbol{BQ}_{\hat{X}L} - \boldsymbol{Q} = \boldsymbol{BN}_{BB}^{-1}\boldsymbol{B}^{\mathrm{T}} - \boldsymbol{Q} = \boldsymbol{Q}_{LV}^{\mathrm{T}} \\
\boldsymbol{Q}_{V\hat{X}} &= \boldsymbol{BQ}_{\hat{X}\hat{X}} - \boldsymbol{Q}_{L\hat{X}} = \boldsymbol{BN}_{BB}^{-1} - \boldsymbol{BN}_{BB}^{-1} = \boldsymbol{0} = \boldsymbol{Q}_{\hat{X}V}^{\mathrm{T}} \\
\boldsymbol{Q}_{VV} &= \boldsymbol{BQ}_{\hat{X}\hat{X}}\boldsymbol{B}^{\mathrm{T}} - \boldsymbol{BQ}_{\hat{X}L} - \boldsymbol{Q}_{L\hat{X}}\boldsymbol{B}^{\mathrm{T}} + \boldsymbol{Q} \\
&= \boldsymbol{BN}_{BB}^{-1}\boldsymbol{B}^{\mathrm{T}} - \boldsymbol{BN}_{BB}^{-1}\boldsymbol{B}^{\mathrm{T}} - \boldsymbol{BN}_{BB}^{-1}\boldsymbol{B}^{\mathrm{T}} + \boldsymbol{Q} \\
&= \boldsymbol{Q} - \boldsymbol{BN}_{BB}^{-1}\boldsymbol{B}^{\mathrm{T}}
\end{aligned}
$$

再计算与式(7-3-7)有关的协因数阵，得

$$
\begin{aligned}
\boldsymbol{Q}_{\hat{L}L} &= \boldsymbol{Q} + \boldsymbol{Q}_{VL} = \boldsymbol{BN}_{BB}^{-1}\boldsymbol{B}^{\mathrm{T}} = \boldsymbol{Q}_{L\hat{L}}^{\mathrm{T}} \\
\boldsymbol{Q}_{\hat{L}\hat{X}} &= \boldsymbol{Q}(\boldsymbol{N}_{BB}^{-1}\boldsymbol{B}^{\mathrm{T}}\boldsymbol{P})^{\mathrm{T}} + \boldsymbol{Q}_{V\hat{X}} \\
&= \boldsymbol{QPBN}_{BB}^{-1} + \boldsymbol{0} = \boldsymbol{BN}_{BB}^{-1} = \boldsymbol{Q}_{\hat{X}\hat{L}}^{\mathrm{T}} \\
\boldsymbol{Q}_{\hat{L}V} &= \boldsymbol{Q}_{LV} + \boldsymbol{Q}_{VV} = \boldsymbol{0} = \boldsymbol{Q}_{V\hat{L}}^{\mathrm{T}} \\
\boldsymbol{Q}_{\hat{L}\hat{L}} &= \boldsymbol{Q} + \boldsymbol{Q}_{LV} + \boldsymbol{Q}_{VL} + \boldsymbol{Q}_{VV} \\
&= \boldsymbol{BN}_{BB}^{-1}\boldsymbol{B}^{\mathrm{T}}
\end{aligned}
$$

将以上导得的全部协因数阵列于表7-9，以备查阅。

表7-9　　**间接平差的协因数公式**

	$\boldsymbol{L}$	$\hat{\boldsymbol{X}}$	$\boldsymbol{V}$	$\hat{\boldsymbol{L}}$
$\boldsymbol{L}$	$\boldsymbol{Q}$	$\boldsymbol{BN}_{BB}^{-1}$	$\boldsymbol{BN}_{BB}^{-1}\boldsymbol{B}^{\mathrm{T}} - \boldsymbol{Q}$	$\boldsymbol{BN}_{BB}^{-1}\boldsymbol{B}^{\mathrm{T}}$
$\hat{\boldsymbol{X}}$	$\boldsymbol{N}_{BB}^{-1}\boldsymbol{B}^{\mathrm{T}}$	$\boldsymbol{N}_{BB}^{-1}$	$\boldsymbol{0}$	$\boldsymbol{N}_{BB}^{-1}\boldsymbol{B}$
$\boldsymbol{V}$	$\boldsymbol{BN}_{BB}^{-1}\boldsymbol{B}^{\mathrm{T}} - \boldsymbol{Q}$	$\boldsymbol{0}$	$\boldsymbol{Q} - \boldsymbol{BN}_{BB}^{-1}\boldsymbol{B}^{\mathrm{T}}$	$\boldsymbol{0}$
$\hat{\boldsymbol{L}}$	$\boldsymbol{BN}_{BB}^{-1}\boldsymbol{B}^{\mathrm{T}}$	$\boldsymbol{BN}_{BB}^{-1}$	$\boldsymbol{0}$	$\boldsymbol{BN}_{BB}^{-1}\boldsymbol{B}^{\mathrm{T}}$

注：$\boldsymbol{N}_{BB} = \boldsymbol{B}^{\mathrm{T}}\boldsymbol{PB}$

由表7-9可知，平差值$\hat{\boldsymbol{X}}$、$\hat{\boldsymbol{L}}$与改正数$\boldsymbol{V}$的互协因数阵为零，说明$\hat{\boldsymbol{L}}$与$\boldsymbol{V}$，$\hat{\boldsymbol{X}}$与$\boldsymbol{V}$统计不相关，这是一个很重要的结果。

7.3.3　参数函数的中误差

在间接平差中，解算法方程后首先求得的是t个参数。有了这些参数，便可根据它们来计算该平差问题中任一量的平差值(最或然值)。如在图7-10的水准网中，已知A点的高程为H_A，若平差时选定P_1、P_2、P_3点的高程平差值作为参数$\hat{X}_1$、$\hat{X}_2$、$\hat{X}_3$，则在平差后，不但求得了参数，而且可以根据它们求出网中其他各观测高差的平差值。例如，P_3P_2路线高差的平差值为

$$\hat{L}_5 = \hat{X}_2 - \hat{X}_3$$

P_1P_3路线高差平差值为

$$\hat{L}_4 = \hat{X}_1 - \hat{X}_3$$

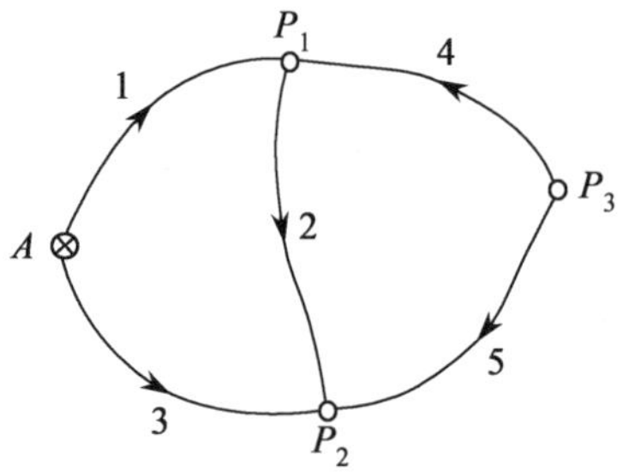

图 7-10　水准网示意图

又如在图 7-5 的测角网中，求得 D 点坐标平差值 $\hat{X}_D$ 和 $\hat{Y}_D$ 后，即可计算任何一边的边长或坐标方位角的平差值。如 AD 间边长平差值为

$$\hat{S}_{AD} = \sqrt{(\hat{X}_D - \hat{X}_A)^2 + (\hat{Y}_D - \hat{Y}_A)^2}$$

坐标方位角的平差值为

$$\hat{\alpha}_{AD} = \arctan \frac{\hat{Y}_D - \hat{Y}_A}{\hat{X}_D - \hat{X}_A}$$

通过以上举例可知，在间接平差中，任何一个量的平差值都可以由平差所选参数求得，或者说都可以表达为参数的函数。下面将从一般情况来讨论如何求参数函数的中误差的问题。

假定间接平差问题中有 t 个参数，设参数的函数为

$$\hat{\varphi} = \Phi(\hat{X}_1, \hat{X}_2, \cdots, \hat{X}_t) \tag{7-3-8}$$

为求函数 $\hat{\varphi}$ 的中误差，先对上式全微分得权函数式为

$$\mathrm{d}\hat{\varphi} = f_1 \mathrm{d}\hat{X}_1 + f_2 \mathrm{d}\hat{X}_2 + \cdots + f_t \mathrm{d}\hat{X}_t \tag{7-3-9}$$

或

$$\mathrm{d}\hat{\varphi} = f_1 \hat{x}_1 + f_2 \hat{x}_2 + \cdots + f_t \hat{x}_t$$

式中

$$f_i = \left(\frac{\partial \Phi}{\partial \hat{X}_i}\right)_0$$

当平差值函数是线性形式时，其函数式为

$$\hat{\varphi} = f_1 \hat{X}_1 + f_2 \hat{X}_2 + \cdots + f_t \hat{X}_t \tag{7-3-10}$$

对于计算 $\hat{\varphi}$ 的中误差而言，上两式是等价的，并可得同样的结果。

令 $\underset{1t}{\boldsymbol{F}^{\mathrm{T}}} = [f_1 f_2 \cdots f_t]$，则式(7-3-9) 为

$$\mathrm{d}\hat{\boldsymbol{\varphi}} = \boldsymbol{F}^{\mathrm{T}} \mathrm{d}\hat{\boldsymbol{X}} \tag{7-3-11}$$

由表 7-9 查得 $\boldsymbol{Q}_{\hat{X}\hat{X}} = \boldsymbol{N}_{BB}^{-1}$，故函数 $\hat{\varphi}$ 的协因数阵为

$$\boldsymbol{Q}_{\hat{\varphi}\hat{\varphi}} = \boldsymbol{F}^{\mathrm{T}} \boldsymbol{Q}_{\hat{X}\hat{X}} \boldsymbol{F} = \boldsymbol{F}^{\mathrm{T}} \boldsymbol{N}_{BB}^{-1} \boldsymbol{F} \tag{7-3-12}$$

一般，设有函数向量 $\underset{m1}{\hat{\boldsymbol{\varphi}}}$ 的权函数式为

$$\mathrm{d}\underset{m1}{\hat{\boldsymbol{\varphi}}} = \underset{mt}{\boldsymbol{F}^{\mathrm{T}}} \mathrm{d}\hat{\boldsymbol{X}} \tag{7-3-13}$$

即用来计算 m 个函数的精度，其协因数阵为

$$\underset{mm}{\boldsymbol{Q}_{\hat{\varphi}\hat{\varphi}}} = \boldsymbol{F}^{\mathrm{T}} \boldsymbol{Q}_{\hat{X}\hat{X}} \boldsymbol{F} = \boldsymbol{F}^{\mathrm{T}} \boldsymbol{N}_{BB}^{-1} \boldsymbol{F} \tag{7-3-14}$$

$\boldsymbol{Q}_{\hat{X}\hat{X}}$ 是参数向量 $\hat{\boldsymbol{X}} = [\hat{X}_1\ \hat{X}_2 \cdots \hat{X}_t]^{\mathrm{T}}$ 的协因数阵，即

$$Q_{\hat{X}\hat{X}} = \begin{bmatrix} Q_{\hat{X}_1\hat{X}_1} & Q_{\hat{X}_1\hat{X}_2} & \cdots & Q_{\hat{X}_1\hat{X}_t} \\ Q_{\hat{X}_2\hat{X}_1} & Q_{\hat{X}_2\hat{X}_2} & \cdots & Q_{\hat{X}_2\hat{X}_t} \\ \vdots & \vdots & & \vdots \\ Q_{\hat{X}_t\hat{X}_1} & Q_{\hat{X}_t\hat{X}_2} & \cdots & Q_{\hat{X}_t\hat{X}_t} \end{bmatrix}$$

其中对角线元素 $Q_{\hat{X}_j\hat{X}_j}$ 是参数 $\hat{X}_j$ 的协因数，故 $\hat{X}_j$ 的中误差为

$$\sigma_{\hat{X}_j} = \sigma_0 \sqrt{Q_{\hat{X}_j\hat{X}_j}} \tag{7-3-15}$$

$\hat{X}$ 的方差阵为

$$D_{\hat{X}\hat{X}} = \sigma_0^2 Q_{\hat{X}\hat{X}} \tag{7-3-16}$$

式(7-3-13) 的函数 $\hat{\varphi}$ 的协方差阵为

$$\underset{m\,m}{D_{\hat{\varphi}\hat{\varphi}}} = \sigma_0^2 Q_{\hat{\varphi}\hat{\varphi}} = \sigma_0^2 (F^{\mathrm{T}} N_{BB}^{-1} F) \tag{7-3-17}$$

例 7-6 在图7-11中，A、B 为已知水准点，高程为 H_A、H_B，设为无误差，各观测的路线长度分别为

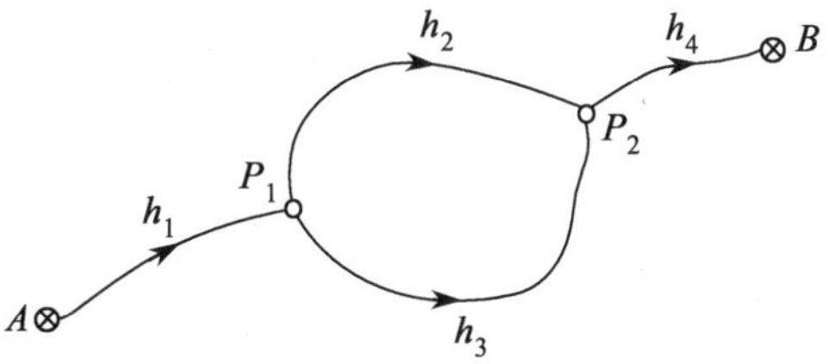

图 7-11 水准网示意图

$$S_1 = 4\text{km},\ S_2 = 2\text{km},$$
$$S_3 = 2\text{km},\ S_4 = 4\text{km}$$

试求 P_1 点和 P_2 点平差高程的协因数。

解：平差的参数选取 P_1 和 P_2 点高程，设为 $\hat{X}_1$ 和 $\hat{X}_2$，按图组成误差方程为

$$v_1 = \hat{x}_1 \qquad\qquad - l_1, \quad P_1 = \frac{4}{4} = 1$$

$$v_2 = -\hat{x}_1 + \hat{x}_2 - l_2, \quad P_2 = \frac{4}{2} = 2$$

$$v_3 = -\hat{x}_1 + \hat{x}_2 - l_3, \quad P_3 = \frac{4}{2} = 2$$

$$v_4 = \qquad\qquad -\hat{x}_2 - l_4, \quad P_4 = \frac{4}{4} = 1$$

定权时令 $C = 4$，即以 4km 观测高差为单位权观测值，因观测值互相独立，故 $P_i = 1/Q_{ii}$，相关协因数 $Q_{ij} = 0(i \neq j)$，由此得法方程为

$$5\hat{x}_1 - 4\hat{x}_2 - W_1 = 0$$
$$-4\hat{x}_1 + 5\hat{x}_2 - W_2 = 0$$

因为 $\boldsymbol{Q}_{\hat{X}\hat{X}} = \boldsymbol{N}_{BB}^{-1}$，故有

$$\boldsymbol{Q}_{\hat{X}\hat{X}} = \begin{bmatrix} 5 & -4 \\ -4 & 5 \end{bmatrix}^{-1} = \begin{bmatrix} 0.56 & 0.44 \\ 0.44 & 0.56 \end{bmatrix}$$

平差后 P_1、P_2 点高程的协因数分别为

$$\boldsymbol{Q}_{\hat{X}_1\hat{X}_1} = 0.56,\ \boldsymbol{Q}_{\hat{X}_2\hat{X}_2} = 0.56$$

$\hat{X}_1$ 与 $\hat{X}_2$ 的协因数则为

$$\boldsymbol{Q}_{\hat{X}_1\hat{X}_2} = 0.44$$

例 7-7　对测角网坐标平差问题(图 7-5)，已在例 7-4 中求得参数及观测量的平差值 $\hat{X}$、$\hat{L}$，现要求平差后 D 点坐标、DA 边的坐标方位角和边长的协因数及其中误差。

解：(1) 列出 DA 边坐标方位角 $\hat{\alpha}_{DA}$ 的权函数式。已知

$$\hat{\alpha}_{DA} = \arctan \frac{Y_A - \hat{Y}_D}{X_A - \hat{X}_D}$$

式中，$(X_A,\ Y_A)$ 为 A 点已知坐标，对函数全微分得权函数式为

$$\delta\hat{\alpha}_{DA} = \frac{\rho''\Delta Y_{DA}^0}{(S_{DA}^0)^2 \cdot 10}\hat{x}_D - \frac{\rho''\Delta X_{DA}^0}{(S_{DA}^0)^2 \cdot 10}\hat{y}_D$$

式中，$\delta\hat{\alpha}_{DA}$ 的单位为秒($''$)，$\hat{x}_D$、$\hat{y}_D$ 的单位为分米(dm)。将例 7-4 中的数据代入，即得其权函数式为

$$\delta\hat{\alpha}_{DA} = -4.22\hat{x}_D + 1.04\hat{y}_D$$

顺便指出，上式实际上就是 DA 边坐标方位角的改正数方程，在例 7-4 中列误差方程时已作过计算。由此可知，列误差方程时所用的坐标方位角改正数方程，可以直接用来作为坐标方位角的权函数式。

(2) 列出边长 $\hat{S}_{DA}$ 的权函数式。已知

$$\hat{S}_{DA} = \sqrt{(X_A - \hat{X}_D)^2 + (Y_A - \hat{Y}_D)^2}$$

对函数进行全微分，得

$$\delta\hat{S}_{DA} = -\frac{\Delta X_{DA}^0}{S_{DA}^0 \cdot 10}\hat{x}_D - \frac{\Delta Y_{DA}^0}{S_{DA}^0 \cdot 10}\hat{y}_D$$

式中 $\delta\hat{S}_{DA}$ 的单位为 m，x_D、y_D 的单位为 dm。将例 7-4 中的有关数据代入上式，得边长 $\hat{S}_{DA}$ 的权函数式为

$$\delta\hat{S}_{DA} = 0.02\hat{x}_D + 0.10\hat{y}_D$$

(3) 计算协因数：

综合以上两个权函数式，写成矩阵形式为

$$\delta\hat{\boldsymbol{\varphi}} = \begin{bmatrix} \delta\hat{\alpha}_{DA} \\ \delta\hat{S}_{DA} \end{bmatrix} = \begin{bmatrix} -4.22 & 1.04 \\ 0.02 & 0.10 \end{bmatrix} \begin{bmatrix} \hat{x}_D \\ \hat{y}_D \end{bmatrix}$$

其协因数为

$$\boldsymbol{Q}_{\hat{\varphi}\hat{\varphi}} = \begin{bmatrix} -4.22 & 1.04 \\ 0.02 & 0.10 \end{bmatrix} \begin{bmatrix} Q_{\hat{X}_D\hat{X}_D} & Q_{\hat{X}_D\hat{Y}_D} \\ Q_{\hat{X}_D\hat{Y}_D} & Q_{\hat{Y}_D\hat{Y}_D} \end{bmatrix} \begin{bmatrix} -4.22 & 0.02 \\ 1.04 & 0.10 \end{bmatrix}$$

由例 7-4 得法方程系数阵为

$$\boldsymbol{N}_{BB} = \begin{bmatrix} 114.84 & -25.53 \\ -25.53 & 86.57 \end{bmatrix}$$

则有

$$\boldsymbol{Q}_{\hat{X}\hat{X}} = \begin{bmatrix} Q_{\hat{X}_D\hat{X}_D} & Q_{\hat{X}_D\hat{Y}_D} \\ Q_{\hat{Y}_D\hat{X}_D} & Q_{\hat{Y}_D\hat{Y}_D} \end{bmatrix} = \begin{bmatrix} 114.84 & -25.53 \\ -25.53 & 86.57 \end{bmatrix}^{-1} = \begin{bmatrix} 0.0093 & 0.0027 \\ 0.0027 & 0.0124 \end{bmatrix}$$

于是

$$\boldsymbol{Q}_{\hat{\varphi}\hat{\varphi}} = \begin{bmatrix} 0.1552 & -0.0006 \\ -0.0006 & 0.00014 \end{bmatrix} = \begin{bmatrix} Q_{\hat{\alpha}\hat{\alpha}} & Q_{\hat{\alpha}\hat{S}} \\ Q_{\hat{\alpha}\hat{S}} & Q_{\hat{S}\hat{S}} \end{bmatrix}$$

(4) 计算单位权中误差：

从例7-4中得改正数$\boldsymbol{V}$，观测角为同精度，权均为1，单位权观测值就是角度观测，其中误差为

$$\hat{\sigma}_0 = \sqrt{\frac{\boldsymbol{V}^{\mathrm{T}}\boldsymbol{V}}{n-t}} = \sqrt{\frac{11.39}{4}} = 1.7''$$

(5) 计算$\hat{X}_D$、$\hat{Y}_D$，$\hat{\alpha}_{DA}$和$\hat{S}_{DA}$的中误差：

$$\hat{\sigma}_{\hat{X}_D} = \hat{\sigma}_0\sqrt{Q_{\hat{X}_D\hat{X}_D}} = 1.7\sqrt{0.0093} = 0.16\mathrm{dm}$$

$$\hat{\sigma}_{\hat{Y}_D} = \hat{\sigma}_0\sqrt{Q_{\hat{Y}_D\hat{Y}_D}} = 1.7\sqrt{0.0124} = 0.19\mathrm{dm}$$

$$\hat{\sigma}_{\hat{\alpha}_{DA}} = \hat{\sigma}_0\sqrt{Q_{\hat{\alpha}\hat{\alpha}}} = 1.7\sqrt{0.1552} = 0.67''$$

$$\hat{\sigma}_{\hat{S}_{DA}} = \hat{\sigma}_0\sqrt{Q_{\hat{S}\hat{S}}} = 1.7\sqrt{0.00014} = 0.02\mathrm{m}$$

$$\sigma_{\hat{\alpha}\hat{S}} = \hat{\sigma}_0^2 Q_{\hat{\alpha}\hat{S}} = 1.7^2(-0.006) = -0.0173$$

$\hat{\alpha}$、$\hat{S}$相关性微弱，它们是负相关。

7.4　间接平差公式汇编和水准网平差示例

7.4.1　公式汇编

间接平差的函数模型和随机模型是

$$\hat{\boldsymbol{L}} = \boldsymbol{B}\hat{\boldsymbol{X}} + \boldsymbol{d} \tag{7-1-1}$$

$$\boldsymbol{D}=\sigma_0^2\boldsymbol{Q}=\sigma_0^2\boldsymbol{P}^{-1} \tag{7-1-5}$$

误差方程为：

$$\boldsymbol{V}=\boldsymbol{B}\hat{\boldsymbol{x}}-\boldsymbol{l} \tag{7-1-4}$$

$$\boldsymbol{l}=\boldsymbol{L}-\boldsymbol{L}^0=\boldsymbol{L}-(\boldsymbol{B}\boldsymbol{X}^0+\boldsymbol{d}) \tag{7-1-3}$$

或

$$\boldsymbol{l}=\boldsymbol{L}-\boldsymbol{F}(\boldsymbol{X}^0) \tag{4-3-11}$$

法方程为：

$$\boldsymbol{B}^{\mathrm{T}}\boldsymbol{P}\boldsymbol{B}\hat{\boldsymbol{x}}-\boldsymbol{B}^{\mathrm{T}}\boldsymbol{P}\boldsymbol{l}=\boldsymbol{0} \tag{7-1-9}$$

其解为：

$$\hat{\boldsymbol{x}}=(\boldsymbol{B}^{\mathrm{T}}\boldsymbol{P}\boldsymbol{B})^{-1}\boldsymbol{B}^{\mathrm{T}}\boldsymbol{P}\boldsymbol{l}=\boldsymbol{N}_{BB}^{-1}\boldsymbol{W} \tag{7-1-11}$$

观测量和参数的平差值：

$$\hat{\boldsymbol{L}}=\boldsymbol{L}+\boldsymbol{V},\ \hat{\boldsymbol{X}}=\boldsymbol{X}^0+\hat{\boldsymbol{x}} \tag{7-1-13}$$

单位权中误差：

$$\hat{\boldsymbol{\sigma}}_0=\sqrt{\frac{\boldsymbol{V}^{\mathrm{T}}\boldsymbol{P}\boldsymbol{V}}{r}}=\sqrt{\frac{\boldsymbol{V}^{\mathrm{T}}\boldsymbol{P}\boldsymbol{V}}{n-t}} \tag{7-3-2}$$

平差参数 $\hat{X}$ 的协方差阵：

$$\boldsymbol{D}_{\hat{X}\hat{X}}=\sigma_0^2\boldsymbol{Q}_{\hat{X}\hat{X}}=\hat{\sigma}_0^2\boldsymbol{N}_{BB}^{-1} \tag{7-3-16}$$

平差参数函数的协方差阵

权函数式：

$$\mathrm{d}\varphi=\boldsymbol{F}^{\mathrm{T}}\mathrm{d}\hat{x} \tag{7-3-13}$$

协因数：

$$\boldsymbol{Q}_{\hat{\varphi}\hat{\varphi}}=\boldsymbol{F}^{\mathrm{T}}\boldsymbol{Q}_{\hat{X}\hat{X}}\boldsymbol{F}=\boldsymbol{F}^{\mathrm{T}}\boldsymbol{N}_{BB}^{-1}\boldsymbol{F} \tag{7-3-14}$$

方差：

$$\boldsymbol{D}_{\hat{\varphi}\hat{\varphi}}=\hat{\sigma}_0^2\boldsymbol{Q}_{\hat{\varphi}\hat{\varphi}} \tag{7-3-17}$$

间接平差基本向量的协因数阵见表 7-9。

7.4.2　水准网间接平差示例

例 7-8　见 5.4 小节中图 5-19 所示的水准网，按间接平差求：

(1) 各待定点的高程平差值；

(2) C 至 D 点间高差平差值的中误差；

(3) 待定点 C、D 高程平差值的中误差。

解：在图 5-19 所示水准网中，待定点 E 不是 3 条或 3 条以上水准路线相交的结点，可以把观测高差 h_6 和 h_7 合并成一条水准路线，即令

$$h_6'=h_6+h_7$$

经平差求得 h_6' 的改正数 v_6' 后，在单一水准路线 CEB 上，将 v_6' 按路线长度比例分配给线路

CE 和 EB，可得 h_6 和 h_7 的改正数为

$$v_6 = \frac{S_6}{S_6 + S_7} v'_6$$

$$v_7 = \frac{S_7}{S_6 + S_7} v'_6$$

式中 S_6、S_7 分别为相应水准路线的长度。如此处理可以少设一个参数，但不能直接求出待定点 E 的高程平差值的中误差。现将该例表 5-3 中观测数据改写在表 7-10 中。

表 7-10　**水准网观测值**

线路编号	观测高差（m）	线路长度（km）	已知高程（m）
1	+1.359	1.1	$H_A = 5.016$
2	+2.009	1.7	$H_B = 6.016$
3	+0.363	2.3	
4	+1.012	2.7	
5	+0.657	2.4	
$6'\begin{pmatrix}6\\7\end{pmatrix}$	$-0.357\begin{pmatrix}+0.238\\-0.595\end{pmatrix}$	$4.0\begin{pmatrix}1.4\\2.6\end{pmatrix}$	

1. 列出误差方程

设 C 和 D 点高程平差值为 $\hat{X}_1$ 和 $\hat{X}_2$，相应的近似值取为

$$X_1^0 = H_A + h_1, \quad X_2^0 = H_A + h_2$$

按图 5-19 列出观测方程后，将有关观测数据代入即得误差方程

$$\begin{aligned}
v_1 &= \hat{x}_1 + 0 \\
v_2 &= \hat{x}_2 + 0 \\
v_3 &= \hat{x}_1 - 4 \\
v_4 &= \hat{x}_2 - 3 \\
v_5 &= -\hat{x}_1 + \hat{x}_2 - 7 \\
v'_6 &= -\hat{x}_1 - 2
\end{aligned}$$

式中，常数项以 mm 为单位。

2. 列出权函数式

C 至 D 间高差平差值 $\hat{h}_5$ 的权函数式为

$$\varphi_{\hat{h}_5} = -\hat{x}_1 + \hat{x}_2$$

3. 组成法方程

以 1km 水准测量的观测高差为单位权观测值，各观测值互相独立，定权式为 $p_i = 1/S_i$，得权阵为

$$P = \begin{bmatrix} 0.91 & & & & & \\ & 0.59 & & & & \\ & & 0.43 & & & \\ & & & 0.37 & & \\ & & & & 0.42 & \\ & & & & & 0.25 \end{bmatrix}$$

由此组成法方程为

$$\begin{bmatrix} 2.01 & -0.42 \\ -0.42 & 1.38 \end{bmatrix}\begin{bmatrix} \hat{x}_1 \\ \hat{x}_2 \end{bmatrix} - \begin{bmatrix} -1.72 \\ 4.05 \end{bmatrix} = 0$$

解得

$$\hat{\boldsymbol{x}} = \begin{bmatrix} \hat{x}_1 \\ \hat{x}_2 \end{bmatrix} = \begin{bmatrix} -0.258 \\ 2.860 \end{bmatrix}(\text{mm}),\ \boldsymbol{N}_{BB}^{-1} = \begin{bmatrix} 2.01 & -0.42 \\ -0.42 & 1.38 \end{bmatrix}^{-1} = \begin{bmatrix} 0.53 & 0.16 \\ 0.16 & 0.78 \end{bmatrix}$$

4. 计算 $\boldsymbol{V}$ 和 $\hat{\boldsymbol{L}}$

$$\boldsymbol{V} = \boldsymbol{B}\hat{\boldsymbol{x}} - \boldsymbol{l}$$

$$\underset{61}{\boldsymbol{V}} = [-0.3 \quad 2.9 \quad -4.3 \quad -0.1 \quad -3.9 \quad -1.7]^{\mathrm{T}} \quad (\text{mm})$$

由 $v'_6 = -1.7$，可求得

$$v_6 = \frac{1.4}{4}(-1.7) = -0.6,\ v_7 = \frac{2.6}{4}(-1.7) = -1.1$$

由此得平差值为

$$\underset{71}{\hat{\boldsymbol{L}}} = [1.359 \quad 2.012 \quad 0.359 \quad 1.012 \quad 0.653 \quad 0.237 \quad -0.596]^{\mathrm{T}}(\text{m})$$

C、D、E 点的高程平差值

$$\hat{H}_C = \hat{X}_1 = X_1^0 + \hat{x}_1 = 6.375 - 0.0003 = 6.375(\text{m})$$

$$\hat{H}_D = \hat{X}_2 = X_2^0 + \hat{x}_2 = 7.025 + 0.003 = 7.028(\text{m})$$

$$\hat{H}_E = H_B - \hat{h}_7 = 6.016 + 0.596 = 6.612(\text{m})$$

5. 精度评定

单位权中误差

$$\hat{\boldsymbol{\sigma}}_0 = \sqrt{\frac{\boldsymbol{V}^{\mathrm{T}}\boldsymbol{P}\boldsymbol{V}}{n-t}} = \sqrt{\frac{19.75}{4}} = 2.2\text{mm}$$

C、D 点高程中误差

$$\hat{\sigma}_C = 2.2\sqrt{0.53} = 1.6\text{mm},\ \hat{\sigma}_D = 2.2\sqrt{0.78} = 1.9\text{mm}$$

C 至 D 点高差平差值 $\hat{h}_5$ 的中误差

$$\hat{\sigma}_{\hat{h}_5}=2.2\sqrt{0.98}=2.2\text{mm}$$

7.5 间接平差特例——直接平差

对同一未知量进行多次直接观测，求该量的平差值并评定精度，称为直接平差，显然它是间接平差中具有一个参数的特殊情况。

设对未知量 $\tilde{X}$ 进行 n 次不同精度观测，观测值为 $\underset{n1}{\boldsymbol{L}}$，权阵为 $\underset{nn}{\boldsymbol{P}}$，且它为对角阵，其元素为 p_1，p_2，…，p_n，p_i 为 L_i 的权。此时的误差方程为

$$v_i=\hat{X}-L_i \tag{7-5-1}$$

组成法方程

$$\sum_{i=1}^{n}p_i\hat{X}-\sum_{i=1}^{n}p_iL_i=0 \tag{7-5-2}$$

解得

$$\hat{X}=\frac{\sum_{i=1}^{n}p_iL_i}{\sum_{i=1}^{n}p_i} \tag{7-5-3}$$

此式即为带权平均值。在直接平差中平差值就是带权平均值。

为计算方便，设

$$\hat{X}=X^0+\hat{x}$$

则误差方程为

$$v_i=\hat{x}-(L_i-X^0)=\hat{x}-l_i \tag{7-5-4}$$

法方程及其解为

$$\sum_{i=1}^{n}p_i\hat{x}-\sum_{i=1}^{n}p_il_i=0$$

$$\hat{x}=\frac{\sum_{i=1}^{n}p_il_i}{\sum_{i=1}^{n}p_i}$$

于是

$$\hat{X}=X^0+\frac{\sum_{i=1}^{n}p_il_i}{\sum_{i=1}^{n}p_i} \tag{7-5-5}$$

特别地，当 $p_1=p_2=\cdots=p_n=1$ 时，则与式(7-5-3)、式(7-5-5)相应，未知量的平

差值为

$$\hat{x} = \frac{\sum_{i=1}^{n} L_i}{n} \tag{7-5-6}$$

$$\hat{X} = X^0 + \frac{\sum_{i=1}^{n} L_i}{n} \tag{7-5-7}$$

直接平差问题仅有一个参数，即 $t = 1$，故单位权中误差计算式为

$$\hat{\sigma}_0 = \sqrt{\frac{\boldsymbol{V}^{\mathrm{T}}\boldsymbol{P}\boldsymbol{V}}{n-1}} \tag{7-5-8}$$

由式(7-5-2)知，法方程系数 $N_{BB} = \sum_{i=1}^{n} p_i$，则 $\hat{X}$ 的协因数为

$$Q_{\hat{X}\hat{X}} = N_{BB}^{-1} = 1 \Big/ \sum_{i=1}^{n} p_i, \tag{7-5-9}$$

或

$$p_{\hat{X}} = \sum_{i=1}^{n} p_i \tag{7-5-10}$$

故 $\hat{X}$ 的中误差为

$$\sigma_{\hat{X}} = \sigma_0 \sqrt{Q_{\hat{X}\hat{X}}} = \sigma_0 \sqrt{\frac{1}{\sum_{i=1}^{n} p_i}} \tag{7-5-11}$$

观测值 L_i 的中误差为

$$\sigma_{L_i} = \sigma_0 \sqrt{\frac{1}{p_i}} \tag{7-5-12}$$

特别地，当 $p_1 = p_2 = \cdots = p_n = 1$，即为同精度观测时，精度评定公式为

$$\hat{\sigma}_0 = \sqrt{\frac{\boldsymbol{V}^{\mathrm{T}}\boldsymbol{V}}{n-1}} \tag{7-5-13}$$

$$\sigma_{\hat{X}} = \hat{\sigma}_0 / \sqrt{n} \tag{7-5-14}$$

亦即对某个量所作的 n 个同精度观测值的算术平均值就是该量的平差值，此平差值的权 $p_{\hat{X}}$ 为单个观测值的权 $p_i = 1$ 的 n 倍。

7.6　导线网间接平差

在导线网(如图 7-12)中，有两类观测值，即边长观测值和角度观测值，所以导线网也是一种边角同测网。本节以导线网为例，说明边角同测网的间接平差方法。

7.6.1　函数模型

导线网中角度观测的误差方程，其组成与测角网坐标平差的误差方程相同，边长观测的误差方程，其组成与测边网的误差方程相同。

如图 7-12 中的观测角 β_3、β_8，按式(7-2-27) 和式(7-2-29) 可列出误差方程为

$$v_{\beta_3} = (a_{EG} - a_{ED})\hat{x}_E + (b_{EG} - b_{ED})\hat{y}_E - a_{EG}\hat{x}_G - b_{EG}\hat{y}_G + a_{ED}\hat{x}_D + b_{ED}\hat{y}_D - l_{\beta_3}$$

$$(l_{\beta_3} = \beta_3 - \beta_3^0) \tag{7-6-1}$$

$$v_{\beta_8} = - a_{CH}\hat{x}_H - b_{CH}\hat{y}_H - l_{\beta_8} \qquad (l_{\beta_8} = \beta_8 - \beta_8^0) \tag{7-6-2}$$

边长 S_1 和 S_2 的误差方程可按式(7-2-33) 列出：

$$v_{S_1} = \frac{\Delta X_{AD}^0}{S_{AD}^0}\hat{x}_D + \frac{\Delta Y_{AD}^0}{S_{AD}^0}\hat{y}_D - l_{S_1} \qquad (l_{S_1} = S_1 - S_1^0) \tag{7-6-3}$$

$$v_{S_2} = - \frac{\Delta X_{DE}^0}{S_{DE}^0}\hat{x}_D - \frac{\Delta Y_{DE}^0}{S_{DE}^0}\hat{y}_D + \frac{\Delta X_{DE}^0}{S_{DE}^0}\hat{x}_E + \frac{\Delta Y_{DE}^0}{S_{DE}^0}\hat{y}_E - l_{S_2} \qquad (l_{S_2} = S_2 - S_2^0) \tag{7-6-4}$$

7.6.2　随机模型

确定边、角两类观测的随机模型，主要是为了给定两类观测值的权比问题。

导线网中各边长观测、角度观测相互之间都是独立的，因此随机模型

$$\boldsymbol{D} = \sigma_0^2\boldsymbol{Q} = \sigma_0^2\boldsymbol{P}^{-1} \tag{7-6-5}$$

中的权阵是对角阵。设网中有 n_1 个角度观测 β_1，β_2，…，β_{n_1} 和 n_2 个边长观测 S_1，S_2，…，S_{n_2}，$n_1 + n_2 = n$，则权阵为

$$\underset{n\,n}{\boldsymbol{P}} = \mathrm{diag}(p_{\beta_1}, \cdots, p_{\beta_{n_1}}, p_{S_1}, \cdots, p_{S_{n_2}})$$

$$= \begin{bmatrix} p_{\beta_1} & & & & & 0 \\ & \ddots & & & & \\ & & p_{\beta_{n_1}} & & & \\ & & & p_{S_1} & & \\ & & & & \ddots & \\ 0 & & & & & p_{S_{n_2}} \end{bmatrix} = \begin{bmatrix} \underset{n_1 n_1}{\boldsymbol{P}_\beta} & 0 \\ 0 & \underset{n_2 n_2}{\boldsymbol{P}_S} \end{bmatrix}$$

由(7-6-5) 式知，确定权阵 $\boldsymbol{P}$，必须已知先验方差 $\boldsymbol{D}$，$\boldsymbol{D}$ 也是对角阵：

$$\underset{n\,n}{\boldsymbol{D}} = \mathrm{diag}(\sigma_{\beta_1}^2, \cdots, \sigma_{\beta_{n_1}}^2, \sigma_{S_1}^2, \cdots, \sigma_{S_{n_2}}^2)$$

单位权方差 σ_0^2 唯一，但可任意选取。

若 $\boldsymbol{D}$ 已知，则定权公式为

$$p_{\beta_i} = \frac{\sigma_0^2}{\sigma_{\beta_i}^2},\quad p_{S_i} = \frac{\sigma_0^2}{\sigma_{S_i}^2} \tag{7-6-6}$$

式中 $\sigma_{\beta_1} = \sigma_{\beta_2} = \cdots = \sigma_{\beta_{n_1}} = \sigma_\beta$。定权时一般令

$$\sigma_0^2=\sigma_\beta^2$$

即以测角中误差为导线网平差中的单位权观测值中误差，由此即得

$$p_{\beta_i}=\frac{\sigma_\beta^2}{\sigma_\beta^2}=1,\ p_{S_i}=\frac{\sigma_\beta^2}{\sigma_{S_i}^2} \tag{7-6-7}$$

为了确定边、角观测的权比，必须已知 σ_β^2 和 $\sigma_{S_i}^2$，一般在平差前是无法精确知道的，所以采用按经验定权的方法，亦即σ_β和σ_{S_i}采用厂方给定的测角、测距仪器的标准精度或者是经验数据。例如在下面的例7-9中，已知测角精度 $\sigma_\beta=10''$，而测边精度为 $\sigma_S=1.0\sqrt{S(\mathrm{m})}(\mathrm{mm})$，则按(7-6-7)式的定权公式为

$$p_{\beta_i}=1,\ p_{S_i}=\frac{100}{S_i(\mathrm{m})} \tag{7-6-8}$$

在边角同测网中，权比是有单位的，如(7-6-8)式中 $p_{\beta_i}=1$ 无量纲(即单位为1)，而边长的权，其单位为秒^2/m^2。在这种情况下，角度的改正数 v_{β_i} 要取秒为单位，而边长改正数v_{S_i}则要取米为单位，此时的$p_{\beta_i}v_{\beta_i}^2$与$p_{S_i}v_{S_i}^2$单位才能一致。这一点在不同类观测联合平差时应予以注意。

例7-9 如图7-12的敷设在已知点A、B、C间的单节点导线网，网中观测了10个角度和7条边长，起算数据及观测值见表7-11、表7-12。已知测角中误差 $\sigma_\beta=10''$，边长丈量中误差$\sigma_{S_i}=1.0\sqrt{S_i(\mathrm{m})}\,\mathrm{mm}$。试按间接平差法求各导线点的坐标平差值及其点位精度。

表7-11 **起算数据**

点名	坐标(m)		方位角
	X	Y	
A	11 768.714	8 419.242	$\alpha_A=274°23'34''$
B	10 878.302	8 415.114	$\alpha_B=8°10'27''$
C	11 101.949	8 017.572	$\alpha_C=107°41'27''$

表7-12 **观测数据**

角号	角度观测值(° ′ ″)	角号	角度观测值(° ′ ″)	边号	边观测值	边号	边观测值
1	86 43 16	6	123 09 05	1	221.650	6	151.480
2	182 22 43	7	131 27 46	2	195.843	7	187.751
3	188 59 57	8	165 40 29	3	229.356		
4	115 23 37	9	165 59 58	4	189.781		
5	176 33 43	10	113 08 37	5	98.163		

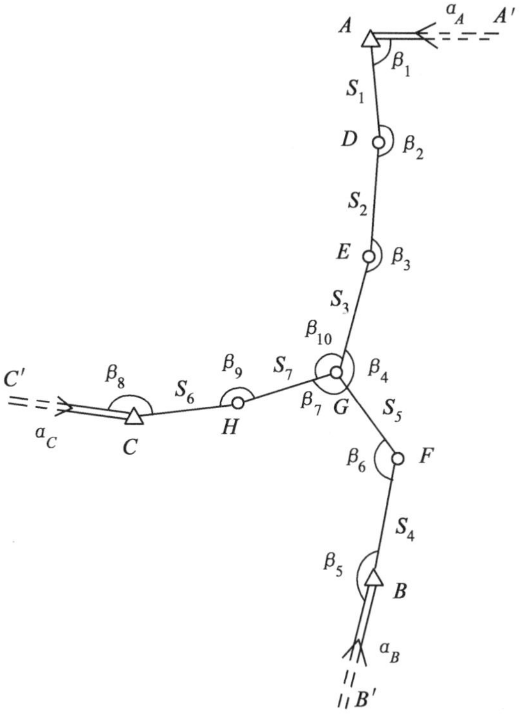

图 7-12　导线网

本题 $n=17$，即有 17 个误差方程，其中有 10 个角度误差方程，7 个边长误差方程。必要观测数 $t=2\times5=10$。现选取待定点坐标平差值为参数，即

$$\hat{\boldsymbol{X}}=[\hat{X}_D\quad \hat{Y}_D\quad \hat{X}_E\quad \hat{Y}_E\quad \hat{X}_F\quad \hat{Y}_F\quad \hat{X}_H\quad \hat{Y}_H\quad \hat{X}_G\quad \hat{Y}_G]^{\mathrm{T}}$$

1. 计算待定点近似坐标

各点近似坐标按坐标增量计算，结果见表 7-13，节点 G 的近似值计算过程从略，其结果为 $X_G^0=11\ 127.716\text{m}$，$Y_G^0=8\ 353.334\text{m}$。

2. 计算各边坐标方位角改正数方程的系数

结果见表 7-13。

3. 确定角和边的权

设单位权中误差 $\sigma_0=10''$，则角度观测值的权为

$$P_{\beta_i}=\frac{\sigma_0^2}{\sigma_\beta^2}=1$$

各导线边的权为

$$P_{S_i}=\frac{\sigma_0^2}{\sigma_{S_i}^2}=\frac{100}{S_i(\text{m})}(\text{秒}^2/\text{mm}^2)$$

各观测值的权写在表 7-14 的 P 列中。

表 7-13

坐标方位角改正数方程的系数计算表

点名（角号）(β)	观测角 β_i ° ′ ″	坐标方位角 α^0 ° ′ ″	观测边长 S(m)	近似坐标 X^0(m)	近似坐标 Y^0(m)	近似边长 S^0(m)	$\cos\alpha^0$	$\sin\alpha^0$	$S-S^0$ (mm)	a(″/mm) $\left(\frac{\rho''\sin\alpha^0}{S^0\times 1000}\right)$	b(″/mm) $\left(-\frac{\rho''\cos\alpha^0}{S^0\times 1000}\right)$
A'		274 23 34									
A（1）	86 43 16			11 768.714	8419.242						
		181 06 50	221.650			221.65000	−0.9998	−0.0194	0	−0.0181	0.9304
D（2）	182 22 43			11 547.10589	8414.933 17						
		183 29 33	195.843			195.84300	−0.9981	−0.0609	0	−0.0642	1.0513
E（3）	188 59 57			11 351.62661	8 403.002 83						
		192 29 30	229.356			229.35333	−0.9763	−0.2163	2.68	−0.1948	0.8780
G（4）	115 23 37	（192 30 25）		11 127.70004	8 353.393 67						
				（11 127.716）	（8 353.334）						
B'		8 10 27									
B（5）	176 33 43			10 878.302	8 415.114						
		4 44 10	189.781			189.78100	0.9966	0.0826	0	0.0897	−1.0831
F（6）	123 09 05			11 067.43500	8 430.783 58						
		307 53 15	98.163			98.14396	0.6141	−0.7892	19.04	−1.6585	−1.2909
G（7）	131 27 46	（307 53 40）		11 127.71818	8 353.311 56						
				（11 127.716）	（8 353.334）						
C'		107 41 27									
C（8）	165 40 29			1 101.949	8 017.572						
		93 21 56	151.480			151.480	−0.0587	0.9983	0	1.3593	0.0799
H（9）	165 59 58			11 093.05618	8 168.790 74						
		79 21 54	187.751			187.76985	0.1846	0.9828	−18.85	1.0796	−0.2027
G（10）	113 08 37	（79 21 47）		11 127.70596	8 353.316 70						
				（11 127.716）	（8 353.334）						

表 7-14 误差方程系数、常数项、权、改正数及观测值和参数的平差值列表

		$\hat{x}_D$	$\hat{y}_D$	$\hat{x}_E$	$\hat{y}_E$	$\hat{x}_F$	$\hat{y}_F$	$\hat{x}_H$	$\hat{y}_H$	$\hat{x}_G$	$\hat{y}_G$	l	P	V	$\hat{L}$
角 β_i	1	0.0181	−0.9304									0	1	14.52	86°43′30.5″
	2	−0.0823	1.9817	0.0642	−1.0513							0	1	11.31	182°22′54.3″
	3	0.0642	−1.0513	−0.2590	1.9293					0.1948	−0.8780	−55.48	1	8.44	189°00′05.4″
	4			0.1948	−0.8780	−1.6585	−1.2909			1.4637	2.1689	21.66	1	−1.19	115°23′35.8″
	5					−0.0897	1.0831					0	1	14.97	176°33′58.0″
	6					−1.5688	−2.3740			1.6585	1.2909	−25.34	1	9.62	123°09′14.6″
	7					1.6585	1.2909	1.0796	−0.2027	−2.7381	−1.0882	−20.60	1	7.53	131°27′53.5″
	8							−1.3593	−0.0799			0	1	−9.87	165°40′19.1″
	9							2.4389	−0.1228	−1.0796	0.2027	7.40	1	−11.35	165°59′46.6″
	10			−0.1948	0.8787			−1.0796	0.2027	1.2744	−1.0807	−1.40	1	−6.00	113°08′31.0″
边 S_i	1	−0.9998	−0.0194									0	0.45	−3.91	221.6461
	2	0.9981	0.0609	−0.9981	−0.0609							0	0.51	−3.19	195.8397
	3			0.9763	0.2166					−0.9763	−0.2166	2.68	0.44	−2.62	229.3534
	4					0.9966	0.0826					0	0.53	−3.25	189.7778
	5					−0.6142	0.7891			0.6142	−0.7891	19.04	1.02	−5.73	98.1573
	6							−0.0587	0.9983			0	0.66	3.36	151.4834
	7							−0.1846	−0.9828	0.1846	0.9828	−18.85	0.53	3.17	187.7542
$\hat{x}$(m)		0.0042	−0.0155	0.0089	−0.0398	−0.0044	0.0135	0.0070	0.0038	0.0165	−0.0140				
X^0(m)		111 547.106	8 414.933	11 351.6266	8 403.003	11 067.435	8 430.784	11 093.056	8 168.791	11 127.716	8 353.334				
$\hat{X}$(m)		111 547.1102	8 414.9175	11 351.6355	8 402.9632	11 067.4306	8 430.7975	11 093.0630	8 168.7948	11 127.7325	8 353.3200				

可得法方程为

$$
\begin{bmatrix}
0.9711 & -0.2076 & -0.5309 & 0.1793 & 0.0000 & 0.0000 & 0.0000 & 0.0000 & 0.0125 & -0.0564 \\
-0.2077 & 5.9001 & 0.3685 & -4.1135 & 0.0000 & 0.0000 & 0.0000 & 0.0000 & -0.2048 & 0.9230 \\
-0.5309 & 0.3685 & 1.0717 & -0.7860 & -0.3231 & -0.2515 & 0.2103 & -0.0395 & -0.0136 & 0.8604 \\
0.1793 & -4.1135 & -0.7860 & 6.3915 & 1.4562 & 1.1334 & -0.9479 & 0.1780 & 0.2096 & -4.5471 \\
0.0000 & 0.0000 & -0.3231 & 1.4562 & 8.8781 & 7.4587 & 1.7905 & -0.3362 & -9.5705 & -7.4271 \\
0.0000 & 0.0000 & -0.2515 & 1.1334 & 7.4587 & 10.7798 & 1.3937 & -0.2617 & -9.3614 & -7.2692 \\
0.0000 & 0.0000 & 0.2103 & -0.9479 & 1.7905 & 1.3937 & 10.1474 & -0.5707 & -6.9831 & 0.3897 \\
0.0000 & 0.0000 & -0.0395 & 0.1780 & -0.3362 & -0.2617 & -0.5706 & 1.2760 & 0.8493 & -0.5378 \\
0.0125 & -0.2048 & -0.0136 & 0.2096 & -9.5705 & -9.3614 & -6.9831 & 0.8493 & 15.2360 & 6.6247 \\
-0.0564 & 0.9230 & 0.8604 & -4.5471 & -7.4271 & -7.2692 & 0.3896 & -0.5378 & 6.6247 & 10.0490
\end{bmatrix}
\begin{bmatrix} \hat{x}_D \\ \hat{y}_D \\ \hat{x}_E \\ \hat{y}_E \\ \hat{x}_F \\ \hat{y}_F \\ \hat{x}_H \\ \hat{y}_H \\ \hat{x}_G \\ \hat{y}_G \end{bmatrix}
-
\begin{bmatrix} -3.5618 \\ 58.3261 \\ 20.0023 \\ -127.0312 \\ -42.2481 \\ 20.9100 \\ -0.8275 \\ 12.8492 \\ 23.6486 \\ 78.5422 \end{bmatrix}
= \mathbf{0}
$$

系数阵 $\boldsymbol{N}_{BB} = \boldsymbol{B}^{\mathrm{T}}\boldsymbol{P}\boldsymbol{B}$ 的逆阵为

$$
\boldsymbol{N}_{BB}^{-1} =
\begin{bmatrix}
1.4634 & 0.0099 & 0.7976 & -0.0205 & -0.0153 & -0.0185 & 0.0232 & -0.0591 & 0.0504 & -0.1322 \\
0.0098 & 0.5294 & -0.0312 & 0.6257 & 0.0785 & 0.0685 & -0.0818 & 0.2146 & -0.1624 & 0.4665 \\
0.7976 & -0.0312 & 1.4956 & -0.0094 & -0.0351 & -0.0347 & 0.0423 & -0.1096 & 0.0874 & -0.2411 \\
-0.0206 & 0.6257 & -0.0095 & 1.1212 & 0.2104 & 0.1437 & -0.1633 & 0.4419 & -0.2913 & 0.9320 \\
-0.0153 & 0.0785 & -0.0351 & 0.2104 & 0.9233 & 0.0730 & 0.1412 & 0.2283 & 0.4385 & 0.5438 \\
-0.0185 & 0.0685 & -0.0347 & 0.1437 & 0.0730 & 0.3305 & 0.0644 & 0.0902 & 0.1642 & 0.2487 \\
0.0232 & -0.0818 & 0.0423 & -0.1633 & 0.1412 & 0.0644 & 0.2708 & -0.0795 & 0.3212 & -0.1455 \\
-0.0592 & 0.2146 & -0.1096 & 0.4419 & 0.2283 & 0.0902 & -0.0795 & 1.1182 & -0.1606 & 0.5921 \\
0.0504 & -0.1624 & 0.0874 & -0.2913 & 0.4385 & 0.1642 & 0.3212 & -0.1607 & 0.6597 & -0.1371 \\
-0.1323 & 0.4665 & -0.2411 & 0.9320 & 0.5438 & 0.2487 & -0.1455 & 0.5921 & -0.1372 & 1.2079
\end{bmatrix}
$$

4. 计算角度和边长误差方程系数和常数项

结果见表 7-14。表中每一行表示一个误差方程。V 列为角度和边长改正数，在解出坐标改正数 $\hat{x}$ 后给出。

5. 法方程的组成和解算

由表 7-14 取得误差方程的系数项 B、常数项 l，组成法方程的系数项 $\boldsymbol{N}_{BB}$、常数项 $\boldsymbol{B}^{\mathrm{T}}\boldsymbol{Pl}$，由 $\hat{\boldsymbol{x}}=\boldsymbol{N}_{BB}^{-1}\boldsymbol{B}^{\mathrm{T}}\boldsymbol{Pl}$ 算得参数改正数 $\hat{x}$，结果列在表 7-14 的 $\hat{x}$ 行。

6. 平差值计算

1）坐标平差值 $\hat{X}$

将表 7-14 中的坐标改正数 $\hat{x}$ 加上近似值 X^0，即得平差值 $\hat{X}$，结果见表 7-14 最后一行。

2）观测值的平差值 $\hat{L}$

将表 7-14 中的改正数与表 7-12 中的观测值相加，即得观测量的平差值，结果见表 7-14 最后一列。

7. 精度计算

（1）单位权中误差，即测角中误差为：

$$\hat{\sigma}_0=\sqrt{\frac{\boldsymbol{V}^{\mathrm{T}}\boldsymbol{PV}}{r}}=\sqrt{\frac{1\ 113.9}{17-10}}=12.6''$$

（2）待定点点位中误差：

由 $\boldsymbol{N}_{BB}^{-1}$ 中可得未知数的权倒数（权倒数的单位为 mm²/秒²）

$$Q_{X_D}=1.4634,\ Q_{Y_D}=0.5294,\ Q_{X_E}=1.4956,\ Q_{Y_E}=1.1212,$$
$$Q_{X_F}=0.9233,\ Q_{Y_F}=0.3305,\ Q_{X_H}=0.2708,\ Q_{Y_H}=1.1182$$
$$Q_{X_G}=0.6597,\ Q_{Y_G}=1.2079$$

各点点位中误差为

$$\hat{\sigma}_D=\hat{\sigma}_0\sqrt{Q_{X_D}+Q_{Y_D}}=12.6\sqrt{1.4634+0.5209}=17.7(\text{mm})$$
$$\hat{\sigma}_E=\hat{\sigma}_0\sqrt{Q_{X_E}+Q_{Y_E}}=12.6\sqrt{1.4956+1.1212}=20.4(\text{mm})$$
$$\hat{\sigma}_F=\hat{\sigma}_0\sqrt{Q_{X_F}+Q_{Y_F}}=12.6\sqrt{0.9233+0.3305}=13.7(\text{mm})$$
$$\hat{\sigma}_H=\hat{\sigma}_0\sqrt{Q_{X_H}+Q_{Y_H}}=12.6\sqrt{0.2708+1.1182}=14.8(\text{mm})$$
$$\hat{\sigma}_G=\hat{\sigma}_0\sqrt{Q_{X_G}+Q_{Y_G}}=12.6\sqrt{0.6597+1.2079}=17.2(\text{mm})$$

7.7 GNSS 网平差

在北斗、GPS、GLONASS 等 GNSS 定位中，在任意两个观测站上用 GNSS 卫星的同步观测成果，可得到两点之间的基线向量观测值，它是在空间直角下的三维坐标差。为了提高定位结果的精度和可靠性，通常需将不同时段观测的基线向量联结成网，进行整体平差。用基线向量构成的网称为 GNSS 网。一般 GNSS 网平差采用间接平差法。

7.7.1 函数模型

设 GPS 网中各待定点的空间直角坐标平差值为参数，参数的纯量形式记为

$$\begin{bmatrix}\hat{X}_i\\ \hat{Y}_i\\ \hat{Z}_i\end{bmatrix}=\begin{bmatrix}X_i^0\\ Y_i^0\\ Z_i^0\end{bmatrix}+\begin{bmatrix}\hat{x}_i\\ \hat{y}_i\\ \hat{z}_i\end{bmatrix} \tag{7-7-1}$$

若GNSS基线向量观测值为($\Delta X_{ij}\quad \Delta Y_{ij}\quad \Delta Z_{ij}$)，$\Delta X_{ij}=X_j-X_i$，$\Delta Y_{ij}=Y_j-Y_i$，$\Delta Z_{ij}=Z_j-Z_i$，则三维坐标差，即基线向量观测值的平差值为

$$\begin{bmatrix}\Delta\hat{X}_{ij}\\ \Delta\hat{Y}_{ij}\\ \Delta\hat{Z}_{ij}\end{bmatrix}=\begin{bmatrix}\hat{X}_j\\ \hat{Y}_j\\ \hat{Z}_j\end{bmatrix}-\begin{bmatrix}\hat{X}_i\\ \hat{Y}_i\\ \hat{Z}_i\end{bmatrix}=\begin{bmatrix}\Delta X_{ij}+V_{X_{ij}}\\ \Delta Y_{ij}+V_{Y_{ij}}\\ \Delta Z_{ij}+V_{Z_{ij}}\end{bmatrix} \tag{7-7-2}$$

基线向量的误差方程为

$$\begin{bmatrix}V_{X_{ij}}\\ V_{Y_{ij}}\\ V_{Z_{ij}}\end{bmatrix}=\begin{bmatrix}\hat{x}_j\\ \hat{y}_j\\ \hat{z}_j\end{bmatrix}-\begin{bmatrix}\hat{x}_i\\ \hat{y}_i\\ \hat{z}_i\end{bmatrix}+\begin{bmatrix}X_j^0-X_i^0-\Delta X_{ij}\\ Y_j^0-Y_i^0-\Delta Y_{ij}\\ Z_j^0-Z_i^0-\Delta Z_{ij}\end{bmatrix}$$

或

$$\begin{bmatrix}V_{X_{ij}}\\ V_{Y_{ij}}\\ V_{Z_{ij}}\end{bmatrix}=\begin{bmatrix}\hat{x}_j\\ \hat{y}_j\\ \hat{z}_j\end{bmatrix}-\begin{bmatrix}\hat{x}_i\\ \hat{y}_i\\ \hat{z}_i\end{bmatrix}-\begin{bmatrix}\Delta X_{ij}-\Delta X_{ij}^0\\ \Delta Y_{ij}-\Delta Y_{ij}^0\\ \Delta Z_{ij}-\Delta Z_{ij}^0\end{bmatrix} \tag{7-7-3}$$

令

$$\underset{3\,1}{\boldsymbol{V}_K}=\begin{bmatrix}V_{X_{ij}}\\ V_{Y_{ij}}\\ V_{Z_{ij}}\end{bmatrix},\quad \underset{3\,1}{\boldsymbol{X}_i^0}=\begin{bmatrix}X_i^0\\ Y_i^0\\ Z_i^0\end{bmatrix},\quad \underset{3\,1}{\hat{\boldsymbol{x}}_j}=\begin{bmatrix}\hat{x}_j\\ \hat{y}_j\\ \hat{z}_j\end{bmatrix},\quad \underset{3\,1}{\hat{\boldsymbol{x}}_i}=\begin{bmatrix}\hat{x}_i\\ \hat{y}_i\\ \hat{z}_i\end{bmatrix},\quad \underset{3\,1}{\Delta\boldsymbol{X}_{ij}}=\begin{bmatrix}\Delta X_{ij}\\ \Delta Y_{ij}\\ \Delta Z_{ij}\end{bmatrix}$$

则编号为 K 的基线向量误差方程为

$$\underset{3\,1}{\boldsymbol{V}_K}=\underset{3\,1}{\hat{\boldsymbol{x}}_j}-\underset{3\,1}{\hat{\boldsymbol{x}}_i}-\underset{3\,1}{\boldsymbol{l}_K} \tag{7-7-4}$$

式中

$$\underset{3\,1}{\boldsymbol{l}_k}=\underset{3\,1}{\Delta\boldsymbol{X}_{ij}}-\underset{3\,1}{\Delta\boldsymbol{X}_{ij}^0}=\underset{3\,1}{\Delta\boldsymbol{X}_{ij}}-(\underset{3\,1}{\boldsymbol{X}_j^0}-\underset{3\,1}{\boldsymbol{X}_i^0}) \tag{7-7-5}$$

当网中有 m 个待定点，n 条基线向量时，则 GNSS 网的误差方程为

$$\underset{3n\,1}{\boldsymbol{V}}=\underset{3n\,3m}{\boldsymbol{B}}\underset{3m\,1}{\hat{\boldsymbol{x}}}-\underset{3n\,1}{\boldsymbol{l}} \tag{7-7-6}$$

7.7.2　随机模型

随机模型一般形式仍为

$$\boldsymbol{D}=\sigma_0^2\boldsymbol{Q}=\sigma_0^2\boldsymbol{P}^{-1} \tag{7-7-7}$$

现以两台 GNSS 接收机测得的结果为例，说明 GNSS 平差的随机模型的组成。

用两台 GNSS 接收机测量，在一个时段内只能得到一条观测基线向量($\Delta X_{ij}\quad \Delta Y_{ij}\quad \Delta Z_{ij}$)，其中3个观测坐标分量是相关的，观测基线向量的协方差直接由软件给出，已知为

$$
\boldsymbol{D}_{ij}=\begin{bmatrix}\sigma_{\Delta X_{ij}}^{2} & \sigma_{\Delta X_{ij}\Delta Y_{ij}} & \sigma_{\Delta X_{ij}\Delta Z_{ij}}\\ \text{对} & \sigma_{\Delta Y_{ij}}^{2} & \sigma_{\Delta Y_{ij}\Delta Z_{ij}}\\ & \text{称} & \sigma_{\Delta Z_{ij}}^{2}\end{bmatrix} \tag{7-7-8}
$$

不同的观测基线向量之间是互相独立的。因此对于全网而言，式(7-7-7) 中的 $\boldsymbol{D}$ 是块对角阵，即

$$
\boldsymbol{D}=\begin{bmatrix}\underset{3\,3}{D_1} & 0 & \cdots & 0\\ 0 & \underset{3\,3}{D_2} & \cdots & 0\\ & & \ddots & \\ 0 & 0 & & \underset{3\,3}{D_g}\end{bmatrix} \tag{7-7-9}
$$

式中 $\boldsymbol{D}$ 的下脚标号 1，2，…，g 为各观测基线向量号，例如其中$\underset{3\,3}{\boldsymbol{D}_2}$ 为式(7-7-8) 所示的 D_{ij} 等。

对于多台 GNSS 接收机测量的随机模型组成，其原理同上，全网的 $\boldsymbol{D}$ 也是一个块对角阵，但其中对角块阵 $\boldsymbol{D}_j$ 是多个同步基线向量的协方差阵。

由式(7-7-9) 可得权阵为

$$
\boldsymbol{P}^{-1}=\boldsymbol{D}/\sigma_0^2,\ \boldsymbol{P}=(\boldsymbol{D}/\sigma_0^2)^{-1} \tag{7-7-10}
$$

式中 σ_0^2 可任意选定，最简单的方法设为1，但为了使权阵中各元素不要过大，可适当选取 σ_0^2。权阵也是块对角阵。

下面举例说明 GNSS 网平差的步骤。

例 7-10 图7-13为一简单GNSS网，用两台GNSS接收机观测，测得5条基线向量，$n=15$，每一个基线向量中三个坐标差观测值相关，由于只用两台 GNSS 接收机观测，所以各观测基线向量互相独立，网中点 LC01 其三维坐标已知，其余三个为待定点，参数个数 $t=9$。

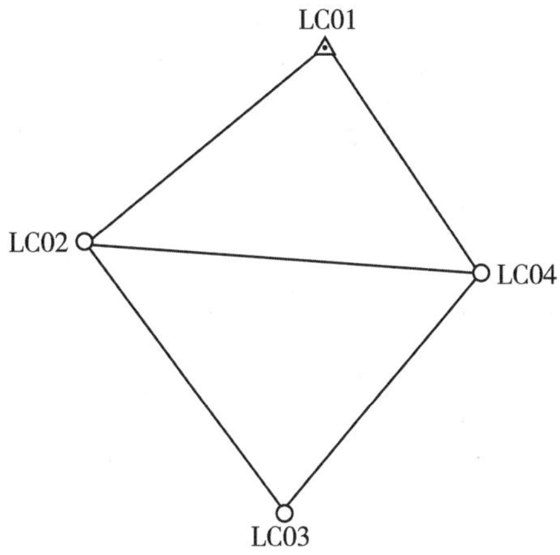

图 7-13 无约束 GNSS 基线向量网

附表　　**观测基线信息**

编号	起点	终点	ΔX	ΔY	ΔZ	基线方差阵
1	*LC*02	*LC*01	-1 218.561	-1 039.227	1 737.720	$\begin{bmatrix} 2.320999\times10^{-7} & \text{对} & \\ -5.097008\times10^{-7} & 1.339931\times10^{-6} & \text{称} \\ -4.371401\times10^{-7} & 1.109356\times10^{-6} & 1.008592\times10^{-6} \end{bmatrix}$
2	*LC*04	*LC*01	270.457	-503.208	1 879.923	$\begin{bmatrix} 1.044894\times10^{-6} & \text{对} & \\ -2.396533\times10^{-6} & 6.341291\times10^{-6} & \text{称} \\ -2.319683\times10^{-6} & 5.902876\times10^{-6} & 6.035577\times10^{-6} \end{bmatrix}$
3	*LC*04	*LC*02	1 489.013	536.030	142.218	$\begin{bmatrix} 5.850064\times10^{-7} & \text{对} & \\ -1.329620\times10^{-6} & 3.362548\times10^{-6} & \text{称} \\ -1.252374\times10^{-6} & 3.069820\times10^{-6} & 3.019233\times10^{-6} \end{bmatrix}$
4	*LC*03	*LC*02	1 405.531	-178.157	1 171.380	$\begin{bmatrix} 1.205319\times10^{-6} & \text{对} & \\ -2.636702\times10^{-6} & 6.858585\times10^{-6} & \text{称} \\ -2.174106\times10^{-6} & 5.480745\times10^{-6} & 4.820125\times10^{-6} \end{bmatrix}$
5	*LC*04	*LC*03	83.497	714.153	-1 029.199	$\begin{bmatrix} 9.662657\times10^{-6} & \text{对} & \\ -2.175476\times10^{-5} & 5.194777\times10^{-5} & \text{称} \\ -1.971468\times10^{-5} & 4.633565\times10^{-5} & 4.324110\times10^{-5} \end{bmatrix}$

1. 网图

2. 已知点信息(单位：m)

	X	Y	Z
LC01	−1 974 638.7340	4 590 014.8190	3 953 144.9235

3. 观测基线信息(见附表)

4. 待定参数

设 LC02、LC03、LC04 点的三维坐标平差值为参数，即

$$\hat{\boldsymbol{X}} = [\hat{X}_2 \quad \hat{Y}_2 \quad \hat{Z}_2 \quad \hat{X}_3 \quad \hat{Y}_3 \quad \hat{Z}_3 \quad \hat{X}_4 \quad \hat{Y}_4 \quad \hat{Z}_4]^{\mathrm{T}}$$

5. 待定参数近似坐标信息(单位：m)

	X^0	Y^0	Z^0
LC02	−1 973 420.1740	4 591 054.0467	3 951 407.2050
LC03	−1 974 825.7010	4 591 232.1940	3 950 235.8130
LC04	−1 974 909.1980	4 590 518.0410	3 951 265.0120

6. 误差方程

$$\underset{15\ 1}{\boldsymbol{V}} = \underset{15\ 99\ 1}{\boldsymbol{B}\,\hat{\boldsymbol{x}}} - \underset{15\ 1}{\boldsymbol{l}}$$

$$\begin{bmatrix} v_1 \\ v_2 \\ v_3 \\ v_4 \\ v_5 \\ v_6 \\ v_7 \\ v_8 \\ v_9 \\ v_{10} \\ v_{11} \\ v_{12} \\ v_{13} \\ v_{14} \\ v_{15} \end{bmatrix} = \begin{bmatrix} -1 & 0 & 0 & 0 & 0 & 0 & 0 & 0 & 0 \\ 0 & -1 & 0 & 0 & 0 & 0 & 0 & 0 & 0 \\ 0 & 0 & -1 & 0 & 0 & 0 & 0 & 0 & 0 \\ 0 & 0 & 0 & 0 & 0 & 0 & -1 & 0 & 0 \\ 0 & 0 & 0 & 0 & 0 & 0 & 0 & -1 & 0 \\ 0 & 0 & 0 & 0 & 0 & 0 & 0 & 0 & -1 \\ 1 & 0 & 0 & 0 & 0 & 0 & -1 & 0 & 0 \\ 0 & 1 & 0 & 0 & 0 & 0 & 0 & -1 & 0 \\ 0 & 0 & 1 & 0 & 0 & 0 & 0 & 0 & -1 \\ 1 & 0 & 0 & -1 & 0 & 0 & 0 & 0 & 0 \\ 0 & 1 & 0 & 0 & -1 & 0 & 0 & 0 & 0 \\ 0 & 0 & 1 & 0 & 0 & -1 & 0 & 0 & 0 \\ 0 & 0 & 0 & 1 & 0 & 0 & -1 & 0 & 0 \\ 0 & 0 & 0 & 0 & 1 & 0 & 0 & -1 & 0 \\ 0 & 0 & 0 & 0 & 0 & 1 & 0 & 0 & -1 \end{bmatrix} \begin{bmatrix} \hat{x}_2 \\ \hat{y}_2 \\ \hat{z}_2 \\ \hat{x}_3 \\ \hat{y}_3 \\ \hat{z}_3 \\ \hat{x}_4 \\ \hat{y}_4 \\ \hat{z}_4 \end{bmatrix} - \begin{bmatrix} -0.001 \\ 0.0007 \\ 0.0015 \\ -0.007 \\ 0.014 \\ 0.0115 \\ -0.0110 \\ 0.0243 \\ 0.0250 \\ 0.0040 \\ -0.0097 \\ -0.012 \\ 0 \\ 0 \\ 0 \end{bmatrix}$$

7. 权阵

为了计算方便，令先验单位权中误差为 $\sigma_0 = 0.00298$，其权阵为

$$\boldsymbol{P} = (\boldsymbol{D}/\sigma_0^2)^{-1}$$

$$
\underset{15\,15}{\boldsymbol{P}} = \begin{bmatrix}
249.53 & & & & & & & & & & & & & & \\
60.20 & 88.85 & & & & & & \text{对} & & & & & & & \\
41.94 & -71.63 & 105.79 & & & & & & & & & & & & \\
0 & 0 & 0 & 71.43 & & & & & & & & & & & \\
0 & 0 & 0 & 16.07 & 19.28 & & & & & & & & & & \\
0 & 0 & 0 & 11.73 & -12.68 & 18.38 & & & & & & & & & \\
0 & 0 & 0 & 0 & 0 & 0 & 169.83 & & & & & & & & \\
0 & 0 & 0 & 0 & 0 & 0 & 39.60 & 46.12 & & & & & \text{称} & & \\
0 & 0 & 0 & 0 & 0 & 0 & 30.18 & -30.46 & 46.44 & & & & & & \\
0 & 0 & 0 & 0 & 0 & 0 & 0 & 0 & 0 & 49.05 & & & & & \\
0 & 0 & 0 & 0 & 0 & 0 & 0 & 0 & 0 & 12.89 & 17.59 & & & & \\
0 & 0 & 0 & 0 & 0 & 0 & 0 & 0 & 0 & 7.47 & -14.19 & 21.35 & & & \\
0 & 0 & 0 & 0 & 0 & 0 & 0 & 0 & 0 & 0 & 0 & 17.74 & & & \\
0 & 0 & 0 & 0 & 0 & 0 & 0 & 0 & 0 & 0 & 0 & 4.86 & 5.21 & & \\
0 & 0 & 0 & 0 & 0 & 0 & 0 & 0 & 0 & 0 & 0 & 2.88 & -3.36 & 5.12 &
\end{bmatrix}
$$

8. 法方程

$$
\boldsymbol{B}^{\mathrm{T}}\boldsymbol{P}\boldsymbol{B}\hat{\boldsymbol{x}} = \boldsymbol{B}^{\mathrm{T}}\boldsymbol{P}\boldsymbol{l}
$$

$$
\begin{bmatrix}
468.4142 & & & & & & & & \\
112.6840 & 152.5534 & & & & \text{对} & & & \\
79.5936 & -116.2839 & 173.5805 & & & & & & \\
-49.0502 & -12.8852 & -7.4728 & 14.1853 & & & & \text{称} & \\
-12.8852 & -17.5868 & 14.1853 & 17.7451 & 22.7947 & & & & \\
-7.4728 & 14.1853 & -21.3465 & 10.3510 & -17.5501 & 26.4702 & & & \\
-169.8336 & -39.6002 & -30.1830 & -17.7351 & -4.8599 & -2.8782 & 259.0030 & & \\
-39.6002 & -46.1183 & 30.4649 & -4.8599 & -5.2079 & 3.3648 & 60.5337 & 70.6066 & \\
-30.1830 & 30.4649 & -46.4430 & -2.8782 & 3.3648 & -5.1237 & 44.7957 & -46.5086 & 69.9513
\end{bmatrix}
\begin{bmatrix} \hat{x}_2 \\ \hat{y}_2 \\ \hat{z}_2 \\ \hat{x}_3 \\ \hat{y}_3 \\ \hat{z}_3 \\ \hat{x}_4 \\ \hat{y}_4 \\ \hat{z}_4 \end{bmatrix}
=
\begin{bmatrix} -0.0253 \\ 0.0801 \\ -0.0665 \\ 0.0185 \\ -0.0512 \\ 0.0887 \\ 0.2914 \\ 0.0649 \\ -0.0405 \end{bmatrix}
$$

9. 法方程系数阵的逆

$$
N_{BB}^{-1}=\begin{bmatrix}
0.0020 & & & & & & & & \\
-0.0044 & 0.0116 & & & & \text{对} & & & \\
-0.0038 & 0.0097 & 0.0089 & & & & & & \\
0.0019 & -0.0042 & -0.0037 & 0.0124 & & & & \text{称} & \\
-0.0042 & 0.0111 & 0.0093 & -0.0273 & 0.0700 & & & & \\
-0.0037 & 0.0093 & 0.0086 & -0.0231 & 0.0575 & 0.0515 & & & \\
0.0013 & -0.0028 & -0.0025 & 0.0016 & -0.0036 & -0.0032 & 0.0044 & & \\
-0.0028 & 0.0076 & 0.0064 & -0.0035 & 0.0097 & 0.0082 & -0.0100 & 0.0260 & \\
-0.0025 & 0.0064 & 0.0060 & -0.0030 & 0.0080 & 0.0076 & -0.0094 & 0.0235 & 0.0231
\end{bmatrix}
$$

10. 法方程的解及精度评定(单位：m)

$$
\begin{bmatrix}\hat{x}_2\\ \hat{y}_2\\ \hat{z}_2\\ \hat{x}_3\\ \hat{y}_3\\ \hat{z}_3\\ \hat{x}_4\\ \hat{y}_4\\ \hat{z}_4\end{bmatrix}=N_{BB}^{-1}A^{T}Pl=\begin{bmatrix}0.0007\\ -0.002\\ -0.0006\\ -0.0023\\ 0.0073\\ 0.0087\\ 0.0096\\ -0.0198\\ -0.0197\end{bmatrix}(\mathrm{m})
$$

$$
\hat{\sigma}_0=\sqrt{\frac{V^{T}PV}{n-t}}=\sqrt{\frac{0.0006}{15-9}}=0.010\mathrm{m}
$$

$$
\hat{\sigma}_{\hat{x}_i}=\hat{\sigma}_0\sqrt{Q_{\hat{x}_i\hat{x}_i}}\qquad \hat{\sigma}_{\hat{y}_i}=\hat{\sigma}_0\sqrt{Q_{\hat{y}_i\hat{y}_i}}\qquad \hat{\sigma}_{\hat{z}_i}=\hat{\sigma}_0\sqrt{Q_{\hat{z}_i\hat{z}_i}}
$$

$$
\hat{\sigma}_{\hat{x}_2}=0.0015\mathrm{m}\qquad \hat{\sigma}_{\hat{y}_2}=0.0036\mathrm{m}\qquad \hat{\sigma}_{\hat{z}_2}=0.0032\mathrm{m}
$$

$$
\hat{\sigma}_{\hat{x}_3}=0.0037\mathrm{m}\qquad \hat{\sigma}_{\hat{y}_3}=0.0089\mathrm{m}\qquad \hat{\sigma}_{\hat{z}_3}=0.0076\mathrm{m}
$$

$$
\hat{\sigma}_{\hat{x}_4}=0.0022\mathrm{m}\qquad \hat{\sigma}_{\hat{y}_4}=0.0054\mathrm{m}\qquad \hat{\sigma}_{\hat{z}_4}=0.0051\mathrm{m}
$$

11. 平差结果(单位：m)

	$\hat{X}$	$\hat{Y}$	$\hat{Z}$
LC02	- 1 973 420. 1733	4 591 054. 0465	3 951 407. 2044
LC03	- 1 974 825. 7033	4 591 232. 2013	3 950 235. 8217
LC04	- 1 974 909. 1884	4 590 518. 0212	3 951 264. 9923

例 7-11　有一个 GNSS 网，其中共有 2 个已知坐标点和 6 个待定坐标点，测得基线向量 16 条，各观测基线向量互相独立。其网图如图 7-14 所示。

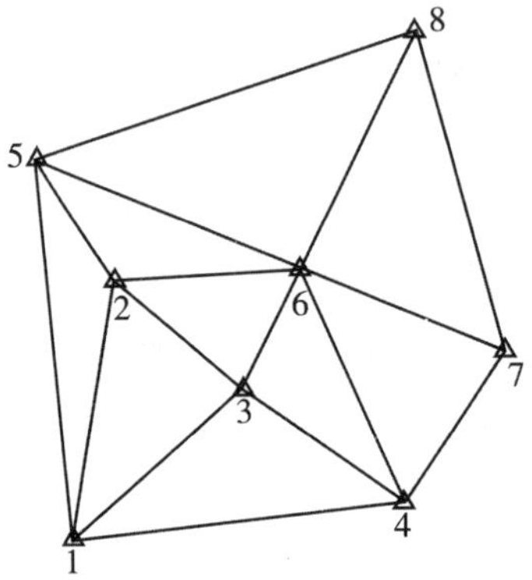

图 7-14　GNSS 网图

1. 观测向量信息

编号	起点	终点	ΔX	ΔY	ΔZ	基线方差阵(× 10⁻⁶)
1	N002	N001	-119.888	516.6920	-838.2730	$\begin{bmatrix} 0.3904 & -0.3171 & -0.4023 \\ -0.3171 & 0.6333 & 0.4048 \\ -0.4023 & 0.4048 & 0.8941 \end{bmatrix}$
2	N003	N001	415.567	590.1690	-484.3730	$\begin{bmatrix} 0.2426 & -0.1978 & -0.2484 \\ -0.1978 & 0.3939 & 0.2511 \\ -0.2484 & 0.2511 & 0.5557 \end{bmatrix}$
3	N006	N002	596.363	391.2610	-32.8650	$\begin{bmatrix} 0.2217 & -0.1800 & -0.2144 \\ -0.1800 & 0.3790 & 0.2283 \\ -0.2144 & 0.2283 & 0.4750 \end{bmatrix}$
4	N002	N003	-535.457	-73.4720	-353.8990	$\begin{bmatrix} 0.2295 & -0.2217 & -0.0747 \\ -0.2217 & 0.5399 & 0.1479 \\ -0.0747 & 0.1479 & 0.2401 \end{bmatrix}$
5	N002	N005	384.089	-50.6680	390.1980	$\begin{bmatrix} 0.2521 & -0.2448 & -0.0808 \\ -0.2448 & 0.5990 & 0.1618 \\ -0.0808 & 0.1618 & 0.2591 \end{bmatrix}$

续表

编号	起点	终点	ΔX	ΔY	ΔZ	基线方差阵(×10⁻⁶)
6	N003	N004	-650.326	-135.0610	-362.4920	$\begin{bmatrix} 0.1501 & -0.1449 & -0.0483 \\ -0.1449 & 0.3488 & 0.0958 \\ -0.0483 & 0.0958 & 0.1562 \end{bmatrix}$
7	N004	N001	1065.894	725.2290	-121.8830	$\begin{bmatrix} 0.2996 & -0.2902 & -0.0937 \\ -0.2902 & 0.6758 & 0.1823 \\ -0.0937 & 0.1823 & 0.2949 \end{bmatrix}$
8	N005	N001	-503.977	567.3630	-1228.471	$\begin{bmatrix} 0.2549 & -0.2472 & -0.0793 \\ -0.2472 & 0.5754 & 0.1548 \\ -0.0793 & 0.1548 & 0.2539 \end{bmatrix}$
9	N005	N008	-1137.077	-983.7240	405.9790	$\begin{bmatrix} 0.2053 & -0.2003 & -0.0632 \\ -0.2003 & 0.4858 & 0.1287 \\ -0.0632 & 0.1287 & 0.2079 \end{bmatrix}$
10	N004	N007	-183.291	-458.9740	478.2180	$\begin{bmatrix} 0.2588 & -0.2090 & -0.1855 \\ -0.2090 & 0.3743 & 0.2475 \\ -0.1855 & 0.2475 & 0.3483 \end{bmatrix}$
11	N006	N003	60.904	317.7860	-386.7610	$\begin{bmatrix} 0.2356 & -0.1923 & -0.1735 \\ -0.1923 & 0.3393 & 0.2278 \\ -0.1735 & 0.2278 & 0.3209 \end{bmatrix}$
12	N006	N004	-589.424	182.7260	-749.2520	$\begin{bmatrix} 0.2808 & -0.2288 & -0.2092 \\ -0.2288 & 0.3999 & 0.2708 \\ -0.2092 & 0.2708 & 0.3832 \end{bmatrix}$
13	N006	N005	980.451	340.5890	357.3370	$\begin{bmatrix} 0.3485 & -0.2845 & -0.2599 \\ -0.2845 & 0.4977 & 0.3377 \\ -0.2599 & 0.3377 & 0.4764 \end{bmatrix}$

续表

编号	起点	终点	ΔX	ΔY	ΔZ	基线方差阵($\times 10^{-6}$)
14	N006	N007	-772.714	-276.2480	-271.0350	$\begin{bmatrix} 0.3332 & -0.2711 & -0.2470 \\ -0.2711 & 0.4739 & 0.3198 \\ -0.2470 & 0.3198 & 0.4527 \end{bmatrix}$
15	N008	N006	156.627	643.1340	-763.3190	$\begin{bmatrix} 0.3201 & -0.2612 & -0.2388 \\ -0.2612 & 0.4584 & 0.3111 \\ -0.2388 & 0.3111 & 0.4392 \end{bmatrix}$
16	N008	N007	-616.087	366.8860	-1034.353	$\begin{bmatrix} 0.3644 & -0.2977 & -0.2656 \\ -0.2977 & 0.5295 & 0.3516 \\ -0.2656 & 0.3516 & 0.4963 \end{bmatrix}$

2. 已知点信息(单位：m)

	X	Y	Z
N001	-2 830 754.6300	4 650 074.3450	3 312 175.0540
N008	-2 831 387.7270	4 648 523.2550	3 313 809.5080

3. 待定参数

设N002、N003、N004、N005、N006、N007点的三维坐标平差值为参数，即

$$\hat{\boldsymbol{X}} = [\hat{X}_2\hat{Y}_2\hat{Z}_2\hat{X}_3\hat{Y}_3\hat{Z}_3\hat{X}_4\hat{Y}_4\hat{Z}_4\hat{X}_5\hat{Y}_5\hat{Z}_5\hat{X}_6\hat{Y}_6\hat{Z}_6\hat{X}_7\hat{Y}_7\hat{Z}_7]^{\mathrm{T}}$$

4. 待定参数近似坐标信息(单位：m)

	X^0	Y^0	Z^0
N002	-2 830 635.5760	4 649 558.7510	3 313 013.4130
N003	-2 831 171.0310	4 649 485.2740	3 312 659.5120
N004	-2 831 823.0100	4 649 352.1790	3 312 299.2680
N005	-2 830 253.1380	4 649 510.0450	3 313 405.8570
N006	-2 831 231.9380	4 649 167.4900	3 313 046.2780
N007	-2 832 005.9750	4 648 892.5570	3 312 778.5440

5. 误差方程

$$\boldsymbol{V} = \boldsymbol{B}\hat{\boldsymbol{x}} - \boldsymbol{l}$$

$$
\begin{bmatrix} v_1\\ v_2\\ v_3\\ v_4\\ v_5\\ v_6\\ v_7\\ v_8\\ v_9\\ v_{10}\\ v_{11}\\ v_{12}\\ v_{13}\\ v_{14}\\ v_{15}\\ v_{16}\\ v_{17}\\ v_{18}\\ v_{19}\\ v_{20}\\ v_{21}\\ v_{22}\\ v_{23}\\ v_{24}\\ v_{25}\\ v_{26}\\ v_{27}\\ v_{28}\\ v_{29}\\ v_{30}\\ v_{31}\\ v_{32}\\ v_{33}\\ v_{34}\\ v_{35}\\ v_{36}\\ v_{37}\\ v_{38}\\ v_{39}\\ v_{40}\\ v_{41}\\ v_{42}\\ v_{43}\\ v_{44}\\ v_{45}\\ v_{46}\\ v_{47}\\ v_{48} \end{bmatrix}
=
\begin{bmatrix}
-1&0&0&0&0&0&0&0&0&0&0&0&0&0&0&0&0&0\\
0&-1&0&0&0&0&0&0&0&0&0&0&0&0&0&0&0&0\\
0&0&-1&0&0&0&0&0&0&0&0&0&0&0&0&0&0&0\\
0&0&0&-1&0&0&0&0&0&0&0&0&0&0&0&0&0&0\\
0&0&0&0&-1&0&0&0&0&0&0&0&0&0&0&0&0&0\\
0&0&0&0&0&-1&0&0&0&0&0&0&0&0&0&0&0&0\\
1&0&0&0&0&0&0&0&0&0&0&0&-1&0&0&0&0&0\\
0&1&0&0&0&0&0&0&0&0&0&0&0&-1&0&0&0&0\\
0&0&1&0&0&0&0&0&0&0&0&0&0&0&-1&0&0&0\\
-1&0&0&1&0&0&0&0&0&0&0&0&0&0&0&0&0&0\\
0&-1&0&0&1&0&0&0&0&0&0&0&0&0&0&0&0&0\\
0&0&-1&0&0&1&0&0&0&0&0&0&0&0&0&0&0&0\\
-1&0&0&0&0&0&0&0&0&1&0&0&0&0&0&0&0&0\\
0&-1&0&0&0&0&0&0&0&0&1&0&0&0&0&0&0&0\\
0&0&-1&0&0&0&0&0&0&0&0&1&0&0&0&0&0&0\\
0&0&0&-1&0&0&1&0&0&0&0&0&0&0&0&0&0&0\\
0&0&0&0&-1&0&0&1&0&0&0&0&0&0&0&0&0&0\\
0&0&0&0&0&-1&0&0&1&0&0&0&0&0&0&0&0&0\\
0&0&0&0&0&0&-1&0&0&0&0&0&0&0&0&0&0&0\\
0&0&0&0&0&0&0&-1&0&0&0&0&0&0&0&0&0&0\\
0&0&0&0&0&0&0&0&-1&0&0&0&0&0&0&0&0&0\\
0&0&0&0&0&0&0&0&0&-1&0&0&0&0&0&0&0&0\\
0&0&0&0&0&0&0&0&0&0&-1&0&0&0&0&0&0&0\\
0&0&0&0&0&0&0&0&0&0&0&-1&0&0&0&0&0&0\\
0&0&0&0&0&0&0&0&0&-1&0&0&0&0&0&0&0&0\\
0&0&0&0&0&0&0&0&0&0&-1&0&0&0&0&0&0&0\\
0&0&0&0&0&0&0&0&0&0&0&-1&0&0&0&0&0&0\\
0&0&0&0&0&0&-1&0&0&0&0&0&0&0&0&1&0&0\\
0&0&0&0&0&0&0&-1&0&0&0&0&0&0&0&0&1&0\\
0&0&0&0&0&0&0&0&-1&0&0&0&0&0&0&0&0&1\\
0&0&0&1&0&0&0&0&0&0&0&0&-1&0&0&0&0&0\\
0&0&0&0&1&0&0&0&0&0&0&0&0&-1&0&0&0&0\\
0&0&0&0&0&1&0&0&0&0&0&0&0&0&-1&0&0&0\\
0&0&0&0&0&0&1&0&0&0&0&0&-1&0&0&0&0&0\\
0&0&0&0&0&0&0&1&0&0&0&0&0&-1&0&0&0&0\\
0&0&0&0&0&0&0&0&1&0&0&0&0&0&-1&0&0&0\\
0&0&0&0&0&0&0&0&0&1&0&0&-1&0&0&0&0&0\\
0&0&0&0&0&0&0&0&0&0&1&0&0&-1&0&0&0&0\\
0&0&0&0&0&0&0&0&0&0&0&1&0&0&-1&0&0&0\\
0&0&0&0&0&0&0&0&0&0&0&0&-1&0&0&1&0&0\\
0&0&0&0&0&0&0&0&0&0&0&0&0&-1&0&0&1&0\\
0&0&0&0&0&0&0&0&0&0&0&0&0&0&-1&0&0&1\\
0&0&0&0&0&0&0&0&0&0&0&0&1&0&0&0&0&0\\
0&0&0&0&0&0&0&0&0&0&0&0&0&1&0&0&0&0\\
0&0&0&0&0&0&0&0&0&0&0&0&0&0&1&0&0&0\\
0&0&0&0&0&0&0&0&0&0&0&0&0&0&0&1&0&0\\
0&0&0&0&0&0&0&0&0&0&0&0&0&0&0&0&1&0\\
0&0&0&0&0&0&0&0&0&0&0&0&0&0&0&0&0&1
\end{bmatrix}
\begin{bmatrix} \hat{x}_2\\ \hat{y}_2\\ \hat{z}_2\\ \hat{x}_3\\ \hat{y}_3\\ \hat{z}_3\\ \hat{x}_4\\ \hat{y}_4\\ \hat{z}_4\\ \hat{x}_5\\ \hat{y}_5\\ \hat{z}_5\\ \hat{x}_6\\ \hat{y}_6\\ \hat{z}_6\\ \hat{x}_7\\ \hat{y}_7\\ \hat{z}_7 \end{bmatrix}
-
\begin{bmatrix} 0.8340\\ -1.0980\\ -0.0860\\ 0.8340\\ -1.0980\\ -0.0850\\ -0.0010\\ 0\\ 0\\ 0.0020\\ -0.0050\\ -0.0020\\ -1.6510\\ 1.9620\\ 2.2460\\ -1.6530\\ 1.9660\\ 2.2480\\ 2.4860\\ -3.0630\\ -2.3310\\ 2.4850\\ -3.0630\\ -2.3320\\ 2.4880\\ -3.0660\\ -2.3280\\ 0.3260\\ -0.6480\\ 1.0580\\ 0.0030\\ -0.0020\\ -0.0050\\ -1.6480\\ 1.9630\\ 2.2420\\ -1.6510\\ 1.9660\\ 2.2420\\ -1.3230\\ 1.3150\\ 3.3010\\ -0.8380\\ 1.1010\\ 0.0890\\ -2.1610\\ 2.4160\\ 3.3890 \end{bmatrix}
$$

6. 定权及组成法方程

取先验单位权中误差为 $\sigma_0 = 0.0036\text{m}$，其权阵为：

$$\boldsymbol{P} = (\boldsymbol{D}/\sigma_0^2)^{-1}$$

法方程为：

$$\boldsymbol{B}^{\mathrm{T}}\boldsymbol{P}\boldsymbol{B}\hat{\boldsymbol{x}} = \boldsymbol{B}^{\mathrm{T}}\boldsymbol{P}\boldsymbol{l}$$

法方程系数阵的逆为：

$$\boldsymbol{N}_{BB}^{-1} = (\boldsymbol{B}^{\mathrm{T}}\boldsymbol{P}\boldsymbol{B})^{-1}$$

7. 解方程

$$\hat{\boldsymbol{x}} = \boldsymbol{N}_{BB}^{-1}\boldsymbol{B}^{\mathrm{T}}\boldsymbol{P}\boldsymbol{l} = \begin{bmatrix} 0.8353 \\ -1.1001 \\ -0.0852 \\ 0.8333 \\ -1.0972 \\ -0.0833 \\ 2.4859 \\ -3.0632 \\ -2.3310 \\ 2.4868 \\ -3.0645 \\ -2.3301 \\ 0.8365 \\ -1.0998 \\ -0.0881 \\ 2.1601 \\ -2.4153 \\ -3.3890 \end{bmatrix}$$

8. 精度评定

$$\text{单位权中误差 } \hat{\sigma}_0 = \sqrt{\frac{\boldsymbol{V}^{\mathrm{T}}\boldsymbol{P}\boldsymbol{V}}{r}} = 0.010\text{m}$$

$$\hat{\sigma}_{\hat{x}_i} = \hat{\sigma}_0\sqrt{Q_{\hat{x}_i\hat{x}_i}} \qquad \hat{\sigma}_{\hat{y}_i} = \hat{\sigma}_0\sqrt{Q_{\hat{y}_i\hat{y}_i}} \qquad \hat{\sigma}_{\hat{z}_i} = \hat{\sigma}_0\sqrt{Q_{\hat{z}_i\hat{z}_i}}$$

$$\hat{\sigma}_{\hat{x}_2} = 0.0008\text{m} \qquad \hat{\sigma}_{\hat{y}_2} = 0.0012\text{m} \qquad \hat{\sigma}_{\hat{z}_2} = 0.0010\text{m}$$

$$\hat{\sigma}_{\hat{x}_3} = 0.0008\text{m} \qquad \hat{\sigma}_{\hat{y}_3} = 0.0011\text{m} \qquad \hat{\sigma}_{\hat{z}_3} = 0.0010\text{m}$$

$$\hat{\sigma}_{\hat{x}_4} = 0.0008\text{m} \qquad \hat{\sigma}_{\hat{y}_4} = 0.0011\text{m} \qquad \hat{\sigma}_{\hat{z}_4} = 0.0009\text{m}$$

$$\hat{\sigma}_{\hat{x}_5} = 0.0007\text{m} \qquad \hat{\sigma}_{\hat{y}_5} = 0.0011\text{m} \qquad \hat{\sigma}_{\hat{z}_5} = 0.0008\text{m}$$

$$\hat{\sigma}_{\hat{x}_6} = 0.0008\text{m} \qquad \hat{\sigma}_{\hat{y}_6} = 0.0010\text{m} \qquad \hat{\sigma}_{\hat{z}_6} = 0.0009\text{m}$$

$$\hat{\sigma}_{\hat{x}_7} = 0.0010\text{m} \qquad \hat{\sigma}_{\hat{y}_7} = 0.0013\text{m} \qquad \hat{\sigma}_{\hat{z}_7} = 0.0012\text{m}$$

9. 平差结果(单位：m)

	$\hat{X}$	$\hat{Y}$	$\hat{Z}$
N002	-2 830 634.7407	4 649 557.6509	3 313 013.3277
N003	-2 831 170.1976	4 649 484.1767	3 312 659.4286
N004	-2 931 820.5241	4 649 349.1157	3 312 296.9369
N005	-2 830 250.6511	4 649 506.9804	3 313 403.5268
N006	-2 831 231.1015	4 649 166.3902	3 313 046.1899
N007	-2 832 003.8149	4 648 890.1417	3 312 778.1549

7.8 七参数坐标转换模型平差

式(7-2-41)是进行平面坐标转换的四参数模型，但是如果要进行空间坐标转换，其转换参数除了前面所说的4个参数外，还要增加1个平移参数和2个转换参数，即七参数转换模型。当观测的公共控制点大于3个时，可采用间接平差法求得空间坐标转换模型中的七个参数。下面以CGCS2000坐标系和1954北京坐标系之间的转换说明七参数坐标转换模型平差的过程。

例7-12 已知5个点在CGCS2000和1954北京坐标系下的坐标(见下表)，根据布尔莎模型求解CGCS2000和1954北京坐标系之间的转换参数。

点号	X_{2000}	Y_{2000}	Z_{2000}	X_{54}	Y_{54}	Z_{54}
1	-2066241.5001	5360801.8835	2761896.3022	-2066134.4896	5360847.0595	2761895.5970
2	-1983936.0407	5430615.7282	2685375.7214	-1983828.7084	5430658.9827	2685374.6681
3	-1887112.7302	5468749.1944	2677688.9806	-1887005.1714	5468790.6487	2677687.2680
4	-1808505.4212	5512502.2716	2642356.5720	-1808397.7260	5512542.0921	2642354.4550
5	-1847017.0670	5573542.7934	2483802.9904	-1846909.0036	5573582.6511	2483801.6147

解：两个坐标系之间转换的布尔莎模型为：

$$\begin{pmatrix} X \\ Y \\ Z \end{pmatrix}_{54} = \begin{pmatrix} T_X \\ T_Y \\ T_Z \end{pmatrix} + (1+m)R_3(\omega_Z)R_2(\omega_y)R_1(\omega_X)\begin{pmatrix} X \\ Y \\ Z \end{pmatrix}_{2000} \tag{7-8-1}$$

式中，$\begin{pmatrix}X\\Y\\Z\end{pmatrix}_{54}$ 和 $\begin{pmatrix}X\\Y\\Z\end{pmatrix}_{2000}$ 分别为某点在1954北京坐标系和CGCS2000坐标系下的坐标；

T_X、T_Y、T_Z 为由CGCS2000坐标系转换到1954北京坐标系的平移参数；

ω_X、ω_Y、ω_Z 为由CGCS2000坐标系转换到1954北京坐标系的旋转参数；

m 为由CGCS2000坐标系转换到1954北京坐标系的尺度参数；

$\boldsymbol{R}_3(\omega_Z)$ 为将坐标系绕 Z 轴旋转 ω_Z 得到的旋转矩阵，$\boldsymbol{R}_3(\omega_Z)=\begin{bmatrix}\cos\omega_Z & \sin\omega_Z & 0\\ -\sin\omega_Z & \cos\omega_Z & 0\\ 0 & 0 & 1\end{bmatrix}$；

$\boldsymbol{R}_2(\omega_Y)$ 为将坐标系绕 Y 轴旋转 ω_Y 得到的旋转矩阵，$\boldsymbol{R}_2(\omega_Y)=\begin{bmatrix}\cos\omega_Y & 0 & -\sin\omega_Y\\ 0 & 1 & 0\\ \sin\omega_Y & 0 & \cos\omega_Y\end{bmatrix}$；

$\boldsymbol{R}_1(\omega_X)$ 为将坐标系绕 X 轴旋转 ω_X 得到的旋转矩阵，$\boldsymbol{R}_1(\omega_X)=\begin{bmatrix}1 & 0 & 0\\ 0 & \cos\omega_X & \sin\omega_X\\ 0 & -\sin\omega_X & \cos\omega_X\end{bmatrix}$；

则有

$$
\begin{aligned}
\boldsymbol{R} &= \boldsymbol{R}_3(\omega_Z)\boldsymbol{R}_2(\omega_Y)\boldsymbol{R}_1(\omega_X)\\
&=\begin{bmatrix}\cos\omega_Z\cos\omega_Y & \cos\omega_Z\sin\omega_Y\sin\omega_X+\sin\omega_Z\cos\omega_X & \sin\omega_Z\sin\omega_X-\cos\omega_Z\sin\omega_Y\cos\omega_X\\ -\sin\omega_Z\cos\omega_Y & \cos\omega_Z\cos\omega_X-\sin\omega_Z\sin\omega_Y\sin\omega_X & \sin\omega_Z\sin\omega_Y\cos\omega_X+\cos\omega_Z\sin\omega_X\\ \sin\omega_Y & -\cos\omega_Y\sin\omega_X & \cos\omega_Y\cos\omega_X\end{bmatrix}
\end{aligned}
\tag{7-8-2}
$$

考虑到通常情况下，两个不同基准间旋转的3个欧拉角 ω_X、ω_Y、ω_Z 都非常小，因此布尔莎模型最终可简化表示为：

$$
\begin{pmatrix}X\\Y\\Z\end{pmatrix}_{54}=\begin{pmatrix}X\\Y\\Z\end{pmatrix}_{2000}+\begin{pmatrix}1 & 0 & 0 & 0 & -Z_{2000} & Y_{2000} & X_{2000}\\ 0 & 1 & 0 & Z_{2000} & 0 & -X_{2000} & Y_{2000}\\ 0 & 0 & 1 & -Y_{2000} & X_{2000} & 0 & Z_{2000}\end{pmatrix}\begin{pmatrix}T_X\\T_Y\\T_Z\\\omega_X\\\omega_Y\\\omega_Z\\m\end{pmatrix}
\tag{7-8-3}
$$

按题意知，必要观测数 $t=7$，$n=15$，$r=8$。选取7个转换参数为待估参数。

1. 列误差方程

将1954北京坐标系下的坐标视为观测值，设CGCS2000坐标系下的坐标为无误差，则可列出误差方程为

$$\begin{pmatrix} v_{x_1} \\ v_{y_1} \\ v_{z_1} \\ \vdots \\ v_{x_5} \\ v_{y_5} \\ v_{z_5} \end{pmatrix}_{54} = \begin{pmatrix} 1 & 0 & 0 & 0 & -Z_1 & Y_1 & X_1 \\ 0 & 1 & 0 & Z_1 & 0 & -X_1 & Y_1 \\ 0 & 0 & 1 & -Y_1 & X_1 & 0 & Z_1 \\ \vdots & \vdots & \vdots & \vdots & \vdots & \vdots & \vdots \\ 1 & 0 & 0 & 0 & -Z_5 & Y_5 & X_5 \\ 0 & 1 & 0 & Z_5 & 0 & -X_5 & Y_5 \\ 0 & 0 & 1 & -Y_5 & X_5 & 0 & Z_5 \end{pmatrix} \begin{pmatrix} T_X \\ T_Y \\ T_Z \\ \omega_X \\ \omega_Y \\ \omega_Z \\ m \end{pmatrix} - \left(\begin{pmatrix} X_1 \\ Y_1 \\ Z_1 \\ \vdots \\ X_5 \\ Y_5 \\ Z_5 \end{pmatrix}_{54} - \begin{pmatrix} X_1 \\ Y_1 \\ Z_1 \\ \vdots \\ X_5 \\ Y_5 \\ Z_5 \end{pmatrix} \right)_{2000}$$

(7-8-4)

写成矩阵形式即

$$\boldsymbol{V} = \boldsymbol{B}\hat{\boldsymbol{X}} - \boldsymbol{L} \qquad (7\text{-}8\text{-}5)$$

由于各点的坐标可视为同精度独立观测值，因此 $\boldsymbol{P} = \boldsymbol{I}$。

2. 参数求解

把各点坐标已知值代入上述误差方程，然后按照下列公式求解出参数估值：

$$\hat{\boldsymbol{X}} = (\boldsymbol{B}^{\mathrm{T}}\boldsymbol{B})^{-1}(\boldsymbol{B}^{\mathrm{T}}\boldsymbol{L}) \qquad (7\text{-}8\text{-}6)$$

求得：$\begin{pmatrix} \hat{T}_X \\ \hat{T}_Y \\ \hat{T}_Z \\ \hat{\omega}_X \\ \hat{\omega}_Y \\ \hat{\omega}_Z \\ \hat{m} \end{pmatrix} = \begin{pmatrix} -9.3089\text{m} \\ 26.0137\text{m} \\ 12.2981\text{m} \\ 0.51683\text{s} \\ -1.21848\text{s} \\ 3.50699\text{s} \\ -4.27148\text{ppm} \end{pmatrix}$

3. 精度评定

将所求得 $\hat{X}$ 代入 $\boldsymbol{V} = \boldsymbol{B}\hat{\boldsymbol{X}} - \boldsymbol{L}$ 求改正数 $\boldsymbol{V}$，利用改正数进行精度评定。

单位权中误差 $\hat{\sigma}_0 = \sqrt{\dfrac{\boldsymbol{V}^{\mathrm{T}}\boldsymbol{P}\boldsymbol{V}}{n-t}} = \sqrt{\dfrac{\boldsymbol{V}^{\mathrm{T}}\boldsymbol{P}\boldsymbol{V}}{8}} = 0.035\text{m}$，$\hat{\sigma}_0 = 0.035\text{m}$

随着测绘科学技术的发展，对测量函数模型的精密性要求越来越高，同时不同坐标系之间转换的需求也不仅仅局限于传统的控制成果之间的转换，一些工程项目特别是图像处理方向对任意角度的三维坐标转换计算也越来越多，适用于大角度空间坐标转换的模型及算法有广泛的现实需求。

将前述布尔莎模型式(7-8-1)在七参数初值 T_X^0、T_Y^0、T_Z^0、ω_X^0、ω_Y^0、ω_Z^0、$\lambda^0 = (1+m)^0$ 处按泰勒级数展开，且仅保留一阶项，通过迭代计算控制舍去误差，则有：

$$\begin{bmatrix} X \\ Y \\ Z \end{bmatrix}_T = \begin{bmatrix} T_X^0 \\ T_Y^0 \\ T_Z^0 \end{bmatrix} + \begin{bmatrix} \mathrm{d}T_X \\ \mathrm{d}T_Y \\ \mathrm{d}T_Z \end{bmatrix} + \lambda^0 R^0 \begin{bmatrix} X \\ Y \\ Z \end{bmatrix}_S + R^0 \begin{bmatrix} X \\ Y \\ Z \end{bmatrix}_S \mathrm{d}\lambda + \lambda^0 \mathrm{d}R \begin{bmatrix} X \\ Y \\ Z \end{bmatrix}_S \tag{7-8-7}$$

式中，

$$\mathrm{d}\boldsymbol{R} = \begin{bmatrix} \begin{matrix} -\sin\omega_Z\cos\omega_Y\mathrm{d}\omega_Z \\ -\cos\omega_Z\sin\omega_Y\mathrm{d}\omega_Y \end{matrix} & \begin{matrix} (\cos\omega_Z\cos\omega_X - \sin\omega_Z\sin\omega_Y\sin\omega_X)\mathrm{d}\omega_Z \\ +\cos\omega_Z\cos\omega_Y\sin\omega_X\mathrm{d}\omega_Y \\ +(\cos\omega_Z\sin\omega_Y\cos\omega_X - \sin\omega_Z\sin\omega_X)\mathrm{d}\omega_X \end{matrix} & \begin{matrix} (\cos\omega_Z\sin\omega_X + \sin\omega_Z\sin\omega_Y\cos\omega_X)\mathrm{d}\omega_Z \\ -\cos\omega_Y\cos\omega_X\cos\omega_Z\mathrm{d}\omega_Y \\ +(\sin\omega_Z\cos\omega_X + \cos\omega_Z\sin\omega_Y\sin\omega_X)\mathrm{d}\omega_X \end{matrix} \\ \begin{matrix} -\cos\omega_Z\cos\omega_Y\mathrm{d}\omega_Z \\ +\sin\omega_Z\sin\omega_Y\mathrm{d}\omega_Y \end{matrix} & \begin{matrix} -(\cos\omega_X\sin\omega_Z + \sin\omega_Y\sin\omega_X\cos\omega_Z)\mathrm{d}\omega_Z \\ -\sin\omega_Z\cos\omega_Y\sin\omega_X\mathrm{d}\omega_Y \\ -(\sin\omega_X\cos\omega_Z + \cos\omega_X\sin\omega_Y\sin\omega_Z)\mathrm{d}\omega_X \end{matrix} & \begin{matrix} (\cos\omega_Z\sin\omega_Y\cos\omega_X - \sin\omega_Z\sin\omega_X)\mathrm{d}\omega_Z \\ +\sin\omega_Z\cos\omega_Y\cos\omega_X\mathrm{d}\omega_Y \\ +(\cos\omega_Z\cos\omega_X - \sin\omega_Z\sin\omega_Y\sin\omega_X)\mathrm{d}\omega_X \end{matrix} \\ \cos\omega_Y\mathrm{d}\omega_Y & \sin\omega_Y\sin\omega_X\mathrm{d}\omega_Y - \cos\omega_Y\cos\omega_X\mathrm{d}\omega_X & -\sin\omega_Y\cos\omega_X\mathrm{d}\omega_Y - \cos\omega_Y\sin\omega_X\mathrm{d}\omega_X \end{bmatrix}$$

对公式(7-8-7)进行变换，可得：

$$X_T = R'x - l \tag{7-8-8}$$

式中：

$$\underset{31}{\boldsymbol{X}}^{\mathrm{T}} = [X \quad Y \quad Z]_T^{\mathrm{T}},\quad \underset{37}{\boldsymbol{R}'} = [\underset{33}{I} \quad \lambda^0\underset{33}{M} \quad \underset{31}{N}],$$

$$\hat{\boldsymbol{x}} = [\mathrm{d}T_X \quad \mathrm{d}T_Y \quad \mathrm{d}T_Z \quad \mathrm{d}\omega_Z \quad \mathrm{d}\omega_Y \quad \mathrm{d}\omega_X \quad \mathrm{d}\lambda]^{\mathrm{T}},$$

$$\underset{31}{\boldsymbol{N}} = \underset{33}{\boldsymbol{R}^0}\begin{bmatrix} X \\ Y \\ Z \end{bmatrix}_S,\quad \boldsymbol{l} = -\begin{bmatrix} T_X^0 \\ T_Y^0 \\ T_Z^0 \end{bmatrix} - \boldsymbol{\lambda}^0\boldsymbol{R}^0\begin{bmatrix} X \\ Y \\ Z \end{bmatrix}_S,$$

$$\underset{33}{\boldsymbol{M}} = \begin{bmatrix} \begin{matrix} \cos\omega_Z(Y_S\cos\omega_X + Z_S\sin\omega_X) - X_S\sin\omega_Z\cos\omega_Y \\ +\sin\omega_Z\sin\omega_Y(Z_S\cos\omega_X - Y_S\sin\omega_X) \end{matrix} & \begin{matrix} \cos\omega_Z\cos\omega_Y(Y_S\sin\omega_X - Z_S\cos\omega_X) \\ -X_S\cos\omega_Z\sin\omega_Y \end{matrix} & \begin{matrix} \cos\omega_Z\sin\omega_Y(Y_S\cos\omega_X + Z_S\sin\omega_X) \\ +\sin\omega_Z(Z_S\cos\omega_X - Y_S\sin\omega_X) \end{matrix} \\ \begin{matrix} -\sin\omega_Z(Z_S\sin\omega_X + Y_S\cos\omega_X) - X_S\cos\omega_Z\cos\omega_Y \\ +\cos\omega_Z\sin\omega_Y(Z_S\cos\omega_X - Y_S\sin\omega_X) \end{matrix} & \begin{matrix} \sin\omega_Z\cos\omega_Y(Z_S\cos\omega_X - Y_S\sin\omega_X) \\ +X_S\sin\omega_Z\sin\omega_Y \end{matrix} & \begin{matrix} -\sin\omega_Z\sin\omega_Y(Y_S\cos\omega_X + Z_S\sin\omega_X) \\ +\cos\omega_Z(Z_S\cos\omega_X - Y_S\sin\omega_X) \end{matrix} \\ 0 & \sin\omega_Y(Y_S\sin\omega_X - Z_S\cos\omega_X) + X_S\cos\omega_Y & -\cos\omega_Y(Y_S\cos\omega_X + Z_S\sin\omega_X) \end{bmatrix}$$

由方程(7-8-8)可得误差方程：

$$\boldsymbol{V} = \boldsymbol{R}'\hat{\boldsymbol{x}} - (\boldsymbol{l} + \boldsymbol{X}_T) \tag{7-8-9}$$

此时，$\hat{x}$ 为七参数的改正数。利用 3 个或 3 个以上公共点，通过最小二乘法进行迭代计算，即可求解参数的最优估值。迭代计算过程为：

(1) 选取七参数初值，第一次计算时可将 λ^0 设为 1，其余参数初值均为 0；

(2) 将参数初值代入公式(7-8-7)，计算矩阵 R'、d，组成公式(7-8-8)误差方程。若有 n 个公共点，则组成 $3n$ 个误差方程；

(3) 利用最小二乘方法求取七参数的改正数 $\hat{x}^{(k+1)}$(k 代表迭代计算次数)；

(4) 检核参数的改正数是否小于给定的限差，若不符合限差，则将 $\hat{X}^{(k)} = \hat{X}^{(k-1)} +$

$\hat{x}^{(k)}$ 作为新的初值，重复步骤(1) ~ (4)；符合限差，则计算结束，将 $\hat{X}^{(k)}$ 作为参数最佳估值。

评定精度可用单位权中误差$\sigma_0 = \sqrt{\frac{\boldsymbol{V}^{\mathrm{T}}\boldsymbol{P}\boldsymbol{V}}{f}}$，$f$为自由度，此时$f = 3n - 7$，$n$为公共点的个数。

第8章 附有限制条件的间接平差

在一个平差问题中，多余观测数$r=n-t$，t为必要观测个数，也是所有的独立参数的个数。如果在平差中选择了u个参数，且$u>t$，则有$u-t$个不独立的参数，即参数间存在$s=u-t$个限制条件。这时，除了要列出n个观测方程，还要列出s个限制参数间关系的条件方程，以此为函数模型的平差方法，称为附有限制条件的间接平差。

8.1 附有限制条件的间接平差原理

在第4章中已给出这种平差的函数模型式(4-2-12)、式(4-2-13)，现用平差值代真值得

$$\underset{n1}{\hat{L}}=F(\underset{u1}{\hat{X}}),\ \hat{\boldsymbol{L}}=\boldsymbol{B}\hat{\boldsymbol{X}}+\boldsymbol{d} \tag{8-1-1}$$

$$\underset{s1}{\boldsymbol{\Phi}}(\hat{X})=0 \tag{8-1-2}$$

及式(4-4-14)：

$$\underset{n1}{\boldsymbol{V}}=\underset{nu}{\boldsymbol{B}}\underset{u1}{\hat{\boldsymbol{x}}}-\underset{n1}{\boldsymbol{l}} \tag{8-1-3}$$

$$\underset{su}{\boldsymbol{C}}\underset{u1}{\hat{\boldsymbol{x}}}+\underset{s1}{\boldsymbol{W}_x}=\boldsymbol{0} \tag{8-1-4}$$

其中

$$R(\boldsymbol{B})=u,\ R(\boldsymbol{C})=s,\ u<n,\ s<u \tag{8-1-5}$$

即$\boldsymbol{B}$为列满秩阵，$\boldsymbol{C}$为行满秩阵。

随机模型为

$$\boldsymbol{D}=\sigma_0^2\underset{nn}{\boldsymbol{Q}}=\sigma_0^2\boldsymbol{P}^{-1} \tag{8-1-6}$$

在式(8-1-3)、式(8-1-4)两式中，待求量是n个改正数和u个参数，而方程个数为$n+s$，少于待求量的个数$n+u$，且系数阵的秩等于其增广矩阵的秩，即

$$\boldsymbol{R}\begin{bmatrix}-I & B\\ 0 & C\end{bmatrix}=\boldsymbol{R}\left[\begin{array}{cc|c}-I & B & l\\ 0 & C & W_x\end{array}\right]=n+s \tag{8-1-7}$$

故是有无穷多组解的一组相容方程。为此，应在无穷多组解中求出能使$\boldsymbol{V}^{\mathrm{T}}\boldsymbol{P}\boldsymbol{V}=\min$的一组解。按求条件极值法组成函数：

$$\boldsymbol{\Phi}=\boldsymbol{V}^{\mathrm{T}}\boldsymbol{P}\boldsymbol{V}+2\boldsymbol{K}_s^{\mathrm{T}}(\boldsymbol{C}\hat{\boldsymbol{x}}+\boldsymbol{W}_x) \tag{8-1-8}$$

式中$\underset{s1}{\boldsymbol{K}_s}$是对应于限制条件方程的联系数向量。由式(8-1-3)知，$\boldsymbol{V}$是$\hat{x}$的显函数，为求$\boldsymbol{\Phi}$的极小，将其对$\hat{x}$取偏导数并令其为零，则有

$$\frac{\partial \Phi}{\partial \hat{x}} = 2\boldsymbol{V}^{\mathrm{T}}\boldsymbol{P}\frac{\partial \boldsymbol{K}V}{\partial \hat{x}} + 2K_s^{\mathrm{T}}\boldsymbol{C} = 2\boldsymbol{V}^{\mathrm{T}}\boldsymbol{P}\boldsymbol{B} + 2\boldsymbol{K}_s^{\mathrm{T}}\boldsymbol{C} = \boldsymbol{0}$$

转置后得

$$\underset{u\,n}{\boldsymbol{B}^{\mathrm{T}}}\underset{n\,n}{\boldsymbol{P}}\underset{n1}{\boldsymbol{V}} + \underset{u\,s}{\boldsymbol{C}^{\mathrm{T}}}\underset{s\,1}{\boldsymbol{K}_s} = \underset{u\,1}{\boldsymbol{0}} \tag{8-1-9}$$

在(8-1-3)、(8-1-4)和(8-1-9)三式中，方程的个数是 $n+s+u$，待求未知数的个数是 n 个改正数、u 个参数和 s 个联系数，即方程个数等于未知数个数，故有唯一解。称这三个方程为附有限制条件的间接平差法的基础方程。

解此基础方程通常是先将式(8-1-3)代入式(8-1-9)，得

$$\boldsymbol{B}^{\mathrm{T}}\boldsymbol{P}\boldsymbol{B}\hat{\boldsymbol{x}} + \boldsymbol{C}^{\mathrm{T}}\boldsymbol{K}_s - \boldsymbol{B}^{\mathrm{T}}\boldsymbol{P}\boldsymbol{l} = \boldsymbol{0} \tag{8-1-10}$$

$$\boldsymbol{C}\hat{\boldsymbol{x}} + \boldsymbol{W}_x = \boldsymbol{0} \tag{8-1-11}$$

前面已令

$$\underset{u\,u}{\boldsymbol{N}_{BB}} = \boldsymbol{B}^{\mathrm{T}}\boldsymbol{P}\boldsymbol{B},\quad \underset{u\,1}{\boldsymbol{W}_l} = \boldsymbol{B}^{\mathrm{T}}\boldsymbol{P}\boldsymbol{l} \tag{8-1-12}$$

故上式可写成

$$\underset{u\,u}{\boldsymbol{N}_{BB}}\underset{u\,1}{\hat{\boldsymbol{x}}} + \underset{u\,s}{\boldsymbol{C}^{\mathrm{T}}}\underset{s\,1}{\boldsymbol{K}_s} - \underset{u\,1}{\boldsymbol{W}_l} = \boldsymbol{0} \tag{8-1-13}$$

$$\underset{s\,u}{\boldsymbol{C}}\underset{u\,1}{\hat{\boldsymbol{x}}} + \underset{s\,1}{\boldsymbol{W}_x} = \boldsymbol{0} \tag{8-1-14}$$

上式称为附有限制条件的间接平差法的法方程。由它可解出 $\hat{x}$ 和 K_s。第 7 章已指出，$\boldsymbol{N}_{BB}$为一满秩对称方阵，是可逆阵。用 $\boldsymbol{C}\boldsymbol{N}_{BB}^{-1}$左乘式(8-1-13)，并减去式(8-1-14)得：

$$\boldsymbol{C}\boldsymbol{N}_{BB}^{-1}\boldsymbol{C}^{\mathrm{T}}\boldsymbol{K}_s - (\boldsymbol{C}\boldsymbol{N}_{BB}^{-1}\boldsymbol{W} + \boldsymbol{W}_x) = \boldsymbol{0} \tag{8-1-15}$$

若令

$$\underset{s\,s}{\boldsymbol{N}_{CC}} = \underset{s\,u}{\boldsymbol{C}}\underset{u\,u}{\boldsymbol{N}_{BB}^{-1}}\underset{u\,s}{\boldsymbol{C}^{\mathrm{T}}} \tag{8-1-16}$$

则式(8-1-15)也可写成

$$\boldsymbol{N}_{CC}K_s - (\boldsymbol{C}\boldsymbol{N}_{BB}^{-1}\boldsymbol{W} + \boldsymbol{W}_x) = \boldsymbol{0} \tag{8-1-17}$$

式中 $\boldsymbol{N}_{CC}$的秩为 $\boldsymbol{R}(\boldsymbol{N}_{CC}) = \boldsymbol{R}(\boldsymbol{C}\boldsymbol{N}_{BB}^{-1}\boldsymbol{C}^{\mathrm{T}}) = \boldsymbol{R}(\boldsymbol{C}) = \boldsymbol{s}$，且 $\boldsymbol{N}_{CC}^{\mathrm{T}} = (\boldsymbol{C}\boldsymbol{N}_{BB}^{-1}\boldsymbol{C}^{\mathrm{T}})^{\mathrm{T}} = \boldsymbol{C}\boldsymbol{N}_{BB}^{-1}\boldsymbol{C}^{\mathrm{T}}$，故 $\underset{s\,s}{\boldsymbol{N}_{CC}}$为一 s 阶的满秩对称方阵，是可逆阵。于是

$$\underset{s\,1}{\boldsymbol{K}_s} = \boldsymbol{N}_{CC}^{-1}(\boldsymbol{C}\boldsymbol{N}_{BB}^{-1}\boldsymbol{W} + \boldsymbol{W}_x) \tag{8-1-18}$$

将上式代入式(8-1-13)，经整理可得：

$$\underset{u\,1}{\hat{\boldsymbol{x}}} = (\boldsymbol{N}_{BB}^{-1} - \boldsymbol{N}_{BB}^{-1}\boldsymbol{C}^{\mathrm{T}}\boldsymbol{N}_{CC}^{-1}\boldsymbol{C}\boldsymbol{N}_{BB}^{-1})\boldsymbol{W} - \boldsymbol{N}_{BB}^{-1}\boldsymbol{C}^{\mathrm{T}}\boldsymbol{N}_{CC}^{-1}\boldsymbol{W}_x \tag{8-1-19}$$

由上式解得 $\hat{\boldsymbol{x}}$ 之后，代入式(8-1-4)可求得 $\boldsymbol{V}$，最后即可求出：

$$\hat{\boldsymbol{L}} = \boldsymbol{L} + \boldsymbol{V} \tag{8-1-20}$$

$$\hat{\boldsymbol{X}} = \boldsymbol{X}^0 + \hat{\boldsymbol{x}} \tag{8-1-21}$$

在实际平差计算中，当列出误差方程和限制条件方程之后，即可计算 $\boldsymbol{N}_{BB}$、$\boldsymbol{N}_{BB}^{-1}$、$\boldsymbol{N}_{CC}$、$\boldsymbol{N}_{CC}^{-1}$，然后由式(8-1-19)计算 $\hat{\boldsymbol{x}}$，再代入误差方程式(8-1-3)计算 $\boldsymbol{V}$，最后由式(8-1-20)和式(8-1-21)求得观测值和参数的平差值。

例 8-1　为了确定通过已知点($x_0 = 0.4$，$y_0 = 1.2$)处的一条直线方程(见图 8-1)：

$y=ax+b$，现以等精度量测了 $x=1$，2，3 处的函数值 $y_i(i=1，2，3)$，其结果列于表8-1。又选直线方程中的 a、b 作为参数：$\hat{X}=[\hat{a}\ \hat{b}]^{T}$。试列出其误差方程和限制条件方程，并求 a、b 的估值及其协因数阵。

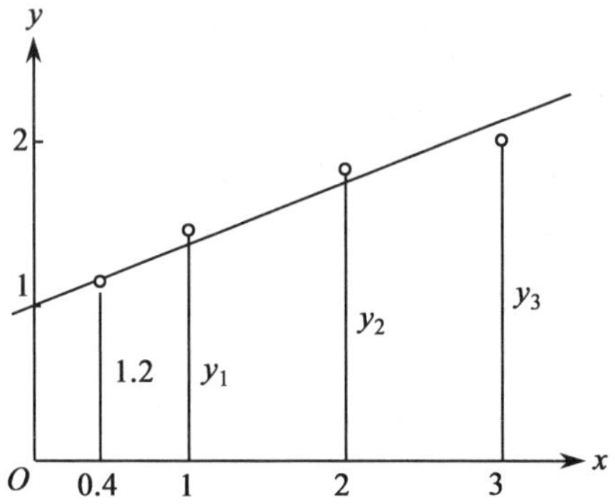

图 8-1　直线方程拟合图

表 8-1

点号	x_i	y_i
1	1	1.6
2	2	2.0
3	3	2.4

解：由题知 $n=3$，$t=1$，$r=3-1=2$，$u=2$，即总共应列 $r+u=4$ 个方程。其中 $s=u-t=2-1=1$ 个限制条件，其余 3 个为误差方程。

观测方程为：

$$\hat{y}_i=x_i\hat{a}+\hat{b}(i=1，2，3)$$

限制条件为：$x_0\hat{a}+\hat{b}-y_0=0$

将观测数据(表 8-1)代入观测方程，将$(x_0，y_0)$代入条件方程，即得误差方程和限制条件方程：

$$v_1=\hat{a}+\hat{b}-1.6\qquad v_2=2\hat{a}+\hat{b}-2.0$$

$$v_3=3\hat{a}+\hat{b}-2.4\qquad 0.4\hat{a}+\hat{b}-1.2=0$$

相应的法方程为

$$\begin{bmatrix}14 & 6 & 0.4\\ 6 & 3 & 1\\ 0.4 & 1 & 0\end{bmatrix}\begin{bmatrix}\hat{a}\\ \hat{b}\\ k_s\end{bmatrix}=\begin{bmatrix}12.8\\ 6.0\\ 1.2\end{bmatrix}$$

解得

$$\hat{a}=0.4793,\quad \hat{b}=1.0083,\quad k_s=0.0992$$

所以，直线方程为

$$y=0.4793x+1.0083$$

8.2 精度评定

精度评定仍是给出单位权方差的估值公式、推导协因数阵和平差参数的函数的协因数和中误差的公式。

8.2.1 单位权方差的估值公式

附有限制条件的间接平差的单位权方差估值仍是 $\boldsymbol{V}^{\mathrm{T}}\boldsymbol{PV}$ 除以其自由度，即

$$\hat{\sigma}_0^2=\frac{\boldsymbol{V}^{\mathrm{T}}\boldsymbol{PV}}{r}=\frac{\boldsymbol{V}^{\mathrm{T}}\boldsymbol{PV}}{n-u+s} \tag{8-2-1}$$

此处多余观测数 $r=n-u+s$，其中 $u-s=t$ 为必要的独立参数个数。

8.2.2 协因数阵

在附有限制条件的间接平差法中，基本向量为 $\boldsymbol{L}$，$\boldsymbol{W}$，$\hat{\boldsymbol{X}}$，$\boldsymbol{K}_s$，$\boldsymbol{V}$ 和 $\hat{\boldsymbol{L}}$。顾及 $\boldsymbol{Q}_{LL}=\boldsymbol{Q}$，即可推求各基本向量的自协因数阵以及两两向量之间的互协因数阵。

因为平差值方程的形式是 $\hat{\boldsymbol{L}}=\boldsymbol{F}(\hat{\boldsymbol{X}})$，根据式(4-3-9)知，误差方程的常数项 $\boldsymbol{l}=\boldsymbol{L}-\boldsymbol{F}(\boldsymbol{X}^0)$，其中 $\boldsymbol{F}(\boldsymbol{X}^0)$ 为常量，对精度计算无影响，故有

$$\boldsymbol{W}=\boldsymbol{B}^{\mathrm{T}}\boldsymbol{Pl}=\boldsymbol{B}^{\mathrm{T}}\boldsymbol{PL}+\boldsymbol{W}^0 \tag{8-2-2}$$

其中 $\boldsymbol{W}^0$ 亦为常量。于是基本向量的表达式为：

$$\begin{aligned}
&\boldsymbol{L}=\boldsymbol{L}\\
&\boldsymbol{W}=\boldsymbol{B}^{\mathrm{T}}\boldsymbol{PL}+\boldsymbol{W}^0\\
&\hat{\boldsymbol{X}}=\boldsymbol{X}^0+\hat{\boldsymbol{x}}=\boldsymbol{X}^0+(\boldsymbol{N}_{BB}^{-1}-\boldsymbol{N}_{BB}^{-1}\boldsymbol{C}^{\mathrm{T}}\boldsymbol{N}_{CC}^{-1}\boldsymbol{C}\boldsymbol{N}_{BB}^{-1})\boldsymbol{W}+\boldsymbol{N}_{BB}^{-1}\boldsymbol{C}^{\mathrm{T}}\boldsymbol{N}_{CC}^{-1}\boldsymbol{W}_x\\
&\boldsymbol{K}_s=\boldsymbol{N}_{CC}^{-1}\boldsymbol{C}\boldsymbol{N}_{BB}^{-1}\boldsymbol{W}-\boldsymbol{N}_{CC}^{-1}\boldsymbol{W}_x\\
&\boldsymbol{V}=\boldsymbol{B}\hat{\boldsymbol{x}}-\boldsymbol{l}\\
&\hat{\boldsymbol{L}}=\boldsymbol{L}+\boldsymbol{V}
\end{aligned}$$

由以上各表达式，按协因数传播律可得：

$$\begin{aligned}
&\boldsymbol{Q}_{LL}=\boldsymbol{Q}\\
&\boldsymbol{Q}_{WW}=\boldsymbol{B}^{\mathrm{T}}\boldsymbol{PQPB}=\boldsymbol{B}^{\mathrm{T}}\boldsymbol{PB}=\boldsymbol{N}_{BB}\\
&\boldsymbol{Q}_{WL}=\boldsymbol{B}^{\mathrm{T}}\boldsymbol{PQ}=\boldsymbol{B}^{\mathrm{T}}\\
&\boldsymbol{Q}_{K_sK_s}=\boldsymbol{N}_{CC}^{-1}\boldsymbol{C}\boldsymbol{N}_{BB}^{-1}\boldsymbol{Q}_{WW}\boldsymbol{N}_{BB}^{-1}\boldsymbol{C}^{\mathrm{T}}\boldsymbol{N}_{CC}^{-1}=\boldsymbol{N}_{CC}^{-1}\boldsymbol{C}\boldsymbol{N}_{BB}^{-1}\boldsymbol{N}_{BB}\boldsymbol{N}_{BB}^{-1}\boldsymbol{C}^{\mathrm{T}}\boldsymbol{N}_{CC}^{-1}
\end{aligned}$$

$$
\begin{aligned}
&= N_{CC}^{-1}CN_{BB}^{-1}C^{\mathrm{T}}N_{CC}^{-1} = N_{CC}^{-1}N_{CC}N_{CC}^{-1} = N_{CC}^{-1}\\
Q_{K_sL} &= N_{CC}^{-1}CN_{BB}^{-1}Q_{WL} = N_{CC}^{-1}CN_{BB}^{-1}B^{\mathrm{T}}\\
Q_{K_sW} &= N_{CC}^{-1}CN_{BB}^{-1}Q_{WW} = N_{CC}^{-1}CN_{BB}^{-1}N_{BB} = N_{CC}^{-1}C\\
Q_{\hat{X}\hat{X}} &= (N_{BB}^{-1} - N_{BB}^{-1}C^{\mathrm{T}}N_{CC}^{-1}CN_{BB}^{-1})Q_{WW}(N_{BB}^{-1} - N_{BB}^{-1}C^{\mathrm{T}}N_{CC}^{-1}CN_{BB}^{-1})^{\mathrm{T}}\\
&= (N_{BB}^{-1} - N_{BB}^{-1}C^{\mathrm{T}}N_{CC}^{-1}CN_{BB}^{-1})N_{BB}(N_{BB}^{-1} - N_{BB}^{-1}C^{\mathrm{T}}N_{CC}^{-1}CN_{BB}^{-1})\\
&= N_{BB}^{-1} - N_{BB}^{-1}C^{\mathrm{T}}N_{CC}^{-1}CN_{BB}^{-1}\\
Q_{\hat{X}L} &= (N_{BB}^{-1} - N_{BB}^{-1}C^{\mathrm{T}}N_{CC}^{-1}CN_{BB}^{-1})Q_{WL} = Q_{\hat{X}\hat{X}}B^{\mathrm{T}}\\
Q_{\hat{X}W} &= (N_{BB}^{-1} - N_{BB}^{-1}C^{\mathrm{T}}N_{CC}^{-1}CN_{BB}^{-1})Q_{WW} = Q_{\hat{X}\hat{X}}N_{BB}\\
Q_{\hat{X}K_s} &= (N_{BB}^{-1} - N_{BB}^{-1}C^{\mathrm{T}}N_{CC}^{-1}CN_{BB}^{-1})Q_{WW}(N_{CC}^{-1}CN_{BB}^{-1})^{\mathrm{T}}\\
&= Q_{\hat{X}\hat{X}}N_{BB}N_{BB}^{-1}C^{\mathrm{T}}N_{CC}^{-1} = Q_{\hat{X}\hat{X}}C^{\mathrm{T}}N_{CC}^{-1} = 0\\
Q_{VV} &= BQ_{\hat{X}\hat{X}}B^{\mathrm{T}} - BQ_{\hat{X}l} - Q_{l\hat{X}}B^{\mathrm{T}} + Q = BQ_{\hat{X}\hat{X}}B^{\mathrm{T}} - BQ_{\hat{X}\hat{X}}B^{\mathrm{T}}\\
&\quad - BQ_{\hat{X}\hat{X}}B^{\mathrm{T}} + Q = Q - BQ_{\hat{X}\hat{X}}B^{\mathrm{T}}\\
Q_{VL} &= BQ_{\hat{X}L} - Q_{lL} = BQ_{\hat{X}\hat{X}}B^{\mathrm{T}} - Q = -Q_{VV}\\
Q_{VW} &= BQ_{\hat{X}W} - Q_{lW} = BQ_{\hat{X}\hat{X}}N_{BB} - Q_{LW} = BQ_{\hat{X}\hat{X}}N_{BB} - B\\
&= B(Q_{\hat{X}\hat{X}}N_{BB} - I)\\
Q_{V\hat{X}} &= BQ_{\hat{X}\hat{X}} - Q_{l\hat{X}} = BQ_{\hat{X}\hat{X}} - Q_{L\hat{X}} = BQ_{\hat{X}\hat{X}} - BQ_{\hat{X}\hat{X}} = 0\\
Q_{VK_s} &= BQ_{\hat{X}K_s} - Q_{lK_s} = -Q_{LW}N_{BB}^{-1}C^{\mathrm{T}}N_{CC}^{-1} = -BN_{BB}^{-1}C^{\mathrm{T}}N_{CC}^{-1}\\
Q_{\hat{L}\hat{L}} &= Q - Q_{VV}\\
Q_{\hat{L}L} &= Q_{LL} + Q_{VL} = Q - Q_{VV}\\
Q_{\hat{L}W} &= Q_{LW} + Q_{VW} = B + BQ_{\hat{X}\hat{X}}N_{BB} - B = BQ_{\hat{X}\hat{X}}N_{BB}\\
Q_{\hat{L}\hat{X}} &= Q_{L\hat{X}} + Q_{V\hat{X}} = BQ_{\hat{X}\hat{X}}\\
Q_{\hat{L}K_s} &= Q_{LK_s} + Q_{VK_s} = Q_{LW}N_{BB}^{-1}C^{\mathrm{T}}N_{CC}^{-1} - BN_{BB}^{-1}C^{\mathrm{T}}N_{CC}^{-1} = 0\\
Q_{\hat{L}V} &= Q_{LV} + Q_{VV} = 0
\end{aligned}
$$

将以上导出的协因数阵计算公式列于表 8-2，以便查用。

表 8-2　**各向量协因数阵**

	L	W	K_s	$\hat{X}$	V	$\hat{L}$
L	Q	B	$BN_{BB}^{-1}C^{\mathrm{T}}N_{CC}^{-1}$	$BQ_{\hat{X}\hat{X}}$	$-Q_{VV}$	$Q-Q_{VV}$
W	B^{T}	N_{BB}	$C^{\mathrm{T}}N_{CC}^{-1}$	$N_{BB}Q_{\hat{X}\hat{X}}$	$(Q_{\hat{X}\hat{X}}N_{BB}-I)^{\mathrm{T}}B^{\mathrm{T}}$	$N_{BB}Q_{\hat{X}\hat{X}}B^{\mathrm{T}}$
K_s	$N_{CC}^{-1}CN_{BB}^{-1}B^{\mathrm{T}}$	$N_{CC}^{-1}C$	N_{CC}^{-1}	0	$-N_{CC}^{-1}CN_{BB}^{-1}B^{\mathrm{T}}$	0
$\hat{X}$	$Q_{\hat{X}\hat{X}}B^{\mathrm{T}}$	$Q_{\hat{X}\hat{X}}N_{BB}$	0	$N_{BB}^{-1}-N_{BB}^{-1}C^{\mathrm{T}}N_{CC}^{-1}CN_{BB}^{-1}$	0	$Q_{\hat{X}\hat{X}}B^{\mathrm{T}}$

续表

	L	W	K_s	$\hat{X}$	V	$\hat{L}$
V	$-Q_{VV}$	$B(Q_{\hat{X}\hat{X}}N_{BB}-I)$	$-BN_{BB}^{-1}C^{T}N_{CC}^{-1}$	0	$Q-BQ_{\hat{X}\hat{X}}B^{T}$	0
$\hat{L}$	$Q-Q_{VV}$	$BQ_{\hat{X}\hat{X}}N_{BB}$	0	$BQ_{\hat{X}\hat{X}}$	0	$Q-Q_{VV}$

（$N_{BB}=B^{T}PB$，$N_{CC}=CN_{BB}^{-1}C^{T}$）

8.2.3 平差参数函数的协因数

在附有限制条件的间接平差中，因在 u 个参数中包含了 t 个独立参数，故平差中所求任一量都能表达成这 u 个参数的函数。设某个量的平差值 $\hat{\varphi}$ 为

$$\hat{\varphi}=\Phi(\hat{X}) \tag{8-2-3}$$

对其全微分，得权函数式为

$$\mathrm{d}\hat{\varphi}=\left(\frac{\mathrm{d}\Phi}{\mathrm{d}\hat{X}}\right)_0\mathrm{d}\hat{X}=F^{T}\mathrm{d}\hat{X} \tag{8-2-4}$$

式中 F 为

$$F^{T}=\begin{bmatrix}\frac{\partial\Phi}{\partial\hat{X}_1} & \frac{\partial\Phi}{\partial\hat{X}_2} & \cdots & \frac{\partial\Phi}{\partial\hat{X}_u}\end{bmatrix}_0 \tag{8-2-5}$$

用 X^0 代入各偏导数中，即得各偏导数值，然后按下式计算其协因数：

$$Q_{\hat{\varphi}\hat{\varphi}}=F^{T}Q_{\hat{X}\hat{X}}F \tag{8-2-6}$$

$Q_{\hat{X}\hat{X}}$可按表 8-1 中给出的公式计算。于是函数 $\hat{\varphi}$ 的中误差为

$$\hat{\sigma}_{\hat{\varphi}}=\hat{\sigma}_0\sqrt{Q_{\hat{\varphi}\hat{\varphi}}} \tag{8-2-7}$$

8.3 公式汇编与示例

8.3.1 公式汇编

附有限制条件的间接平差法的数学模型

$$\underset{n1}{V}=\underset{un}{B}\,\underset{u1}{\hat{x}}-\underset{n1}{l} \tag{8-1-3}$$

$$\underset{su}{C}\,\underset{u1}{\hat{x}}+\underset{s1}{W_x}=0 \tag{8-1-4}$$

$$\underset{nn}{D}=\sigma_0^2\underset{nn}{Q}=\sigma_0^2\underset{nn}{P^{-1}} \tag{8-1-6}$$

其中，$l=L-F(X^0)$，$W_x=\Phi(X^0)$。

法方程

$$\underset{uu}{N_{BB}}\,\underset{u1}{\hat{x}}+\underset{us}{C^{T}}\,\underset{s1}{K_s}-\underset{u1}{W}=\underset{u1}{0} \tag{8-1-13}$$

$$\underset{snu}{C}\,\underset{1}{\hat{x}}+\underset{s1}{W_x}=\underset{s1}{0} \tag{8-1-14}$$

式中，$\boldsymbol{N}_{BB}=\boldsymbol{B}^{\mathrm{T}}\boldsymbol{P}\boldsymbol{B}$，$\boldsymbol{W}=\boldsymbol{B}^{\mathrm{T}}\boldsymbol{P}\boldsymbol{l}$。 (8-1-12)

其解为

$$\underset{u1}{\hat{\boldsymbol{x}}}=(\boldsymbol{N}_{BB}^{-1}-\boldsymbol{N}_{BB}^{-1}\boldsymbol{C}^{\mathrm{T}}\boldsymbol{N}_{CC}^{-1}\boldsymbol{C}\boldsymbol{N}_{BB}^{-1})\boldsymbol{W}-\boldsymbol{N}_{BB}^{-1}\boldsymbol{C}^{\mathrm{T}}\boldsymbol{N}_{CC}^{-1}\boldsymbol{W}_x$$

$$=\boldsymbol{Q}_{\hat{X}\hat{X}}\boldsymbol{W}-\boldsymbol{N}_{BB}^{-1}\boldsymbol{C}^{\mathrm{T}}\boldsymbol{N}_{CC}^{-1}\boldsymbol{W}_x \tag{8-1-19}$$

$$\underset{s1}{\boldsymbol{K}_s}=\boldsymbol{N}_{CC}^{-1}(\boldsymbol{C}\boldsymbol{N}_{BB}^{-1}\boldsymbol{W}+\boldsymbol{W}_x) \tag{8-1-18}$$

式中，$\boldsymbol{N}_{CC}=\boldsymbol{C}\boldsymbol{N}_{BB}^{-1}\boldsymbol{C}^{\mathrm{T}}$。 (8-1-16)

观测值和参数的平差值

$$\underset{n1}{\hat{\boldsymbol{L}}}=\boldsymbol{L}+\boldsymbol{V} \tag{8-1-20}$$

$$\underset{u1}{\hat{\boldsymbol{X}}}=\boldsymbol{X}^0+\hat{\boldsymbol{x}} \tag{8-1-21}$$

单位权方差的估值

$$\hat{\sigma}_0^2=\frac{\boldsymbol{V}^{\mathrm{T}}\boldsymbol{P}\boldsymbol{V}}{r}=\frac{\boldsymbol{V}^{\mathrm{T}}\boldsymbol{P}\boldsymbol{V}}{n-u+s} \tag{8-2-1}$$

协因数阵见表 8-2。

参数平差值函数

$$\hat{\varphi}=\Phi(\hat{X}) \tag{8-2-3}$$

平差值函数的权函数式

$$\mathrm{d}\hat{\varphi}=\boldsymbol{F}^{\mathrm{T}}\mathrm{d}\hat{X} \tag{8-2-4}$$

式中

$$\underset{1u}{\boldsymbol{F}^{\mathrm{T}}}=\begin{bmatrix}\frac{\partial\Phi}{\partial\hat{X}_1} & \frac{\partial\Phi}{\partial\hat{X}_2} & \cdots & \frac{\partial\Phi}{\partial\hat{X}_u}\end{bmatrix}_0 \tag{8-2-5}$$

平差值函数的协因数

$$\boldsymbol{Q}_{\hat{\varphi}\hat{\varphi}}=\boldsymbol{F}^{\mathrm{T}}\boldsymbol{Q}_{\hat{X}\hat{X}}\boldsymbol{F} \tag{8-2-6}$$

平差值函数的中误差

$$\hat{\sigma}_{\hat{\varphi}}=\hat{\sigma}_0\sqrt{\boldsymbol{Q}_{\hat{\varphi}\hat{\varphi}}} \tag{8-2-7}$$

8.3.2　示例

例 8-2　(见 5.4.2 中例 5-10)

图 5-19 所示的水准网，如果已知 DE 两点间的高差 $h_{DE}=-0.416\mathrm{m}$，试按附有限制条件的间接平差求：

(1)各观测高差平差值；

(2)各待定点的高程平差值；

(3)待定点高程平差值的中误差。

解：

1)列误差方程及限制条件方程

设 C、D、E 点的高程平差值差 $\hat{X}_1$，$\hat{X}_2$，$\hat{X}_3$，相应近似值取 $X_1^0=H_A+h_1=6.375\mathrm{m}$，

$X_2^0 = H_A + h_2 = 7.025\text{m}$，$X_3^0 = H_B - h_7 = 6.611\text{m}$，按图 5-19 列出观测方程

$$\begin{aligned}
h_1 + v_1 &= \hat{X}_1 - H_A \\
h_2 + v_2 &= \hat{X}_2 - H_A \\
h_3 + v_3 &= \hat{X}_1 - H_B \\
h_4 + v_4 &= \hat{X}_2 - H_B \\
h_5 + v_5 &= -\hat{X}_1 + \hat{X}_2 \\
h_6 + v_6 &= -\hat{X}_1 + \hat{X}_3 \\
h_7 + v_7 &= -\hat{X}_3 + H_E
\end{aligned}$$

限制条件

$$\hat{X}_2 - \hat{X}_3 + h_{DE} = 0$$

将观测数据代入，得误差方程和限制条件方程

$$\begin{aligned}
v_1 &= \hat{x}_1 + 0 \\
v_2 &= \hat{x}_2 + 0 \\
v_3 &= \hat{x}_1 - 4 \\
v_4 &= \hat{x}_2 - 3 \\
v_5 &= -\hat{x}_1 + \hat{x}_2 - 7 \\
v_6 &= -\hat{x}_1 + \hat{x}_3 - 2 \\
v_7 &= -\hat{x}_3 + 0 \\
\hat{x}_2 &- \hat{x}_3 - 2 = 0
\end{aligned}$$

式中常数项以 mm 为单位。

2)组成法方程

以 1km 水准测量的观测高差为单位权观测值，各观测值互相独立定权式为 $p_i = \dfrac{1}{S_i}$，有权阵

$$\boldsymbol{P} = \mathrm{diag}[0.91 \quad 0.59 \quad 0.43 \quad 0.37 \quad 0.42 \quad 0.71 \quad 0.38]$$

$$\begin{bmatrix} 2.47 & -0.42 & -0.71 \\ -0.42 & 1.38 & 0 \\ -0.71 & 0 & 1.09 \end{bmatrix}\begin{bmatrix} \hat{x}_1 \\ \hat{x}_2 \\ \hat{x}_3 \end{bmatrix} - \begin{bmatrix} -2.64 \\ 4.05 \\ 1.42 \end{bmatrix} = 0$$

$$[0 \quad 1 \quad -1]\begin{bmatrix} \hat{x}_1 \\ \hat{x}_2 \\ \hat{x}_3 \end{bmatrix} - 2 = 0$$

相应的法方程为

$$\begin{bmatrix} 2.47 & -0.42 & -0.71 & 0 \\ -0.42 & 1.38 & 0 & 1 \\ -0.71 & 0 & 1.09 & -1 \\ 0 & 1 & -1 & 0 \end{bmatrix}\begin{bmatrix} \hat{x}_1 \\ \hat{x}_2 \\ \hat{x}_3 \\ k_S \end{bmatrix} - \begin{bmatrix} -2.64 \\ 4.05 \\ 1.42 \\ 2 \end{bmatrix} = 0$$

解得

$$\begin{bmatrix} \hat{x}_1 \\ \hat{x}_2 \\ \hat{x}_3 \\ k_S \end{bmatrix} = \begin{bmatrix} 0.51 & 0.23 & 0.23 & -0.11 \\ 0.23 & 0.51 & 0.51 & 0.39 \\ 0.23 & 0.51 & 0.51 & -0.61 \\ -0.11 & 0.39 & -0.61 & -0.59 \end{bmatrix}\begin{bmatrix} -2.64 \\ 4.05 \\ 1.42 \\ 2 \end{bmatrix} = \begin{bmatrix} 0 \\ 3 \\ 1 \\ -0.2 \end{bmatrix}(\text{mm})$$

$$\boldsymbol{v} = \boldsymbol{B}\hat{\boldsymbol{x}} - \boldsymbol{l} = [0 \quad 3 \quad -4 \quad 0 \quad -4 \quad -1 \quad -1]^{\mathrm{T}}(\text{mm})$$

3)平差值

$$\hat{\boldsymbol{L}} = \boldsymbol{h} + \boldsymbol{v} = [1.359 \quad 2.012 \quad 0.359 \quad 1.012 \quad 0.653 \quad 0.237 \quad -0.596]^{\mathrm{T}}(\text{m})$$

$$\hat{H}_C = \hat{X}_1 = 6.375\text{m},\quad \hat{H}_D = \hat{X}_2 = 7.028\text{m},\quad \hat{H}_E = \hat{X}_3 = 6.612\text{m},$$

4)精度评定

$$\hat{\sigma}_0 = \sqrt{\frac{\boldsymbol{V}^{\mathrm{T}}\boldsymbol{P}\boldsymbol{V}}{r}} = \sqrt{\frac{20}{4}} = 2.2\text{mm}$$

参数的协因数

$$\boldsymbol{Q}_{\hat{X}} = \boldsymbol{N}_{BB}^{-1} - \boldsymbol{N}_{BB}^{-1}\boldsymbol{C}^{\mathrm{T}}\boldsymbol{N}_{CC}^{-1}\boldsymbol{C}\boldsymbol{N}_{BB}^{-1} = \begin{bmatrix} 0.53 & 0.16 & 0.35 \\ 0.16 & 0.77 & 0.11 \\ 0.35 & 0.11 & 1.14 \end{bmatrix} - \begin{bmatrix} 0.02 & -0.07 & 0.11 \\ -0.07 & 0.26 & -0.41 \\ 0.11 & -0.41 & 0.63 \end{bmatrix}$$

$$= \begin{bmatrix} 0.51 & 0.23 & 0.24 \\ 0.23 & 0.51 & 0.52 \\ 0.24 & 0.52 & 0.51 \end{bmatrix}$$

参数的中误差

$$\hat{\sigma}_{\hat{X}_i} = \hat{\sigma}_0\sqrt{0.51} = 1.6\text{mm},\ (i = 1,\ 2,\ 3)$$

C 至 D 点高差平差值 $\hat{h}_5$ 的中误差

$$\hat{\varphi}_{\hat{h}_5} = -\hat{X}_1 + \hat{X}_2,\quad \boldsymbol{F}^{\mathrm{T}} = [-1 \quad 1 \quad 0]$$

$$\boldsymbol{Q}_{\hat{\varphi}} = \boldsymbol{F}^{\mathrm{T}}\boldsymbol{Q}_{\hat{X}\hat{X}}\boldsymbol{F} = 0.56$$

$$\hat{\sigma}_{\hat{\varphi}} = \hat{\sigma}_0\sqrt{0.56} = 1.6\text{mm}$$

例 8-3　在图 8-2 的三角网中，A、B 为已知点，CD 为基线边，又已知 BE 的方位角 α_{BE}，观测了全部角度值列于表 8-4，试求各待定点坐标的平差值和 F 点点位中误差。

解：(1) 绘制平差略图(图 8-2)。

(2) 编制起算数据表(表 8-3)。

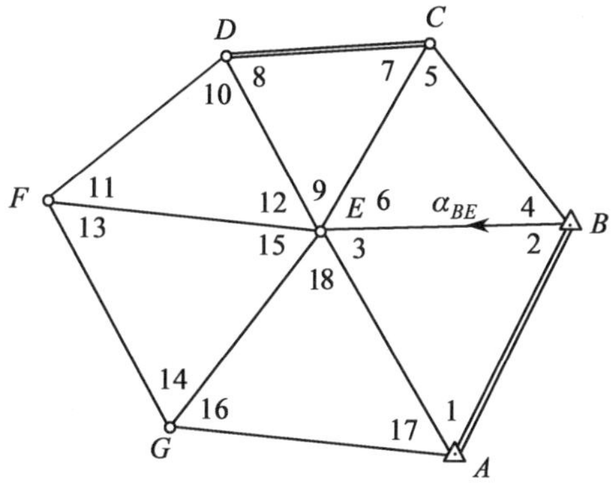

图 8-2 带约束测角网

表 8-3 **起算数据表**

点 名	坐 标(m)		边 长(m)	方位角	至何点
	X	Y	S	α	
B	2802234.190	19437826.220		249°22′10.17″	E
C			6523.643		D
A	2794005.704	19433831.155			

表 8-4 **角度观测值**

角度编号	观测值 (° ′ ″)	角度编号	观测值 (° ′ ″)	角度编号	观测值 (° ′ ″)
1	54 49 29.57	7	77 14 59.04	13	56 31 36.21
2	43 28 18.22	8	46 18 21.93	14	67 51 49.11
3	81 42 11.62	9	56 26 38.83	15	55 36 35.70
4	48 19 00.60	10	52 27 11.49	16	64 22 06.49
5	85 31 37.21	11	60 48 47.61	17	62 16 36.29
6	46 09 20.35	12	66 43 59.30	18	53 21 14.20

(3) 计算近似坐标(计算过程略，近似坐标列于表 8-5)。

表 8-5 **待定点近似坐标与最后坐标**

点名	近似坐标(m)		改正数(cm)		最后坐标(m)	
	X^0	Y^0	$\hat{x}$	$\hat{y}$	$\hat{X}$	$\hat{Y}$
C	2804773.909	19432985.959	0.00	+0.35	2804773.909	19432985.962
D	2805958.639	19426570.796	+0.14	+0.27	2805958.640	19426570.799
E	2799571.971	19430754.937	+0.15	+0.31	2799571.972	19430754.940

续表

点名	近似坐标(m)		改正数(cm)		最后坐标(m)	
	X^0	Y^0	$\hat{x}$	$\hat{y}$	$\hat{X}$	$\hat{Y}$
F	2798372. 250	19423925. 543	+ 0. 20	+ 0. 21	2798372. 252	19423925. 545
G	2793886. 720	19428172. 793	+ 0. 10	+ 0. 12	2793886. 721	19428172. 794

(4) 计算近似边长和近似方位角(计算过程略，结果列于表 8-6)。

表 8-6　　**a，b 系数的计算**

测　站	照准点	近似方位角 α^0 (° ′ ″)	近似边长(m) s^0	a	b
A	*G* *E* *B*	268　47　43. 31 331　04　21. 37 25　53　50. 40	5659. 6 6359. 8 9147. 0	- 0. 3644 - 0. 1569	+ 0. 0077 - 0. 2839
B	*A* *E* *C*	205　53　50. 40 249　22　10. 16 297　41　10. 72	 7555. 8 5466. 1	 - 0. 2555 - 0. 3341	 + 0. 0962 - 0. 1753
C	*B* *E* *D*	117　41　10. 72 203　12　49. 19 280　27　47. 87	 5660. 2 6523. 6	 - 0. 1436 - 0. 3109	 + 0. 3349 - 0. 0574
D	*C* *E* *F*	100　27　47. 87 146　46　10. 99 199　13　22. 26	 7635. 2 8034. 3	 + 0. 1480 - 0. 0845	 + 0. 2260 + 0. 2424
E	*B* *A* *G* *F* *D* *C*	69　22　10. 16 151　04　21. 37 204　25　36. 26 260　02　11. 40 326　46　10. 99 23　12　49. 19	 6244. 2 6934. 0	 - 0. 1366 - 0. 2930	 + 0. 3008 + 0. 0515
F	*D* *E* *G*	19　13　22. 26 80　02　11. 40 136　33　46. 68	 6177. 3	 + 0. 2296	 + 0. 2425
G	*F* *E* *A*	316　33　46. 68 24　25　36. 26 88　47　43. 31			

(5) 计算 a、b 系数，例中 $\hat{x}$、$\hat{y}$ 以 cm 为单位，故 a、b 系数按下式计算：

$$a_{ik}=\frac{2.06265\sin\alpha_{ik}^{0}}{S_{ik}^{0}(\mathrm{km})},\quad b_{ik}=-\frac{2.06265\cos\alpha_{ik}^{0}}{S_{ik}^{0}(\mathrm{km})}$$

计算结果见表 8-6。

(6) 编制误差方程系数和常数项表(表 8-7)，其中 $l_i=L_i-(\alpha_{ik}^0-\alpha_{ij}^0)$。

表 8-7 误差方程和条件方程系数表

角　号	$\hat{x}_C$	$\hat{y}_C$	$\hat{x}_D$	$\hat{y}_D$	$\hat{x}_E$	$\hat{y}_E$	$\hat{x}_G$	$\hat{y}_G$	$\hat{x}_F$	$\hat{y}_F$	$-l$	v
1					−0. 1569	−0. 2839					−0. 54	−0. 65″
2					+0. 2555	−0. 0962					−1. 55	+1. 56
3					−0. 0986	+0. 3801					−0. 41	−0. 31
4	+0. 3341	+0. 1753			−0. 2555	+0. 0962					−0. 04	+0. 01
5	−0. 4777	+0. 1596			+0. 1436	−0. 3349					−1. 26	+1. 23
6	+0. 1436	−0. 3349			+0. 1119	+0. 2387					+0. 62	+0. 59
7	−0. 1673	−0. 3923	+0. 3109	+0. 0574	−0. 1436	+0. 3349					+0. 36	−0. 36
8	+0. 3109	+0. 0574	−0. 1629	+0. 1686	−0. 1480	−0. 2260					+1. 19	+1. 14
9	−0. 1436	+0. 3349	−0. 1480	−0. 2260	+0. 2916	−0. 1089					−0. 63	−0. 58
10			−0. 2325	+0. 0164	+0. 1480	+0. 2260			+0. 0845	−0. 2424	−0. 22	−0. 19
11			+0. 0845	−0. 2424	−0. 2930	+0. 0515			+0. 2085	+0. 1909	−1. 53	+1. 53
12			+0. 1480	+0. 2260	+0. 1450	−0. 2775			−0. 2930	+0. 0515	+0. 29	+0. 26
13					+0. 2930	−0. 0515	−0. 2296	−0. 2425	−0. 0634	+0. 2940	+0. 93	−0. 90
14					−0. 1366	+0. 3008	+0. 3662	−0. 0583	−0. 2296	−0. 2425	+0. 47	+0. 48
15					−0. 1564	−0. 2493	−0. 1366	+0. 3008	+0. 2930	−0. 0515	+0. 56	−0. 59
16					+0. 1366	−0. 3008	+0. 2278	+0. 2931			+0. 56	+0. 55
17					+0. 1569	+0. 2839	−0. 3644	+0. 0077			+1. 77	+1. 85
18					−0. 2935	+0. 0169	+0. 1366	−0. 3008			+0. 69	+0. 63
边长条件	−0. 1816	+0. 9834	+0. 1816	−0. 9834							−0. 10	
方位角条件					+0. 2555	−0. 0962					−0. 10	$V^TPV=$
												14. 4067

(7)列立条件方程。由于选取了全部待定点坐标为参数，所以在基线边的两端点的参数 $\hat{x}_C$、$\hat{y}_C$、$\hat{x}_D$、$\hat{y}_D$ 之间存在着一个基线条件，而在已知点坐标 X_B、Y_B 与参数 $\hat{x}_E$、$\hat{y}_E$ 之间存在一个方位角条件。基线条件为

$$S_{CD}^2=(\hat{X}_D-\hat{X}_C)^2+(\hat{Y}_D-\hat{Y}_C)^2$$

方位角条件为

$$\alpha_{BE}=\arctan\frac{\hat{Y}_E-Y_B}{\hat{X}_E-X_B}$$

它们线性化后的形式为

$$-\cos\alpha_{CD}^0\hat{x}_C-\sin\alpha_{CD}^0\hat{y}_C+\cos\alpha_{CD}^0\hat{x}_D+\sin\alpha_{CD}^0\hat{y}_D+w_s=0$$

$$a_{EB}\hat{x}_E+b_{EB}\hat{y}_E+w_\alpha=0$$

式中

$$w_s=\sqrt{(X_D^0-X_C^0)^2+(Y_D^0-Y_C^0)^2}-S_{CD}=S_{CD}^0-S_{CD}$$

$$w_\alpha=\arctan\frac{Y_E^0-Y_B}{X_E^0-X_B}-\alpha_{BE}=\alpha_{BE}^0-\alpha_{BE}$$

a_{EB}与 b_{EB}的计算与误差方程系数相同。

(8)组成法方程并进行解算。结果为

$$\hat{\boldsymbol{x}}=[0.002\ 0.349\ 0.142\ 0.273\ 0.155\ 0.308\ 0.099\ 0.122\ 0.195\ 0.206]^{\mathrm{T}}\mathrm{cm}$$

$$\boldsymbol{K}_S=[-0.010\ 0.040]^{\mathrm{T}}$$

(9)将坐标改正数列入表 8-5，计算平差后坐标。

(10)计算观测角改正数(表 8-7)和平差后的角值(略)。

(11)精度评定。

单位权中误差：此例 $n=18$，$t=8$，$u=10$，$s=u-t=2$，故有 $r=n-t=n-u+s=10$。

$$\hat{\sigma}_0=\sqrt{\frac{\boldsymbol{V}^{\mathrm{T}}\boldsymbol{P}\boldsymbol{V}}{n-u+s}}=\sqrt{\frac{14.4067}{10}}=1.20''$$

F 点的纵横坐标的协因数、中误差和点位中误差为

$$Q_{\hat{X}_F\hat{X}_F}=10.8513$$

$$Q_{\hat{Y}_F\hat{Y}_E}=9.9436$$

$$\hat{\sigma}_{\hat{X}_F}=1.20\sqrt{10.8513}=3.95\mathrm{cm}$$

$$\hat{\sigma}_{\hat{Y}_F}=1.20\sqrt{9.9436}=3.78\mathrm{cm}$$

$$\hat{\sigma}_F=\sqrt{3.95^2+3.78^2}=5.47\mathrm{cm}$$

第 9 章　概括平差函数模型

9.1　基本平差方法的概括函数模型

在前面几章中，已经介绍了条件平差、间接平差、附有参数的条件平差以及附有限制条件的间接平差等四种基本平差方法。本章对这些基本平差方法的函数模型进行综合，给出一个能概括以上所有平差方法的函数模型，并采用附有限制条件的条件平差函数模型作为概括平差函数模型。

9.1.1　一般条件方程和限制条件方程

从四种基本平差方法的函数模型来看，其中包括了如下几种类型的条件方程：

$$F(\hat{L}) = 0 \tag{9-1-1}$$

$$\hat{L} = F(\hat{X}) \tag{9-1-2}$$

$$F(\hat{L},\ \hat{X}) = 0 \tag{9-1-3}$$

$$\Phi(\hat{X}) = 0 \tag{9-1-4}$$

在前三种方程中都含有观测量或同时含有观测量和未知参数，在最后一种方程中则只含有未知参数而无观测量，为了便于区分起见，将前三种类型的条件方程统称为一般条件方程，特别地，将式(9-1-2)的一般条件方程又称为观测方程；将后一种类型的条件方程称为限制条件方程。

9.1.2　参数与平差方法

从建立上述四种平差方法的函数模型来看，它们都各自具有其特定的要求，具体地说，都与参数的选取有关：

(1) 条件平差是不加入任何参数的一种平差法，即 $u = 0$ 的情况。当多余观测数 $r = n - t$ 时，则只要列出形如式(9-1-1) 的 r 个条件方程。

(2) 间接平差是在 r 个多余观测的基础上，再增选 $u = t$ 个独立的参数，故总共应列出 $c = r + u = r + t = n$ 个条件方程，c 是表示一般条件方程的个数。由于通过 t 个独立参数能唯一地确定一个几何模型，因此就有可能将每个观测量都表达成形如式(9-1-2) 的条件方程，亦即观测方程，且方程的个数正好等于 n。

(3) 附有参数的条件平差是在 r 个多余观测的基础上，再增选 $u < t$ 个独立的参数，

故总共应列出 $c = r + u$ 个形如式(9-1-3) 的一般条件方程。

(4) 附有限制条件的间接平差是在 r 个多余观测的基础上，再增选 $u > t$ 个参数，且要求在 u 个参数中必须含有 t 个独立的参数，故总共应列出 $r + u$ 个方程。因为在任一几何模型中最多只能选出 t 个独立参数，故一定有 $s = u - t$ 个是不独立参数。换句话说，在 u 个参数中产生了 s 个参数之间的函数关系式，因此需列出形如式(9-1-4) 的 s 个限制条件方程。由于总共应列出 $r + u$ 个方程，除了必须列出的 s 个限制条件方程之外，还要列出 $c = r + u - s = r + (t + s) - s = r + t = n$ 个一般条件方程。又由于在 u 个参数中包含了 t 个独立参数，该几何模型已被唯一确定，因而就有可能将每个观测量都表达成形如式(9-1-2) 的一般条件方程，亦即观测方程，且方程的个数正好等于 n。

前已提及，在任何几何模型中，最多只能选出 $u = t$ 个独立的参数，故就独立参数而言，在任一几何模型中，其个数总是介于下述范围之内：

$$0 \leqslant u \leqslant t \tag{9-1-5}$$

在某一平差问题中，设多余观测数 $r = n - t$，若又选用了 u 个独立参数，则总共应列出

$$c = r + u \tag{9-1-6}$$

个一般条件方程，因此，一般条件方程的个数总是介于下述范围之内：

$$r \leqslant c \leqslant n \tag{9-1-7}$$

这就是说，对于任何平差问题，一般条件方程(包括式(9-1-1)、式(9-1-2)、式(9-1-3)三种类型的条件)的总数不会超过 n 个，即不会多于观测值的个数。从式(9-1-5)~式(9-1-7)可以看出，当 $u=0$ 时(这是独立参数个数的下限)，则应列出 $c=r$ 个一般条件方程；当 $u=t$ 时(这是独立参数个数的上限)，则应列出 $c=n$ 个一般条件方程。事实上，前者就是条件平差的情况，而后者则是间接平差的情况。可见，对于独立参数而言，条件平差和间接平差是两种极限的情况。

表 9-1 直观地展示了四种平差模型的异同点。

表 9-1　　**四种平差模型的特性**

水准网 B、C、D 为待定高程点 $n = 5$ $t = 3$ $r = 2$	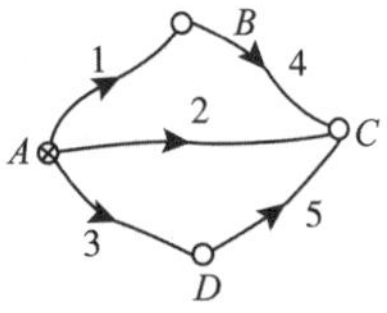 未设置参数	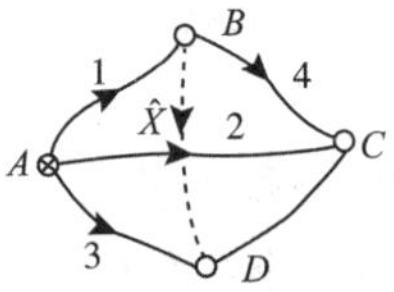 设 B、C 两点间的高差平差值为参数	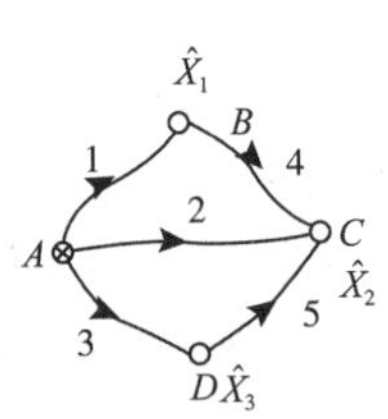 设 B、C、D 三点高程平差值为参数	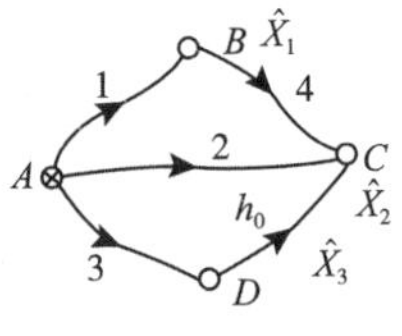 设 B、C、D 三点高程平差值为参数，并已知 C、D 两点间的高差(无误差)
所设参数数	$u = 0$	$0 < u < t$ 且独立	$u = t$ 且独立	$u > t$ 且包含 t 个独立

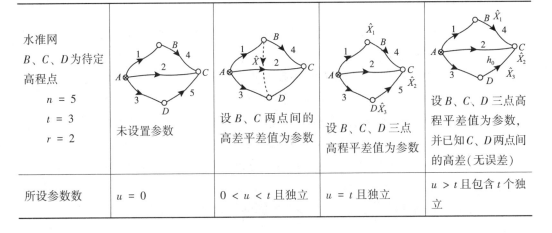

续表

函数模型	条件平差	附有参数的条件平差	间接平差	附有限制条件的间接平差
方程数	$c = r + u = r$	$c = r + u$	$c = r + u = n$	$c = r + u = n + s$
待求量数	$n + u = n$	$n + u$	$n + u$	$n + u$
方程形式	$F(\hat{L}) = 0$	$F(\hat{L}, \hat{X}) = 0$	$\hat{L} = F(\hat{X})$	$\hat{L} = F(\hat{X})$ $\Phi(\hat{X}) = 0$

从表 9-1 中可以看出，这四种平差方法之间最紧密的联系就是所设的参数，参数从无到有，从少到多，从独立到非独立，形成了不同的平差方法。

9.1.3 概括平差函数模型

我们注意到表中这样一种情况，就是在附有参数的条件平差中，要求所设参数独立，如果不独立，参数之间将会产生条件，如图 9-1(a)所示；又如在间接平差中，要求 t 个参数独立，否则即使参数个数等于 t，也无法列出观测方程，如图 9-1(b)所示；又如在附有限制条件的间接平差模型中，虽然所设参数个数大于 t，但可能并不包括 t 个独立参数，如图 9-1(c)所示。以上这三种情况有个共同点，就是所设的参数均没有 t 个独立的参数，这就意味着每个观测值不能表示成参数的函数，由此演变成另一种函数模型：附有限制条件的条件平差。

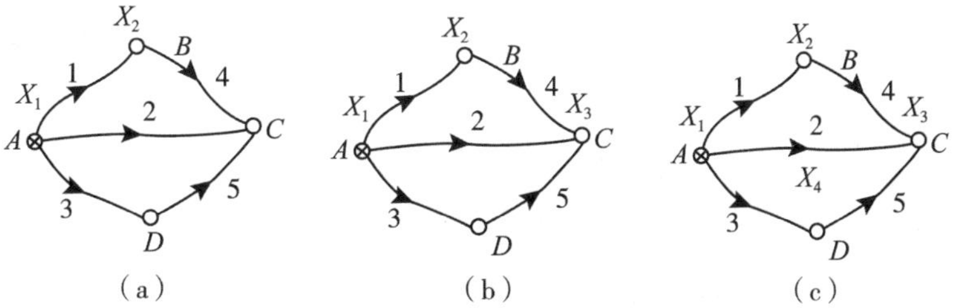

图 9-1 水准网所选参数不独立情况

一般而言，对于任何一个平差问题，设观测值个数为 n，必要观测数为 t，则多余观测数 $r = n - t$。若增选了 u 个参数，不论 $u < t$，$u = t$ 或 $u > t$，也不论参数是否独立，每增加 1 个参数则相应地多产生 1 个方程，故总共应列出 $r + u$ 个方程。如果在 u 个参数中有 s 个是不独立的，或者说，在这 u 个参数(包括 $u < t$ 或 $u = t$ 的情况以及 $u > t$，但其中没有 t 个独立参数的情况）之间存在着 s 个函数关系式，则应列出 s 个形如式 (9-1-4) 的限制条件方程，此外，还应列出

$$c = r + u - s \tag{9-1-8}$$

个形如式(9-1-3)的一般条件方程，式(9-1-1)和式(9-1-2)实际上都是式(9-1-3)的一种特殊形式，因此就形成了如下的函数模型：

$$\underset{c1}{\boldsymbol{F}}(\hat{L},\ \hat{X})=0 \tag{9-1-9}$$

$$\underset{s1}{\boldsymbol{\Phi}}(\hat{X})=0 \tag{9-1-10}$$

在实践中似乎没有必要在独立参数不足的情况下设大量不独立参数，从而增加方程个数，但这个模型有着其特殊的意义，后面我们将看到，表 9-1 里的四种平差模型都是它的特例，因此附有限制条件的条件平差模型也称概括平差函数模型。

由式(9-1-8)知

$$c+s=r+u \tag{9-1-11}$$

式(9-1-11)是个很重要的关系式，它告诉我们在进行平差时，一般条件方程的个数 c 与限制条件方程的个数 s 之和，必须等于多余观测数 r 与所选参数个数 u 之和。如果不相等，则表明所列出的方程个数($c+s$)少于或多于应有的个数($r+u$)。如果 $c+s<r+u$，则表明少列了某些条件方程，这样，平差后求得的结果将无法使该几何模型完全闭合。如 $c+s>r+u$，则表示所列的条件存在线性相关的情况，这将造成解算待求点参数的困难。由式(9-1-11)知，这一模型的自由度为 $r=c-u+s$。

9.2　附有限制条件的条件平差原理

9.2.1　数学模型

在上节中已给出了概括平差函数模型的一般形式为式(9-1-9)、式(9-1-10)，如果是非线性形式，要采用第 4 章中的方法和符号定义，按泰勒公式展开化为线性形式。概括平差函数模型的线性形式为

$$\underset{c\,n}{\boldsymbol{A}}\underset{n\,1}{\boldsymbol{V}}+\underset{c\,u}{\boldsymbol{B}}\underset{u\,1}{\hat{\boldsymbol{x}}}+\underset{c\,1}{\boldsymbol{W}}=\underset{c\,1}{\boldsymbol{0}} \tag{9-2-1}$$

$$\underset{s\,u}{\boldsymbol{C}}\underset{u\,1}{\hat{\boldsymbol{x}}}+\underset{s\,1}{\boldsymbol{W}_x}=\underset{s\,1}{\boldsymbol{0}} \tag{9-2-2}$$

式中

$$\boldsymbol{W}=\boldsymbol{F}(L,\ X^0),\quad \boldsymbol{W}_x=\boldsymbol{\Phi}(X^0) \tag{9-2-3}$$

且 $c=r+u-s$，$c>r$，$s<u$，系数阵的秩分别为

$$\boldsymbol{R}(\boldsymbol{A})=c,\quad \boldsymbol{R}(\boldsymbol{B})=u,\quad \boldsymbol{R}(\boldsymbol{C})=S$$

即 $\boldsymbol{A}$ 为行满秩阵，$\boldsymbol{B}$ 为列满秩阵，$\boldsymbol{C}$ 为行满秩阵，表示式(9-2-1)、式(9-2-2)各条件方程相互独立。

随机模型为

$$\underset{n\,n}{\boldsymbol{D}}=\sigma_0^2\underset{n\,n}{\boldsymbol{Q}}=\sigma_0^2\underset{n\,n}{\boldsymbol{P}}^{-1} \tag{9-2-4}$$

以式(9-2-1)、式(9-2-2)作为函数模型进行平差称为附有限制条件的条件平差法，加上式(9-2-4)是它的数学模型，也是综合四种基本平差方法的一种概括平差方法。

9.2.2 基础方程及其解

在式(9-2-1)和式(9-2-2)中，含有 $c+s$ 个方程，其中待求量为 n 个改正数和 u 个参数，而 $(c+s)<(n+u)$，因其系数矩阵的秩等于其增广矩阵的秩，即

$$R\begin{bmatrix} A & B \\ 0 & C \end{bmatrix} = R\begin{bmatrix} A & B & \vdots & -W \\ 0 & C & \vdots & -W_x \end{bmatrix} = c + s$$

故该函数模型是有无穷多组解的相容方程组。为此应在无穷多组解中求出一组能使 $\boldsymbol{V}^{\mathrm{T}}\boldsymbol{PV}=\min$ 的一组解，按求条件极值法组成函数

$$\boldsymbol{\Phi} = \boldsymbol{V}^{\mathrm{T}}\boldsymbol{PV} - 2\boldsymbol{K}^{\mathrm{T}}(\boldsymbol{AV} + \boldsymbol{B}\hat{\boldsymbol{x}} + \boldsymbol{W}) - 2\boldsymbol{K}_s^{\mathrm{T}}(\boldsymbol{C}\hat{\boldsymbol{x}} + \boldsymbol{W}_x) \tag{9-2-5}$$

为求其极小值，将上式分别对 $\boldsymbol{V}$ 和 $\hat{\boldsymbol{x}}$ 取偏导数并令其为零，得

$$\frac{\partial \boldsymbol{\Phi}}{\partial \boldsymbol{V}} = 2\boldsymbol{V}^{\mathrm{T}}\boldsymbol{P} - 2\boldsymbol{K}^{\mathrm{T}}\boldsymbol{A} = \boldsymbol{0}$$

$$\frac{\partial \boldsymbol{\Phi}}{\partial \hat{\boldsymbol{x}}} = -2\boldsymbol{K}^{\mathrm{T}}\boldsymbol{B} - 2\boldsymbol{K}_s^{\mathrm{T}}\boldsymbol{C} = \boldsymbol{0}$$

转置后得

$$\underset{n\,n}{\boldsymbol{P}}\underset{n\,1}{\boldsymbol{V}} - \underset{n\,c}{\boldsymbol{A}^{\mathrm{T}}}\underset{c\,1}{\boldsymbol{K}} = \underset{n\,1}{\boldsymbol{0}} \tag{9-2-6}$$

$$\underset{u\,c}{\boldsymbol{B}^{\mathrm{T}}}\underset{c\,1}{\boldsymbol{K}} + \underset{u\,s}{\boldsymbol{C}^{\mathrm{T}}}\underset{s\,1}{\boldsymbol{K}_s} = \underset{u\,1}{\boldsymbol{0}} \tag{9-2-7}$$

在式(9-2-1)、式(9-2-2)、式(9-2-6)和式(9-2-7)诸式中，包含待求量为 n 个改正数，u 个参数，c 个对应于一般条件式的联系数以及 s 个对应于限制条件的联系数，而方程的个数为 $c+s+n+u$，即方程个数等于未知数个数，故有唯一解。以上四式称为附有限制条件的条件平差法的基础方程。

解此基础方程，通常是先从式(9-2-6)解得

$$\underset{n\,1}{\boldsymbol{V}} = \boldsymbol{P}^{-1}\boldsymbol{A}^{\mathrm{T}}\boldsymbol{K} = \boldsymbol{QA}^{\mathrm{T}}\boldsymbol{K} \tag{9-2-8}$$

上式称为改正数方程。将此式代入式(9-2-1)，则有

$$\boldsymbol{AQA}^{\mathrm{T}}\boldsymbol{K} + \boldsymbol{B}\hat{\boldsymbol{x}} + \boldsymbol{W} = \boldsymbol{0}$$

在第5章的条件平差中已令

$$\boldsymbol{N}_{AA} = \boldsymbol{AQA}^{\mathrm{T}} \tag{9-2-9}$$

连同式(9-2-7)和式(9-2-2)，则得

$$\begin{aligned}
\underset{c\,c}{\boldsymbol{N}_{AA}}\underset{c\,1}{\boldsymbol{K}} + \underset{c\,u}{\boldsymbol{B}}\underset{u\,1}{\hat{\boldsymbol{x}}} \qquad\qquad & + \underset{c\,1}{\boldsymbol{W}} = \underset{c\,1}{\boldsymbol{0}} \\
\underset{u\,c}{\boldsymbol{B}^{\mathrm{T}}}\underset{c\,1}{\boldsymbol{K}} \qquad + \underset{u\,s}{\boldsymbol{C}^{\mathrm{T}}}\underset{s\,1}{\boldsymbol{K}_s} & = \underset{u\,1}{\boldsymbol{0}} \\
\underset{s\,u}{\boldsymbol{C}}\underset{u\,1}{\hat{\boldsymbol{x}}} \qquad\qquad & + \underset{s\,1}{\boldsymbol{W}_x} = \underset{s\,1}{\boldsymbol{0}}
\end{aligned} \tag{9-2-10}$$

以上三个方程称为附有限制条件的条件平差的法方程。其系数阵为对称阵，所以也是一个对称线性方程组。其中 $\boldsymbol{N}_{AA}$ 是 c 阶的可逆的对称方阵。以 $\boldsymbol{N}_{AA}^{-1}$ 左乘式(9-2-10)可得

$$\underset{c\,1}{\boldsymbol{K}} = -\boldsymbol{N}_{AA}^{-1}(\boldsymbol{W} + \boldsymbol{B}\hat{\boldsymbol{x}}) \tag{9-2-11}$$

再以 $\boldsymbol{B}^{\mathrm{T}}\boldsymbol{N}_{AA}^{-1}$左乘式(9-2-10)并减去式(9-2-7)，得

$$\boldsymbol{B}^{\mathrm{T}}\boldsymbol{N}_{AA}^{-1}\boldsymbol{B}\hat{\boldsymbol{x}} - \boldsymbol{C}^{\mathrm{T}}\boldsymbol{K}_s + \boldsymbol{B}^{\mathrm{T}}\boldsymbol{N}_{AA}^{-1}\boldsymbol{W} = \boldsymbol{0} \tag{9-2-12}$$

若令

$$\underset{u\,u}{\boldsymbol{N}_{BB}} = \boldsymbol{B}^{\mathrm{T}}\boldsymbol{N}_{AA}^{-1}\boldsymbol{B},\quad \underset{u\,1}{\boldsymbol{W}_e} = \boldsymbol{B}^{\mathrm{T}}\boldsymbol{N}_{AA}^{-1}\boldsymbol{W} \tag{9-2-13}$$

则式(9-2-12)可写成

$$\underset{u\,u}{\boldsymbol{N}_{BB}}\underset{u\,1}{\hat{\boldsymbol{x}}} - \underset{u\,s}{\boldsymbol{C}^{\mathrm{T}}}\underset{s\,1}{\boldsymbol{K}_s} + \underset{u\,1}{\boldsymbol{W}_e} = \boldsymbol{0} \tag{9-2-14}$$

式中，$R(\boldsymbol{N}_{BB}) = R(\boldsymbol{B}^{\mathrm{T}}\boldsymbol{N}_{AA}^{-1}\boldsymbol{B}) = R(\boldsymbol{B}) = u$，且 $\boldsymbol{N}_{BB}^{\mathrm{T}} = (\boldsymbol{B}^{\mathrm{T}}\boldsymbol{N}_{AA}^{-1}\boldsymbol{B})^{\mathrm{T}} = \boldsymbol{B}^{\mathrm{T}}\boldsymbol{N}_{AA}^{-1}\boldsymbol{B} = \boldsymbol{N}_{BB}$，即 $\boldsymbol{N}_{BB}$是 u 阶对称满秩方阵，是可逆阵。于是由式(9-2-14)解得

$$\underset{u\,1}{\hat{\boldsymbol{x}}} = \boldsymbol{N}_{BB}^{-1}(\boldsymbol{C}^{\mathrm{T}}\boldsymbol{K}_s - \boldsymbol{W}_e) \tag{9-2-15}$$

将上式代入式(9-2-2)，得

$$\boldsymbol{C}\boldsymbol{N}_{BB}^{-1}\boldsymbol{C}^{\mathrm{T}}\boldsymbol{K}_s - \boldsymbol{C}\boldsymbol{N}_{BB}^{-1}\boldsymbol{W}_e + \boldsymbol{W}_x = \boldsymbol{0} \tag{9-2-16}$$

令

$$\boldsymbol{N}_{CC} = \boldsymbol{C}\boldsymbol{N}_{BB}^{-1}\boldsymbol{C}^{\mathrm{T}} \tag{9-2-17}$$

于是式(9-2-16)可写成：

$$\underset{s\,s}{\boldsymbol{N}_{CC}}\underset{s\,1}{\boldsymbol{K}_s} - \underset{s\,u\,u\,u}{\boldsymbol{C}\boldsymbol{N}_{BB}^{-1}}\underset{u\,1}{\boldsymbol{W}_e} + \underset{s\,1}{\boldsymbol{W}_x} = \boldsymbol{0} \tag{9-2-18}$$

因为 $R(\boldsymbol{N}_{CC}) = R(\boldsymbol{C}\boldsymbol{N}_{BB}^{-1}\boldsymbol{C}^{\mathrm{T}}) = R(\boldsymbol{C}) = s$，且 $\boldsymbol{N}_{CC}^{\mathrm{T}} = (\boldsymbol{C}\boldsymbol{N}_{BB}^{-1}\boldsymbol{C}^{\mathrm{T}})^{\mathrm{T}} = \boldsymbol{C}\boldsymbol{N}_{BB}^{-1}\boldsymbol{C}^{\mathrm{T}} = \boldsymbol{N}_{CC}$，故 $\boldsymbol{N}_{CC}$是一 s 阶的满秩对称方阵，是可逆阵。最后由式(9-2-18)解得：

$$\boldsymbol{K}_s = -\boldsymbol{N}_{CC}^{-1}(\boldsymbol{W}_x - \boldsymbol{C}\boldsymbol{N}_{BB}^{-1}\boldsymbol{W}_e) \tag{9-2-19}$$

将上式代入式(9-2-15)，经整理即得：

$$\hat{\boldsymbol{x}} = -(\boldsymbol{N}_{BB}^{-1} - \boldsymbol{N}_{BB}^{-1}\boldsymbol{C}^{\mathrm{T}}\boldsymbol{N}_{CC}^{-1}\boldsymbol{C}\boldsymbol{N}_{BB}^{-1})\boldsymbol{W}_e - \boldsymbol{N}_{BB}^{-1}\boldsymbol{C}^{\mathrm{T}}\boldsymbol{N}_{CC}^{-1}\boldsymbol{W}_x \tag{9-2-20}$$

在实际计算时，当式(9-2-1)和式(9-2-2)中的一般条件方程和限制条件方程列出以后，即可计算 $\boldsymbol{N}_{AA}$、$\boldsymbol{N}_{AA}^{-1}$、$\boldsymbol{N}_{BB}$、$\boldsymbol{N}_{BB}^{-1}$、$\boldsymbol{N}_{CC}$、$\boldsymbol{N}_{CC}^{-1}$和 $\boldsymbol{W}_e$，然后由式(9-2-20)算出$\underset{u\,1}{\hat{\boldsymbol{x}}}$，由式(9-2-11)计算 $\boldsymbol{K}$，再由式(9-2-8)计算 $\boldsymbol{V}$。一般说来，求 $\boldsymbol{K}$ 和 $\boldsymbol{K}_s$ 并非平差计算的主要目的，如果不需要计算 $\boldsymbol{K}$ 和 $\boldsymbol{K}_s$，则式(9-2-8)可写成：

$$\boldsymbol{V} = -\boldsymbol{Q}\boldsymbol{A}^{\mathrm{T}}\boldsymbol{N}_{AA}^{-1}(\boldsymbol{W} + \boldsymbol{B}\hat{\boldsymbol{x}}) \tag{9-2-21}$$

这样，当算出 $\hat{\boldsymbol{x}}$ 后即可由上式计算 $\boldsymbol{V}$。如果需要计算 $\boldsymbol{K}$ 和 $\boldsymbol{K}_s$，则可由式(9-2-11)计算 $\boldsymbol{K}$，由式(9-2-19)计算 $\boldsymbol{K}_s$。最后平差值为

$$\underset{n\,1}{\hat{\boldsymbol{L}}} = \boldsymbol{L} + \boldsymbol{V} \tag{9-2-22}$$

$$\hat{\boldsymbol{X}} = \boldsymbol{X}^0 + \hat{\boldsymbol{x}} \tag{9-2-23}$$

9.3　精度评定

这一平差方法的精度评定包括：计算单位权方差的估值，推导各向量的自协因数阵和互协因数阵的计算公式以及平差值函数的协因数和中误差等内容。

9.3.1 单位权方差的估值公式

附有限制条件的条件平差法的单位权方差估值也是 $\boldsymbol{V}^{\mathrm{T}}\boldsymbol{PV}$ 除以它的自由度，即

$$\hat{\sigma}_0^2=\frac{\boldsymbol{V}^{\mathrm{T}}\boldsymbol{PV}}{r}=\frac{\boldsymbol{V}^{\mathrm{T}}\boldsymbol{PV}}{c-u+s} \tag{9-3-1}$$

其中 $\boldsymbol{V}^{\mathrm{T}}\boldsymbol{PV}$ 除直接由 V 计算外，还可用以下推出的公式计算。

因为 $\boldsymbol{V}=\boldsymbol{QA}^{\mathrm{T}}\boldsymbol{K}$，顾及式(9-2-1)、式(9-2-7)和式(9-2-2)，则有

$$\begin{aligned}\boldsymbol{V}^{\mathrm{T}}\boldsymbol{PV}&=\boldsymbol{V}^{\mathrm{T}}\boldsymbol{PQA}^{\mathrm{T}}\boldsymbol{K}=(\boldsymbol{AV})^{\mathrm{T}}\boldsymbol{K}=-(\boldsymbol{B}\hat{\boldsymbol{x}}+\boldsymbol{W})^{\mathrm{T}}\boldsymbol{K}\\&=-\boldsymbol{W}^{\mathrm{T}}\boldsymbol{K}-\hat{\boldsymbol{x}}^{\mathrm{T}}\boldsymbol{B}^{\mathrm{T}}\boldsymbol{K}=-\boldsymbol{W}^{\mathrm{T}}\boldsymbol{K}+\hat{\boldsymbol{x}}^{\mathrm{T}}\boldsymbol{C}^{\mathrm{T}}\boldsymbol{K}_s=-(\boldsymbol{W}^{\mathrm{T}}\boldsymbol{K}+\boldsymbol{W}_x^{\mathrm{T}}\boldsymbol{K}_s)\end{aligned} \tag{9-3-2}$$

将式(9-2-11)代入上式，并顾及式(9-2-13)，得

$$\begin{aligned}\boldsymbol{V}^{\mathrm{T}}\boldsymbol{PV}&=\boldsymbol{W}^{\mathrm{T}}\boldsymbol{N}_{AA}^{-1}\boldsymbol{W}+\boldsymbol{W}^{\mathrm{T}}\boldsymbol{N}_{AA}^{-1}\boldsymbol{B}\hat{\boldsymbol{x}}-\boldsymbol{W}_x^{\mathrm{T}}\boldsymbol{K}_s\\&=\boldsymbol{W}^{\mathrm{T}}\boldsymbol{N}_{AA}^{-1}\boldsymbol{W}+\boldsymbol{W}_e^{\mathrm{T}}\hat{\boldsymbol{x}}-\boldsymbol{W}_x^{\mathrm{T}}\boldsymbol{K}_s\end{aligned} \tag{9-3-3}$$

9.3.2 协因数阵的计算

在附有限制条件的条件平差法中，基本向量有 $\boldsymbol{L}$，$\boldsymbol{W}$，$\hat{\boldsymbol{X}}$，$\boldsymbol{K}$，$\boldsymbol{K}_s$，$\boldsymbol{V}$ 和 $\hat{\boldsymbol{L}}$。由 $\boldsymbol{Q}_{LL}=\boldsymbol{Q}$，可以推求各向量的自协因数阵和两两向量之间的互协因数阵。

向量的基本表达式为

$$\boldsymbol{L}=\boldsymbol{L}$$

$$\boldsymbol{W}=\boldsymbol{AL}+\boldsymbol{BX}^0+\boldsymbol{A}^0=\boldsymbol{AL}+\boldsymbol{W}^0$$

$$\hat{\boldsymbol{X}}=\boldsymbol{X}^0-(\boldsymbol{N}_{BB}^{-1}-\boldsymbol{N}_{BB}^{-1}\boldsymbol{C}^{\mathrm{T}}\boldsymbol{N}_{CC}^{-1}\boldsymbol{CN}_{BB}^{-1})\boldsymbol{W}_e-\boldsymbol{N}_{BB}^{-1}\boldsymbol{C}^{\mathrm{T}}\boldsymbol{N}_{CC}^{-1}\boldsymbol{W}_x \tag{9-2-20}$$

$$\boldsymbol{K}=-\boldsymbol{N}_{AA}^{-1}\boldsymbol{W}-\boldsymbol{N}_{AA}^{-1}\boldsymbol{B}\hat{\boldsymbol{x}} \tag{9-2-11}$$

$$\boldsymbol{K}_s=-\boldsymbol{N}_{CC}^{-1}\boldsymbol{W}_x+\boldsymbol{N}_{CC}^{-1}\boldsymbol{CN}_{BB}^{-1}\boldsymbol{W}_e \tag{9-2-19}$$

$$\boldsymbol{W}_e=\boldsymbol{B}^{\mathrm{T}}\boldsymbol{N}_{AA}^{-1}\boldsymbol{W} \tag{9-2-13}$$

$$\boldsymbol{V}=\boldsymbol{QA}^{\mathrm{T}}\boldsymbol{K} \tag{9-2-8}$$

$$\hat{\boldsymbol{L}}=\boldsymbol{L}+\boldsymbol{V}$$

在推导中应顾及 $\boldsymbol{W}_x$ 是由参数近似值算得的闭合差，可视为常量，对推求精度无影响。应用协因数传播律，可得

$$\boldsymbol{Q}_{LL}=\boldsymbol{Q}$$

$$\boldsymbol{Q}_{WW}=\boldsymbol{AQA}^{\mathrm{T}}=\boldsymbol{N}_{AA}$$

$$\boldsymbol{Q}_{WL}=\boldsymbol{AQ}$$

$$\begin{aligned}\boldsymbol{Q}_{\hat{X}\hat{X}}&=(\boldsymbol{N}_{BB}^{-1}-\boldsymbol{N}_{BB}^{-1}\boldsymbol{C}^{\mathrm{T}}\boldsymbol{N}_{CC}^{-1}\boldsymbol{CN}_{BB}^{-1})\boldsymbol{B}^{\mathrm{T}}\boldsymbol{N}_{AA}^{-1}\boldsymbol{Q}_{WW}\boldsymbol{N}_{AA}^{-1}\boldsymbol{B}(\boldsymbol{N}_{BB}^{-1}-\boldsymbol{N}_{BB}^{-1}\boldsymbol{C}^{\mathrm{T}}\boldsymbol{N}_{CC}^{-1}\boldsymbol{CN}_{BB}^{-1})\\&=(\boldsymbol{N}_{BB}^{-1}-\boldsymbol{N}_{BB}^{-1}\boldsymbol{C}^{\mathrm{T}}\boldsymbol{N}_{CC}^{-1}\boldsymbol{CN}_{BB}^{-1})\boldsymbol{N}_{BB}(\boldsymbol{N}_{BB}^{-1}-\boldsymbol{N}_{BB}^{-1}\boldsymbol{C}^{\mathrm{T}}\boldsymbol{N}_{CC}^{-1}\boldsymbol{CN}_{BB}^{-1})\\&=\boldsymbol{N}_{BB}^{-1}-\boldsymbol{N}_{BB}^{-1}\boldsymbol{C}^{\mathrm{T}}\boldsymbol{N}_{CC}^{-1}\boldsymbol{CN}_{BB}^{-1}\end{aligned}$$

根据上式，在以下推导中，为了书写方便起见，将上面 $\hat{\boldsymbol{X}}$ 的表达式(9-2-20)写成

$\hat{\boldsymbol{X}}=-\boldsymbol{Q}_{\hat{X}\hat{X}}\boldsymbol{W}_e$+常数，常数对推导协因数阵无影响。

$$\boldsymbol{Q}_{\hat{X}L}=-\boldsymbol{Q}_{\hat{X}\hat{X}}\boldsymbol{B}^{\mathrm{T}}\boldsymbol{N}_{AA}^{-1}\boldsymbol{Q}_{WL}=-\boldsymbol{Q}_{\hat{X}\hat{X}}\boldsymbol{B}^{\mathrm{T}}\boldsymbol{N}_{AA}^{-1}\boldsymbol{A}\boldsymbol{Q}$$

$$\boldsymbol{Q}_{\hat{X}W}=-\boldsymbol{Q}_{\hat{X}\hat{X}}\boldsymbol{B}^{\mathrm{T}}\boldsymbol{N}_{AA}^{-1}\boldsymbol{Q}_{WW}=-\boldsymbol{Q}_{\hat{X}\hat{X}}\boldsymbol{B}^{\mathrm{T}}$$

$$\begin{aligned}\boldsymbol{Q}_{KK}&=\boldsymbol{N}_{AA}^{-1}\boldsymbol{Q}_{WW}\boldsymbol{N}_{AA}^{-1}+\boldsymbol{N}_{AA}^{-1}\boldsymbol{Q}_{W\hat{X}}\boldsymbol{B}^{\mathrm{T}}\boldsymbol{N}_{AA}^{-1}+\boldsymbol{N}_{AA}^{-1}\boldsymbol{B}\boldsymbol{Q}_{\hat{X}W}\boldsymbol{N}_{AA}^{-1}+\boldsymbol{N}_{AA}^{-1}\boldsymbol{B}\boldsymbol{Q}_{\hat{X}\hat{X}}\boldsymbol{B}^{\mathrm{T}}\boldsymbol{N}_{AA}^{-1}\\&=\boldsymbol{N}_{AA}^{-1}-\boldsymbol{N}_{AA}^{-1}\boldsymbol{B}\boldsymbol{Q}_{\hat{X}\hat{X}}\boldsymbol{B}^{\mathrm{T}}\boldsymbol{N}_{AA}^{-1}-\boldsymbol{N}_{AA}^{-1}\boldsymbol{B}\boldsymbol{Q}_{\hat{X}\hat{X}}\boldsymbol{B}^{\mathrm{T}}\boldsymbol{N}_{AA}^{-1}+\boldsymbol{N}_{AA}^{-1}\boldsymbol{B}\boldsymbol{Q}_{\hat{X}\hat{X}}\boldsymbol{B}^{\mathrm{T}}\boldsymbol{N}_{AA}^{-1}\\&=\boldsymbol{N}_{AA}^{-1}-\boldsymbol{N}_{AA}^{-1}\boldsymbol{B}\boldsymbol{Q}_{\hat{X}\hat{X}}\boldsymbol{B}^{\mathrm{T}}\boldsymbol{N}_{AA}^{-1}\end{aligned}$$

$$\begin{aligned}\boldsymbol{Q}_{KL}&=-\boldsymbol{N}_{AA}^{-1}\boldsymbol{Q}_{WL}-\boldsymbol{N}_{AA}^{-1}\boldsymbol{B}\boldsymbol{Q}_{\hat{X}L}=-\boldsymbol{N}_{AA}^{-1}\boldsymbol{A}\boldsymbol{Q}+\boldsymbol{N}_{AA}^{-1}\boldsymbol{B}\boldsymbol{Q}_{\hat{X}\hat{X}}\boldsymbol{B}^{\mathrm{T}}\boldsymbol{N}_{AA}^{-1}\boldsymbol{A}\boldsymbol{Q}\\&=-\boldsymbol{Q}_{KK}\boldsymbol{A}\boldsymbol{Q}\end{aligned}$$

$$\boldsymbol{Q}_{KW}=-\boldsymbol{N}_{AA}^{-1}\boldsymbol{Q}_{WW}-\boldsymbol{N}_{AA}^{-1}\boldsymbol{B}\boldsymbol{Q}_{\hat{X}W}=-\boldsymbol{N}_{AA}^{-1}\boldsymbol{N}_{AA}+\boldsymbol{N}_{AA}^{-1}\boldsymbol{B}\boldsymbol{Q}_{\hat{X}\hat{X}}\boldsymbol{B}^{\mathrm{T}}=-\boldsymbol{Q}_{KK}\boldsymbol{N}_{AA}$$

$$\begin{aligned}\boldsymbol{Q}_{K\hat{X}}&=-\boldsymbol{N}_{AA}^{-1}\boldsymbol{Q}_{W\hat{X}}-\boldsymbol{N}_{AA}^{-1}\boldsymbol{B}\boldsymbol{Q}_{\hat{X}\hat{X}}\\&=\boldsymbol{N}_{AA}^{-1}\boldsymbol{B}\boldsymbol{Q}_{\hat{X}\hat{X}}-\boldsymbol{N}_{AA}^{-1}\boldsymbol{B}\boldsymbol{Q}_{\hat{X}\hat{X}}=\boldsymbol{0}\end{aligned}$$

$$\begin{aligned}\boldsymbol{Q}_{K_sK_s}&=\boldsymbol{N}_{CC}^{-1}\boldsymbol{C}\boldsymbol{N}_{BB}^{-1}\boldsymbol{Q}_{W_eW_e}\boldsymbol{N}_{BB}^{-1}\boldsymbol{C}^{\mathrm{T}}\boldsymbol{N}_{CC}^{-1}=\boldsymbol{N}_{CC}^{-1}\boldsymbol{C}\boldsymbol{N}_{BB}^{-1}\boldsymbol{N}_{BB}\boldsymbol{N}_{BB}^{-1}\boldsymbol{C}^{\mathrm{T}}\boldsymbol{N}_{CC}^{-1}\\&=\boldsymbol{N}_{CC}^{-1}\boldsymbol{C}\boldsymbol{N}_{BB}^{-1}\boldsymbol{C}^{\mathrm{T}}\boldsymbol{N}_{CC}^{-1}=\boldsymbol{N}_{CC}^{-1}\end{aligned}$$

$$\boldsymbol{Q}_{K_sL}=\boldsymbol{N}_{CC}^{-1}\boldsymbol{C}\boldsymbol{N}_{BB}^{-1}\boldsymbol{Q}_{W_eL}=\boldsymbol{N}_{CC}^{-1}\boldsymbol{C}\boldsymbol{N}_{BB}^{-1}\boldsymbol{B}^{\mathrm{T}}\boldsymbol{N}_{AA}^{-1}\boldsymbol{A}\boldsymbol{Q}$$

$$\begin{aligned}\boldsymbol{Q}_{K_sW}&=\boldsymbol{N}_{CC}^{-1}\boldsymbol{C}\boldsymbol{N}_{BB}^{-1}\boldsymbol{Q}_{W_eW}=\boldsymbol{N}_{CC}^{-1}\boldsymbol{C}\boldsymbol{N}_{BB}^{-1}\boldsymbol{B}^{\mathrm{T}}\boldsymbol{N}_{AA}^{-1}\boldsymbol{Q}_{WW}\\&=\boldsymbol{N}_{CC}^{-1}\boldsymbol{C}\boldsymbol{N}_{BB}^{-1}\boldsymbol{B}^{\mathrm{T}}\end{aligned}$$

$$\begin{aligned}\boldsymbol{Q}_{K_s\hat{X}}&=\boldsymbol{N}_{CC}^{-1}\boldsymbol{C}\boldsymbol{N}_{BB}^{-1}\boldsymbol{Q}_{W_e\hat{X}}=-\boldsymbol{N}_{CC}^{-1}\boldsymbol{C}\boldsymbol{Q}_{\hat{X}\hat{X}}\\&=-\boldsymbol{N}_{CC}^{-1}\boldsymbol{C}\boldsymbol{N}_{BB}^{-1}+\boldsymbol{N}_{CC}^{-1}\boldsymbol{C}\boldsymbol{N}_{BB}^{-1}\boldsymbol{C}^{\mathrm{T}}\boldsymbol{N}_{CC}^{-1}\boldsymbol{C}\boldsymbol{N}_{BB}^{-1}\\&=-\boldsymbol{N}_{CC}^{-1}\boldsymbol{C}\boldsymbol{N}_{BB}^{-1}+\boldsymbol{N}_{CC}^{-1}\boldsymbol{C}\boldsymbol{N}_{BB}^{-1}=\boldsymbol{0}\end{aligned}$$

$$\begin{aligned}\boldsymbol{Q}_{K_sK}&=-\boldsymbol{N}_{CC}^{-1}\boldsymbol{C}\boldsymbol{N}_{BB}^{-1}\boldsymbol{Q}_{W_eW}\boldsymbol{N}_{AA}^{-1}-\boldsymbol{N}_{CC}^{-1}\boldsymbol{C}\boldsymbol{N}_{BB}^{-1}\boldsymbol{Q}_{W_e\hat{X}}\boldsymbol{B}^{\mathrm{T}}\boldsymbol{N}_{AA}^{-1}\\&=-\boldsymbol{N}_{CC}^{-1}\boldsymbol{C}\boldsymbol{N}_{BB}^{-1}\boldsymbol{B}^{\mathrm{T}}\boldsymbol{N}_{AA}^{-1}+\boldsymbol{N}_{CC}^{-1}\boldsymbol{C}\boldsymbol{N}_{BB}^{-1}\boldsymbol{B}^{\mathrm{T}}\boldsymbol{N}_{AA}^{-1}\boldsymbol{B}\boldsymbol{Q}_{\hat{X}\hat{X}}\boldsymbol{B}^{\mathrm{T}}\boldsymbol{N}_{AA}^{-1}\\&=-\boldsymbol{N}_{CC}^{-1}\boldsymbol{C}\boldsymbol{N}_{BB}^{-1}\boldsymbol{B}^{\mathrm{T}}\boldsymbol{N}_{AA}^{-1}+\boldsymbol{N}_{CC}^{-1}\boldsymbol{C}\boldsymbol{Q}_{\hat{X}\hat{X}}\boldsymbol{B}^{\mathrm{T}}\boldsymbol{N}_{AA}^{-1}\\&=-\boldsymbol{N}_{CC}^{-1}\boldsymbol{C}\boldsymbol{N}_{BB}^{-1}\boldsymbol{B}^{\mathrm{T}}\boldsymbol{N}_{AA}^{-1}+\boldsymbol{N}_{CC}^{-1}\boldsymbol{C}(\boldsymbol{N}_{BB}^{-1}-\boldsymbol{N}_{BB}^{-1}\boldsymbol{C}^{\mathrm{T}}\boldsymbol{N}_{CC}^{-1}\boldsymbol{C}\boldsymbol{N}_{BB}^{-1})\boldsymbol{B}^{\mathrm{T}}\boldsymbol{N}_{AA}^{-1}\\&=-\boldsymbol{N}_{CC}^{-1}\boldsymbol{C}\boldsymbol{N}_{BB}^{-1}\boldsymbol{B}^{\mathrm{T}}\boldsymbol{N}_{AA}^{-1}\end{aligned}$$

$$\boldsymbol{Q}_{VV}=\boldsymbol{Q}\boldsymbol{A}^{\mathrm{T}}\boldsymbol{Q}_{KK}\boldsymbol{A}\boldsymbol{Q}$$

$$\boldsymbol{Q}_{VL}=\boldsymbol{Q}\boldsymbol{A}^{\mathrm{T}}\boldsymbol{Q}_{KL}=-\boldsymbol{Q}\boldsymbol{A}^{\mathrm{T}}\boldsymbol{Q}_{KK}\boldsymbol{A}\boldsymbol{Q}=-\boldsymbol{Q}_{VV}$$

$$\boldsymbol{Q}_{VW}=\boldsymbol{Q}\boldsymbol{A}^{\mathrm{T}}\boldsymbol{Q}_{KW}=-\boldsymbol{Q}\boldsymbol{A}^{\mathrm{T}}\boldsymbol{Q}_{KK}\boldsymbol{N}_{AA}$$

$$\boldsymbol{Q}_{V\hat{X}}=\boldsymbol{Q}\boldsymbol{A}^{\mathrm{T}}\boldsymbol{Q}_{K\hat{X}}=\boldsymbol{0}$$

$$\boldsymbol{Q}_{VK}=\boldsymbol{Q}\boldsymbol{A}^{\mathrm{T}}\boldsymbol{Q}_{KK}$$

$$\boldsymbol{Q}_{VK_s}=\boldsymbol{Q}\boldsymbol{A}^{\mathrm{T}}\boldsymbol{Q}_{KK_s}=-\boldsymbol{Q}\boldsymbol{A}^{\mathrm{T}}\boldsymbol{N}_{AA}^{-1}\boldsymbol{B}\boldsymbol{N}_{BB}^{-1}\boldsymbol{C}^{\mathrm{T}}\boldsymbol{N}_{CC}^{-1}$$

$$\boldsymbol{Q}_{\hat{L}\hat{L}}=\boldsymbol{Q}_{LL}+\boldsymbol{Q}_{VL}+\boldsymbol{Q}_{LV}+\boldsymbol{Q}_{VV}=\boldsymbol{Q}-\boldsymbol{Q}_{VV}$$

$$
\begin{aligned}
Q_{\hat{L}L} &= Q_{LL} + Q_{VL} = Q - Q_{VV} \\
Q_{\hat{L}W} &= Q_{LW} + Q_{VW} = QA^{\mathrm{T}} - QA^{\mathrm{T}}Q_{KK}N_{AA} \\
&= -QA^{\mathrm{T}}(Q_{KK}N_{AA} - I) = -QA^{\mathrm{T}}(I - N_{AA}^{-1}BQ_{\hat{X}\hat{X}}B^{\mathrm{T}} - I) \\
&= QA^{\mathrm{T}}N_{AA}^{-1}BQ_{\hat{X}\hat{X}}B^{\mathrm{T}} \\
Q_{\hat{L}\hat{X}} &= Q_{L\hat{X}} + Q_{V\hat{X}} = -QA^{\mathrm{T}}N_{AA}^{-1}BQ_{\hat{X}\hat{X}} \\
Q_{\hat{L}K} &= Q_{LK} + Q_{VK} \\
&= -QA^{\mathrm{T}}Q_{KK} + QA^{\mathrm{T}}Q_{KK} = 0 \\
Q_{\hat{L}K_s} &= Q_{LK_s} + Q_{VK_s} \\
&= QA^{\mathrm{T}}N_{AA}^{-1}BN_{BB}^{-1}C^{\mathrm{T}}N_{CC}^{-1} - QA^{\mathrm{T}}N_{AA}^{-1}BN_{BB}^{-1}C^{\mathrm{T}}N_{CC}^{-1} = 0 \\
Q_{\hat{L}V} &= Q_{LV} + Q_{VV} \\
&= -Q_{VV} + Q_{VV} = 0
\end{aligned}
$$

将以上推出的计算公式列于表 9-2 中，以供查阅。

表 9-2 各向量的协因数阵

	L	W	$\hat{X}$	K	K_s	V	$\hat{L}$
L	Q	Q_{WL}^{T}	$Q_{\hat{X}L}^{\mathrm{T}}$	Q_{KL}^{T}	$Q_{K_sL}^{\mathrm{T}}$	Q_{VL}^{T}	$Q_{\hat{L}L}^{\mathrm{T}}$
W	AQ	N_{AA}	$Q_{\hat{X}W}^{\mathrm{T}}$	Q_{KW}^{T}	$Q_{K_sW}^{\mathrm{T}}$	Q_{VW}^{T}	$Q_{\hat{L}W}^{\mathrm{T}}$
$\hat{X}$	$-Q_{\hat{X}\hat{X}}B^{\mathrm{T}}\cdot N_{AA}^{-1}AQ$	$-Q_{\hat{X}\hat{X}}B^{\mathrm{T}}$	$N_{BB}^{-1}-N_{BB}^{-1}\cdot C^{\mathrm{T}}N_{CC}^{-1}CN_{BB}^{-1}$	0	0	0	$Q_{\hat{L}\hat{X}}^{\mathrm{T}}$
K	$-Q_{KK}AQ$	$-Q_{KK}N_{AA}$	0	$N_{AA}^{-1}-N_{AA}^{-1}\cdot BQ_{\hat{X}\hat{X}}B^{\mathrm{T}}N_{AA}^{-1}$	$Q_{K_sK}^{\mathrm{T}}$	Q_{VK}^{T}	$Q_{\hat{L}K}^{\mathrm{T}}$
K_s	$N_{CC}^{-1}CN_{BB}^{-1}\cdot B^{\mathrm{T}}N_{AA}^{-1}AQ$	$N_{CC}^{-1}CN_{BB}^{-1}B^{\mathrm{T}}$	0	$-N_{CC}^{-1}CN_{BB}^{-1}\cdot B^{\mathrm{T}}N_{AA}^{-1}$	N_{CC}^{-1}	$Q_{VK_s}^{\mathrm{T}}$	$Q_{\hat{L}K_s}^{\mathrm{T}}$
V	$-Q_{VV}$	$-QA^{\mathrm{T}}Q_{KK}N_{AA}$	0	QAQ_{KK}	$-QA^{\mathrm{T}}N_{AA}^{-1}\cdot BN_{BB}^{-1}C^{\mathrm{T}}N_{CC}^{-1}$	$QA^{\mathrm{T}}Q_{KK}\cdot AQ$	$Q_{\hat{L}V}^{\mathrm{T}}$
$\hat{L}$	$Q-Q_{VV}$	$QA^{\mathrm{T}}N_{AA}^{-1}\cdot BQ_{\hat{X}\hat{X}}B^{\mathrm{T}}$	$-QA^{\mathrm{T}}N_{AA}^{-1}BQ_{\hat{X}\hat{X}}$	0	0	0	$Q-Q_{VV}$

9.4 各种平差方法的共性与特性

迄今为止，已经分别介绍了五种不同的平差方法。不同的平差方法都对应着形式各异的函数模型，在所有这些函数模型中，待求的未知数都是多于其方程的个数，而且它们的系数矩阵的秩都等于其增广矩阵的秩，因此，它们都是具有无穷多组解的相容方程组。为了解决解的不唯一性问题，采用了最小二乘原理。对同一个平差问题而言，无论采用何种函数模型，其最后平差结果(包括平差值及其精度)都是相同的。

不同的平差方法有其各自的优点和特点，因此，我们不能断言哪一种是最好的方法。但是就实际应用来说，根据不同的平差问题，还是存在平差方法的选择，当前较多采用的是间接平差法和附有限制条件的间接平差法，原因在于：①这些方法中的误差方程，其形式统一，规律性较强，便于计算机的程序设计；②所选的参数往往就是平差后所需要的最后成果(包括精度)，例如水准网中选待定点的高程，控制网中选待定点的坐标等作为参数，这可以说是这两种平差方法的最大优点。但这绝不是说除了这两种方法，其他平差方法就不重要了。例如，如果只为了求得个别非观测量的平差值和精度，当然采用附有参数的条件平差法就较为合适了，其他方法也各有特点，不再一一举例说明了。

但是必须强调指出的是，作为一个函数模型来说，其中附有限制条件的条件平差法的函数模型则有着特殊的作用。例如：

(1)当式(9-2-1)和式(9-2-2)中的系数阵 $\boldsymbol{B}=0$，$\boldsymbol{C}=0$ 时，它就变成了条件平差法的函数模型。

(2)当式(9-2-1)和式(9-2-2)中的系数阵 $\boldsymbol{C}=0$ 时，它就变成了附有参数的条件平差法的函数模型。

(3)当式(9-2-1)和式(9-2-2)中的系数阵 $\boldsymbol{A}=-\boldsymbol{I}$ 和 $\boldsymbol{C}=0$ 时，它就变成了间接平差法的函数模型；(此时的 $\boldsymbol{W}$ 就是 $-\boldsymbol{L}$，因此常数项 $\boldsymbol{W}$ 和 $\boldsymbol{L}$ 实际上具有相同的意义和作用，关于这一点以后将不再说明)。

(4)当式(9-2-1)和式(9-2-2)中的 $\boldsymbol{A}=-\boldsymbol{I}$ 时，就变成了附有限制条件的间接平差法的函数模型。

由此可见，所有其他平差方法的函数模型都可以说是附有限制条件的条件平差法函数模型的一个特例。换言之，该模型概括了所有的函数模型，因此，这是将该函数模型称之为“概括平差函数模型”的由来。

既然当式(9-2-1)和式(9-2-2)中的系数矩阵等于特定的矩阵，例如等于“0”或“$-\boldsymbol{I}$”就变成了不同的函数模型，那么，由本章所导出的全部公式，自然也可应用于其他任何一种平差方法，只要将公式中涉及系数阵 $\boldsymbol{A}$、$\boldsymbol{B}$、$\boldsymbol{C}$ 处代以“0”或“$-\boldsymbol{I}$”就可简化成其他方法的公式，因此，将本章中所有的(包括求估值和精度的)公式称为“通用公式”。这不仅便于人们应用，而且更加深了人们对各种平差方法的理解。

9.5　平差结果的统计性质

在 4.5 小节中已经说明了有关参数估计最优性质的几个判定标准，即无偏性、一致性和有效性。本节将证明：按最小二乘原理进行平差计算所求得的结果具有上述最优性质。由于其他平差方法只是概括平差模型的特例，因此对该平差模型进行证明的结论自然也适用于其他平差模型，故无需一一分别证明了。

9.5.1 估计量 $\hat{L}$ 和 $\hat{X}$ 均为无偏估计

要证明 $\hat{L}$ 和 $\hat{X}$ 具有无偏性，也就是要证明

$$E(\hat{L}) = \tilde{L} \text{ 和 } E(\hat{X}) = \tilde{X} \tag{9-5-1}$$

因为 $\hat{X}=X^0+\hat{x}$，$\tilde{X}=X^0+\tilde{x}$，故要证明 $E(\hat{X})=\tilde{X}$，也就是要证明

$$E(\hat{x}) = \tilde{x} \tag{9-5-2}$$

对 4.3 节中的式(4-3-12)、式(4-3-15)两边取期望，顾及 $E(\Delta)=0$，$\tilde{x}$ 为真值 $\tilde{X}$ 与 X^0 之差，X^0 取定后，$\tilde{x}$ 即为一定值，于是得

$$E(W) = -AE(\Delta) - BE(\tilde{x}) = -B\tilde{x} \tag{9-5-3}$$

$$E(W_x) = -CE(\tilde{x}) = -C\tilde{x} \tag{9-5-4}$$

对式(9-2-20)取期望，为书写方便，将其中 $\boldsymbol{W}_e$ 的系数写成 $-\boldsymbol{Q}_{\hat{X}\hat{X}}$（见表 9-2），并将 $\boldsymbol{W}_e$ 写成 $\boldsymbol{B}^{\mathrm{T}}\boldsymbol{N}_{AA}^{-1}\boldsymbol{W}$（见式(9-2-13)），则有

$$\begin{aligned}\boldsymbol{E}(\hat{x}) &= -\boldsymbol{Q}_{\hat{X}\hat{X}}\boldsymbol{B}^{\mathrm{T}}\boldsymbol{N}_{AA}^{-1}E(W) - \boldsymbol{N}_{BB}^{-1}\boldsymbol{C}^{\mathrm{T}}\boldsymbol{N}_{CC}^{-1}\boldsymbol{E}(W_x)\\ &= \boldsymbol{Q}_{\hat{X}\hat{X}}\boldsymbol{B}^{\mathrm{T}}\boldsymbol{N}_{AA}^{-1}\boldsymbol{B}\tilde{x} + \boldsymbol{N}_{BB}^{-1}\boldsymbol{C}^{\mathrm{T}}\boldsymbol{N}_{CC}^{-1}\boldsymbol{C}\tilde{x}\\ &= (\boldsymbol{I} - \boldsymbol{N}_{BB}^{-1}\boldsymbol{C}^{\mathrm{T}}\boldsymbol{N}_{CC}^{-1}\boldsymbol{C})\tilde{x} + \boldsymbol{N}_{BB}^{-1}\boldsymbol{C}^{\mathrm{T}}\boldsymbol{N}_{CC}^{-1}\boldsymbol{C}\tilde{x} = \tilde{x}\end{aligned} \tag{9-5-5}$$

即式(9-5-2)成立。再对式(9-2-21)取期望，得

$$E(\boldsymbol{V}) = -\boldsymbol{QA}^{\mathrm{T}}N_{AA}^{-1}[E(\boldsymbol{W}) + \boldsymbol{B}E(\tilde{x})] = -\boldsymbol{QA}^{\mathrm{T}}\boldsymbol{N}_{AA}^{-1}(-\boldsymbol{B}\tilde{x} + \boldsymbol{B}\tilde{x}) = 0 \tag{9-5-6}$$

对式(9-2-22)取期望，得

$$E(\hat{\boldsymbol{L}}) = E(\boldsymbol{L}) + E(\boldsymbol{V}) = E(\boldsymbol{L}) = \tilde{\boldsymbol{L}} \tag{9-5-7}$$

这就证明了 $\hat{\boldsymbol{X}}$ 和 $\hat{\boldsymbol{L}}$ 是 $\tilde{\boldsymbol{X}}$ 和 $\tilde{\boldsymbol{L}}$ 的无偏估计量。

9.5.2 估计量 $\hat{X}$ 具有最小方差（有效性）

参数估计量的方差阵为

$$\underset{u\,u}{\boldsymbol{D}_{\hat{X}\hat{X}}} = \hat{\sigma}_0^2\boldsymbol{Q}_{\hat{X}\hat{X}}$$

$\underset{u\,u}{\boldsymbol{D}_{\hat{X}\hat{X}}}$中对角线元素分别是各 $\hat{X}_i(i=1, 2, \cdots, u)$的方差，要证明参数估计量方差最小，根据迹的定义知，也就是要证明

$$\mathrm{tr}(\boldsymbol{D}_{\hat{X}\hat{X}}) = \min \quad \text{或} \quad \mathrm{tr}(\boldsymbol{Q}_{\hat{X}\hat{X}}) = \min$$

由式(9-2-20)知，$\hat{\boldsymbol{x}}$ 是 $\boldsymbol{W}_e(=\boldsymbol{B}^{\mathrm{T}}\boldsymbol{N}_{AA}^{-1}\boldsymbol{W})$ 和 $\boldsymbol{W}_x$ 的函数，也就是条件方程和限制条件中常数项 $\boldsymbol{W}$ 和 $\boldsymbol{W}_x$ 的线性函数。现在假设有 W 和 W_x 的另一个线性函数 $\hat{\boldsymbol{x}}'$，即设

$$\hat{\boldsymbol{x}}' = \boldsymbol{H}_1\boldsymbol{W} + \boldsymbol{H}_2\boldsymbol{W}_x \tag{9-5-8}$$

式中 $\boldsymbol{H}_1$、$\boldsymbol{H}_2$ 均为待定的系数阵，问题是 $\boldsymbol{H}_1$ 和 $\boldsymbol{H}_2$ 应等于什么，才能使 $\hat{\boldsymbol{x}}'$既是无偏而且方差最小，即其 $\mathrm{tr}(\boldsymbol{Q}_{\hat{x}'\hat{x}'})=\min$。首先要满足无偏性，则须使

$$E(\hat{\boldsymbol{x}}')=\boldsymbol{H}_1E(\boldsymbol{W})+\boldsymbol{H}_2E(\boldsymbol{W}_x)=-\boldsymbol{H}_1\boldsymbol{B}\tilde{\boldsymbol{x}}-\boldsymbol{H}_2\boldsymbol{C}\tilde{\boldsymbol{x}}$$

$$=-(\boldsymbol{H}_1\boldsymbol{B}+\boldsymbol{H}_2\boldsymbol{C})\tilde{\boldsymbol{x}}=\tilde{\boldsymbol{x}} \tag{9-5-9}$$

显然，只有当

$$-(\boldsymbol{H}_1\boldsymbol{B}+\boldsymbol{H}_2\boldsymbol{C})=\boldsymbol{I} \tag{9-5-10}$$

时，$\hat{\boldsymbol{x}}'$才是 $\tilde{\boldsymbol{x}}$ 的无偏估计。应用协因数传播律，由式(9-5-8)并顾及 $\boldsymbol{W}_x$ 为非随机量(因 $\boldsymbol{W}_x=\boldsymbol{\Phi}(X^0)$)，得

$$\boldsymbol{Q}_{\hat{x}'\hat{x}'}=\boldsymbol{H}_1\boldsymbol{Q}_{WW}\boldsymbol{H}_1^{\mathrm{T}}$$

现在的问题是要求出 $\boldsymbol{H}_1$ 和 $\boldsymbol{H}_2$，既能满足式(9-5-10)中的条件，而又能使 $\mathrm{tr}(\boldsymbol{Q}_{\hat{x}'\hat{x}'})=\min$。这是一个求条件极值的问题，为此组成函数

$$\boldsymbol{\Phi}=\mathrm{tr}(\boldsymbol{H}_1\boldsymbol{Q}_{WW}\boldsymbol{H}_1^{\mathrm{T}})+\mathrm{tr}(2(\boldsymbol{H}_1\boldsymbol{B}+\boldsymbol{H}_2\boldsymbol{C}+\boldsymbol{I})\boldsymbol{K}^{\mathrm{T}})$$

其中 $\boldsymbol{K}^{\mathrm{T}}$ 为联系数向量。为求函数 $\boldsymbol{\Phi}$ 极小值，需将上式对 $\boldsymbol{H}_1$ 和 $\boldsymbol{H}_2$ 求偏导数并令其为零，得

$$\frac{\partial\Phi}{\partial H_1}=2\boldsymbol{H}_1\boldsymbol{Q}_{WW}+2\boldsymbol{K}\boldsymbol{B}^{\mathrm{T}}=\boldsymbol{0},\quad \frac{\partial\Phi}{\partial H_2}=2\boldsymbol{K}\boldsymbol{C}^{\mathrm{T}}=\boldsymbol{0} \tag{9-5-11}$$

由表 9-2 知，$\boldsymbol{Q}_{WW}=\boldsymbol{N}_{AA}$，故由式(9-5-11)第 1 式可解得

$$\boldsymbol{H}_1=-\boldsymbol{K}\boldsymbol{B}^{\mathrm{T}}\boldsymbol{N}_{AA}^{-1} \tag{9-5-12}$$

代入式(9-5-10)，得

$$\boldsymbol{K}\boldsymbol{B}^{\mathrm{T}}\boldsymbol{N}_{AA}^{-1}\boldsymbol{B}-\boldsymbol{H}_2\boldsymbol{C}=\boldsymbol{I} \tag{9-5-13}$$

因 $\boldsymbol{B}^{\mathrm{T}}\boldsymbol{N}_{AA}^{-1}\boldsymbol{B}=\boldsymbol{N}_{BB}$，故得

$$\boldsymbol{K}=(\boldsymbol{H}_2\boldsymbol{C}+\boldsymbol{I})\boldsymbol{N}_{BB}^{-1} \tag{9-5-14}$$

代入式(9-5-11)的第 2 式，则有

$$(\boldsymbol{H}_2\boldsymbol{C}+\boldsymbol{I})\boldsymbol{N}_{BB}^{-1}\boldsymbol{C}^{\mathrm{T}}=\boldsymbol{0} \tag{9-5-15}$$

因 $\boldsymbol{C}\boldsymbol{N}_{BB}^{-1}\boldsymbol{C}^{\mathrm{T}}=\boldsymbol{N}_{CC}$，故由上式解得

$$\boldsymbol{H}_2=-\boldsymbol{N}_{BB}^{-1}\boldsymbol{C}^{\mathrm{T}}\boldsymbol{N}_{CC}^{-1} \tag{9-5-16}$$

再将其代入式(9-5-14)，则有

$$\boldsymbol{K}=\boldsymbol{N}_{BB}^{-1}-\boldsymbol{N}_{BB}^{-1}\boldsymbol{C}^{\mathrm{T}}\boldsymbol{N}_{CC}^{-1}\boldsymbol{C}\boldsymbol{N}_{BB}^{-1} \tag{9-5-17}$$

于是，由式(9-5-12)得

$$\boldsymbol{H}_1=-(\boldsymbol{N}_{BB}^{-1}-\boldsymbol{N}_{BB}^{-1}\boldsymbol{C}^{\mathrm{T}}\boldsymbol{N}_{CC}^{-1}\boldsymbol{C}\boldsymbol{N}_{BB}^{-1})\boldsymbol{B}^{\mathrm{T}}\boldsymbol{N}_{AA}^{-1} \tag{9-5-18}$$

将式(9-5-18)和式(9-5-16)两式代入式(9-5-8)，得

$$\hat{\boldsymbol{x}}'=-(\boldsymbol{N}_{BB}^{-1}-\boldsymbol{N}_{BB}^{-1}\boldsymbol{C}^{\mathrm{T}}\boldsymbol{N}_{CC}^{-1}\boldsymbol{C}\boldsymbol{N}_{BB}^{-1})\boldsymbol{B}^{\mathrm{T}}\boldsymbol{N}_{AA}^{-1}\boldsymbol{W}-\boldsymbol{N}_{BB}^{-1}\boldsymbol{C}^{\mathrm{T}}\boldsymbol{N}_{CC}^{-1}\boldsymbol{W}_x \tag{9-5-19}$$

与式(9-2-20)相比较知，$\hat{\boldsymbol{x}}'=\hat{\boldsymbol{x}}$，$\hat{\boldsymbol{x}}'$是在无偏和方差最小的条件下导得的，因此，这说明由最小二乘估计求得的 $\hat{\boldsymbol{x}}$ 也是无偏估计，且方差最小(有效性)，故 $\hat{\boldsymbol{X}}=\boldsymbol{X}^0+\hat{\boldsymbol{x}}$ 是最优无

偏估计。

9.5.3 估计量 $\hat{L}$ 具有最小方差

要证明 $\hat{L}$ 具有最小方差，也就是要证明：

$$\mathrm{tr}(\boldsymbol{D}_{\hat{L}\hat{L}})=\min \text{ 或 } \mathrm{tr}(\boldsymbol{Q}_{\hat{L}\hat{L}})=\min \tag{9-5-20}$$

这一证明步骤类似于 9.5.2 小节中所述，故在下面的证明中将不作过多的解释。

因为(见式(9-2-22)和式(9-2-21))

$$\hat{\boldsymbol{L}}=\boldsymbol{L}+\boldsymbol{V}=\boldsymbol{L}-\boldsymbol{QA}^{\mathrm{T}}\boldsymbol{N}_{AA}^{-1}(\boldsymbol{W}+\boldsymbol{B}\hat{x}) \tag{9-5-21}$$

将 $\hat{\boldsymbol{x}}=-\boldsymbol{Q}_{\hat{X}\hat{X}}\boldsymbol{B}^{\mathrm{T}}\boldsymbol{N}_{AA}^{-1}\boldsymbol{W}-\boldsymbol{N}_{BB}^{-1}\boldsymbol{C}^{\mathrm{T}}\boldsymbol{N}_{CC}^{-1}\boldsymbol{W}_x$ 代入上式，经整理可得

$$\hat{\boldsymbol{L}}=\boldsymbol{L}-\boldsymbol{QA}^{\mathrm{T}}\boldsymbol{N}_{AA}^{-1}[(\boldsymbol{I}-\boldsymbol{BQ}_{\hat{X}\hat{X}}\boldsymbol{B}^{\mathrm{T}}\boldsymbol{N}_{AA}^{-1})\boldsymbol{W}+\boldsymbol{BN}_{BB}^{-1}\boldsymbol{C}^{\mathrm{T}}\boldsymbol{N}_{CC}^{-1}\boldsymbol{W}_x] \tag{9-5-22}$$

即 $\hat{\boldsymbol{L}}$ 是 $\boldsymbol{L}$，$\boldsymbol{W}$ 和 $\boldsymbol{W}_x$ 的线性函数。现设有另一函数

$$\hat{\boldsymbol{L}}'=\boldsymbol{L}+\boldsymbol{G}_1\boldsymbol{W}+\boldsymbol{G}_2\boldsymbol{W}_x \tag{9-5-23}$$

其中 $\boldsymbol{G}_1$，$\boldsymbol{G}_2$ 均为待定系数阵。取期望，得

$$\begin{aligned}\boldsymbol{E}(\hat{\boldsymbol{L}}')&=\boldsymbol{E}(\boldsymbol{L})+\boldsymbol{G}_1\boldsymbol{E}(W)+\boldsymbol{G}_2\boldsymbol{E}(W_x)\\&=\tilde{\boldsymbol{L}}-\boldsymbol{G}_1B\tilde{x}-\boldsymbol{G}_2\boldsymbol{C}\tilde{x}=\tilde{\boldsymbol{L}}-(\boldsymbol{G}_1\boldsymbol{B}+\boldsymbol{G}_2\boldsymbol{C})\tilde{x}\end{aligned}$$

故知，若 $\hat{\boldsymbol{L}}'$为无偏估计，则必须满足

$$(\boldsymbol{G}_1\boldsymbol{B}+\boldsymbol{G}_2\boldsymbol{C})=\boldsymbol{0} \tag{9-5-24}$$

应用协因数传播律，并顾及 $\boldsymbol{W}_x$ 为非随机量，由式(9-5-23)得

$$\boldsymbol{Q}_{\hat{L}'\hat{L}'}=\boldsymbol{Q}+\boldsymbol{Q}_{LW}\boldsymbol{G}_1^{\mathrm{T}}+\boldsymbol{G}_1\boldsymbol{Q}_{WL}+\boldsymbol{G}_1\boldsymbol{Q}_{WW}\boldsymbol{G}_1^{\mathrm{T}} \tag{9-5-25}$$

要在满足式(9-5-24)的条件下求 $\mathrm{tr}(\boldsymbol{Q}_{\hat{L}'\hat{L}'})=\min$，为此组成函数

$$\boldsymbol{\Phi}=\mathrm{tr}(\boldsymbol{Q}_{\hat{L}'\hat{L}'})+\mathrm{tr}(2(\boldsymbol{G}_1\boldsymbol{B}+\boldsymbol{G}_2\boldsymbol{C})\boldsymbol{K}^{\mathrm{T}}) \tag{9-5-26}$$

为使 $\boldsymbol{\Phi}$ 极小，将其对 $\boldsymbol{G}_1$，$\boldsymbol{G}_2$ 求偏导数并令其为零：

$$\frac{\partial\boldsymbol{\Phi}}{\partial\boldsymbol{G}_1}=2\boldsymbol{Q}_{LW}+2\boldsymbol{G}_1\boldsymbol{Q}_{WW}+2\boldsymbol{KB}^{\mathrm{T}}=\boldsymbol{0} \tag{9-5-27}$$

$$\frac{\partial\boldsymbol{\Phi}}{\partial\boldsymbol{G}_2}=2\boldsymbol{KC}^{\mathrm{T}}=\boldsymbol{0} \tag{9-5-28}$$

由表 9-2 查得 $\boldsymbol{Q}_{LW}=\boldsymbol{QA}^{\mathrm{T}}$，$\boldsymbol{Q}_{WW}=\boldsymbol{N}_{AA}$，由式(9-5-27)解得

$$\boldsymbol{G}_1=-(\boldsymbol{QA}^{\mathrm{T}}+\boldsymbol{KB}^{\mathrm{T}})\boldsymbol{N}_{AA}^{-1} \tag{9-5-29}$$

代入式(9-5-24)，得

$$-\boldsymbol{QA}^{\mathrm{T}}\boldsymbol{N}_{AA}^{-1}\boldsymbol{B}-\boldsymbol{KB}^{\mathrm{T}}\boldsymbol{N}_{AA}^{-1}\boldsymbol{B}+\boldsymbol{G}_2\boldsymbol{C}=\boldsymbol{0}$$

顾及 $\boldsymbol{B}^{\mathrm{T}}\boldsymbol{N}_{AA}^{-1}\boldsymbol{B}=\boldsymbol{N}_{BB}$，由上式得

$$\boldsymbol{K}=-\boldsymbol{QA}^{\mathrm{T}}\boldsymbol{N}_{AA}^{-1}\boldsymbol{BN}_{BB}^{-1}+\boldsymbol{G}_2\boldsymbol{CN}_{BB}^{-1} \tag{9-5-30}$$

代入式(9-5-28)，则有

$$-\boldsymbol{Q}\boldsymbol{A}^{\mathrm{T}}\boldsymbol{N}_{AA}^{-1}\boldsymbol{B}\boldsymbol{N}_{BB}^{-1}\boldsymbol{C}^{\mathrm{T}}+\boldsymbol{G}_2\boldsymbol{C}\boldsymbol{N}_{BB}^{-1}\boldsymbol{C}^{\mathrm{T}}=\boldsymbol{0}$$

因 $\boldsymbol{C}\boldsymbol{N}_{BB}^{-1}\boldsymbol{C}^{\mathrm{T}}=\boldsymbol{N}_{CC}$，故可解得

$$\boldsymbol{G}_2=\boldsymbol{Q}\boldsymbol{A}^{\mathrm{T}}\boldsymbol{N}_{AA}^{-1}\boldsymbol{B}\boldsymbol{N}_{BB}^{-1}\boldsymbol{C}^{\mathrm{T}}\boldsymbol{N}_{CC}^{-1} \tag{9-5-31}$$

代入式(9-5-30)，得

$$\boldsymbol{K}=-\boldsymbol{Q}\boldsymbol{A}^{\mathrm{T}}\boldsymbol{N}_{AA}^{-1}\boldsymbol{B}(\boldsymbol{N}_{BB}^{-1}-\boldsymbol{N}_{BB}^{-1}\boldsymbol{C}^{\mathrm{T}}\boldsymbol{N}_{CC}^{-1}\boldsymbol{C}\boldsymbol{N}_{BB}^{-1})=-\boldsymbol{Q}\boldsymbol{A}^{\mathrm{T}}\boldsymbol{N}_{AA}^{-1}\boldsymbol{B}\boldsymbol{Q}_{\hat{X}\hat{X}} \tag{9-5-32}$$

再代入式(9-5-29)，得

$$\boldsymbol{G}_1=-\boldsymbol{Q}\boldsymbol{A}^{\mathrm{T}}\boldsymbol{N}_{AA}^{-1}(\boldsymbol{I}-\boldsymbol{B}\boldsymbol{Q}_{\hat{X}\hat{X}}\boldsymbol{B}^{\mathrm{T}}\boldsymbol{N}_{AA}^{-1}) \tag{9-5-33}$$

将式(9-5-31)和式(9-5-33)中的 $\boldsymbol{G}_1$ 和 $\boldsymbol{G}_2$ 代入式(9-5-23)，得

$$\hat{\boldsymbol{L}}'=\boldsymbol{L}-\boldsymbol{Q}\boldsymbol{A}^{\mathrm{T}}\boldsymbol{N}_{AA}^{-1}[(\boldsymbol{I}-\boldsymbol{B}\boldsymbol{Q}_{\hat{X}\hat{X}}\boldsymbol{B}^{\mathrm{T}}\boldsymbol{N}_{AA}^{-1})\boldsymbol{W}+\boldsymbol{B}\boldsymbol{N}_{BB}^{-1}\boldsymbol{C}^{\mathrm{T}}\boldsymbol{N}_{CC}^{-1}\boldsymbol{W}_x]$$

与式(9-5-22)对照知，两者完全相同，上式中 $\hat{\boldsymbol{L}}'$ 是在无偏和方差最小的条件下求得的，这说明由最小二乘估计求得的 $\hat{\boldsymbol{L}}$ 也是无偏估计，且方差最小，即是无偏最优估计。

9.5.4　单位权方差估值 $\hat{\sigma}_0^2$ 是 σ_0^2 的无偏估计量

在以上各章中，单位权方差的估值公式都是用 $\boldsymbol{V}^{\mathrm{T}}\boldsymbol{P}\boldsymbol{V}$ 除以各自的自由度，即

$$\hat{\sigma}_0^2=\frac{\boldsymbol{V}^{\mathrm{T}}\boldsymbol{P}\boldsymbol{V}}{r}$$

自由度即为多余观测数。现在要证明：

$$E(\hat{\sigma}_0^2)=\sigma_0^2 \tag{9-5-34}$$

由数理统计学知，若有服从任一分布的 q 维随机向量 $\underset{q\,1}{\boldsymbol{Y}}$，已知其数学期望为 $\underset{q\,1}{\eta}$，方差阵为 $\underset{q\,q}{\boldsymbol{\Sigma}}$，则 $\boldsymbol{Y}$ 向量的任一二次型的数学期望可以表达成

$$E(\boldsymbol{Y}^{\mathrm{T}}\boldsymbol{B}\boldsymbol{Y})=\mathrm{tr}(\boldsymbol{B}\boldsymbol{\Sigma})+\eta^{\mathrm{T}}\boldsymbol{B}\eta \tag{9-5-35}$$

式中 $\boldsymbol{B}$ 是一个 q 阶的对称可逆阵。

现用 $\boldsymbol{V}$ 向量代替上式中的 $\boldsymbol{Y}$ 向量，则其中 η 应换为 $E(\boldsymbol{V})$，$\underset{q\,q}{\boldsymbol{\Sigma}}$ 应换成 $\boldsymbol{D}_{VV}$，$\boldsymbol{B}$ 阵可以换成权阵 $\boldsymbol{P}$，于是有

$$E(\boldsymbol{V}^{\mathrm{T}}\boldsymbol{P}\boldsymbol{V})=\mathrm{tr}(\boldsymbol{P}\boldsymbol{D}_{VV})+E(\boldsymbol{V})^{\mathrm{T}}\boldsymbol{P}E(\boldsymbol{V}) \tag{9-5-36}$$

前已证明 $E(\boldsymbol{V})=\boldsymbol{0}$(见式(9-5-6))，而 $\boldsymbol{D}_{VV}=\sigma_0^2\boldsymbol{Q}_{VV}$，于是有

$$E(\boldsymbol{V}^{\mathrm{T}}\boldsymbol{P}\boldsymbol{V})=\sigma_0^2\mathrm{tr}(\boldsymbol{P}\boldsymbol{Q}_{VV}) \tag{9-5-37}$$

由表 9-2 查得 $\boldsymbol{Q}_{VV}=\boldsymbol{Q}\boldsymbol{A}^{\mathrm{T}}\boldsymbol{Q}_{KK}\boldsymbol{A}\boldsymbol{Q}=\boldsymbol{Q}\boldsymbol{A}^{\mathrm{T}}(\boldsymbol{N}_{AA}^{-1}-\boldsymbol{N}_{AA}^{-1}\boldsymbol{B}\boldsymbol{Q}_{\hat{X}\hat{X}}\boldsymbol{B}^{\mathrm{T}}\boldsymbol{N}_{AA}^{-1})\boldsymbol{A}\boldsymbol{Q}$，代入上式，顾及 $\boldsymbol{P}\boldsymbol{Q}=\boldsymbol{I}$，$\boldsymbol{A}\boldsymbol{Q}\boldsymbol{A}^{\mathrm{T}}=\boldsymbol{N}_{AA}$，$\boldsymbol{B}^{\mathrm{T}}\boldsymbol{N}_{AA}^{-1}\boldsymbol{B}=\boldsymbol{N}_{BB}$，则得

$$\begin{aligned}E(\boldsymbol{V}^{\mathrm{T}}\boldsymbol{P}\boldsymbol{V})&=\sigma_0^2\mathrm{tr}[\boldsymbol{P}\boldsymbol{Q}\boldsymbol{A}^{\mathrm{T}}(\boldsymbol{N}_{AA}^{-1}-\boldsymbol{N}_{AA}^{-1}\boldsymbol{B}\boldsymbol{Q}_{\hat{X}\hat{X}}\boldsymbol{B}^{\mathrm{T}}\boldsymbol{N}_{AA}^{-1})\boldsymbol{A}\boldsymbol{Q}]\\&=\sigma_0^2\mathrm{tr}[\boldsymbol{A}\boldsymbol{Q}\boldsymbol{A}^{\mathrm{T}}(\boldsymbol{N}_{AA}^{-1}-\boldsymbol{N}_{AA}^{-1}\boldsymbol{B}\boldsymbol{Q}_{\hat{X}\hat{X}}\boldsymbol{B}^{\mathrm{T}}\boldsymbol{N}_{AA}^{-1})]\\&=\sigma_0^2\mathrm{tr}[\boldsymbol{I}_c-\boldsymbol{Q}_{\hat{X}\hat{X}}\boldsymbol{B}^{\mathrm{T}}\boldsymbol{N}_{AA}^{-1}\boldsymbol{B}]=\sigma_0^2[c-\mathrm{tr}(\boldsymbol{Q}_{\hat{X}\hat{X}}\boldsymbol{N}_{BB})]\end{aligned} \tag{9-5-38}$$

再由表 9-2 查出 $\boldsymbol{Q}_{\hat{X}\hat{X}}=\boldsymbol{N}_{BB}^{-1}-\boldsymbol{N}_{BB}^{-1}\boldsymbol{C}^{\mathrm{T}}\boldsymbol{N}_{CC}^{-1}\boldsymbol{C}\boldsymbol{N}_{BB}^{-1}$，则有

$$\mathrm{tr}(\boldsymbol{Q}_{\hat{X}\hat{X}}\boldsymbol{N}_{BB}) = \mathrm{tr}(\boldsymbol{I}_u - \boldsymbol{N}_{BB}^{-1}\boldsymbol{C}^{\mathrm{T}}\boldsymbol{N}_{CC}^{-1}\boldsymbol{C}) = \mathrm{tr}(\boldsymbol{I}_u) - \mathrm{tr}(\boldsymbol{N}_{CC}\boldsymbol{N}_{CC}^{-1})$$
$$= u - \mathrm{tr}(\boldsymbol{I}_s) = u - s$$

代入式(9-5-38)，则有

$$\boldsymbol{E}(\boldsymbol{V}^{\mathrm{T}}\boldsymbol{P}\boldsymbol{V}) = \sigma_0^2(c - u + s) \text{ 或 } \boldsymbol{E}\left(\frac{\boldsymbol{V}^{\mathrm{T}}\boldsymbol{P}\boldsymbol{V}}{c - u + s}\right) = \sigma_0^2 \tag{9-5-39}$$

由式(9-3-1)知，上式也可写成

$$\boldsymbol{E}\left(\frac{\boldsymbol{V}^{\mathrm{T}}\boldsymbol{P}\boldsymbol{V}}{r}\right) = \boldsymbol{E}(\hat{\sigma}_0^2) = \sigma_0^2 \tag{9-5-40}$$

因此，式(9-5-34)得证，即 $\hat{\sigma}_0^2$ 是 σ_0^2 的无偏估计。

上述有关无偏估计和方差最小的统计性质是从概括平差模型(附有限制条件的条件平差法)出发推证的，由于其他所有平差方法都是它的特例，其推证的上述结论必然也适用于其他任一平差方法。由此可知，最小二乘估计具有优良的统计性质。

第10章　误差椭圆

10.1　点位中误差

10.1.1　点位中误差定义

在测量中，点的平面位置是用一对平面直角坐标来确定的。为了确定待定点的平面坐标，通常需进行一系列观测。由于观测值总是带有偶然误差，因而根据观测值，通过平差计算所获得的是待定点坐标的平差值 x、y(为了书写方便，本章以 x、y 代替前几章采用的符号 $\hat{x}$，$\hat{y}$)，待定点的真坐标值设为 $\tilde{x}$、$\tilde{y}$。

在图10-1中，A 为已知点，假设它的坐标是不带误差的数值。P 为待定点的真位置，P'为由观测值通过平差所求得的点位，在待定点 P 的这两对坐标之间存在着误差

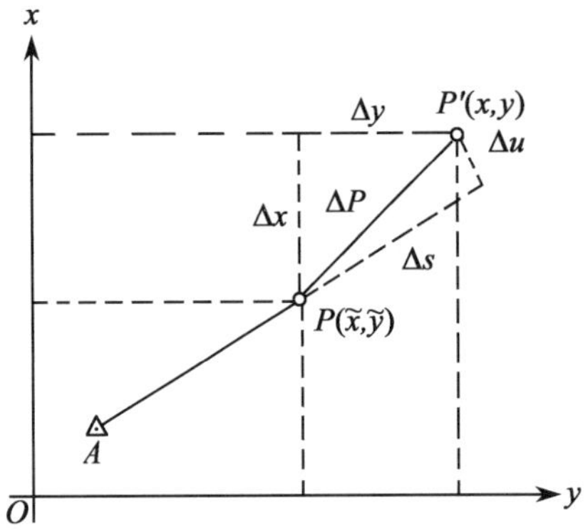

图10-1　点位真误差与其在特定方向上分量之间的关系

Δx 和 Δy，由图知

$$\begin{cases}\Delta x = \tilde{x} - x \\ \Delta y = \tilde{y} - y\end{cases} \tag{10-1-1}$$

由于 Δx 和 Δy 的存在而产生的距离 ΔP 称为 P 点的点位真误差，简称为真位差。由图知

$$\Delta P^2 = \Delta x^2 + \Delta y^2 \tag{10-1-2}$$

对式(10-1-2)两边取数学期望，得

$$E(\Delta P^2)=E(\Delta x^2)+E(\Delta y^2)=\sigma_x^2+\sigma_y^2$$

式中 $E(\Delta P^2)$ 是 P 点真误差平方的理论平均值，并定义为 P 点的点位方差，记为 σ_P^2，于是有

$$\sigma_P^2=\sigma_x^2+\sigma_y^2 \tag{10-1-3}$$

即 σ_P^2 为确定平面位置中两个垂直方向点位方差之和，σ_P 称为点位中误差。

如果将图 10-1 中的坐标系旋转某一角度，即以 $x'Oy'$ 为坐标系(图 10-2)，则 A、P、P' 各点的坐标分别为($\tilde{x}'_A$, $\tilde{y}'_A$)，($\tilde{x}'$, $\tilde{y}'$)和(x', y')。虽然在新坐标系中对应的真误差 $\Delta x'$ 和 $\Delta y'$ 的大小变了，但 ΔP 的大小将不受坐标轴的变动而发生变化，此时 $\Delta P^2=\Delta x'^2+\Delta y'^2$，仿式(10-1-3)可以直接写出

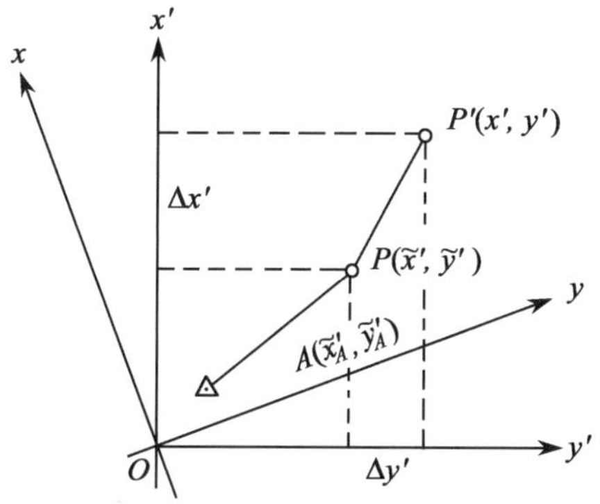

图 10-2 点位方差的大小与坐标的选择无关

$$\sigma_P^2=\sigma_{x'}^2+\sigma_{y'}^2 \tag{10-1-4}$$

由式(10-1-3)和式(10-1-4)可见，点位方差 σ_P^2 总是等于两个相互垂直的方向上的坐标方差 σ_x^2 和 σ_y^2 或 $\sigma_{x'}^2$ 和 $\sigma_{y'}^2$ 的平方和，即点位方差 σ_P^2 的大小与坐标系的选择无关。

如果再将 P 点的真位差 ΔP 投影于 AP 方向和垂直于 AP 的方向上，则得 Δs 和 Δu(图 10-1)，Δs、Δu 为 P 点纵向误差和横向误差，此时有

$$\Delta P^2=\Delta s^2+\Delta u^2$$

仿式(10-1-3)又可以写出

$$\sigma_P^2=\sigma_s^2+\sigma_u^2 \tag{10-1-5}$$

通过纵、横向误差的合成来求定点位误差，这在测量工作中也是一种常用的评定点位精度的方法。

上述的 σ_x 和 σ_y 分别为 P 点在纵、横坐标 x 和 y 方向上的中误差，或称为 x 和 y 方向上的位差。同样，σ_s 和 σ_u 是 P 点在 AP 边的纵向和横向上的位差。为了衡量待定点的精度，一般是求出其点位中误差 σ_P。为此，可求出它在两个相互垂直方向上的中误差。例如，σ_x 和 σ_y 或 σ_s 和 σ_u，就可由式(10-1-3)或式(10-1-5)计算点位中误差。

10.1.2　点位中误差的计算

待定点的纵、横坐标的方差是按下式计算的：

$$\begin{cases}\sigma_x^2=\sigma_0^2\dfrac{1}{p_x}=\sigma_0^2Q_{xx}\\ \sigma_y^2=\sigma_0^2\dfrac{1}{p_y}=\sigma_0^2Q_{yy}\end{cases}\tag{10-1-6}$$

根据式(10-1-3)可求得点位中误差

$$\sigma_P^2=\sigma_0^2(Q_{xx}+Q_{yy})\tag{10-1-7}$$

关于 Q_{xx}、Q_{yy}的计算问题，现分别按两种平差法概述如下。

当以三角网中待定点的坐标作为未知数，按间接平差法平差时，法方程系数阵的逆阵就是未知数的协因数阵 $\boldsymbol{Q}_{\hat{X}\hat{X}}$，当平差问题中只有一个待定点时

$$\boldsymbol{Q}_{\hat{X}\hat{X}}=(\boldsymbol{B}^{\mathrm{T}}\boldsymbol{PB})^{-1}=\begin{bmatrix}Q_{xx}&Q_{xy}\\Q_{yx}&Q_{yy}\end{bmatrix}\tag{10-1-8}$$

其中主对角线元素 Q_{xx}、Q_{yy}就是待定点坐标 x 和 y 的权倒数，而 Q_{xy}或 Q_{yx}则是它们的相关权倒数。相关权倒数将在后面的公式推导中用到。当平差问题中有多个待定点，例如 s 个待定点时，未知数的协因数阵为

$$\underset{2s\,2s}{\boldsymbol{Q}_{\hat{X}\hat{X}}}=(\boldsymbol{B}^{\mathrm{T}}\boldsymbol{PB})^{-1}=\begin{bmatrix}Q_{x_1x_1}&Q_{x_1y_1}&\cdots&Q_{x_1x_i}&Q_{x_1y_i}&\cdots&Q_{x_1x_s}&Q_{x_1y_s}\\Q_{y_1x_1}&Q_{y_1y_1}&\cdots&Q_{y_1x_i}&Q_{y_1y_i}&\cdots&Q_{y_1x_s}&Q_{y_1y_s}\\\vdots&\vdots&&\vdots&\vdots&&\vdots&\vdots\\Q_{x_sx_1}&Q_{x_sy_1}&\cdots&Q_{x_sx_i}&Q_{x_sy_i}&\cdots&Q_{x_sx_s}&Q_{x_sy_s}\\Q_{y_sx_1}&Q_{y_sy_1}&\cdots&Q_{y_sx_i}&Q_{y_sy_i}&\cdots&Q_{y_sx_s}&Q_{y_sy_s}\end{bmatrix}.\tag{10-1-9}$$

待定点坐标的权倒数仍为相应的主对角线上的元素，而相关权倒数则在相应权倒数连线的两侧。

当平面控制网按条件平差时，待定点坐标由观测值的平差值计算。故欲求其权倒数，需按照求平差值函数的权倒数的方法进行计算。设待定点 P 的坐标 x、y 的权函数式为

$$\begin{cases}\mathrm{d}x=\boldsymbol{f}_x^{\mathrm{T}}\mathrm{d}\hat{L}\\ \mathrm{d}y=\boldsymbol{f}_y^{\mathrm{T}}\mathrm{d}\hat{L}\end{cases}\tag{10-1-10}$$

按协因数传播律并顾及 $\hat{L}$ 的协因数阵(见表 5-1)有

$$\boldsymbol{Q}_{\hat{L}\hat{L}}=\boldsymbol{P}^{-1}-\boldsymbol{P}^{-1}\boldsymbol{A}^{\mathrm{T}}\boldsymbol{N}_{AA}^{-1}\boldsymbol{AP}^{-1}$$

得

$$\begin{cases}\boldsymbol{Q}_{xx}=\boldsymbol{f}_x^{\mathrm{T}}\boldsymbol{Q}_{\hat{L}\hat{L}}\boldsymbol{f}_x=\boldsymbol{f}_x^{\mathrm{T}}\boldsymbol{P}^{-1}\boldsymbol{f}_x-(\boldsymbol{AP}^{-1}\boldsymbol{f}_x)^{\mathrm{T}}N_{AA}^{-1}\boldsymbol{AP}^{-1}\boldsymbol{f}_x\\ \boldsymbol{Q}_{yy}=\boldsymbol{f}_y^{\mathrm{T}}\boldsymbol{Q}_{\hat{L}\hat{L}}\boldsymbol{f}_y=\boldsymbol{f}_y^{\mathrm{T}}\boldsymbol{P}^{-1}\boldsymbol{f}_y-(\boldsymbol{AP}^{-1}\boldsymbol{f}_y)^{\mathrm{T}}\boldsymbol{N}_{AA}^{-1}\boldsymbol{AP}^{-1}\boldsymbol{f}_y\\ \boldsymbol{Q}_{xy}=\boldsymbol{f}_x^{\mathrm{T}}\boldsymbol{Q}_{\hat{L}\hat{L}}\boldsymbol{f}_y=\boldsymbol{f}_x^{\mathrm{T}}\boldsymbol{P}^{-1}\boldsymbol{f}_y-(\boldsymbol{AP}^{-1}\boldsymbol{f}_x)^{\mathrm{T}}\boldsymbol{N}_{AA}^{-1}\boldsymbol{AP}^{-1}\boldsymbol{f}_y\end{cases}\tag{10-1-11}$$

将$\boldsymbol{Q}_{xx}$和$\boldsymbol{Q}_{yy}$代入式(10-1-6)和式(10-1-7)，便可求出σ_x^2、σ_y^2和σ_P^2。但对平面控制网进行平差时，由于子样的容量有限，因此不论用何种方法平差，只能求得单位权方差σ_0^2的估值$\hat{\sigma}_0^2$，所以实用上只能得到待定点纵、横坐标的方差估值以及相应的点位方差的估值，即

$$\begin{cases}\hat{\sigma}_x^2=\hat{\sigma}_0^2\boldsymbol{Q}_{xx}\\ \hat{\sigma}_y^2=\hat{\sigma}_0^2\boldsymbol{Q}_{yy}\end{cases} \tag{10-1-12}$$

和

$$\hat{\sigma}_P^2=\hat{\sigma}_0^2(\boldsymbol{Q}_{xx}+\boldsymbol{Q}_{yy}) \tag{10-1-13}$$

本章都从方差出发来讨论问题。实用时，只要用相应的方差估值代替方差，便得到实用的公式，故今后不再一一对照说明了。

10.2 点位任意方向的位差

从10.1节的讨论中可以看出，点位中误差σ_P虽然可以用来评定待定点的点位精度，但是它却不能代表该点在某一任意方向上的位差大小。而上面提到的σ_x、σ_y、σ_s和σ_u等，也只能代表待定点在x和y轴上以及在AP边的纵向、横向上的位差。但在有些情况下，往往需要研究点位在某些特殊方向上的位差大小，此外还要了解点位在哪一个方向上的位差最大，在哪一个方向上的位差最小。例如，在工程放样工作中，就经常需要关心某些特定方向上的位差问题。为了便于求定待定点的点位在任意方向上位差的大小，一般是通过求出待定点的点位误差椭圆来实现的，通过误差椭圆可以求得待定点在任意方向上的位差，这样就可以较精确地、形象而全面地反映待定点的点位在各个方向上误差的分布情况。

10.2.1 任意方向φ的位差

为了求定P点在某一方向φ上的位差，需先找出待定点P在φ方向上的真误差$\Delta\varphi$与纵、横坐标的真误差Δx、Δy的函数关系，然后求出该方向的位差。P点在φ方向上的位置真误差，实际上就是P点点位真误差在φ方向上的投影值。如图10-3所示，点位真误差PP'在φ方向上的投影值为PP'''。

由图10-3可以看出$\Delta\varphi$与Δx，Δy的关系为：

$$\begin{aligned}\Delta\varphi&=PP''+P''P'''\\&=\Delta x\cos\varphi+\Delta y\sin\varphi\\&=[\cos\varphi\quad\sin\varphi]\begin{bmatrix}\Delta x\\ \Delta y\end{bmatrix}\end{aligned} \tag{10-2-1}$$

根据协因数传播律，得

$$\boldsymbol{Q}_{\varphi\varphi}=[\cos\varphi\quad\sin\varphi]\begin{bmatrix}Q_{xx}&Q_{xy}\\ Q_{yx}&Q_{yy}\end{bmatrix}\begin{bmatrix}\cos\varphi\\ \sin\varphi\end{bmatrix}$$

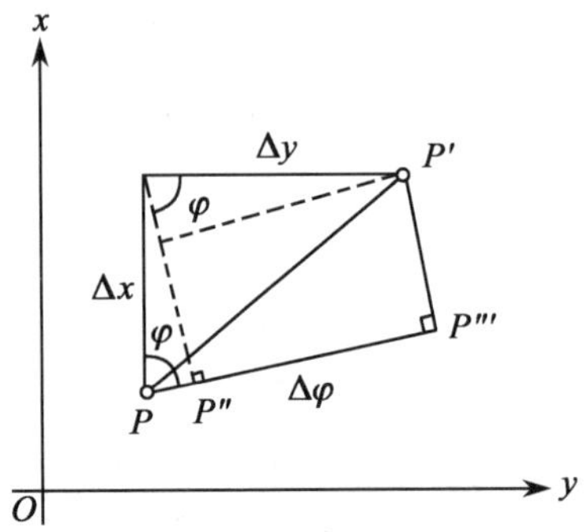

图 10-3　任意方向的真位差与纵、横方向的真位差之间的关系

$$= Q_{xx}\cos^2\varphi + Q_{yy}\sin^2\varphi + Q_{xy}\sin2\varphi \tag{10-2-2}$$

$\boldsymbol{Q}_{\varphi\varphi}$即为所求 φ 方向位差的权倒数。类似于式(10-1-6)，将 $\boldsymbol{Q}_{\varphi\varphi}$乘以 σ_0^2，即得任意方向 φ 的位差

$$\sigma_\varphi^2 = \sigma_0^2\boldsymbol{Q}_{\varphi\varphi} = \sigma_0^2(Q_{xx}\cos^2\varphi + Q_{yy}\sin^2\varphi + Q_{xy}\sin2\varphi) \tag{10-2-3}$$

此式即为 P 点在给定方向 φ 上的位差计算式。式中单位权方差为常量，σ_φ^2 的大小取决于 $\boldsymbol{Q}_{\varphi\varphi}$，而 $\boldsymbol{Q}_{\varphi\varphi}$是 φ 的函数。

若有一个方向 φ'与 φ 垂直，即 $\varphi'=\varphi+90°$

$$\begin{aligned}\Delta\varphi' &= \Delta x\cos(\varphi + 90°) + \Delta y\sin(\varphi + 90°)\\ &= -\Delta x\sin\varphi + \Delta y\cos\varphi\end{aligned} \tag{10-2-4}$$

得 φ'方向的协因数和方差

$$Q_{\varphi'} = Q_{xx}\sin^2\varphi + Q_{yy}\cos^2\varphi - Q_{xy}\sin2\varphi \tag{10-2-5}$$

$$\sigma_{\varphi'}^2 = \sigma_0^2Q_{\varphi'} = \sigma_0^2(Q_{xx}\sin^2\varphi + Q_{yy}\cos^2\varphi - Q_{xy}\sin2\varphi) \tag{10-2-6}$$

将两个互相垂直方向上的方差相加，即为点位方差

$$\sigma_P^2 = \sigma_\varphi^2 + \sigma_{\varphi'}^2 = \sigma_0^2(Q_{\hat{X}} + Q_{\hat{Y}}) = \sigma_{\hat{X}}^2 + \sigma_{\hat{Y}}^2 \tag{10-2-7}$$

10.2.2　位差的极大值 E 和极小值 F

由 σ_φ^2 的计算公式(10-2-3)可知，σ_φ^2 与 φ 的大小有关。欲使 σ_φ^2 达到极值，应使 $\dfrac{d\sigma_\varphi^2}{d\varphi}=0$，也即$\dfrac{dQ_{\varphi\varphi}}{d\varphi}=0$，则有：

$$\frac{dQ_{\varphi\varphi}}{d\varphi}=\frac{d}{d\varphi}(Q_{xx}\cos^2\varphi+Q_{yy}\sin^2\varphi+Q_{xy}\sin2\varphi)=-Q_{xx}\sin2\varphi+Q_{yy}\sin2\varphi+2Q_{xy}\cos2\varphi=0 \tag{10-2-8}$$

上式可表示为

$$-(Q_{xx}-Q_{yy})\sin2\varphi+2Q_{xy}\cos2\varphi=0 \tag{10-2-9}$$

设 $\varphi=\varphi_0$ 为位差极值方向，则

$$\tan 2\varphi_0=\tan(2\varphi_0+180°)=\frac{2Q_{xy}}{Q_{xx}-Q_{yy}} \tag{10-2-10}$$

可以看出，$2\varphi_0$ 和 $2\varphi_0+180°$都是上式的解。因而不难确定 φ_0 和 $\varphi_0+90°$是两个极值方向，其中一个是极大值方向，另外一个是极小值方向。这两个极值方向正交，把 $\varphi=\varphi_0$ 和 $\varphi=\varphi_0+90°$分别代入式(10-2-3)，得

$$\sigma_{\varphi_0}^2=\sigma_0^2(Q_{xx}\cos^2\varphi_0+Q_{yy}\sin^2\varphi_0+Q_{xy}\sin 2\varphi_0) \tag{10-2-11}$$

$$\sigma_{\varphi_0+90°}^2=\sigma_0^2\{Q_{xx}\cos^2(\varphi_0+90°)+Q_{yy}\sin^2(\varphi_0+90°)+Q_{xy}\sin 2(\varphi_0+90°)\} \tag{10-2-12}$$

式(10-2-12)可表示为：

$$\sigma_{\varphi_0+90°}^2=\sigma_0^2(Q_{xx}\sin^2\varphi_0+Q_{yy}\cos^2\varphi_0-Q_{xy}\sin 2\varphi_0) \tag{10-2-13}$$

由于 $Q_{xx}\cos^2\varphi_0+Q_{yy}\sin^2\varphi_0$ 和 $Q_{xx}\sin^2\varphi_0+Q_{yy}\cos^2\varphi_0$ 恒为正值，因此，当 Q_{xy} 与 $\sin 2\varphi_0$ 同号时，$\sigma_{\varphi_0}^2$取得极大值，$\sigma_{\varphi_0+90°}^2$取得极小值；当 Q_{xy} 与 $\sin 2\varphi_0$ 异号时，$\sigma_{\varphi_0}^2$取得极小值，$\sigma_{\varphi_0+90°}^2$取得极大值。实际上，常将位差的极大值和极小值方向分别记作 φ_E 和 φ_F，两方向永远正交，所以 $\varphi_E=\varphi_F+90°$。

不同的 Q_{xy}所对应的极大值、极小值所在象限如表 10-1 所示：

表 10-1　　**不同的 Q_{xy} 所对应的极大值、极小值所在象限**

	极大值所在象限	极小值所在象限
$Q_{xy}>0$	Ⅰ、Ⅲ	Ⅱ、Ⅳ
$Q_{xy}<0$	Ⅱ、Ⅳ	Ⅰ、Ⅲ

特别地，当 $Q_{xy}=0$ 时，如 $Q_{xx}>Q_{yy}$，则 $\varphi_E=0°$，$\varphi_F=90°$；如 $Q_{xx}<Q_{yy}$，则 $\varphi_E=90°$，$\varphi_F=0°$；如 $Q_{xx}=Q_{yy}$，则在任何方向位差一样。

下面导出用待定点坐标的协因数 Q_{xx}、Q_{yy}和 Q_{xy}表示的位差极值公式。

对于式(10-2-11)，将 $\cos^2\varphi_0=\frac{1+\cos 2\varphi_0}{2}$，$\sin^2\varphi_0=\frac{1-\cos 2\varphi_0}{2}$，$\sin 2\varphi_0=\frac{1}{\csc 2\varphi_0}=\pm\frac{1}{\sqrt{1+\cot^2 2\varphi_0}}$代入式(10-2-13)，则

$$\begin{aligned}\sigma_{\varphi_0}^2&=\sigma_0^2\left\{Q_{xx}\frac{1+\cos 2\varphi_0}{2}+Q_{yy}\frac{1-\cos 2\varphi_0}{2}+Q_{xy}\sin 2\varphi_0\right\}\\&=\frac{\sigma_0^2}{2}\{(Q_{xx}+Q_{yy})+(Q_{xx}-Q_{yy})\cos 2\varphi_0+2Q_{xy}\sin 2\varphi_0\}\end{aligned} \tag{10-2-14}$$

由 $\tan 2\varphi_0=\frac{2Q_{xy}}{Q_{xx}-Q_{yy}}$知 $Q_{xx}-Q_{yy}=\frac{2Q_{xy}}{\tan 2\varphi_0}$，将其代入上式，有

$$\sigma_{\varphi_0}^2=\frac{\sigma_0^2}{2}\left\{(Q_{xx}+Q_{yy})+\frac{2Q_{xy}}{\tan 2\varphi_0}\cos 2\varphi_0+2Q_{xy}\sin 2\varphi_0\right\}$$

$$
\begin{aligned}
&= \frac{\sigma_0^2}{2}\left\{(Q_{xx}+Q_{yy})+\frac{2Q_{xy}}{\sin 2\varphi_0}\cos^2 2\varphi_0+2Q_{xy}\sin 2\varphi_0\right\} \\
&= \frac{\sigma_0^2}{2}\left\{(Q_{xx}+Q_{yy})+\frac{2Q_{xy}}{\sin 2\varphi_0}(\cos^2 2\varphi_0+\sin^2 2\varphi_0)\right\} \qquad (10\text{-}2\text{-}15)\\
&= \frac{\sigma_0^2}{2}\left\{(Q_{xx}+Q_{yy})+\frac{2Q_{xy}}{\sin 2\varphi_0}\right\} \\
&= \frac{\sigma_0^2}{2}\left\{(Q_{xx}+Q_{yy})\pm 2Q_{xy}\sqrt{1+\cot^2 2\varphi_0}\right\}
\end{aligned}
$$

而 $\cot 2\varphi_0=\dfrac{Q_{xx}-Q_{yy}}{2Q_{xy}}$，故 $\sqrt{1+\cot^2 2\varphi_0}=\sqrt{1+\left(\dfrac{Q_{xx}-Q_{yy}}{2Q_{xy}}\right)^2}=\sqrt{(Q_{xx}-Q_{yy})^2+4Q^2_{xy}}/2Q_{xy}$，令 $K=\sqrt{(Q_{xx}-Q_{yy})^2+4Q^2_{xy}}$，$K$ 恒为正值，则式(10-2-15)可表示为：

$$\sigma^2_{\varphi_0}=\frac{\sigma_0^2}{2}\{(Q_{xx}+Q_{yy})\pm K\} \qquad (10\text{-}2\text{-}16)$$

记 E^2 和 F^2 分别为位差的极大值和极小值，则有计算位差极值的实用公式：

$$E^2=\sigma_0^2 Q_E=\frac{\sigma_0^2}{2}\{(Q_{xx}+Q_{yy})+K\} \qquad (10\text{-}2\text{-}17)$$

$$F^2=\sigma_0^2 Q_F=\frac{\sigma_0^2}{2}\{(Q_{xx}+Q_{yy})-K\} \qquad (10\text{-}2\text{-}18)$$

$$K=\sqrt{(Q_{xx}-Q_{yy})^2+4Q^2_{xy}} \qquad (10\text{-}2\text{-}19)$$

$$\sigma_P^2=E^2+F^2 \qquad (10\text{-}2\text{-}20)$$

由此式也可求极值方向 φ_0，φ_0 有两个根，一个是极大值方向 φ_E，另一个是极小值方向 φ_F。

例 10-1　已知某平面控制网中待定点 P 的协因数为

$$\boldsymbol{Q}_{\hat{X}\hat{X}}=\begin{bmatrix}1.236 & -0.314\\ -0.314 & 1.192\end{bmatrix}$$

并求得 $\hat{\sigma}_0=1$，试求 E、F 和 φ_E 之值。

解：　$K=\sqrt{(Q_{xx}-Q_{yy})^2+4Q^2_{xy}}=0.6295$

$$Q_{EE}=\frac{1}{2}(Q_{xx}+Q_{yy}+K)=1.528$$

$$Q_{FF}=\frac{1}{2}(Q_{xx}+Q_{yy}-K)=0.899$$

$$\hat{E}=\hat{\sigma}_0\sqrt{Q_{EE}}=1.24$$

$$\hat{F}=\hat{\sigma}_0\sqrt{Q_{FF}}=0.95$$

$$\tan\varphi_E=\frac{Q_{EE}-Q_{xx}}{Q_{xy}}=-0.932$$

$\varphi_E = 137°$　或　$\varphi_E = 317°$

$$\tan\varphi_F = \frac{Q_{FF} - Q_{xx}}{Q_{xy}} = 1.073$$

$\varphi_F = 47°$　或　$\varphi_F = 227°$

10.2.3　基于极值 E、F 为坐标系的任意方向 Ψ 上的位差

由式(10-2-3)计算任意方向 φ 上的位差时，φ 是从纵坐标轴 x 顺时针方向起算的。现导出用 E、F 表示并以 E 轴(即方向 φ_E 轴)为起算的任意方向上的位差，这个任意方向用 Ψ 表示(图 10-4)。

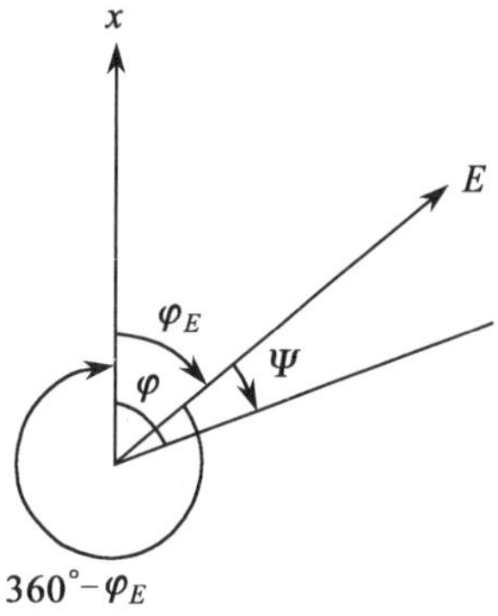

图 10-4　φ_E、Ψ 和方位角 φ 之间的关系

以 E 轴和 F 轴为坐标轴，计算任意方向 Ψ 的位差，先找出误差 $\Delta\Psi$ 与 ΔE、ΔF 的关系式，再按协因数传播律求得 $Q_{\Psi\Psi}$。这一推导过程可仿照式(10-2-2)求 $\boldsymbol{Q}_{\varphi\varphi}$ 的方法，即

$$\Delta\Psi = \cos\Psi\Delta E + \sin\Psi\Delta F$$

$$Q_{\Psi\Psi} = Q_{EE}\cos^2\Psi + Q_{FF}\sin^2\Psi + Q_{EF}\sin 2\Psi \tag{10-2-21}$$

式中 Q_{EF}为两个极值方向位差的互协因数，其值 $Q_{EF} = 0$，亦即在 E、F 方向上的平差后坐标是不相关的。下面给出证明。

ΔE 和 ΔF 可用 Δx、Δy 线性表示，即

$$\begin{cases}\Delta E = \cos\varphi_E\Delta x + \sin\varphi_E\Delta y \\ \Delta F = \cos\varphi_F\Delta x + \sin\varphi_F\Delta y\end{cases} \tag{10-2-22}$$

顾及 $\cos\varphi_F = \cos(90+\varphi_E) = -\sin\varphi_E$，$\sin\varphi_F = \cos\varphi_E$，上式为

$$\Delta F = -\sin\varphi_E\Delta x + \cos\varphi_E\Delta y \tag{10-2-23}$$

求 ΔE、ΔF 的互协因数 Q_{EF}，得

$$\begin{aligned}Q_{EF} &= -\cos\varphi_E\sin\varphi_E Q_{xx} + \cos\varphi_E\sin\varphi_E Q_{yy} + (\cos^2\varphi_E - \sin^2\varphi_E)Q_{xy} \\ &= -\frac{1}{2}\sin 2\varphi_E(Q_{xx} - Q_{yy}) + \cos 2\varphi_E Q_{xy}\end{aligned} \tag{10-2-24}$$

由式(10-2-20)知

$$\tan 2\varphi_E = \frac{2Q_{xy}}{Q_{xx} - Q_{yy}} = \frac{\sin 2\varphi_E}{\cos 2\varphi_E}$$

代入式(10-2-24)，可见右边两项大小相等，符号相反，故有

$$Q_{EF} = 0 \tag{10-2-25}$$

由此，式(10-2-21)的协因数可写成

$$Q_{\Psi\Psi} = Q_{EE}\cos^2\Psi + Q_{FF}\sin^2\Psi \tag{10-2-26}$$

以 E、F 表示的任意方向 Ψ 上的位差公式为

$$\sigma_\Psi^2 = \sigma_0^2 Q_{\Psi\Psi} = \sigma_0^2(Q_{EE}\cos^2\Psi + Q_{FF}\sin^2\Psi) \tag{10-2-27}$$

或
$$\sigma_{\Psi}^{2} = E^{2}\cos^{2}\Psi + F^{2}\sin^{2}\Psi \tag{10-2-28}$$

例 10-2　数据同例 10-1，试计算当 $\Psi = 13°$时的位差。

解：由例 10-1 算得 $E^2 = 1.528$，$F^2 = 0.899$，
代入式(10-2-28)即得

$$\hat{\sigma}_{\Psi}^{2} = 1.528\cos^{2}13° + 0.899\sin^{2}13° = 1.496$$

$$\hat{\sigma}_{\Psi} = 1.22$$

10.3　误差曲线

以不同的 Ψ 和 σ_{Ψ} 为极坐标的点的轨迹为一闭合曲线，其形状如图 10-5 所示。显然，任意方向 Ψ 上的向径$\overline{OP}$就是该方向的位差 σ_{Ψ}。这个曲线把各方向的位差清楚地图解出来了。由图看出，该图形是关于 E 轴和 F 轴对称的。这条曲线称为点位误差曲线(或点位精度曲线)。

在工程测量中，点位误差曲线图的应用很广泛，根据这个图可以找出坐标平差值在各个方向上的位差。例如，图 10-6 为控制网中 P 点的点位误差曲线图，A、B、C 为已知点。由图可得

$$\begin{cases} \sigma_{x_P} = \overline{Pa} \\ \sigma_{y_P} = \overline{Pb} \\ \sigma_{\varphi_E} = \overline{Pc} = E \\ \sigma_{\varphi_F} = \overline{Pd} = F \end{cases} \tag{10-3-1}$$

由图还可找到坐标平差值函数的中误差。例如要求平差后方位角 α_{PA} 的中误差 $\sigma_{\alpha_{PA}}$，则可先从图中量出垂直于 PA 方向上的位差$\overline{Pg}$，这就是$\overline{PA}$边的横向误差，于是由下式可求得

$$\sigma''_{\alpha_{PA}} = \rho'' \frac{\overline{Pg}}{S_{PA}} \tag{10-3-2}$$

其中 S_{PA}为 PA 的距离。又例如求 PB 边长的中误差为

$$\sigma''_{S_{PB}} = \overline{Pe} \tag{10-3-3}$$

10.4　误差椭圆

点位误差曲线不是一种典型曲线，作图也不方便，因此降低了它的实用价值。但其形状与以 E、F 为长短半轴的椭圆很相似(如图 10-7 所示)，此椭圆称为点位误差椭圆，φ_E、E、F 称为点位误差椭圆的参数。故实用上常以点位误差椭圆代替点位误差曲线。在点位误差椭圆上可以图解出任意方向 Ψ 的位差 σ_{Ψ}。其方法是：自椭圆作 Ψ 方向的正

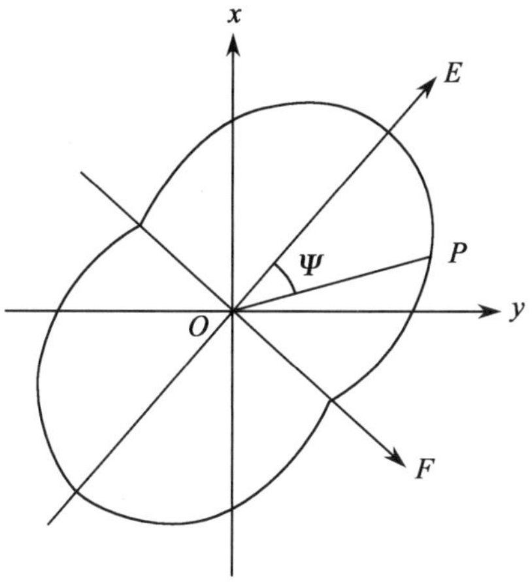

图 10-5　以方向 Ψ 和长度 σ_Ψ 为极坐标的点的轨迹

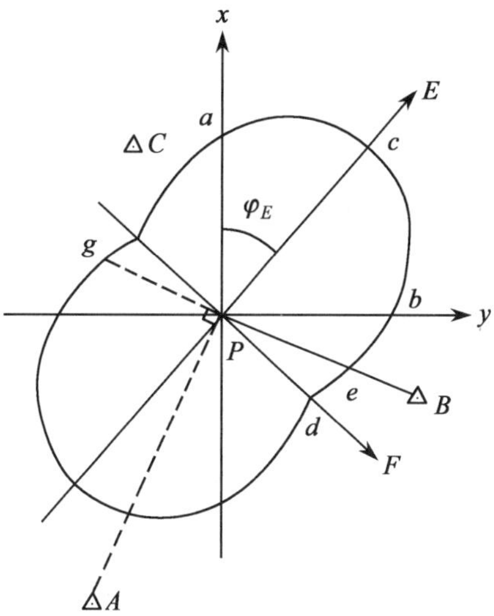

图 10-6　在 P 点的点位误差曲线图上量取特定方向的位差

交切线 PD，P 为切点，D 为垂点，则 $\sigma_\Psi=\overline{OD}$。下面证明此结论。

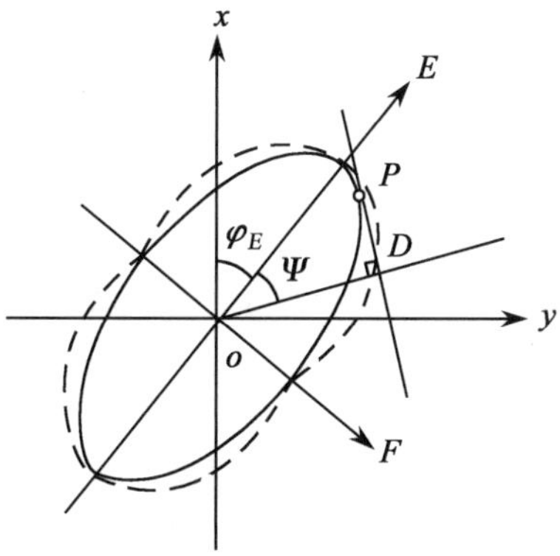

图 10-7　误差曲线与误差椭圆之间的差异

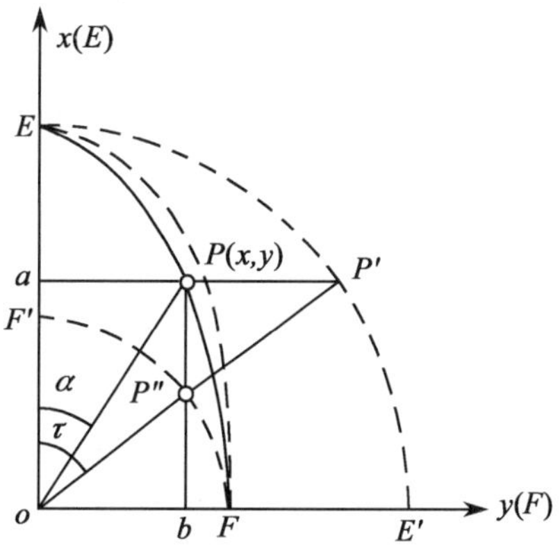

图 10-8　根据误差椭圆绘制误差曲线

图 10-8 中，粗虚线表示误差曲线，大圆弧$\widehat{EE'}$的半径是 E，小圆弧$\widehat{FF'}$的半径是 F，图中，作一以 oE 为起始方向的角度 τ 的向径，交大圆于 P'，交小圆于 P''，过 P'作 y 轴的平行线交 x 轴于 a 点。过 P''作 x 轴的平行线交 y 轴于 b 点，两平行线的交点 P，正好是椭圆上的一点。这是因为：

$$\begin{cases} x_P = \overline{Pb} = \overline{ao} = \overline{oP'}\cos\tau = E\cos\tau \\ y_p = \overline{aP} = \overline{ob} = \overline{oP''}\sin\tau = F\sin\tau \end{cases} \tag{10-4-1}$$

因此椭圆方程为

$$\frac{x^2}{E^2} + \frac{y^2}{F^2} = \frac{(E\cos\tau)^2}{E^2} + \frac{(F\sin\tau)^2}{F^2} = 1$$

可见这个椭圆的长半轴为 E，短半轴为 F。P 点是此椭圆上的一点。(10-4-1)式就是以 E、F 为长短半轴的椭圆的参数方程。

下面证明图 10-9 上 $\sigma_\Psi = \overline{oD}$。图中 $P_1(x_1, y_1)$ 为椭圆上的切点，D 为垂点，其他符号的意义如图所示。由图知

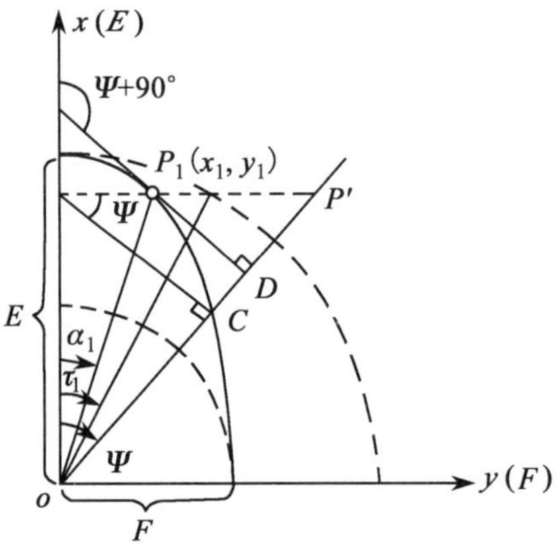

图 10-9　根据误差椭圆量取任意方向的真位差

$$\overline{oD} = \overline{oC} + \overline{CD} = x_1\cos\Psi + y_1\sin\Psi$$

而其中

$$x_1 = E\cos\tau_1, \qquad y_1 = F\sin\tau_1$$

所以 $\overline{oD}$ 可写成：

$$\overline{oD} = E\cos\tau_1\cos\Psi + F\sin\tau_1\sin\Psi$$

两边平方，得

$$\begin{aligned} oD^2 &= E^2\cos^2\tau_1\cos^2\Psi + F^2\sin^2\tau_1\sin^2\Psi + 2EF\cos\tau_1\cos\Psi\sin\tau_1\sin\Psi \\ &= E^2\cos^2\Psi(1 - \sin^2\tau_1) + F^2\sin^2\Psi(1 - \cos^2\tau_1) + \\ &\quad 2EF\cos\tau_1\cos\Psi\sin\tau_1\sin\Psi \\ &= E^2\cos^2\Psi + F^2\sin^2\Psi - (E^2\cos^2\Psi\sin^2\tau_1 + F^2\sin^2\Psi\cos^2\tau_1 - \end{aligned}$$

$$2EF\cos\tau_1\cos\Psi\sin\tau_1\sin\Psi)$$

或

$$\overline{oD^2}=E^2\cos^2\Psi+F^2\sin^2\Psi-(E\cos\Psi\sin\tau_1-F\cos\tau_1\sin\Psi)^2 \tag{10-4-2}$$

上式末项为零，即

$$E\cos\Psi\sin\tau_1-F\cos\tau_1\sin\Psi=0$$

现证明上式成立。由图 10-9 可知，$\overline{P_1D}$的斜率为

$$\left(\frac{\mathrm{d}y}{\mathrm{d}x}\right)_1=-\cot\Psi$$

因为

$$x_1=E\cos\tau_1,\qquad y_1=F\sin\tau_1$$

所以

$$\left(\frac{\mathrm{d}y}{\mathrm{d}x}\right)_1=\left(\frac{\mathrm{d}y_1}{\mathrm{d}\tau_1}\right)\left(\frac{\mathrm{d}\tau_1}{\mathrm{d}x_1}\right)=-\frac{F\cos\tau_1}{E\sin\tau_1}=-\cot\Psi$$

亦即

$$F\cos\tau_1\sin\Psi=E\cos\Psi\sin\tau_1$$

故式(10-4-2)成为

$$\overline{oD^2}=E^2\cos^2\Psi+F^2\sin^2\Psi$$

由式(10-2-28)知

$$\overline{oD^2}=\sigma_\Psi^2$$

这就证明了利用点位误差椭圆求某点位在任意方向 Ψ 的位差 $\hat{\sigma}_\Psi$ 时，只要在垂直于该方向上作椭圆的切线，则垂足与原点的连线长度就是 Ψ 方向上的位差 $\hat{\sigma}_\Psi$。

最后指出，在以上的讨论中，都是以一个待定点为例，说明了如何确定该点点位误差椭圆或点位误差曲线的问题。如果网中有多个待定点，也可以利用上述相同的方法，为每一个待定点确定一个点位误差椭圆或点位误差曲线。

若平差时是采用间接平差法，设有 s 个待定点，则有 $2s$ 个坐标未知数，其相应的协因数阵为式(10-2-4)。为了计算第 i 点点位误差椭圆的元素，则需用到 $Q_{x_ix_i}$、$Q_{y_iy_i}$ 和 $Q_{x_iy_i}$，并按 10.2 小节中所述的方法，由式(10-2-18)、式(10-2-14)和式(10-2-15)算出 φ_{Ei}、E_i、F_i，然后，作出该点的点位误差椭圆。

若平差时是采用条件平差法，则应列出第 i 点的坐标 x_i 和 $y_i(i=1,2,\cdots,s)$ 的权函数式，并按 10.2 小节中的式(10-2-6)求出相应的协因数，以后的计算就和间接平差时一致了。

此外还需指出，在 10.3 小节中曾说明如何利用点位误差曲线从图上量出已知点与待定点之间的边长中误差，以及与该边相垂直的横向中误差，从而求出方位角中误差。如果网中有多个待定点时，则可作出多个点位误差曲线，此时，也可利用这些点位误差曲线，确定已知点与任一待定点之间的边长中误差或方位角中误差，但不能确定待定点与待定点之间的边长中误差或方位角中误差，这是因为这些待定点的坐标是相关的。

10.5　相对误差椭圆

在平面控制网中，有时不需要研究点位相对于起始点的精度，而需要了解任意两个待定点之间相对位置的精度情况。

根据前几节中所讲的方法，可以给每一个待定点作出一个点位误差曲线，利用这些曲线图求所需要的某些量的中误差。但是在前一节中已经指出，不能用这些点位误差曲线来确定待定点与待定点之间的某些精度指标。为了确定任意两个待定点之间相对位置的精度，就需要进一步作出两个待定点之间的相对误差椭圆。

设两个待定点为 P_i 及 P_k，这两点的相对位置可通过其坐标差来表示，即

$$\begin{cases}\Delta x_{ik} = x_k - x_i \\ \Delta y_{ik} = y_k - y_i\end{cases} \tag{10-5-1}$$

根据协因数传播律可得

$$\begin{cases}Q_{\Delta x\Delta x} = Q_{x_k x_k} + Q_{x_i x_i} - 2Q_{x_k x_i} \\ Q_{\Delta y\Delta y} = Q_{y_k y_k} + Q_{y_i y_i} - 2Q_{y_k y_i} \\ Q_{\Delta x\Delta y} = Q_{x_k y_k} - Q_{x_k y_i} - Q_{x_i y_k} + Q_{x_i y_i}\end{cases} \tag{10-5-2}$$

从式(10-5-1)可以看出，如果 P_i 和 P_k 两点中有一个点(例如 P_i 点)为不带误差的已知点，则从式(10-5-2)可以看出，$Q_{\Delta x\Delta x}=Q_{x_k x_k}$，$Q_{\Delta y\Delta y}=Q_{y_k y_k}$，$Q_{\Delta x\Delta y}=Q_{x_k y_k}$。因此，两点之间坐标差的协因数就等于待定点坐标的协因数。而在前几节中，所有的讨论都是以此为基础的。由此可见，这样作出的点位误差曲线都是待定点相对于已知点而言的。

利用这些协因数，根据式(10-2-14)、式(10-2-15)、式(10-2-18)就可得到计算 P_i 与 P_k 点间相对误差椭圆的三个参数的公式：

$$\begin{cases}E^2 = \dfrac{1}{2}\sigma_0^2\left(Q_{\Delta x\Delta x} + Q_{\Delta y\Delta y} + \sqrt{(Q_{\Delta x\Delta x} - Q_{\Delta y\Delta y})^2 + 4Q_{\Delta x\Delta y}^2}\right) \\ F^2 = \dfrac{1}{2}\sigma_0^2\left(Q_{\Delta x\Delta x} + Q_{\Delta y\Delta y} - \sqrt{(Q_{\Delta x\Delta x} - Q_{\Delta y\Delta y})^2 + 4Q_{\Delta x\Delta y}^2}\right) \\ \tan\varphi_E = \dfrac{Q_{EE} - Q_{\Delta x\Delta x}}{Q_{\Delta x\Delta y}} = \dfrac{Q_{\Delta x\Delta y}}{Q_{EE} - Q_{\Delta y\Delta y}}\end{cases} \tag{10-5-3}$$

下面通过例题来说明相对误差椭圆参数的计算及相对误差椭圆的绘制。

例 10-3　在平面控制网中插入 P_1 及 P_2 两个新点。设用间接平差法平差该网。新点坐标近似值的改正数为 δx_1、δy_1、δx_2 及 δy_2。其法方程为

$$\begin{cases}906.91\delta x_1 + 107.07\delta y_1 - 426.42\delta x_2 - 172.17\delta y_2 - 94.23 = 0 \\ 107.07\delta x_1 + 486.22\delta y_1 - 177.64\delta x_2 - 142.65\delta y_2 + 41.40 = 0 \\ -426.42\delta x_1 - 177.64\delta y_1 + 716.39\delta x_2 + 60.25\delta y_2 + 52.78 = 0 \\ -172.17\delta x_1 - 142.65\delta y_1 + 60.25\delta x_2 + 444.60\delta y_2 + 1.06 = 0\end{cases}$$

试求 P_1、P_2 点的点位误差椭圆以及 P_1 与 P_2 点间的相对误差椭圆。

解：经平差计算，得单位权中误差为 $\hat{\sigma}_0=0.8$。令 $\boldsymbol{N}_{BB}=\boldsymbol{B}^{\mathrm{T}}\boldsymbol{P}\boldsymbol{B}$ 表示法方程式系数，则参数的协因数为

$$\boldsymbol{Q}_{\hat{X}\hat{X}}=\boldsymbol{N}_{BB}^{-1}=\begin{pmatrix}+0.0016 & +0.0002 & +0.0010 & +0.0005\\ +0.0002 & +0.0024 & +0.0006 & +0.0008\\ +0.0010 & +0.0006 & +0.0021 & +0.0003\\ +0.0005 & +0.0008 & +0.0003 & +0.0027\end{pmatrix}$$

(1) P_1 点的误差椭圆参数的计算。

按式(10-2-12)、式(10-2-13)得

$$E_{P_1}^2=\frac{1}{2}\sigma_0^2\left(Q_{x_1x_1}+Q_{y_1y_1}+\sqrt{(Q_{x_1x_1}-Q_{y_1y_1})^2+4Q_{x_1y_1}^2}\right)=0.00157$$

$$F_{P_1}^2=\frac{1}{2}\sigma_0^2\left(Q_{x_1x_1}+Q_{y_1y_1}-\sqrt{(Q_{x_1x_1}-Q_{y_1y_1})^2+4Q_{x_1y_1}^2}\right)=0.00099$$

则

$$E_{P_1}=0.040,\qquad F_{P_1}=0.032$$

按式(10-2-18)得

$$\tan\varphi_{E_1}=4.25,\qquad \varphi_{E_1}=76^\circ45'$$

(2) P_2 点误差椭圆参数的计算。

同(1)算法，得

$$E_{P_2}=0.042,\qquad F_{P_2}=0.036$$

$$\varphi_{E_2}=67^\circ30'$$

(3) P_1 与 P_2 点间相对误差椭圆参数的计算。

按式(10-5-2)求得

$$Q_{\Delta x\Delta x}=0.0017,\qquad Q_{\Delta y\Delta y}=0.0035$$

$$Q_{\Delta x\Delta y}=-0.0006$$

按式(10-5-3)得

$$E_{P_1P_2}^2=0.0024,\qquad E_{P_1P_2}=0.049$$

同理

$$F_{P_1P_2}=0.031$$

相对误差椭圆的 E 轴方向为

$$\varphi_{E_{P1P2}}=106^\circ50'$$

根据以上数据即可绘出 P_1 点、P_2 点的点位误差椭圆以及 P_1P_2 点间的相对误差椭圆，相对误差椭圆一般是画在有关两点连线的中间部分。图 10-10 中以 O 点为中心的椭圆即为相对误差椭圆。

有了 P_1、P_2 点的相对误差椭圆，就可以按上节所述的方法，用图解法量取所需要的任意方向上的位差大小。例如，要确定 P_1、P_2 点间的边长 $S_{P_1P_2}$ 的中误差，则可作 P_1P_2 的垂线，并使垂线与相对误差椭圆相切，则垂足 e 至中心 O 的长度 Oe 即为 $\sigma_{s_{P_1P_2}}$。同样，也可以量出与 P_1P_2 连线相垂直方向 Of 上的垂足 g，则 Og 就是 P_1P_2 边的横向位差，进而可以求出 P_1P_2 边的方位角误差。

以上各节介绍了点位误差椭圆和两点间相对误差椭圆的作法和用途，在测量工作

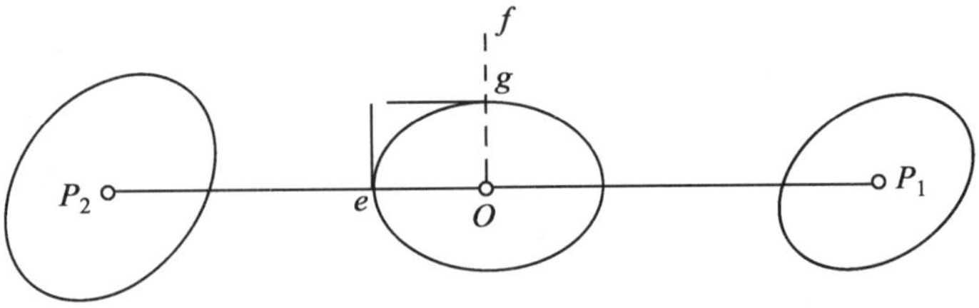

图 10-10　点位误差椭圆与相对误差椭圆

中，特别在精度要求较高的工程测量中，往往利用点位误差椭圆对布网方案进行精度分析。因为在确定点位误差椭圆的三个元素 φ_E、E 和 F 时，除了单位权中误差 σ_0 外，只需要知道各个协因数 Q_{ij}的大小。而协因数阵 $\boldsymbol{Q}_{\hat{X}\hat{X}}$是相应平差问题的法方程式系数的逆阵，即 $\boldsymbol{Q}_{\hat{X}\hat{X}}=(\boldsymbol{B}^{\mathrm{T}}\boldsymbol{PB})^{-1}$。当在适当的比例尺的地形图上设计了控制网的点位以后，可以从图上量取各边边长和方位角的概略值，根据这些可以算出误差方程的系数，而观测值的权则可根据需要事先加以确定，因此，可以求出该网的协因数阵 $\boldsymbol{Q}_{\hat{X}\hat{X}}$；另外，根据设计中所拟定的观测仪器来确定单位权中误差 σ_0 的大小，这样就可以估算出 φ_E、E 和 F 等数值了。如果估算的结果符合工程建设对控制网所提出的精度要求，则可认为该设计方案是可采用的，否则，可改变设计方案，重新估算，以达到预期的精度要求。有时也可以根据不同设计方案的精度要求，同时考虑各种因素，例如，建网的经费开支，施测工期的长短，布网的难易程度等，在满足精度要求的前提下，从中选择最优的布网方案。

10.6　点位落入误差椭圆内的概率

平面控制点的点位是通过一组观测值而求得的，由于观测值总是带有随机误差，求得的点位通常不是其真位置。随着观测值取值的不同，实际求得的点将是分布于待定点真位置周围的一组平面上的随机点。

观测误差一般是服从正态分布的，在其影响下而得到的这组平面上的随机点，其分布就是二维正态分布。二维正态分布的联合分布密度为

$$f(x,\ y)=\frac{1}{2\pi\sigma_x\sigma_y\sqrt{1-\rho^2}}\cdot\exp\left\{\frac{-1}{2(1-\rho^2)}\left[\frac{(x-\mu_x)^2}{\sigma_x^2}-2\rho\frac{(x-\mu_x)(y-\mu_y)}{\sigma_x\sigma_y}+\frac{(y-\mu_y)^2}{\sigma_y^2}\right]\right\} \tag{10-6-1}$$

式中，μ_x、μ_y 是待定点纵、横坐标的数学期望，而 ρ 是随机向量 x 与 y 的相关系数，即

$$\rho=\frac{\sigma_{xy}}{\sigma_x\sigma_y}$$

式中，σ_x 与 σ_y 为 x 与 y 的中误差，σ_{xy} 为 x 与 y 的协方差。

在几何上，可以把函数 $f(x, y)$ 描绘成某一曲面（如图 10-11），并称此曲面为分布曲面，它的形状如山冈，在点 (μ_x, μ_y) 上达到最高峰。

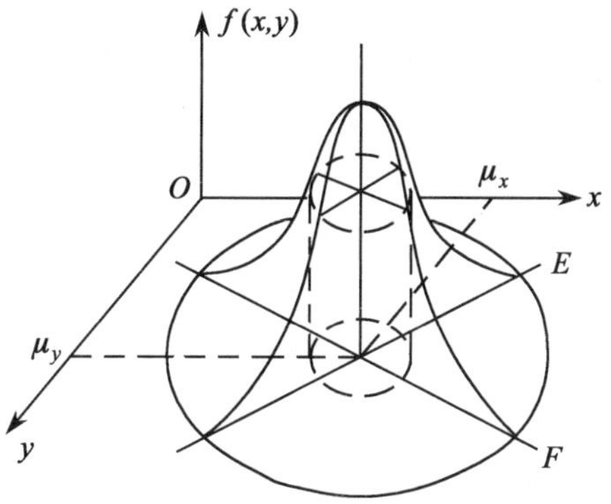

图 10-11 误差正态分布曲面

用平行于 $f(x, y)$ 轴的平面截分布曲面，得到类似于正态分布的曲线。用平行于平面 xOy 的平面截该分布曲面，将截线投影到平面 xOy 上，得到一族同心的椭圆，这些椭圆的中心是 (μ_x, μ_y)，它们的方程为

$$\frac{(x-\mu_x)^2}{\sigma_x^2} - 2\rho\frac{(x-\mu_x)(y-\mu_y)}{\sigma_x\sigma_y} + \frac{(y-\mu_y)^2}{\sigma_y^2} = \lambda^2 \tag{10-6-2}$$

式中 λ^2 为一常数。在同一椭圆上的所有点，其分布密度 $f(x, y)$ 是相同的，因此这些椭圆称为等密度椭圆。当分布密度 $f(x, y)$ 为不同常数时，这族同心椭圆反映了待定点点位分布情况，因此，也称为误差椭圆。

为了讨论时的方便，可以简化式（10-6-2），即将坐标原点移到椭圆中心 (μ_x, μ_y) 上，则式（10-6-2）成为

$$\frac{x^2}{\sigma_x^2} - 2\rho\frac{xy}{\sigma_x\sigma_y} + \frac{y^2}{\sigma_y^2} = \lambda^2 \tag{10-6-3}$$

上式可改写成

$$\sigma_y^2x^2 - 2\rho\sigma_x\sigma_y xy + \sigma_x^2y^2 = \lambda^2\sigma_x^2\sigma_y^2 \tag{10-6-4}$$

由解析几何知，当有方程 $Ax^2+Bxy+Cy^2=R^2$ 时，为了消去方程中的 Bxy 项，使其变成标准化形式，则需将坐标系旋转一 θ 角，该 θ 角应由下式确定：

$$\tan2\theta = \frac{B}{A-C}$$

将式（10-6-4）中的系数代入，则有

$$\tan2\theta = \frac{-2\rho\sigma_x\sigma_y}{\sigma_y^2-\sigma_x^2} = \frac{2\rho\sigma_x\sigma_y}{\sigma_x^2-\sigma_y^2}$$

顾及 $\rho\sigma_x\sigma_y=\sigma_{xy}$，且 $\sigma_{xy}=\sigma_0^2Q_{xy}$，同时 $\sigma_x^2=\sigma_0^2Q_{xx}$，$\sigma_y^2=\sigma_0^2Q_{yy}$，则上式可以写成

$$\tan2\theta=\frac{2Q_{xy}}{Q_{xx}-Q_{yy}}$$

由此可见，这里的旋转角 θ 实际上就是式(10-2-20)中确定的 φ_0 角，而 φ_0 角是 σ_φ 取得极大值或极小值的方向。换句话说，只要坐标轴与 E、F 方向相重合，则式(10-6-4)就可变成标准化形式。此时，式(10-6-4)中第二项前的系数 $-2\rho\sigma_x\sigma_y=0$，由于 σ_x 和 σ_y 不为零，所以 $\rho=0$，并且式中的 σ_x^2 和 σ_y^2 可以分别换写成 E^2 和 F^2。现令 $\lambda=k$，则式(10-6-4)即可写成

$$\frac{x^2}{E^2}+\frac{y^2}{F^2}=k^2 \tag{10-6-5}$$

当 k 取不同的值时，就得到一族同心的误差椭圆，并记作 B_k。当 $k=1$ 时的误差椭圆称为标准误差椭圆。

经过上述简化后，二维正态分布的密度函数为

$$f(x,\ y)=\frac{1}{2\pi EF}\exp\left[-\frac{1}{2}\left(\frac{x^2}{E^2}+\frac{y^2}{F^2}\right)\right]$$

现在讨论待定点落入误差椭圆 B_k(记作$(x,\ y)\subset B_k$)内的概率，即

$$\begin{aligned}P((x,\ y)\subset B_k)&=\iint_{B_k}f(x,\ y)\mathrm{d}x\mathrm{d}y\\&=\iint_{B_k}\frac{1}{2\pi EF}\exp\left\{-\frac{1}{2}\left(\frac{x^2}{E^2}+\frac{y^2}{F^2}\right)\right\}\mathrm{d}x\mathrm{d}y\end{aligned}$$

在上面的积分式中作变量代换，令

$$u=\frac{x}{\sqrt{2}E},\qquad v=\frac{y}{\sqrt{2}F}$$

代入式(10-6-5)，得

$$u^2+v^2=\frac{k^2}{2}$$

上式是以半径为 $\frac{k}{\sqrt{2}}$ 的圆 C_k 的方程，待定点落入椭圆 B_k 内的概率就相当于落入圆 C_k 内的概率，因而有

$$P((x,\ y)\subset B_k)=\frac{1}{\pi}\iint_{C_k}\mathrm{e}^{-u^2-v^2}\mathrm{d}u\mathrm{d}v \tag{10-6-6}$$

现令　　$u=r\cos\theta,\qquad v=r\sin\theta$

将此两式代入式(10-6-6)，就把式(10-6-6)由平面直角坐标变换为极坐标表达式了，即

$$\begin{aligned}P((x,\ y)\subset B_k)&=\frac{1}{\pi}\int_0^{2\pi}\int_0^{\frac{k}{\sqrt{2}}}r\mathrm{e}^{-r^2}\mathrm{d}r\mathrm{d}\theta\\&=2\int_0^{\frac{k}{\sqrt{2}}}r\mathrm{e}^{-r^2}\mathrm{d}r=1-\mathrm{e}^{-\frac{k^2}{2}}\end{aligned} \tag{10-6-7}$$

给予 k 不同的值，就得到表 10-1 内相应的概率 P。

表 10-1

k	P	k	P
0	0	2.5	0.9561
0.5	0.1175	3.0	0.9889
1.0	0.3935	3.5	0.9978
1.5	0.6752	4.0	0.99966
2.0	0.8647	4.5	0.99996

将 $k=1$、2、3 及 4 的四个相应的椭圆表示在图 10-12 中，每一个椭圆上注明在该椭圆内出现待定点的概率，椭圆之间所标明的数字是表示待定点出现在两椭圆之间的概率。由图可以看出，点出现在 $k=1$、2两个椭圆之间的概率最大，约为 47%。而点出现在 $k=3$ 的椭圆以外的概率很小，约为 1%，即 $k=3$ 的椭圆实际上可视为最大的误差椭圆。

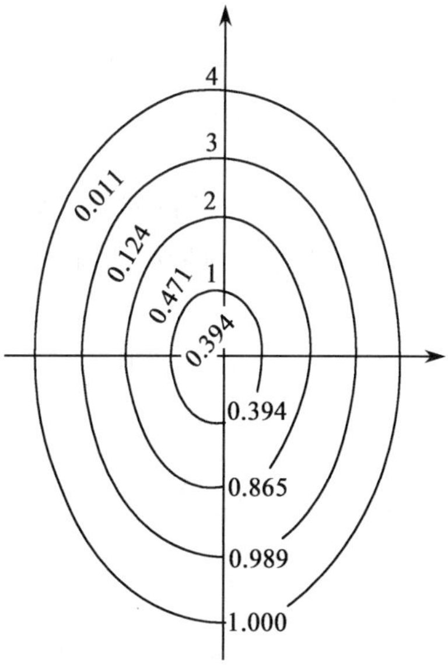

图 10-12 待定点出现在两两椭圆之间的概率

第 11 章　平差系统的统计假设检验

以上各章所述的测量平差方法，其参数的最优线性无偏估计是基于观测数据仅含有偶然误差、函数模型和随机模型正确为前提的。因此，一个完整的最优的平差系统，除了采用最小二乘准则对平差参数进行最优估计外，还要保证观测数据的正确性和平差数学模型的合理性与精确性。后者要借助于数理统计方法，对观测数据和平差数学模型进行假设检验，这是保证平差系统质量的一个组成部分。

本章在简要介绍统计假设检验基本概念的基础上，仅就一个平差系统所必需和主要的一些假设检验方法，简述其原理并以算例说明应用。

11.1　统计假设检验概述

统计假设检验所解决的问题，就是根据子样的信息，通过检验来判断母体分布是否具有指定的特征。例如，正态母体的数学期望 μ 是否等于某已知的数值 μ_0，正态母体的方差 σ^2 是否等于某已知的数值 σ_0^2，两个正态母体的数学期望或方差是否相等，即检验 $\mu_1=\mu_2$，$\sigma_1^2=\sigma_2^2$。又如，检验一组误差是否服从正态分布，也可由给定的一组误差计算正态分布的特征值(子样特征值)来检验与母体的特征值是否相符等，都属于统计假设检验要解决的问题。

举例来说，如果从正态母体 $N(\mu,\ \sigma^2)$ 中抽取容量为 n 的子样$(x_1,\ x_2,\ \cdots,\ x_n)$，设母体方差 σ^2 已知，计算子样平均值

$$\bar{x}=\frac{1}{n}\sum_{i=1}^{n}x_i$$

其数学期望

$$E(\bar{x})=\frac{1}{n}\sum_{i=1}^{n}E(x_i)=\frac{1}{n}\sum_{i=1}^{n}\mu=\mu$$

方差

$$\sigma_{\bar{x}}^2=\frac{1}{n^2}\sum_{i=1}^{n}\sigma_{x_i}^2=\frac{1}{n^2}\sum_{i=1}^{n}\sigma^2=\frac{\sigma^2}{n}$$

因为 $\bar{x}$ 是 x_i 的线性函数，所以 $\bar{x}$ 也服从正态分布，即 $\bar{x}\sim N(\mu,\ \sigma^2/n)$，其标准化变量为

$$u=\frac{\bar{x}-\mu}{\sigma/\sqrt{n}}\sim N(0.1)$$

在置信概率(置信度)$p=1-\alpha$ 下的置信区间概率表达式为

$$P\left\{-u_{\frac{\alpha}{2}}<\frac{\bar{x}-\mu}{\sigma/\sqrt{n}}<u_{\frac{\alpha}{2}}\right\}=p=1-\alpha \tag{11-1-1}$$

式中区间的上、下限 $u_{\frac{\alpha}{2}}$，可以 α 为引数由正态分布表中查得，称为 u 分布在左、右尾上的分位值，在给定 α 下，$u_{\frac{\alpha}{2}}$是一个确定值，式中仅 $\bar{x}$ 的数学期望μ 未知。

现在提出问题：上述母体均值μ 是否等于某一数值μ_0？为了对这一问题作出回答，不妨先作一个假设，即假设$\mu=\mu_0$。为了检验这一假设是否成立，只要将式(11-1-1)中的μ 代以所假设的数值μ_0，从而算出 $u=\dfrac{\bar{x}-\mu_0}{\sigma/\sqrt{n}}$，如果这时能使下式成立

$$P\left\{-u_{\frac{\alpha}{2}}<\frac{\bar{x}-\mu_0}{\sigma/\sqrt{n}}<u_{\frac{\alpha}{2}}\right\}=p=1-\alpha \tag{11-1-2}$$

就表示用μ_0 代μ 后所计算的 u 是落在$-u_{\frac{\alpha}{2}}\sim u_{\frac{\alpha}{2}}$范围之内(见图 11-1)，在这种情况下，人们就没有理由否定原来所作的假设$\mu=\mu_0$，换言之，就得接受原来的假设。通常将上述区间$\left(-u_{\frac{\alpha}{2}},\ u_{\frac{\alpha}{2}}\right)$称为接受域。如果计算的结果 $u>u_{\frac{\alpha}{2}}$或者 $u<-u_{\frac{\alpha}{2}}$，此时用μ_0 代μ 所计算的 u 值落在了图 11-1 中两尾的 $\alpha/2$ 区间内，这就表示概率很小($=\alpha$)的事件居然发生了，根据小概率事件在一次实验中实际上不可能出现的原理，就有足够的理由否定原来作出的$\mu=\mu_0$ 的假设，此时应拒绝这一假设，认为$\mu\neq\mu_0$。通常将区间$\left(-u_{\frac{\alpha}{2}},\ u_{\frac{\alpha}{2}}\right)$以外的范围称为拒绝域。

以上所述是举例说明统计假设检验的基本思想。

式(11-1-2)可改写成如下形式：

$$P\left\{\left|\frac{\bar{x}-\mu_0}{\sigma/\sqrt{n}}\right|<u_{\frac{\alpha}{2}}\right\}=1-\alpha \tag{11-1-3}$$

或

$$P\left\{\left|\frac{\bar{x}-\mu_0}{\sigma/\sqrt{n}}\right|>u_{\frac{\alpha}{2}}\right\}=\alpha \tag{11-1-4}$$

就是说，当统计量$\dfrac{\bar{x}-\mu_0}{\sigma/\sqrt{n}}$的绝对值大于 $u_{\frac{\alpha}{2}}$时，就应拒绝原假设，否则，接受原假设。

由上述可见，当需要根据子样的信息来判断母体分布是否具有指定的特征时，总是先作一个假设，称为原假设(或零假设)，记为 H_0(例如 H_0：$\mu=\mu_0$)，然后找一个适当的且其分布为已知的统计量，从而确定该统计量经常出现的区间，使统计量落入此区间的概率接近于 1。如果由抽样的结果所算出的统计量的数值不落在这一经常出现的区间内，那就表示小概率事件发生了，则应拒绝原假设 H_0。当 H_0 遭到拒绝，实质上就相当于接受了另一个假设，这另一个假设称为备选假设，记为 H_1(例如 H_1：$\mu\neq\mu_0$)。因此，假设检验实际上就是要在原假设 H_0 与备选假设 H_1 中作出选择。

不难理解，接受域和拒绝域的范围大小是与我们所给定的 α 值的大小有关的。α 值

愈大，则拒绝域愈大，H_0 被拒绝的机会就愈大。α 的大小通常应根据问题的性质来选定，当我们不应轻易拒绝原假设 H_0 时，则应选定较小的 α。一般使用的 α 值可以是 0.05、0.01 等。

对于上述举例而言，当 $\left|\dfrac{\bar{x}-\mu_0}{\sigma/\sqrt{n}}\right|>u_{\frac{\alpha}{2}}$ 时，则称 $\bar{x}$ 与 μ_0 之间的差异是显著的；反之，则称 $\bar{x}$ 与 μ_0 之间的差异并不显著。所以把数 α 又称为检验的显著(性)水平，并把上述的假设检验问题通常叙述成：在显著水平 α 下，检验假设

$$H_0:\ \mu=\mu_0,\ H_1:\ \mu\neq\mu_0$$

上述假设检验的例子，是将拒绝域(见图 11-1)布置在统计量分布密度曲线两侧的尾巴上，这种检验法称为双尾检验法。有时根据实际情况，需要判断母体均值 μ 是否增大了。例如，某工厂为了提高产品质量(如产品的使用寿命、材料强度等)，采用了一种新工艺，这时自然希望母体均值越大越好。如果能判断在新工艺下母体均值确实比以往正常生产的大，则可考虑采用新工艺。在此情况下要检验新工艺母体均值 μ 是小于、等于原来的母体均值 μ_0 还是大于 μ_0。因此，这种假设检验就是要在显著水平 α 下进行，检验假设

$$H_0:\ \mu\leqslant\mu_0,\ H_1:\ \mu>\mu_0 \tag{11-1-5}$$

这是一种复假设，从原假设为 μ 小于或等于 μ_0 和备选假设 $\mu>\mu_0$ 中作出选择。一般式(11-1-5)可写成

$$H_0:\ \mu=\mu_0,\ H_1:\ \mu>\mu_0 \tag{11-1-6}$$

为了进行这种假设检验，只要把拒绝 H_0 的概率 α 布置在右尾上，查得右尾分位值 u_α。如图 11-2 所示，可知

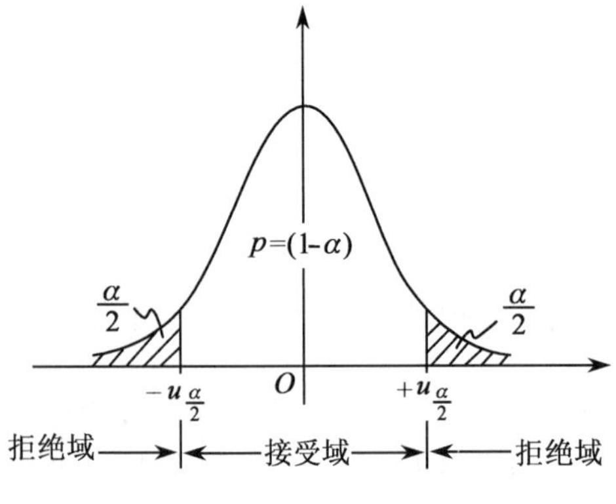

图 11-1　双尾检验的概率分布密度曲线

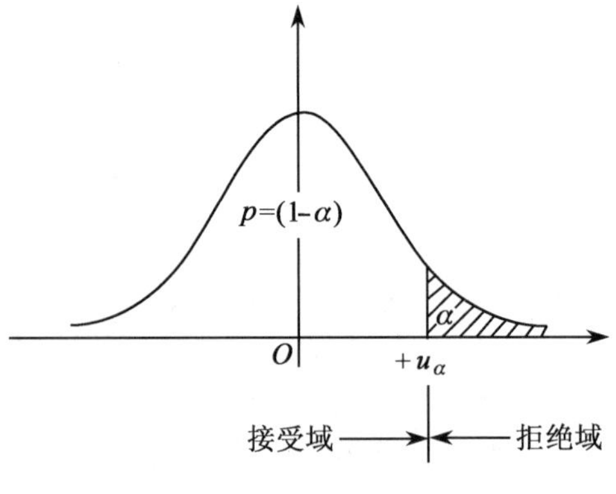

图 11-2　单(右)尾检验的概率分布密度曲线

$$P\left\{\frac{\bar{x}-\mu_0}{\sigma/\sqrt{n}}>u_\alpha\right\}=\alpha \tag{11-1-7}$$

若检验结果$\frac{\bar{x}-\mu_0}{\sigma/\sqrt{n}}>u_\alpha$，它是小概率事件，则应拒绝 H_0(接受 H_1)。这就表示用新工艺生产的产品质量($\bar{x}$)比原来的质量(比原来的使用寿命 μ_0)有了显著的差异，因而，应考虑采用新工艺。否则，接受 H_0(拒绝 H_1)，即表示用新工艺生产的产品质量比原质量并无显著差异。同样地，如需要进行 H_0：$\mu=\mu_0$；H_1：$\mu<\mu_0$ 的假设检验，则可将 α 布置在左尾上。以上这种检验方法称为单尾检验法。

由上述原理可知，假设检验是以小概率事件在一次实验中实际上是不可能发生的这一前提为依据的。必须指出的是，小概率事件虽然其出现的概率很小，但这并不是说这种事件就完全不可能发生。事实上，如果我们重复抽取容量为 n 的许多组子样，由于抽样的随机性，子样均值 $\bar{x}$ 不可能完全相同，因而由此算得的统计量的数值也具有随机性。若检验的显著水平定为 $\alpha=0.05$，那么，即使原假设 $\mu=\mu_0$ 是正确的(真的)，其中仍约有 5%的计算数值将会落入拒绝域中。由此可见，进行任何假设检验总是有作出不正确判断的可能性，换言之，不可能绝对不犯错误。只不过犯错误的可能性很小而已。以 H_0：$\mu=\mu_0$，H_1：$\mu>\mu_0$ 为例，当 H_0 为真(正确)而犯遭到拒绝的错误称为第一类错误，也称为弃真的错误。由图 11-3 可知，犯第一类错误的概率就是 α，亦即 H_0 为真，但统计量 u 却落入了右尾 α 的区间内，被判断拒绝 H_0。同样地，当 H_0 为不真(不正确)时，即 H_1 为真时，我们也有可能接受 H_0，因为所计算的统计量 u 却落入了 H_0 的接受域 β 区间内，这种错误称为犯第二类错误，或称为纳伪的错误。从图 11-3 中看出，犯第二类错误的概率为 β。显然，当子样容量 n 确定后，犯这两类错误的概率 α 和 β 不可能同时减小。当 α 增大，β 则减小；当 α 减小，β 则增大。

概括起来说，进行假设检验的要点是：

(1)根据实际需要提出原假设 H_0 和备选假设 H_1；

(2)选取适当的显著水平 α；

(3)确定检验用的统计量(子样值的函数)，其分布应是已知的；

(4)根据已定的显著水平 α，求出拒绝域的分位值，如被检验的数值落入拒绝域，则拒绝 H_0(接受 H_1)，否则，接受 H_0(拒绝 H_1)。

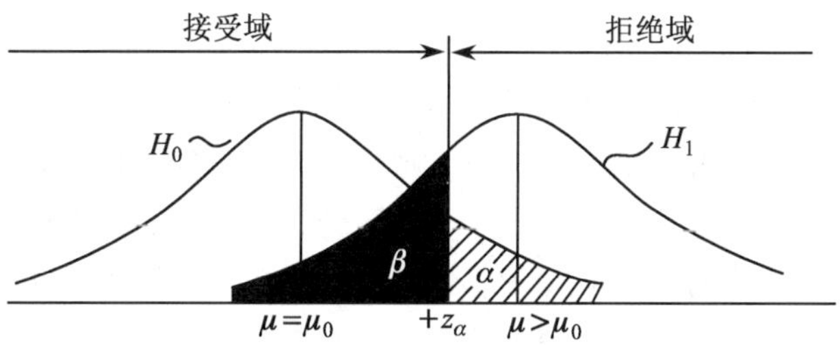

图 11-3　α 与 β 间的关系

11.2　统计假设检验的基本方法

本节介绍统计假设检验基本方法。其中所构造的统计量均是针对从正态母体中抽得的直接子样而言的，即属于直接平差情形。

11.2.1　u 检验法

前面已经讲了，当从正态母体 $N(\mu, \sigma^2)$ 中抽得容量为 n 的子样，得子样均值 $\bar{x}$，设母体方差 σ^2 为已知，则可利用统计量

$$u = \frac{\bar{x} - \mu}{\sigma/\sqrt{n}} \sim N(0, 1) \tag{11-2-1}$$

对母体期望 μ 是否与一常数相符进行假设检验。这种服从标准正态分布的统计量称为 u 变量，所进行的检验方法称为 u 检验法。设

$$H_0: \mu = \mu_0, \ H_1: \mu \neq \mu_0$$

此时用双尾检验法。

作统计量 u 式(11-2-1)，选定 α，查正态分布表得 $u_{\frac{\alpha}{2}}$。如果 $|u| > u_{\frac{\alpha}{2}}$，则拒绝 H_0，否则原假设 H_0 成立。这就是 u 检验法的全过程。

例 11-1　统计三角网中421个三角形闭合差，得闭合差平均值 $\bar{x} = 0.04''$，已知闭合差中误差 $\sigma = 0.62''$，该闭合差的数学期望是否为 0?

解： 三角形闭合差为三角形中三内角观测值之和的真误差若是偶然误差，其数学期望应为 0。故作原假设和备选假设为

$$H_0: \mu_{\bar{x}} = 0, \ H_1: \mu_{\bar{x}} \neq 0$$

计算统计量

$$u = \frac{0.04}{0.62/\sqrt{421}} = 1.32$$

选定 $\alpha = 0.05$，查正态分布表得 $u_{0.025} = 1.96$。现 $|u| < u_{\frac{\alpha}{2}}$，接受原假设 H_0，说明从三角形闭合差平均值看，系统误差不显著。

此例中已知母体中误差 σ，实际测量中，σ 经常未知，可以利用实测结果计算的估值 $\hat{\sigma}$ 代替。数理统计中已说明，这种代替，当子样容量 $n \geqslant 200$ 时，则可认为是严密的，一般 $n>30$ 时，用 $\hat{\sigma}$ 代 σ 进行 u 检验，则认为检验结果是近似可信的。

u 检验法要求母体方差 σ^2 已知。这一要求在实际中往往难以满足，当母体方差未知，检验问题又是小子样时，u 检验法便不能应用，由此产生以下的 t 检验法。

以下所述的统计检验方法，其理论证明可参阅文献[6]、[16]。

11.2.2　t 检验法

当从正态母体 $N(\mu, \sigma^2)$ 中抽得容量为 n 的子样，得子样平均值 $\bar{x}$ 和子样中误差 $\hat{\sigma}$，

此时，可作服从 t 分布的统计量

$$t=\frac{\bar{x}-\mu}{\hat{\sigma}/\sqrt{n}} \tag{11-2-2}$$

式中，

$$\hat{\sigma}=\sqrt{\frac{\sum_{i=1}^{n}(x_i-\bar{x})^2}{n-1}} \tag{11-2-3}$$

对母体期望是否与一常数相符进行假设检验，统计量 t 与 u 不同之处仅用 $\hat{\sigma}$ 代替 σ，但统计量 t 已不服从正态分布，而是服从具有自由度为 $n-1$ 的 t 分布，利用统计量 t 检验的方法，称 t 检验法。

t 检验法的原假设与 u 检验法类似，即有

$$H_0: \mu=\mu_0, \ H_1: \mu\neq\mu_0$$

H_0 成立时，统计量式(11-2-2)满足如下概率式(见图 11-4)：

$$P\left\{-t_{\frac{\alpha}{2}}<\frac{\bar{x}-\mu_0}{\hat{\sigma}/\sqrt{n}}<t_{\frac{\alpha}{2}}\right\}=1-\alpha \tag{11-2-4}$$

或

$$P\left\{\left|\frac{\bar{x}-\mu_0}{\hat{\sigma}/\sqrt{n}}\right|>t_{\frac{\alpha}{2}}\right\}=\alpha \tag{11-2-5}$$

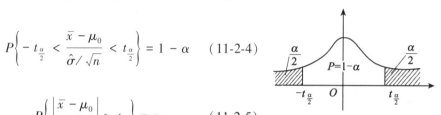

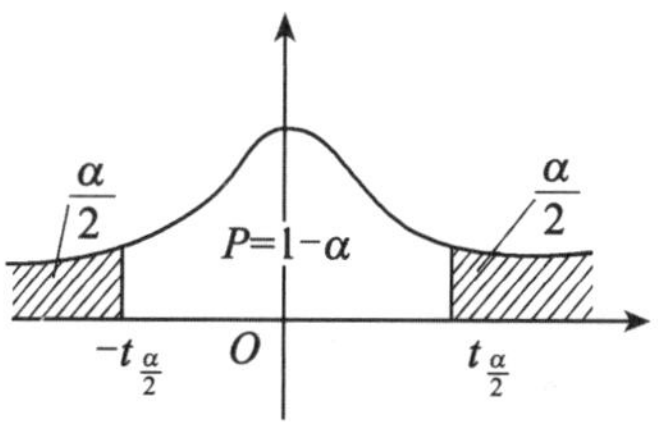

图 11-4　t 分布的双尾检验

如果 $\left|\frac{\bar{x}-\mu_0}{\hat{\sigma}/\sqrt{n}}\right|>t_{\frac{\alpha}{2}}$，则拒绝 H_0，即 H_1：$\mu\neq\mu_0$ 成立，否则接受 H_0。

例 11-2　为了测定经纬仪视距常数是否正确，设置一条基线，其长为 100m，与视距精度比可视为无误差，用该仪器进行视距测量，量得长度为：

100.3	99.5	99.7	100.2	100.4	100.0
99.8	99.4	99.9	99.7	100.3	100.2

试检验该仪器视距常数是否正确。

解：H_0：$\mu=100$，H_1：$\mu\neq 100$，计算得

$$\bar{x}=\frac{1}{12}\sum_{i=1}^{12}x_i=99.95$$

$$\hat{\sigma}=\sqrt{\frac{\sum_{i=1}^{12}(x_i-\bar{x})^2}{12-1}}=0.37$$

$$t=\frac{99.95-100}{0.37/\sqrt{12}}=-0.46$$

以自由度 $n-1=11$，$\alpha=0.05$ 查 t 分布表得 $t_{\frac{\alpha}{2}}=2.2$，现 $|t|<t_{\frac{\alpha}{2}}$，接受 H_0，可认为在 100m 左右范围内，视距常数正确。

顺便指出，当 t 的自由度 $n-1>30$ 时，t 检验法与 u 检验法的检验结果实际相同。

11.2.3　χ^2 检验法

从正态母体 $N(\mu, \sigma^2)$ 中抽取一组子样$(x_1, x_2, \cdots, x_n)$，容量为 n，得子样方差 $\hat{\sigma}^2$，$\hat{\sigma}^2=\dfrac{\sum_{i=1}^{n}(x_i-\bar{x})^2}{n-1}$，利用服从自由度为 $n-1$ 的χ^2 分布的统计量

$$\chi^2=\frac{(n-1)\hat{\sigma}^2}{\sigma^2}=\frac{\sum_{i=1}^{n}(x_i-\bar{x})^2}{\sigma^2} \tag{11-2-6}$$

对母体方差是否与某一已知方差相符进行假设检验，用统计量χ^2 检验的方法，称为χ^2 检验法。

(1)检验母体方差 σ^2 是否为一已知常数 σ_0^2，可作

$$H_0:\ \sigma^2=\sigma_0^2,\ H_1:\ \sigma^2\neq\sigma_0^2$$

当 H_0 成立时，有如下概率式(见图 11-5)

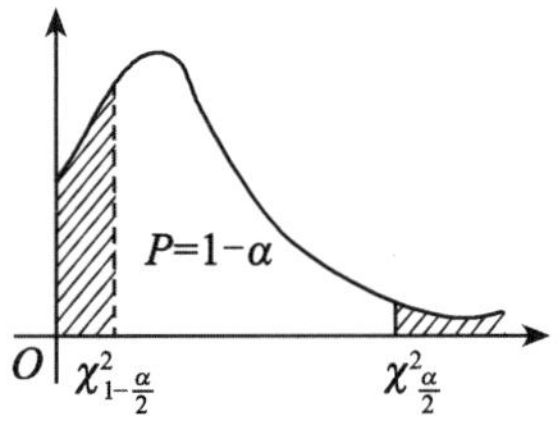

图 11-5　χ^2 分布的双尾检验

$$P\left\{\chi^2_{1-\frac{\alpha}{2}}<\frac{(n-1)\hat{\sigma}^2}{\sigma_0^2}<\chi^2_{\frac{\alpha}{2}}\right\}=1-\alpha \tag{11-2-7}$$

如果统计量χ^2之值落在区间$(\chi^2_{1-\frac{\alpha}{2}}, \chi^2_{\frac{\alpha}{2}})$之内，则接受 H_0，否则接受 H_1。

(2)检验母体方差 σ^2 是否大于已知方差 σ_0^2，此时原假设和备选假设为

$$H_0:\ \sigma^2=\sigma_0^2\qquad H_1:\ \sigma^2>\sigma_0^2$$

这里 H_0 虽记为 $\sigma^2=\sigma_0^2$，实际上相对 H_1 来说是 $\sigma^2\leqslant\sigma_0^2$。当 H_0 成立时，有

$$P\left\{\frac{(n-1)\hat{\sigma}^2}{\sigma_0^2}<\chi^2_{\alpha}\right\}=1-\alpha \tag{11-2-8}$$

或

$$P\left\{\frac{(n-1)\hat{\sigma}^2}{\sigma_0^2}>\chi^2_{\alpha}\right\}=\alpha \tag{11-2-9}$$

此为右尾检验。如果统计量χ^2的计算值$\dfrac{(n-1)\hat{\sigma}^2}{\sigma_0^2}$大于以显著水平 α 和自由度 $n-1$ 查得的χ^2_{α} 值，则拒绝原假设 H_0，接受 H_1，否则接受 H_0。

例 11-3　某用户原来一直使用某种经纬仪，已知其测角方差为 25(秒^2)，后来换用另一种型号的经纬仪，为了比较，按相同操作规程进行了 20 个测回，计算得测角中误差 $\hat{\sigma}=4.5''$，假设观测值均是正态变量，试在 $\alpha=0.05$ 的条件下，检验这两种型号经纬仪的测角精度是否有显著差别。

解：H_0：$\sigma^2=\sigma_0^2=25$，　H_1：$\sigma^2\neq\sigma_0^2$

已知自由度 $n-1=20-1=19$，$\alpha/2=0.025$，$1-\dfrac{\alpha}{2}=0.975$。查 χ^2 分布表得 $\chi^2_{\frac{\alpha}{2}}=32.9$，$\chi^2_{1-\frac{\alpha}{2}}=8.91$，计算统计量得

$$\chi^2=\frac{19\times 4.5^2}{25}=15.4$$

χ^2 在区间(8.91，32.9)之内，两者测角精度无显著差别。

如果此例问后来的仪器测角精度是否比原来的低，则 H_0：$\sigma^2=\sigma_0^2=25$，H_1：$\sigma^2>\sigma_0^2$，此时以自由度 19 查 χ^2分布表，得 $\chi^2_{0.05}=30.1$，现 $\chi^2<\chi^2_\alpha$，说明后者测角精度不会比前者测角精度低。

11.2.4　*F* 检验

从两个正态母体中各抽取一组子样，容量分别为 n_1 和 n_2，算得子样方差为 $\hat{\sigma}_1^2$ 和 $\hat{\sigma}_2^2$，自由度分别为 n_1-1 和 n_2-1。检验两个正态母体方差是否相同或其中一个方差大于另一个方差，则采用 F 检验法。服从 F 分布的统计量为

$$F=\frac{\hat{\sigma}_1^2/\sigma_1^2}{\hat{\sigma}_2^2/\sigma_2^2} \tag{11-2-10}$$

分子自由度为 n_1-1，分母自由度为 n_2-1。

1. 双尾检验：H_0：$\sigma_1^2=\sigma_2^2$，H_1：$\sigma_1^2\neq\sigma_2^2$

在原假设 H_0 成立时

$$P\left\{F_{1-\frac{\alpha}{2}}<\frac{\hat{\sigma}_1^2}{\hat{\sigma}_2^2}<F_{\frac{\alpha}{2}}\right\}=1-\alpha \tag{11-2-11}$$

故当$\dfrac{\hat{\sigma}_1^2}{\hat{\sigma}_2^2}<F_{1-\frac{\alpha}{2}}$或$\dfrac{\hat{\sigma}_1^2}{\hat{\sigma}_2^2}>F_{\frac{\alpha}{2}}$时拒绝 H_0，接受 H_1；否则，接受 H_0。

但在实际检验时，我们总是可以将其中较大的一个子样方差作为 $\hat{\sigma}_1^2$，另一个作为 $\hat{\sigma}_2^2$，这样就可以使 $\hat{\sigma}_1^2/\hat{\sigma}_2^2$ 永远大于 1。因为

$$F_{1-\frac{\alpha}{2}}(n_1-1,\ n_2-1)=\frac{1}{F_{\frac{\alpha}{2}}(n_2-1,\ n_1-1)}$$

而在 F 分布表中的所有表列值均大于 1，即上式右端中的分母大于 1，故其左端必小于 1，而 $\hat{\sigma}_1^2/\hat{\sigma}_2^2>1$，所以不可能有$\dfrac{\hat{\sigma}_1^2}{\hat{\sigma}_2^2}<F_{1-\frac{\alpha}{2}}(n_1-1,\ n_2-1)$的情况发生，这样，就只需考查$\dfrac{\hat{\sigma}_1^2}{\hat{\sigma}_2^2}$是否落入右尾的拒绝域就可以了，不必再去考虑左尾的拒绝域。在这种情况下，式(11-2-11)也可写成

$$P\left\{\frac{\hat{\sigma}_1^2}{\hat{\sigma}_2^2} < F_{\frac{\alpha}{2}}(n_1 - 1,\ n_2 - 1)\right\} = 1 - \alpha \qquad (11\text{-}2\text{-}12)$$

2. 单尾检验：H_0：$\sigma_1^2=\sigma_2^2$，H_1：$\sigma_1^2>\sigma_2^2$

因有(见图 11-6)

$$P\left\{\frac{\hat{\sigma}_1^2}{\hat{\sigma}_2^2} > F_{\alpha}(n_1 - 1,\ n_2 - 1)\right\} = \alpha \quad (11\text{-}2\text{-}13)$$

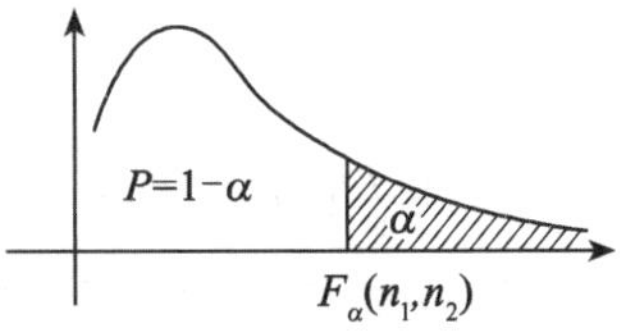

图 11-6　F 分布的单尾检验

故当 $\hat{\sigma}_1^2/\hat{\sigma}_2^2>F_\alpha(n_1-1,\ n_2-1)$时，则拒绝 H_0，接受 H_1；否则，接受 H_0。在这种情况下，分子 $\hat{\sigma}_1^2$ 必须是检验时备选假设 H_1 中的 $\hat{\sigma}_1^2$，如果 $\hat{\sigma}_2^2>\hat{\sigma}_1^2$，也不能将 $\hat{\sigma}_2^2$ 作为分子，$\hat{\sigma}_1^2$ 和 $\hat{\sigma}_2^2$ 位置不能置换。

例 11-4　给出两台测距仪测定某一距离，其测回数和计算的测距方差为

测距仪甲：$n_1=12$，$\hat{\sigma}_1^2=0.07\text{cm}^2$

测距仪乙：$n_2=8$，$\hat{\sigma}_2^2=0.10\text{cm}^2$

试在显著水平 $\alpha=0.05$ 下，检验两台仪器测距精度是否有显著差别。

解：H_0：$\sigma_1^2=\sigma_2^2$，H_1：$\sigma_1^2\neq\sigma_2^2$

采用双尾检验，因 $\hat{\sigma}_2^2>\hat{\sigma}_1^2$，故 $\hat{\sigma}_2^2$ 作分子，$\hat{\sigma}_1^2$ 作分母，以分子自由度 8−1=7，分母自由度 12−1=11，查得 $F_{0.025}=3.76$。计算统计量

$$F = \hat{\sigma}_2^2/\hat{\sigma}_1^2 = 0.10/0.07 = 1.43$$

现 $F<F_{\frac{\alpha}{2}}$，故接受 H_0。

如果上例问测距仪乙测距精度是否比甲低，此时的原假设和备选假设为

$$H_0:\ \sigma_2^2 = \sigma_1^2 \qquad H_1:\ \sigma_2^2 > \sigma_1^2$$

统计量为

$$F = \frac{\hat{\sigma}_2^2}{\hat{\sigma}_1^2} = \frac{0.10}{0.07} = 1.43$$

在 F 分布表查得 $F_{0.05}(7,\ 11)=3.01$，$F<F_\alpha$，H_0 成立，测距仪乙的测距精度不比甲差。在作此例的单尾检验时，H_1 是 $\sigma_2^2>\sigma_1^2$，不论 σ_2^2 和 σ_1^2 哪一个大，必须将 σ_2^2 作为分子，σ_1^2 作为分母，不能弄错。

11.3　误差分布的假设检验

观测误差是服从正态分布的随机变量，这是测量平差的基本假设，如果否定了这一假设，或者说观测误差包含了系统误差或粗差，所得的平差结果不再是最优无偏估计，甚至是无效的结果。为此需对误差分布的正态性进行检验。

11.3.1　偶然误差特性的检验

在 2.2 小节中，给出了偶然误差的四个特性，总体描述了其正态分布的统计表象。

当我们进行一系列的观测，若出现误差是以偶然误差为主导的，那么，无论是从误差的正负号还是从误差数值的大小等方面来进行分析和考查，它们都应该基本上符合上述几个特性。这里之所以说是“基本”符合，是由于我们在实际工作中加以分析的误差列，其容量 n 总是一个有限数。而由于观测误差出现的随机性，实际出现的误差分布（以频率为基础的经验分布）不可能与其理论分布（以概率为极限的理论的分布）完全吻合，总是会有不同程度的随机性波动。问题是这种波动的大小是在某种允许界限之内，还是超出了这一界限。所以为了对一列误差进行检验，从而判断其是否符合偶然误差的特性，其基本思想仍然是针对所要检验的具体项目，找出一个适当的且其分布为已知的统计量，并在给定的显著水平 α 下，提出原假设 H_0，然后根据实际的观测结果来计算该统计量的数值是落在拒绝域内还是落在接受域内。如果落在拒绝域内，则表明它与理论分布之间的差异是显著的，超出了随机波动所允许的界限，因而可以认为该观测列有某种系统误差的存在。

下面介绍四项检验方法。

1. 误差正负号个数的检验

设以 x_i 表示误差列中第 i 个误差的正负号，当 Δ_i 为正时，取 $x_i=+1$，为负时，取 $x_i=0$，则

$$S_x = x_1 + x_2 + \cdots + x_n = \sum_{i=1}^{n} x_i \tag{11-3-1}$$

表示在 n 个误差中正误差出现的个数。在概率论中知道，S_x 是服从二项分布的变量，当 n 很大时，标准化后 S_x 变量将近似于 $N(0, 1)$ 分布。

由偶然误差的第三特性可知，正负误差出现的概率应相等。即 $P(\Delta>0)=P(\Delta<0)=\frac{1}{2}$ 或写成 $p=q=\frac{1}{2}$（若误差列中有恰好等于 0 的误差，则不把它包括在内）。

为了检验 p 是否为 $\frac{1}{2}$，作出假设：

$$H_0: p=\frac{1}{2} \qquad H_1: p\neq\frac{1}{2}$$

在 H_0 的假设下，统计量为

$$\frac{S_x-\frac{n}{2}}{\frac{1}{2}\sqrt{n}} \sim N(0, 1) \tag{11-3-2}$$

因二项分布的期望为 np，方差为 npq，所以二项变量 S_x 的期望为 $\frac{1}{2}n$，方差为 $\frac{1}{2}\cdot\frac{1}{2}n$，中误差为 $\frac{1}{2}\sqrt{n}$，当 n 很大时，式(11-3-2)成立。按 u 检验法，具有概率表达式：

$$P\left\{\left|\frac{S_x-\frac{n}{2}}{\frac{1}{2}\sqrt{n}}\right|<u_{\frac{\alpha}{2}}\right\}=1-\alpha \tag{11-3-3}$$

若以二倍中误差作为极限误差，即令 $u_{\frac{\alpha}{2}}=2$ 时，相当于取置信度为 95. 45%，则

$$P\left\{\left|\frac{S_x-\frac{n}{2}}{\frac{1}{2}\sqrt{n}}\right|<2\right\}=0.9545$$

或

$$P\left\{\left|S_x-\frac{n}{2}\right|<\sqrt{n}\right\}=0.9545 \tag{11-3-4}$$

若检验结果

$$\left|S_x-\frac{n}{2}\right|<\sqrt{n} \tag{11-3-5}$$

则表示式(11-3-2)中的统计量落入接受域内，说明 S_x 与 $\frac{n}{2}$ 之间无显著差异；否则，就有理由怀疑 H_0 的正确性，因而不能认为正负误差出现的概率各为 $\frac{1}{2}$，即误差列中可能存在着某种系统误差的影响。

若以 S_x' 表示负误差的个数，则有

$$S_x=n-S_x'$$

由于正负误差出现的概率相等，即 $p=q=\frac{1}{2}$，将上式代入式(11-3-4)就可直接写出

$$P\left\{\left|\frac{n}{2}-S_x'\right|<\sqrt{n}\right\}=0.9545 \tag{11-3-6}$$

因此，也可以由下式来检验 H_0 是否成立：

$$\left|\frac{n}{2}-S_x'\right|<\sqrt{n} \tag{11-3-7}$$

由式(11-3-5)和式(11-3-7)，还可得到

$$|S_x-S_x'|<2\sqrt{n} \tag{11-3-8}$$

这就是用正负误差个数之差来进行检验的公式。

2. 正负误差分配顺序的检验

有时误差的正负号可能是受到某一因素的支配而产生系统性的变化，例如可能随着时间而改变，在某一时间段内误差大多为正，而在另一时间段内则大多为负，但是，在这种情况下，正负误差的个数有可能基本相等。如果只用上述方法进行检验，就难以发现是否存在着上述系统性的变化。所以，就应将误差按时间的先后顺序排列，从而检验其是否随时间而发生着系统性的变化。

根据偶然误差的特性可知，误差为正或为负应该是具有随机性的，而且前一个误差的正负号与后一个误差的正负号之间也不应具有什么明显的规律性，即误差正负号的交替变换也是随机性的。换言之，当前一个误差为正时，后一个误差可能为正，也可能为负；同样，当前一个误差为负时，后一个误差可能为正，也可能为负。

若将误差按某一因素的顺序排列，设以 ν_i 表示第 i 个误差和第 $i+1$ 个误差的正负号的交替变换，当相邻两误差正负号相同时，取 $\nu_i=1$，正负号相反时，取 $\nu_i=0$。当有 n 个误差时，则有 $n-1$ 个交替变换(恰好等于 0 的误差不计算在内)。现组成统计量：

$$S_\nu = \nu_1 + \nu_2 + \cdots + \nu_{n-1} = \sum_{i=1}^{n-1} \nu_i \tag{11-3-9}$$

则 S_ν 是表示相邻两误差正负号相同时的个数。显然，S_ν 仍是服从二项分布的变量，且由于正负号交替变换的随机性，ν_i 取 1 与取 0 的概率应相等，即 $p=q=\frac{1}{2}$。仿式(11-3-2)可以写出

$$\frac{S_\nu - \frac{(n-1)}{2}}{\frac{1}{2}\sqrt{n-1}} \sim N(0,\ 1) \tag{11-3-10}$$

类似于式(11-3-8)的推导过程，可得

$$|S_\nu - S_\nu'| < 2\sqrt{n-1} \tag{11-3-11}$$

式中，S_ν'表示相邻两误差正负号相反时的个数，若检验结果不满足上式，则应否定 $p=q=\frac{1}{2}$的假设，即表明该误差列可能受到某种固定因素的影响而存在系统性的变化。

3. 误差数值和的检验

将一列误差求和

$$S_\Sigma = \Delta_1 + \Delta_2 + \cdots + \Delta_n = \sum_{i=1}^{n} \Delta_i \tag{11-3-12}$$

根据偶然误差的第三特性可知，上述 S_Σ 在理论上应为零。

因为 $\Delta_i \sim N(0,\ \sigma^2)$，故有

$$E(S_\Sigma) = E(\Delta_1) + E(\Delta_2) + \cdots + E(\Delta_n) = 0$$

$$\begin{aligned} D(S_\Sigma) &= D(\Delta_1) + D(\Delta_2) + \cdots + D(\Delta_n) \\ &= \sigma^2 + \sigma^2 + \cdots + \sigma^2 = n\sigma^2 \end{aligned}$$

因此 S_Σ 是服从 $N(0,\ n\sigma^2)$ 的变量。它的标准化变量则为

$$\frac{S_\Sigma}{\sqrt{n}\ \sigma} \sim N(0,\ 1) \tag{11-3-13}$$

为了检验误差的数值和是否为零，此处作出“H_0：误差的数值和的期望为零”的假设。若取 95.45%的置信度，则有

$$P\left\{\left|\frac{S_{\Sigma}}{\sqrt{n}\ \sigma}\right|<2\right\}=0.9545$$

或

$$P\left\{\left|S_{\Sigma}\right|<2\sqrt{n}\sigma\right\}=0.9545 \tag{11-3-14}$$

在 H_0 为正确的条件下，检验结果应满足

$$\left|S_{\Sigma}\right|<2\sqrt{n}\ \sigma \tag{11-3-15}$$

否则，即应否定原假设 H_0。当 n 很大时，可用误差的估值 $\hat{\sigma}$ 代替 σ，即应满足

$$\left|S_{\Sigma}\right|<2\sqrt{n}\hat{\sigma} \tag{11-3-16}$$

此检验与用误差的平均值进行 u 检验是一致的，亦即也可用误差平均值的检验代替误差数值和的检验。

4. 个别误差值的检验

当观测误差服从正态分布，即

$$\Delta_i \sim N(0,\ \sigma^2) \tag{11-3-17}$$

标准化后，则有

$$\frac{\Delta_i}{\sigma} \sim N(0,\ 1) \tag{11-3-18}$$

若取 95.45%的置信度，则可写出

$$P\left\{\left|\frac{\Delta_i}{\sigma}\right|<2\right\}=0.9545$$

或

$$P\left\{\left|\Delta_i\right|<2\sigma\right\}=0.9545 \tag{11-3-19}$$

根据偶然误差的第一特性可知，误差值超过某一界限的概率接近于零。由上式知，某一误差 Δ_i，其绝对值大于 2σ 的概率为 4.55%，这是小概率事件，因此，可取 2σ 作为极限误差。当某一误差的绝对值超过这一界限时，就把该误差作为粗差处理，并把其对应的观测值舍弃不用。

顺便指出，有时也有取 3σ 作为极限误差的，这就是相当于取置信度为 99.74%，即

$$P\{\left|\Delta_i\right|<3\sigma\}=0.9974 \tag{11-3-20}$$

例 11-5　在某地区进行三角观测，一共有 30 个三角形，其闭合差(以秒为单位)如下，试对该闭合差进行偶然误差特性的检验。

+1.5	+1.0	+0.8	−1.1	+0.6	+1.1	+0.2	−0.3
−0.5	+0.6	−2.0	−0.7	−0.8	−1.2	+0.8	−0.3
+0.6	+0.8	−0.3	−0.9	−1.1	−0.4	−1.0	−0.5

+0.2　+0.3　+1.8　+0.6　−1.1　−1.3

解：按三角形闭合差算出

$$\hat{\sigma}_w=\sqrt{\frac{\sum_{i=1}^{30}w_i^2}{n}}=\sqrt{\frac{25.86}{30}}=0.93''$$

设检验时均取置信度为 95.45%，即显著水平 $\alpha=4.55$。

1. 正负号个数的检验

正误差个数：$S_x=14$

负误差个数：$S_x'=16$

所以 $|S_x-S_x'|=2$，而 $2\sqrt{n}=2\sqrt{30}\approx 11$，所以 $|S_x-S_x'|<2\sqrt{n}$，即满足式(11-3-8)。

2. 正负误差分配顺序的检验

相邻两误差同号的个数：$S_\nu=18$

相邻两误差异号的个数：$S_\nu'=11$

所以 $|S_\nu-S_\nu'|=7$，而 $2\sqrt{n-1}=2\sqrt{29}=10.8\approx 11$，可见 $|S_\nu-S_\nu'|<2\sqrt{n-1}$，即满足式(11-3-11)。

3. 误差数值和的检验

$$\left|S_\Sigma\right|=\left|\sum_{i=1}^{30}w_i\right|=2.6$$

而 $2\sqrt{n}\ \hat{\sigma}_w=2\sqrt{30}(0.93)=10.2$，可见 $\left|S_\Sigma\right|<2\sqrt{n}\ \hat{\sigma}_w$，即满足式(11-3-16)。

4. 最大误差值的检验

此处最大的一个闭合差为−2.0″，如以二倍中误差作为极限误差，$2\hat{\sigma}_w=2\times 0.93=1.86''$，可见该闭合差超限，若以三倍中误差作为极限误差，$3\hat{\sigma}_w=3\times 0.93=2.73''$，则无超限闭合差。

11.3.2 偏度、峰度检验法

正态分布的重要特征是分布的对称性和分布形态的尖峭程度和两尾的长短，描述分布不对称性的特征值是偏度或称偏态系数，描述分布尖峭程度的特征值是峰度或峰态系数，偏度的定义是

$$\nu_1=\frac{\mu_3}{\sigma^3}\tag{11-3-21}$$

对于正态分布而言，峰度的定义是

$$\nu_2=\frac{\mu_4}{\sigma^4}-3\tag{11-3-22}$$

式中的 μ_3 和 μ_4 分别是三阶、四阶中心矩。k 阶中心矩的定义是

$$\mu_k=E(X-\mu)^k\tag{11-3-23}$$

即随机变量 X 减去其期望 $E(X)=\mu$ 的 k 次方的期望。当 $k=1$，2 时

$$\mu_1 = E(X-\mu) = E(X) - \mu = 0 \tag{11-3-24}$$

$$\mu_2 = E(X-\mu)^2 = \sigma_X^2 \tag{11-3-25}$$

即二阶中心矩就是方差。

设 X 的 n 个子样为$(x_1, x_2, \cdots, x_n)$，则 k 阶中心矩的估值为

$$\hat{\mu}_k = \frac{1}{n-1}\sum_{i=1}^{n}(x_i - \bar{x})^k \tag{11-3-26}$$

特别地，当 $k=2$ 时，$\hat{\mu}_2=\hat{\sigma}^2$。因此由子样$(x_1, x_2, \cdots, x_n)$计算的偏度和峰度为

$$\hat{\nu}_1 = \frac{\hat{\mu}_3}{\hat{\sigma}^3}, \qquad \hat{\nu}_2 = \frac{\hat{\mu}_4}{\hat{\sigma}^4} - 3 \tag{11-3-27}$$

偏度和峰度 ν_1 和 ν_2 均有正负之分。ν_1 为正值，分布称为正偏的，此时分布密度曲线向左靠，曲线最高纵坐标在期望坐标左面，分布密度曲线右端有一长尾巴，反之 ν_1 为负值。$\nu_1=0$ 分布对称。正态分布的 $\nu_2=0$，若 ν_2 为正值，其分布密度曲线较尖瘦而左右尾较长，反之 ν_2 为负。

检验正态分布的 ν_1 和 ν_2 是否为零就是偏度和峰度检验法，是一种较灵敏的检验正态性的方法。

当子样$(x_1, x_2, \cdots, x_n)$的容量 $n\to\infty$ 时，子样偏度(由子样计算的偏度 $\hat{\nu}_1$)和子样峰度($\hat{\nu}_2$)趋于正态分布，概率论与数理统计中已证明，当母体为正态，$n\to\infty$ 时，子样偏度和峰度的期望和方差分别为

$$E(\hat{\nu}_1) = 0, \qquad \hat{\sigma}_{\hat{\nu}_1}^2 = \frac{6}{n} \tag{11-3-28}$$

$$E(\hat{\nu}_2) = 0, \qquad \hat{\sigma}_{\hat{\nu}_2}^2 = \frac{24}{n} \tag{11-3-29}$$

于是可作统计量

$$u_1 = \frac{\hat{\nu}_1 - 0}{\sqrt{\dfrac{6}{n}}} \sim N(0, 1) \tag{11-3-30}$$

$$u_2 = \frac{\hat{\nu}_2 - 0}{\sqrt{\dfrac{24}{n}}} \sim N(0, 1) \tag{11-3-31}$$

采用 u 检验法检验

$$H_0: E(\hat{\nu}_1) = 0 \qquad H_1: E(\hat{\nu}_1) \neq 0$$

$$H_0: E(\hat{\nu}_2) = 0 \qquad H_1: E(\hat{\nu}_2) \neq 0$$

则检验拒绝域为

$$|u_1| > u_{\frac{\alpha}{2}}, \qquad |u_2| > u_{\frac{\alpha}{2}}$$

例 11-6　由800个三角形闭合差按式(11-3-27)算得偏度和峰度为

$$\hat{\nu}_1 = +0.1287, \quad \hat{\nu}_2 = -0.1740$$

$$\sigma_{\hat{\nu}_1} = \sqrt{\frac{6}{800}} = 0.0866, \quad \sigma_{\hat{\nu}_2} = \sqrt{\frac{24}{800}} = 0.1733$$

按式(11-3-30)、式(11-3-31)计算统计量得

$$u_1 = 1.49, \quad u_2 = -1.00$$

以 $\alpha=0.05$ 查正态分布表得 $u_{\frac{\alpha}{2}}=1.96$。故就偏度和峰度而言，以 0.05 的显著水平判断，这组闭合差服从正态分布可信。

11.3.3 误差分布的假设检验

前面讲到的一些检验都是在母体分布形式为已知的前提下进行讨论的。但是在许多实际问题中，对于母体分布的类型可能事先一无所知，或者仅需要判断一下是否服从于正态分布就行了，这时就需要先根据子样来对母体分布的各种假设进行检验，从而判断对母体分布所作的原假设是否正确。本节只介绍常用的 χ^2 检验法。

χ^2 检验法可以根据子样来检验母体是否服从某种分布的原假设 H_0，而这个原假设不限定是正态分布，也可以是其他类型的分布。例如，已知 x_1，x_2，…，x_n 是取自母体分布函数为 $F(x)$ 的一个子样，现在要根据子样来检验下述原假设是否成立：

$$H_0: F(x) = F_0(x)$$

式中，$F_0(x)$ 是我们事先假设的某一已知的分布函数。

为了检验子样是否来自分布函数为 $F(x)$ 的母体，它的做法是：先将子样观测值按一定的组距分组(分成区间)。例如，分成 k 组，并统计子样值落入各组内的实际频数 ν_i。另一方面，在用下述 χ^2 检验法检验假设 H_0 时，要求在假设 H_0 下，$F_0(x)$ 的形式及其参数都是已知的。譬如说，如果我们所假设的 $F_0(x)$ 是正态分布函数，那么其中的两个参数 μ 和 σ 应该是已知的。可是实际上参数值往往是未知的，因此要根据子样值来估计原假设中理论分布 $F_0(x)$ 中的参数，从而确定该分布函数的具体形式，这样就可以在假设 H_0 下，计算出子样值落入上述各组中的概率 p_1，p_2，…，p_k(即理论频率)，以及由 p_i 与子样容量 n 的乘积算出理论频数 np_1，np_2，…，np_k。

由于子样总是带有随机性，因而落入各组中的实际频数 ν_i 总是不会和理论频数 np_i 完全相等。一般说来，若 H_0 为真，则这种差异并不显著；若 H_0 为假，这种差异就是显著。这样，就必须找出一个能够描述它们之间偏离程度的一个统计量，从而通过此统计量的大小来判断它们之间的差异是由于子样随机性引起的，还是由于 $F_0(x) \neq F(x)$ 引起的，描述上述偏离程度的统计量为

$$\chi^2 = \sum_{i=1}^{k} \frac{(\nu_i - np_i)^2}{np_i} \tag{11-3-32}$$

从理论上已经证明，不论母体是属于什么分布，当子样容量 n 充分大($n \geqslant 50$)时，则上述统计量总是趋近于服从自由度为 $k-r-1$ 的 χ^2 分布。其中 k 为分组的组数，r 是在假设的某种理论分布中用实际子样值估计出的参数个数。

进行检验时，对于事先给定的显著水平 α，可由

$$P(\chi^2 > \chi_\alpha^2) = \alpha \tag{11-3-33}$$

定出临界值 χ_α^2，最后将按式(11-3-32)算出的 χ^2 和 χ_α^2 相比较，若 $\chi^2<\chi_\alpha^2$，则接受 H_0，否则拒绝 H_0。

必须指出，式(11-3-32)中的统计量只有在 n 充分大时($n \geqslant 50$)才接近于 χ^2 分布。因此，它是适用于大子样的一种检验方法。在实际应用时组的实际频数 ν_i 也要足够大，一般要求每组中的子样个数不少于 5 个。在分组后，若某几组的子样个数少于 5 时，可以将几组并成一组，使得合并后的子样个数大于 5。

下面举例说明 χ^2 检验法的具体做法。

例 11-7　某地震形变台站在两个固定点之间进行重复水准测量，测得 100 个高差观测值，试检验该列观测高差是否服从正态分布。

解： 检验时先将观测数据分组(表 11-1)，当观测个数较多时，一般以分成 10～15 组为宜。本例分成 10 组。由于各观测高差的米位数均相同，故在表 11-1 中只列出观测高差分米以后的尾数。每组数据所处的区间端点称为组限，上、下限之差称为组距，本例组距均为 0.01dm。

表 11-1　　**观 测 数 据**

高　差(dm)	频　数 ν_i	频　率 ν_i/n	累计频率
6.881～6.890	1	0.01	0.01
6.890～6.900	4	0.04	0.05
6.900～6.910	7	0.07	0.12
6.910～6.920	22	0.22	0.34
6.920～6.930	23	0.23	0.57
6.930～6.940	25	0.25	0.82
6.940～6.950	10	0.10	0.92
6.950～6.960	6	0.06	0.98
6.960～6.970	1	0.01	0.99
6.970～6.980	1	0.01	1.00
$\sum$	$n=100$	1.00	

注：观测高差等于组上限的数值算入该区间内。

先由表 11-1 中的数据来估计母体参数 μ 和 σ^2。利用每组的组中值(即上、下限的平均值)和频数求子样均值 $\bar{x}$(即 $\hat{\mu}$)，由于观测高差的尾数均在 6.900 左右，为了计算方便起见，先取 $\bar{x}_0=6.900$，然后按下式求得。

$$\hat{\mu} = \bar{x} = 6.900 + \frac{1}{100}[(1)(-15) + (4)(-5) + (7)(5) + (22)(15)$$

$$+(23)(25)+(25)(35)+(10)(45)+(6)(55)$$
$$+(1)(65)+(1)(75)]0.001$$
$$=6.900+0.027=6.927$$

$$\hat{\sigma}^2=\frac{1}{n}\left(\sum_{i=1}^{10}\nu_i x_i^2-n\bar{x}^2\right)=\frac{1}{100}(4798.3587-4798.3329)=0.000258$$

$$\hat{\sigma}=\sqrt{0.000258}=0.016$$

因此，我们需要检验的原假设为

$$H_0: X \sim N(6.927,\ 0.000258)$$

为了便于计算 np_i，可先作变换 $y=(x-6.927)/0.016$，使 x 化为标准变量 y，由此算出表 11-1 中各组的组限。其中第一组下限应为 $-\infty$，末组上限应为 $+\infty$，同时根据正态分布表算得 p，其余计算结果列于表 11-2 中。

表 11-2　　**标准化后的计算结果**

y 的组限	ν_i	np_i	ν_i-np_i	$(\nu_i-np_i)^2$	$\frac{(\nu_i-np_i)^2}{np_i}$
$-\infty \sim -2.31$	1	1.04			
$-2.31 \sim -1.69$	4	3.51	−2.46	6.0516	0.4185
$-1.69 \sim -1.06$	7	9.91			
$-1.06 \sim -0.44$	22	18.54	3.46	11.9716	0.6457
$-0.44 \sim +0.19$	23	24.53	−1.53	2.3409	0.0954
$+0.19 \sim 0.81$	25	21.57	3.43	11.7649	0.5454
$0.81 \sim 1.44$	10	13.41	−3.41	11.6281	0.8671
$1.44 \sim 2.06$	6	5.52			
$2.06 \sim 2.69$	1	1.61	0.51	0.2601	0.0347
$2.69 \sim +\infty$	1	0.36			
$\sum$	100				2.6068

由于表 11-2 中的前三组和末三组的频数 ν 太小，故分别将三组并成一组。这样组数 $k=6$，$r=2$，自由度 $k-r-1=3$，若取显著水平 $\alpha=0.05$，则由 χ^2 与分布表可查得

$$\chi^2_{0.05}(3)=7.815$$

大于按式(11-3-32)算得的统计量 $\chi^2=2.6068$，所以，判断在 $\alpha=0.05$ 下接受 H_0，认为该列观测高差服从正态分布。

11.4　平差模型正确性的统计检验

测量平差是在给定函数模型和随机模型下进行的，平差参数的最小二乘估值是最优线性无偏估计。如果给定的函数模型或随机模型本身不完善，就不能保证参数估值的最

优性质，因此对于每个平差问题必须进行模型正确性的统计检验。

函数模型的不完善原因很多，例如，函数的线性化所取近似值与其平差值相差过大，起始数据与观测数据不匹配，起始数据误差大或者观测数据存有粗差等都将使函数模型存在超出偶然误差限值的属于系统误差或粗差的模型误差。又如像在精密水准网平差时，有时存在水准尺的尺度参数（每米真长改正），但在列误差方程时并未顾及等，这种函数模型的不完善也会产生模型误差，随机模型的模型误差主要是所定观测值间的权比不正确所造成的。如果模型误差的数量级不超过最大偶然误差，则认为平差模型正确；否则，平差结果不能认为最优，甚至是歪曲的结果。在这种情况下，必须查明其原因，改进和完善平差模型，重新进行平差，以保证平差成果的正确性和最优性。

平差模型正确性的检验，是一种对平差模型的总体检验方法，以后验方差为统计量，即采用平差后计算的单位权方差估值，故也称后验方差检验。检验的基本思想是：定权时先验单位权方差 σ_0^2 是已知的，通过平差可求得其估值 $\hat{\sigma}_0^2$（后验方差），两者应该统计一致。即应满足$E(\hat{\sigma}_0^2)=\sigma_0^2$，如果在一定显著水平 α 下，满足此原假设，则可从总体上认为平差模型正确；否则，平差成果不能认为是达到预定要求的使用成果。

下面以间接平差为例说明平差模型正确性的统计检验方法。原假设和备选假设为

$$H_0:\ E(\hat{\sigma}_0^2)=\sigma_0^2,\ H_1:\ E(\hat{\sigma}_0^2)\neq\sigma_0^2$$

平差的误差方程和单位权方差估值为

$$\boldsymbol{V}=\boldsymbol{B}\hat{\boldsymbol{x}}-\boldsymbol{l}$$

$$\hat{\sigma}_0^2=\frac{\boldsymbol{V}^{\mathrm{T}}\boldsymbol{P}\boldsymbol{V}}{n-t}$$

统计量为

$$\chi^2_{(f)}=\frac{\boldsymbol{V}^{\mathrm{T}}\boldsymbol{P}\boldsymbol{V}}{\sigma_0^2}=f\frac{\hat{\sigma}_0^2}{\sigma_0^2} \tag{11-4-1}$$

服从自由度 $f=n-t$ 的 χ^2 分布，故采用 χ^2 检验法。选取 α，以自由度 f 查得 $\chi^2_{\frac{\alpha}{2}}$ 和 $\chi^2_{1-\frac{\alpha}{2}}$，得区间

$$\left(\chi^2_{1-\frac{\alpha}{2}},\ \chi^2_{\frac{\alpha}{2}}\right)$$

如果统计量 $\chi^2_{(f)}$ 不在此区间内，则拒绝 H_0，认为平差模型不正确。只有在通过检验后才能使用平差成果，因此本节检验是平差中的一个组成部分，不能省略。

例 11-8　同 7.4 小节中例 7-8。该例水准网平差定权时，以 1km 观测高差为单位权观测，即取 $P_i=1/S_i$。此时的先验单位权中误差 σ_0 就是 1km 观测高差的中误差，虽然例中未说明 σ_0 是何值，但按什么等级进行水准测量是已知的。假设该例是二等水准测量，则 $\sigma_0=1.0$mm，如是三等水准测量，则 $\sigma_0=3.0$mm。

如属二等水准测量，后验方差检验假设为

$$H_0:\ E(\hat{\sigma}_0^2)=1.0,\quad H_1:\ E(\hat{\sigma}_0^2)\neq 1.0$$

该例已算出

$$\hat{\sigma}_0^2 = \frac{\boldsymbol{V}^{\mathrm{T}}\boldsymbol{PV}}{n-t} = \frac{19.75}{4} = 4.94$$

作统计量

$$\chi^2_{(4)} = \frac{\boldsymbol{V}^{\mathrm{T}}\boldsymbol{PV}}{\sigma_0^2} = \frac{19.75}{1} = 19.75$$

以自由度 $f=4$，$\alpha=0.01$ 查 χ^2 分布表得

$$\chi^2_{1-\frac{\alpha}{2}} = 0.207,\quad \chi^2_{\frac{\alpha}{2}} = 14.9$$

可见，$\chi^2_{(4)}$ 不在 $\left(\chi^2_{1-\frac{\alpha}{2}}, \chi^2_{\frac{\alpha}{2}}\right)$ 内，应拒绝 H_0，亦即该例对二等水准测量而言，平差模型不正确。

如属三等水准测量，后验方差检验假设为

$$H_0: E(\hat{\sigma}_0^2) = 9.0,\quad H_1: E(\hat{\sigma}_0^2) \neq 9.0$$

作统计量

$$\chi^2_{(4)} = \frac{19.75}{9.0} = 2.19$$

此时 $\chi^2_{(4)}$ 的值落在区间 $\left(\chi^2_{1-\frac{\alpha}{2}}, \chi^2_{\frac{\alpha}{2}}\right)$ 之内，检验通过，平差模型正确。

如果此例是按四等精度观测水准网方差的，检验的原假设 σ_0^2 应取四等精度指标，进行平差模型正确性检验。

例 11-9　同 7.6 小节的例 7-9。该例是三等三角测量，已知测角中误差 $\sigma_0 = 1.8''$。试检验平差模型是否正确。

解：　$H_0: E(\hat{\sigma}_0^2) = 1.8^2$，　$H_1: E(\hat{\sigma}_0^2) \neq 1.8^2$

该例已算得

$$\hat{\sigma}_0^2 = \frac{22.28}{18-4} = 1.59$$

计算统计量

$$\chi^2_{(14)} = \frac{22.28}{1.8^2} = \frac{22.28}{3.24} = 6.88$$

以 $f=14$，$\alpha=0.05$ 查得 $\chi^2_{1-\frac{\alpha}{2}} = 5.63$，$\chi^2_{\frac{\alpha}{2}} = 26.1$。$\chi^2_{(14)}$ 在区间(5.63，26.1)之内，该平差模型正确，平差成果可用。

上面是以间接平差为例说明平差模型正确性的检验原理和过程，实际上对于任何平差方法同样适用，即利用该平差方法计算单位权方差估值

$$\hat{\sigma}_0^2 = \frac{\boldsymbol{V}^{\mathrm{T}}\boldsymbol{PV}}{f} \tag{11-4-2}$$

作统计量 $\chi^2_{(f)}$ 式(11-4-1)，采用上述同样过程进行检验。

11.5　平差参数的统计检验和区间估计

在有些平差问题中，需要了解所求的某个平差参数是否与一个已知的值相符，用不同的仪器和方案得到的两组观测数据，其平差后的同名参数结果是否一致，或者不同时间观测的同名平差参数有无变化，等等。对于这类问题就要对平差参数的某种假设进行统计假设检验。

设有间接平差问题，误差方程及其解为

$$\underset{n1}{\boldsymbol{V}}=\underset{nt}{\boldsymbol{B}}\underset{t1}{\hat{\boldsymbol{x}}}-\underset{n1}{\boldsymbol{l}}\qquad \underset{nn}{\boldsymbol{P}}=\boldsymbol{Q}^{-1}\tag{11-5-1}$$

$$\hat{x}=(\boldsymbol{B}^{\mathrm{T}}\boldsymbol{PB})^{-1}\boldsymbol{B}^{\mathrm{T}}\boldsymbol{Pl}\tag{11-5-2}$$

$$\hat{\sigma}_0^2=\frac{\boldsymbol{V}^{\mathrm{T}}\boldsymbol{PV}}{f}=\frac{\boldsymbol{V}^{\mathrm{T}}\boldsymbol{PV}}{n-t}\tag{11-5-3}$$

$$\boldsymbol{D}_{\hat{x}}=\sigma_0^2\boldsymbol{Q}_{\hat{x}\hat{x}}=\sigma_0^2(\boldsymbol{B}^{\mathrm{T}}\boldsymbol{PB})^{-1}\tag{11-5-4}$$

11.5.1　一个平差参数 $\hat{x}_i$ 是否与已知值 w_i 相符的检验

原假设和备选假设为

$$H_0:\ E(\hat{x}_i)=w_i\qquad H_1:\ E(\hat{x}_i)\neq w_i$$

检验采用 t 检验法，作统计量 t

$$t_{(f)}=\frac{\hat{x}_i-E(\hat{x}_i)}{\hat{\sigma}_{\hat{x}_i}}=\frac{\hat{x}_i-E(\hat{x}_i)}{\hat{\sigma}_0\sqrt{Q_{\hat{x}_i\hat{x}_i}}}\tag{11-5-5}$$

如果原假设 H_0 成立，则 $E(\hat{x}_i)=w_i$，则上式为

$$t_{(f)}=\frac{\hat{x}_i-w_i}{\hat{\sigma}_0\sqrt{Q_{\hat{x}_i\hat{x}_i}}}\tag{11-5-6}$$

式中，$t_{(f)}$ 为服从 t 分布的统计量，其自由度 f 由式(11-5-3)单位权方差估值的分母决定，$f=n-t$，即自由度 f 就是多余观测数。$\hat{\sigma}_0$ 由式(11-5-3)算得，$Q_{\hat{x}_i\hat{x}_i}$ 为平差参数 $\hat{x}_i$ 的协因数(权倒数)，是协因数阵 $\boldsymbol{Q}_{\hat{x}\hat{x}}$ 中第 i 行上的对角线元素。

以显著水平 α，可得在原假设 H_0 成立下的概率表达式：

$$P\left\{\left|\frac{\hat{x}_i-w_i}{\hat{\sigma}_0\sqrt{Q_{\hat{x}_i\hat{x}_i}}}\right|<t_{\frac{\alpha}{2}}\right\}=1-\alpha\tag{11-5-7}$$

式中，分位值 $t_{\frac{\alpha}{2}}$ 可在 t 分布表中以 α 和 f 为引数查得。如果计算的 $|t_{(f)}|<t_{\frac{\alpha}{2}}$，则接受 H_0，即可认为该参数 $\hat{x}_i$ 与已知值 w_i 理论上是一致的。否则就认为两者有显著差别。

例 11-10　在图 11-7 中，平差参数 $\hat{x}_1$ 和 $\hat{x}_2$ 为待定点 P_1 和 P_2 的高程(已取近似值 X_1^0，X_2^0)在 7.4 小节的例 7-8 中已进行了间接平差，求得

$$\hat{X}_1=X_1^0+\hat{x}_1=6.375+(-0.0003)=6.3747(\mathrm{m})$$

$$\hat{X}_2=X_2^0+\hat{x}_2=7.025+0.0029=7.0279(\mathrm{m})$$

$$\hat{\sigma}_0=\sqrt{\frac{19.75}{4}}=2.2(\mathrm{mm})$$

$$\boldsymbol{Q}_{\hat{x}\hat{x}}=\begin{bmatrix}0.53 & 0.16\\0.16 & 0.78\end{bmatrix}$$

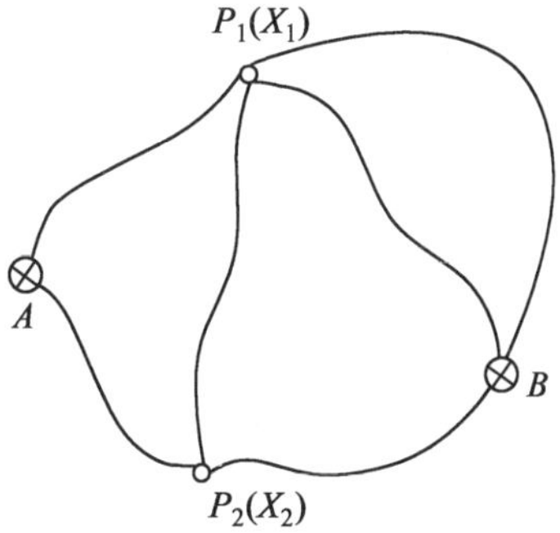

图 11-7 水准网示意图

本例的问题是，网中 P_2 点原来也是已知点，其高程 $\tilde{x}_2=7.045$m，但对其高程的正确性存在疑问，故平差时将其作为待定点，通过平差来检验其高程的正确性。

设 H_0：$E(\hat{X}_2)=7.045$ H_1：$E(\hat{X}_2)\neq 7.045$
计算统计量式(11-5-6)，得

$$t_{(f)}=\frac{7027.9-7045.0}{2.2\sqrt{0.78}}=-\frac{17.1}{1.9}=-9.0$$

以 $\alpha=0.05$，$f=4$ 查得 $t_{\frac{\alpha}{2}}=2.78$，因 $\left|t_{(f)}\right|=9>t_{\frac{\alpha}{2}}=2.78$，再取 $\alpha=0.01$，查得 $t_{\frac{\alpha}{2}}=4.6<\left|t_{(f)}\right|=9.0$，均拒绝 H_0，接受 H_1，故可判断 P_2 点原高程不正确，不能作为起始数据。作为待定点平差处理。

例 11-11 设图 11-4 中的 P_1、P_2 为工程建筑上的两个点，其标高已知，$\tilde{X}_1=6.370$m，$\tilde{X}_2=7.045$m，若干年后对其进行监测，布设的水准网和平差结果见例 11-11，问 P_1 点的高程在这期间是否存在沉降？

对于 $E(\hat{X}_1)=6.370$，H_1：$E(\hat{X}_1)\neq 6.370$ 算得

$$t_{(4)}=\frac{6374.7-6370.0}{2.2\sqrt{0.53}}=\frac{4.7}{1.6}=2.9>2.78$$

以显著水平 $\alpha=0.05$，判断 P_1 点高程已产生沉降。

若取 $\alpha=0.01$，则 $t_{\frac{\alpha}{2}(4)}=4.6$，则可视为 P_1 点并未沉降。

例 11-12 为了考查经纬仪视距乘常数 C 在测量时随温度变化的影响，选择 10 段不同距离进行了试验。测得 10 组平均 C 值和平均气温 t，结果列于表 11-3。设 C 与 t 呈线性关系，试检验平差参数的显著性。

解：设函数模型为

$$\hat{C}_i=\hat{b}_0+\hat{b}_1 t_i(i=1,2,\cdots,10)$$

表 11-3 **观 测 值**

t	11.9°	11.5°	14.5°	15.2°	15.9°	16.3°	14.6°	12.9°	15.8°	14.1°
C	96.84	96.84	97.14	97.03	97.05	97.13	97.04	96.96	96.95	96.98

其误差方程为

$$v_i = \hat{b}_0 + t_i\hat{b}_1 - C_i$$

解得

$$\hat{b}_0 = 96.31, \quad \hat{b}_1 = 0.048$$

计算中得到

$$\boldsymbol{Q}_{\hat{x}\hat{x}} = \begin{bmatrix} Q_{\hat{b}_0\hat{b}_0} & Q_{\hat{b}_0\hat{b}_1} \\ Q_{\hat{b}_0\hat{b}_1} & Q_{\hat{b}_1\hat{b}_1} \end{bmatrix} = \begin{bmatrix} 8.16 & -0.56 \\ -0.56 & 0.039 \end{bmatrix}$$

$$\hat{\sigma} = \sqrt{\frac{\sum_{i=1}^{10} v_i^2}{n-2}} = \sqrt{\frac{0.0377}{8}} = 0.068$$

现在检验

$$H_0: E(\hat{b}_1) = 0 \qquad H_1: E(\hat{b}_1) \neq 0$$

作统计量

$$t_{(8)} = \frac{\hat{b}_1 - 0}{\hat{\sigma}\sqrt{Q_{\hat{b}_1\hat{b}_1}}} = \frac{0.048}{0.068\sqrt{0.039}} = 3.58$$

令 $\alpha=0.05$，以 α 和自由度 $f=8$ 查 t 分布表，得 $t_{\frac{\alpha}{2}}=2.31$，因 $|t_8|>t_{\frac{\alpha}{2}}$，故拒绝 H_0，即 $E(\hat{b}_1)\neq 0$。说明参数显著，回归模型有效。回归方程为 $C=96.31+0.048t$。如果经检验接受 H_0，说明 $E(\hat{b}_1)=0$，视距常数 C 与温度 t 不存在函数关系，回归模型 $C=b_0+b_1t$ 无效。

11.5.2 两个独立平差系统的同名参数差异性的检验

设对控制网进行了不同时刻的两期观测，分别平差，获得同名点坐标 $\hat{x}$ 的两期平差成果为

第Ⅰ期　$\hat{X}_{\mathrm{I}} = X_{\mathrm{I}}^0 + \hat{x}_{\mathrm{I}}$　　$Q_{\hat{x}_{\mathrm{I}}\hat{x}_{\mathrm{I}}}$　　$\hat{\sigma}_{0\mathrm{I}} = \dfrac{(\boldsymbol{V}^{\mathrm{T}}\boldsymbol{PV})_{\mathrm{I}}}{f_{\mathrm{I}}}$

第Ⅱ期　$\hat{X}_{\mathrm{II}} = X_{\mathrm{II}}^0 + \hat{x}_{\mathrm{II}}$　　$Q_{\hat{x}_{\mathrm{II}}\hat{x}_{\mathrm{II}}}$　　$\hat{\sigma}_{0\mathrm{II}} = \dfrac{(\boldsymbol{V}^{\mathrm{T}}\boldsymbol{PV})_{\mathrm{II}}}{f_{\mathrm{II}}}$

试检验这个同名点坐标两期平差所得的平差值之间是否存在差异。

原假设　$H_0: E(\hat{X}_{\mathrm{I}})-E(\hat{X}_{\mathrm{II}})=0 \quad H_1: E(\hat{X}_{\mathrm{I}})-E(\hat{X}_{\mathrm{II}})\neq 0$　(11-5-8)

仿式(11-5-6)，在 H_0 成立下，t 分布的统计量为

$$t_{(f)} = \frac{\hat{X}_{\mathrm{I}} - \hat{X}_{\mathrm{II}}}{\sqrt{\hat{\sigma}^2_{\hat{X}_{\mathrm{I}}} + \hat{\sigma}^2_{\hat{X}_{\mathrm{II}}}}} = \frac{\hat{X}_{\mathrm{I}} - \hat{X}_{\mathrm{II}}}{\sqrt{\hat{\sigma}^2_{0\mathrm{I}} Q_{\hat{x}_{\mathrm{I}}\hat{x}_{\mathrm{I}}} + \hat{\sigma}^2_{0\mathrm{II}} Q_{\hat{x}_{\mathrm{II}}\hat{x}_{\mathrm{II}}}}} \tag{11-5-9}$$

式中 t 变量自由度 $f=f_{\mathrm{I}}+f_{\mathrm{II}}$，$t$ 变量的分子为两期平差参数之差，分母为这个差数的中

误差。检验的拒绝域为 $|t_{(f)}|>t_{\frac{\alpha}{2}}$。

例 11-13 题同例 11-10。设该例是由 t_1 年观测值计算的平差结果，又在 t_2 年对图 11-4 所示水准网进行了复测，平差计算结果为

$$\hat{X}_1=6.3604\text{m} \qquad \hat{X}_2=7.0264\text{m}$$

$$\hat{\sigma}_0=\sqrt{\frac{\boldsymbol{V}^{\mathrm{T}}\boldsymbol{P}\boldsymbol{V}}{4}}=2.0\text{mm}$$

$$\boldsymbol{Q}_{\hat{x}\hat{x}}=\begin{bmatrix}0.53 & 0.16\\ 0.16 & 0.78\end{bmatrix}$$

由于观测数据与 t_1 年不同，平差求得的 $\boldsymbol{V}$，$\boldsymbol{V}^{\mathrm{T}}\boldsymbol{P}\boldsymbol{V}$，$\hat{\sigma}_0$ 和 $\hat{x}_i$ 也与例 11-11 不同，但 $\boldsymbol{Q}_{\hat{x}\hat{x}}$两期结果相同，因为 $\boldsymbol{Q}_{\hat{x}\hat{x}}=(\boldsymbol{B}^{\mathrm{T}}\boldsymbol{P}\boldsymbol{B})^{-1}$，误差方程系数阵 $\boldsymbol{B}$ 和权阵 $\boldsymbol{P}$ 因观测方案和网形完全相同而没有变化。$\boldsymbol{Q}_{\hat{x}\hat{x}}$是与观测数据无关的量。

检验 t_2 年与 t_1 年的两期所得同名平差参数的差异性。

原假设 H_0：$E(\hat{X}_{i\,\mathrm{I}})-E(\hat{X}_{i\,\mathrm{II}})=0$，$H_1$：$E(\hat{X}_{i\,\mathrm{I}})-E(\hat{X}_{i\,\mathrm{II}})\neq 0 \quad (i=1,\ 2)$

按式(11-5-9)计算统计量

$$\text{点 } P_1\text{：}\ t_{(8)}=\frac{6374.7-6360.4}{\sqrt{2.84\times 0.53+4\times 0.53}}=\frac{14.3}{1.90}=7.5$$

$$\text{点 } P_2\text{：}\ t_{(8)}=\frac{7027.9-7026.4}{\sqrt{2.84\times 0.78+4\times 0.78}}=\frac{1.5}{2.31}=0.6$$

以 $\alpha=0.05$ 和自由度 $f=4+4=8$ 查 t 分布表。得 $t_{\frac{\alpha}{2}(8)}=2.31$。可知 P_1 点的 $\left|t_{(8)}\right|=7.5>t_{\frac{\alpha}{2}}=2.31$，故拒绝 H_0，而 P_2 点的 $\left|t_{(8)}\right|<t_{\frac{\alpha}{2}(8)}$，故接受 H_0。

以 $\alpha=0.05$ 判断 P_1 点在 $t_1\sim t_2$ 年间其高程有差异。而 P_2 点高程在 $t_1\sim t_2$ 年间没有理由怀疑有变化。

11.5.3 平差参数的区间估计

平差参数的真值是不可知的，真值的估计有两种方法：一是点估计；一是区间估计。点估计就是对真值作出具体数值的估计，用平差值估计其真值就是点估计方法，因此前述的各种平差方法都是属于点估计法。所谓区间估计，就是在给定一定的置信概率(置信度)p 的条件下，给出参数真值落入已知的数值区间内。简言之，就是给出确定真值的某一范围，而这个范围是与置信概率相联系的。

对于参数的平差值 $\hat{X}_i$，可作 t 分布变量式(11-5-5)

$$t_{(f)}=\frac{\hat{X}_i-\tilde{X}_i}{\hat{\sigma}_0\sqrt{Q_{\hat{X}_i\hat{X}_i}}} \tag{11-5-10}$$

式中，真值 $\tilde{X}_i$ 即数学期望 $E(\hat{X}_i)$。通过 t 分布将 $\hat{X}_i$ 与其真值 $\tilde{X}_i$ 建立了关系。现给定置信概率 $p=1-\alpha$，α 就是假设检验的显著水平，对于 t 分布，下列概率表达式成立

$$P\left(-t_{\frac{\alpha}{2}} < \frac{\hat{X}_i - \tilde{X}_i}{\hat{\sigma}_0\sqrt{Q_{\hat{X}_i\hat{X}_i}}} < t_{\frac{\alpha}{2}}\right) = p = 1 - \alpha \tag{11-5-11}$$

按不等式运算，可得

$$P\left(\hat{X}_i - t_{\frac{\alpha}{2}}\hat{\sigma}_0\sqrt{Q_{\hat{X}_i\hat{X}_i}} < \tilde{X}_i < \hat{X}_i + t_{\frac{\alpha}{2}}\hat{\sigma}_0\sqrt{Q_{\hat{X}_i\hat{X}_i}}\right) = p = 1 - \alpha \tag{11-5-12}$$

或

$$P\left(\hat{X}_i - t_{\frac{\alpha}{2}}\hat{\sigma}_{\hat{X}_i} < \tilde{X}_i < \hat{X}_i + t_{\frac{\alpha}{2}}\hat{\sigma}_{\hat{X}_i}\right) = p = 1 - \alpha \tag{11-5-13}$$

这就是参数真值 $\tilde{X}_i$ 的区间估计式，区间

$$\left(\hat{X}_i - t_{\frac{\alpha}{2}}\hat{\sigma}_{\hat{X}_i},\ \hat{X}_i + t_{\frac{\alpha}{2}}\hat{\sigma}_{\hat{X}_i}\right)$$

称为置信区间，其置信概率为 $p=1-\alpha$。p 值大小不同，相应的区间长短也不同，亦即置信区间取决于其置信概率。其中 α 必须是小概率。由式(11-5-13)可看出参数的区间估计与点估计的区别和联系。

如果单位权方差 σ_0^2 已知，则可建立标准正态变量

$$u = \frac{\hat{X}_i - \tilde{X}_i}{\sigma_0\sqrt{Q_{\hat{X}_i\hat{X}_i}}} = \frac{\hat{X}_i - \tilde{X}_i}{\sigma_{\hat{X}_i}} \tag{11-5-14}$$

相应的概率表达式为

$$P\left(-u_{\frac{\alpha}{2}} < \frac{\hat{X}_i - \tilde{X}_i}{\sigma_{\hat{X}_i}} < u_{\frac{\alpha}{2}}\right) = p = 1 - \alpha \tag{11-5-15}$$

则有 $\tilde{X}_i$ 的区间估计式为

$$P\left(\hat{X}_i - u_{\frac{\alpha}{2}}\sigma_{\hat{X}_i} < \tilde{X}_i < \hat{X}_i + u_{\frac{\alpha}{2}}\sigma_{\hat{X}_i}\right) = p = 1 - \alpha \tag{11-5-16}$$

当 $p=0.9545$ 时，$u_{\frac{\alpha}{2}}=2$，则 $\tilde{X}_i$ 的置信区间为

$$\left(\hat{X}_i - 2\sigma_{\hat{X}_i},\ \hat{X}_i + 2\sigma_{\hat{X}_i}\right) \tag{11-5-17}$$

11.6　粗差检验的数据探测法

粗差作为一种误差来源，在许多情况下，只要小心谨慎地工作，采取适当方法和观测措施，是可以避免的。但在现代化的测量数据采集传输和自动化处理过程中，由于种种原因可能产生粗差。如果不及时处理粗差，将使平差结果受到严重的歪曲。为此，从 20 世纪 60 年代起，对粗差的研究一直是误差理论中的重要课题之一。

荷兰巴尔达(Baarda)教授在 1967—1968 年的著作中提出了测量可靠性理论和数据

探测方法，奠定了粗差理论研究的发展基础。

巴尔达提出的数据探测法，前提是一个平差系统只存在一个粗差，用统计假设检验探测粗差，从而剔除被探测的粗差。数据探测法已广泛应用于测量平差中。

现以间接平差为例说明数据探测的原理。误差方程为

$$\boldsymbol{V}=\boldsymbol{B}\hat{\boldsymbol{x}}-\boldsymbol{l} \tag{11-6-1}$$

或

$$\boldsymbol{V}=\boldsymbol{B}(\hat{\boldsymbol{x}}-\tilde{\boldsymbol{x}})-(\boldsymbol{l}-\boldsymbol{B}\tilde{\boldsymbol{x}})$$

将

$$\hat{\boldsymbol{x}}=\boldsymbol{N}_{BB}^{-1}\boldsymbol{B}^{\mathrm{T}}\boldsymbol{P}\boldsymbol{l},\qquad \boldsymbol{\Delta}=\boldsymbol{B}\tilde{\boldsymbol{x}}-\boldsymbol{l}$$

代入上式得

$$\begin{aligned}\boldsymbol{V}&=\boldsymbol{B}(\boldsymbol{N}_{BB}^{-1}\boldsymbol{B}^{\mathrm{T}}\boldsymbol{P}\boldsymbol{l}-\boldsymbol{N}_{BB}^{-1}\boldsymbol{B}^{\mathrm{T}}\boldsymbol{P}\boldsymbol{B}\tilde{\boldsymbol{x}})+\boldsymbol{\Delta}\\&=\boldsymbol{B}\boldsymbol{N}_{BB}^{-1}\boldsymbol{B}^{\mathrm{T}}\boldsymbol{P}(\boldsymbol{l}-\boldsymbol{B}\tilde{\boldsymbol{x}})+\boldsymbol{\Delta}\\&=(\boldsymbol{I}-\boldsymbol{B}\boldsymbol{N}_{BB}^{-1}\boldsymbol{B}^{\mathrm{T}}\boldsymbol{P})\boldsymbol{\Delta}\\&=\boldsymbol{R}\boldsymbol{\Delta}\end{aligned} \tag{11-6-2}$$

式中，

$$\boldsymbol{R}=\boldsymbol{I}-\boldsymbol{B}\boldsymbol{N}_{BB}^{-1}\boldsymbol{B}^{\mathrm{T}}\boldsymbol{P}=\boldsymbol{I}-\boldsymbol{B}(\boldsymbol{B}^{\mathrm{T}}\boldsymbol{P}\boldsymbol{B})^{-1}\boldsymbol{B}^{\mathrm{T}}\boldsymbol{P} \tag{11-6-3}$$

因为在间接平差中(见 7.3 小节表 7-9)，改正数的协因数阵为

$$\boldsymbol{Q}_{VV}=\boldsymbol{Q}-\boldsymbol{B}\boldsymbol{N}_{BB}^{-1}\boldsymbol{B}^{\mathrm{T}} \tag{11-6-4}$$

所以式(11-6-3)还可写成

$$\boldsymbol{R}=\boldsymbol{Q}_{VV}\boldsymbol{P} \tag{11-6-5}$$

由此可见，$\boldsymbol{R}$ 值取决于系数阵 $\boldsymbol{B}$ 和权阵 $\boldsymbol{P}$，它与观测值无关。在给定观测权的情况下，$\boldsymbol{R}$ 反映了网形结构。

$\boldsymbol{R}$ 与式(11-6-2)是研究粗差探测和可靠性理论的一个重要关系式。令

$$\boldsymbol{R}=\begin{bmatrix}r_{11}&r_{12}&\cdots&r_{1n}\\r_{12}&r_{22}&\cdots&r_{2n}\\\vdots&\vdots&&\vdots\\r_{1n}&r_{2n}&\cdots&r_{nn}\end{bmatrix}$$

则式(11-6-2)可写成显式为

$$\begin{cases}v_1=r_{11}\Delta_1+r_{12}\Delta_2+\cdots+r_{1n}\Delta_n\\v_2=r_{12}\Delta_1+r_{22}\Delta_2+\cdots+r_{2n}\Delta_n\\\cdots\cdots\cdots\cdots\cdots\cdots\cdots\cdots\cdots\cdots\cdots\\v_n=r_{1n}\Delta_1+r_{2n}\Delta_2+\cdots+r_{nn}\Delta_n\end{cases} \tag{11-6-6}$$

由于 $|R|=0$，所以由上式的 n 个改正数 v_i 不能解出 n 个 Δ_i。

对式(11-6-2)两边取数学期望得

$$\boldsymbol{E}(V)=\boldsymbol{R}\boldsymbol{E}(\Delta) \tag{11-6-7}$$

由式(11-6-7)可见，当 Δ 仅是偶然误差，不含粗差时，$E(\Delta)=0$，故 $E(V)=0$。V 是 Δ 的线性函数，V 与 Δ 的概率分布相同，因此当 Δ 是偶然误差时，$\boldsymbol{V}$ 为正态随机向量，其期望为零，方差 $D(\boldsymbol{V})=\sigma_0^2\boldsymbol{Q}_{VV}$。

数据探测法的原假设是 $H_0: E(v_i)=0$，即观测值 L_i 不存在粗差，考虑 $v_i \sim N(0, \sigma_0^2 Q_{v_iv_i})$，于是可作标准正态分布统计量

$$u=\frac{v_i}{\sigma_0\sqrt{Q_{v_iv_i}}}=\frac{v_i}{\sigma_{v_i}} \tag{11-6-8}$$

作 u 检验，如果

$$|u|>u_{\alpha/2}$$

则否定 H_0，亦即 $E(v_i)\neq 0$，L_i 可能存在粗差。

利用数据探测法，一次只能发现一个粗差，当要再次发现另一个粗差时，就要先剔除所发现的粗差，重新平差，计算统计量。逐次不断进行，直至不再发现粗差。

数据探测法的优点是计算方便、实用，已普遍用于平差计算中。但由于每次只考虑一个粗差，并未顾及各改正数之间的相关性，检验可靠性受到一定的限制。

第 12 章　近代平差概论

以上各章阐述了四种基本的测量平差方法，即条件平差法、间接平差法、附有参数的条件平差法和附有限制条件的间接平差法，还给出了综合这四种基本平差方法的概括模型，即附有限制条件的条件平差法。四种基本平差方法的数学模型都是概括模型的特例，从而阐明了各种平差方法的各自特征和相互联系。

绪论中已指出，近几十年来，测量平差与误差理论得到了很大的发展，并扼要地举出了所产生的一些新的测量平差模型，为了区别起见，通常将上述四种基本平差方法和概括模型称为经典测量平差方法，后者常称为近代测量平差方法。

本章仅阐述部分近代平差方法的基本原理，详细讨论和研究将属后续有关课程的内容。

12.1　序贯平差

序贯平差也叫逐次相关间接平差，它是将观测值分成两组或多组，按组的顺序分别做相关间接平差，不必考虑前一阶段的观测值，但利用前期平差结果，达到与两期或多期网一起整体平差同样的结果。分组后可以使每组的法方程阶数降低，减轻计算强度，现在常用于控制网的改扩建或分期布网的平差计算。序贯平差有一套规律性很强的递推公式，便于计算机工作，用途非常广泛。

本节介绍的序贯平差，其参数不随时间变化，有时又称静态卡尔曼滤波。

12.1.1　平差原理

将观测值 $\boldsymbol{L}$ 分为两组，记为$\underset{n_{k-1}1}{\boldsymbol{L}_{k-1}}$和$\underset{n_k1}{\boldsymbol{L}_k}$，它们的权阵分别记为 $\boldsymbol{P}_{k-1}$ 和 $\boldsymbol{P}_k$，设这两组观测值不相关，即有

$$\underset{n1}{\boldsymbol{L}}=\begin{bmatrix}L_{k-1}\\L_k\end{bmatrix},\quad \underset{nn}{\boldsymbol{P}}=\begin{bmatrix}P_{k-1}&0\\0&P_k\end{bmatrix}$$

而 $n=n_{k-1}+n_k$，$n_{k-1}>t$，t 为必要观测数。

当参数之间不存在约束条件时，其误差方程为

$$\boldsymbol{V}_{k-1}=\boldsymbol{B}_{k-1}\hat{\boldsymbol{x}}-\boldsymbol{l}_{k-1}\tag{12-1-1}$$

$$\boldsymbol{V}_k=\boldsymbol{B}_k\hat{\boldsymbol{x}}-\boldsymbol{l}_k\tag{12-1-2}$$

式中，

$$\hat{X}=X^0+\hat{x},\quad l_i=L_i-L_i^0\quad(i=k,\ k-1)$$

将式(12-1-1)单独平差，得

$$\hat{\boldsymbol{x}}_{k-1}=\boldsymbol{Q}_{\hat{X}_{k-1}}\boldsymbol{B}_{k-1}^{\mathrm{T}}\boldsymbol{P}_{k-1}\boldsymbol{l}_{k-1}\tag{12-1-3}$$

式中 $\boldsymbol{Q}_{\hat{X}_{k-1}}(=\boldsymbol{Q}_{\hat{X}_{k-1}\hat{x}_{k-1}})$为 $\hat{\boldsymbol{X}}_{k-1}$(即 $\hat{\boldsymbol{x}}_{k-1}$)的协因数阵，故有

$$\boldsymbol{Q}_{\hat{X}_{k-1}}=(\boldsymbol{B}_{k-1}^{\mathrm{T}}\boldsymbol{P}_{k-1}\boldsymbol{B}_{k-1})^{-1}\tag{12-1-4}$$

或

$$\boldsymbol{Q}_{\hat{X}_{k-1}}^{-1}=\boldsymbol{B}_{k-1}^{\mathrm{T}}\boldsymbol{P}_{k-1}\boldsymbol{B}_{k-1}\tag{12-1-5}$$

$\hat{x}_{k-1}$表示由第一组观测值 L_{k-1}平差所得 $\hat{x}$ 的值。

将式(12-1-1)和式(12-1-2)联合解算，即由两组观测值作整体平差，可组成法方程为

$$(\boldsymbol{Q}_{\hat{X}_{k-1}}^{-1}+\boldsymbol{B}_k^{\mathrm{T}}\boldsymbol{P}_k\boldsymbol{B}_k)\hat{\boldsymbol{x}}-(\boldsymbol{B}_{k-1}^{\mathrm{T}}\boldsymbol{P}_{k-1}\boldsymbol{l}_{k-1}+\boldsymbol{B}_k^{\mathrm{T}}\boldsymbol{P}_k\boldsymbol{l}_k)=\boldsymbol{0}\tag{12-1-6}$$

其解为

$$\hat{\boldsymbol{x}}=(\boldsymbol{Q}_{\hat{X}_{k-1}}^{-1}+\boldsymbol{B}_k^{\mathrm{T}}\boldsymbol{P}_k\boldsymbol{B}_k)^{-1}(\boldsymbol{B}_{k-1}^{\mathrm{T}}\boldsymbol{P}_{k-1}\boldsymbol{l}_{k-1}+\boldsymbol{B}_k^{\mathrm{T}}\boldsymbol{P}_k\boldsymbol{l}_k)$$

它是两组观测值整体平差的结果，按间接平差知，其法方程系数的逆阵就是 $\hat{\boldsymbol{X}}$ 的协因数阵，故有

$$\boldsymbol{Q}_{\hat{X}}=(\boldsymbol{Q}_{\hat{X}_{k-1}}^{-1}+\boldsymbol{B}_k^{\mathrm{T}}\boldsymbol{P}_k\boldsymbol{B}_k)^{-1}\tag{12-1-7}$$

于是上式为

$$\hat{\boldsymbol{x}}=\boldsymbol{Q}_{\hat{X}}\boldsymbol{B}_{k-1}^{\mathrm{T}}\boldsymbol{P}_{k-1}\boldsymbol{l}_{k-1}+\boldsymbol{Q}_{\hat{X}}\boldsymbol{B}_k^{\mathrm{T}}\boldsymbol{P}_k\boldsymbol{l}_k\tag{12-1-8}$$

考虑式(12-1-3)和式(12-1-7)：

$$\boldsymbol{B}_{k-1}^{\mathrm{T}}\boldsymbol{P}_{k-1}\boldsymbol{l}_{k-1}=\boldsymbol{Q}_{\hat{X}_{k-1}}^{-1}\hat{\boldsymbol{x}}_{k-1}\tag{12-1-9}$$

$$\boldsymbol{Q}_{\hat{X}_{k-1}}^{-1}=\boldsymbol{Q}_{\hat{X}}^{-1}-B_k^{\mathrm{T}}\boldsymbol{P}_k\boldsymbol{B}_k\tag{12-1-10}$$

则式(12-1-8)为

$$\hat{\boldsymbol{x}}=\hat{\boldsymbol{x}}_{k-1}+\boldsymbol{Q}_{\hat{X}}\boldsymbol{B}_k^{\mathrm{T}}\boldsymbol{P}_k(\boldsymbol{l}_k-\boldsymbol{B}_k\hat{\boldsymbol{x}}_{k-1})\tag{12-1-11}$$

令

$$\boldsymbol{J}=\boldsymbol{Q}_{\hat{X}}\boldsymbol{B}_k^{\mathrm{T}}\boldsymbol{P}_k\tag{12-1-12}$$

$$\bar{\boldsymbol{l}}_k=\boldsymbol{l}_k-\boldsymbol{B}_k\hat{\boldsymbol{x}}_{k-1}\tag{12-1-13}$$

则上式为

$$\hat{\boldsymbol{x}}=\hat{\boldsymbol{x}}_{k-1}+\boldsymbol{J}\bar{\boldsymbol{l}}_k\tag{12-1-14}$$

将式(12-1-10)两边左乘 $\boldsymbol{Q}_{\hat{X}}$，顾及式(12-1-12)得

$$\boldsymbol{Q}_{\hat{X}}\boldsymbol{Q}_{\hat{X}_{k-1}}^{-1}=\boldsymbol{I}-\boldsymbol{Q}_{\hat{X}}\boldsymbol{B}_k^{\mathrm{T}}\boldsymbol{P}_k\boldsymbol{B}_k=\boldsymbol{I}-\boldsymbol{J}\boldsymbol{B}_k$$

再对两边右乘 $\boldsymbol{Q}_{\hat{X}_{k-1}}$，得

$$\boldsymbol{Q}_{\hat{X}}=\boldsymbol{Q}_{\hat{X}_{k-1}}-\boldsymbol{J}\boldsymbol{B}_k\boldsymbol{Q}_{\hat{X}_{k-1}}\tag{12-1-15}$$

由矩阵反演公式知

$$\begin{aligned}\boldsymbol{Q}_{\hat{X}}&=(\boldsymbol{Q}_{\hat{X}_{k-1}}^{-1}+\boldsymbol{B}_k^{\mathrm{T}}\boldsymbol{P}_k\boldsymbol{B}_k)^{-1}\\&=\boldsymbol{Q}_{\hat{X}_{k-1}}-\boldsymbol{Q}_{\hat{X}_{k-1}}B_k^{\mathrm{T}}(\boldsymbol{P}_k^{-1}+\boldsymbol{B}_k\boldsymbol{Q}_{\hat{X}_{k-1}}B_k^{\mathrm{T}})^{-1}\boldsymbol{B}_k\boldsymbol{Q}_{\hat{X}_{k-1}}\end{aligned}\tag{12-1-16}$$

比较式(12-1-15)与式(12-1-16)知：

$$\boldsymbol{J}=\boldsymbol{Q}_{\hat{X}_{k-1}}\boldsymbol{B}_k^{\mathrm{T}}(\boldsymbol{P}_k^{-1}+\boldsymbol{B}_k\boldsymbol{Q}_{\hat{X}_{k-1}}\boldsymbol{B}_k^{\mathrm{T}})^{-1} \tag{12-1-17}$$

$\boldsymbol{J}$ 阵称为卡尔曼滤波增益矩阵或称序贯平差的增益矩阵。

将(12-1-17)式代入(12-1-14)式即得序贯平差的递推计算式。

当 $n_k=1$ 时，(12-1-17)式中的($\boldsymbol{P}_k^{-1}+\boldsymbol{B}_k\boldsymbol{Q}_{\hat{X}_{k-1}}\boldsymbol{B}_k^{\mathrm{T}}$)和由(12-1-13)式计算的 $\hat{\boldsymbol{L}}_k$ 都是纯量，前者的逆$(\boldsymbol{P}_k^{-1}+\boldsymbol{B}_k\boldsymbol{Q}_{\hat{X}_{k-1}}\boldsymbol{B}_k^{\mathrm{T}})^{-1}$也是一个数，在这种情况下，序贯平差计算非常简单。这是应用序贯平差的主要场合，亦即第二组总是假定 $n_k=1$，逐次递推，求出整体平差的最后结果。

12.1.2 精度评定

单位权中误差为

$$\hat{\sigma}_0=\sqrt{\frac{\boldsymbol{V}^{\mathrm{T}}\boldsymbol{P}\boldsymbol{V}}{r}}=\sqrt{\frac{\boldsymbol{V}^{\mathrm{T}}\boldsymbol{P}\boldsymbol{V}}{n_{k-1}+n_k-t}} \tag{12-1-18}$$

当两组观测值整体平差时，有

$$\begin{aligned}\boldsymbol{V}^{\mathrm{T}}\boldsymbol{P}\boldsymbol{V}&=[\boldsymbol{V}_{k-1}^{\mathrm{T}}\ \boldsymbol{V}_k^{\mathrm{T}}]\begin{bmatrix}\boldsymbol{P}_{k-1}&0\\0&\boldsymbol{P}_k\end{bmatrix}\begin{bmatrix}\boldsymbol{V}_{k-1}\\\boldsymbol{V}_k\end{bmatrix}\\&=\boldsymbol{V}_{k-1}^{\mathrm{T}}\boldsymbol{P}_{k-1}\boldsymbol{V}_{k-1}+\boldsymbol{V}_k^{\mathrm{T}}\boldsymbol{P}_k\boldsymbol{V}_k\end{aligned} \tag{12-1-19}$$

因为

$$\begin{aligned}\boldsymbol{V}_{k-1}&=\boldsymbol{B}_{k-1}\hat{\boldsymbol{x}}-\boldsymbol{l}_{k-1}\\&=\boldsymbol{B}_{k-1}(\hat{\boldsymbol{x}}_{k-1}+\boldsymbol{J}\bar{\boldsymbol{l}}_k)-\boldsymbol{l}_{k-1}\\&=\bar{\boldsymbol{V}}_{k-1}+\boldsymbol{B}_{k-1}\boldsymbol{J}\bar{\boldsymbol{l}}_k\end{aligned}$$

式中，

$$\bar{\boldsymbol{V}}_{k-1}=\boldsymbol{B}_{k-1}\hat{\boldsymbol{x}}_{k-1}-\boldsymbol{l}_{k-1} \tag{12-1-20}$$

即 $\bar{\boldsymbol{V}}_{k-1}$为仅用第一组观测值单独平差时所算得的改正数。

顾及式(12-1-5)以及单独平差第一组观测值时 $\bar{\boldsymbol{V}}_{k-1}$应满足 $\boldsymbol{B}_{k-1}^{\mathrm{T}}\boldsymbol{P}_{k-1}\bar{\boldsymbol{V}}_{k-1}=0$，得

$$\begin{aligned}\boldsymbol{V}_{k-1}^{\mathrm{T}}\boldsymbol{P}_{k-1}\boldsymbol{V}_{k-1}&=(\bar{\boldsymbol{V}}_{k-1}+\boldsymbol{B}_{k-1}\boldsymbol{J}\bar{\boldsymbol{l}}_k)^{\mathrm{T}}\boldsymbol{P}_{k-1}(\bar{\boldsymbol{V}}_{k-1}+\boldsymbol{B}_{k-1}\boldsymbol{J}\bar{\boldsymbol{l}}_k)\\&=\bar{\boldsymbol{V}}_{k-1}^{\mathrm{T}}\boldsymbol{P}_{k-1}\bar{\boldsymbol{V}}_{k-1}+\bar{\boldsymbol{l}}_k^{\mathrm{T}}\boldsymbol{J}^{\mathrm{T}}\boldsymbol{Q}_{\hat{X}_{k-1}}^{-1}\boldsymbol{J}\bar{\boldsymbol{l}}_k\end{aligned} \tag{12-1-21}$$

故

$$\boldsymbol{V}^{\mathrm{T}}\boldsymbol{P}\boldsymbol{V}=\bar{\boldsymbol{V}}_{k-1}^{\mathrm{T}}\boldsymbol{P}_{k-1}\bar{\boldsymbol{V}}_{k-1}+\bar{\boldsymbol{l}}_k\boldsymbol{J}^{\mathrm{T}}\boldsymbol{Q}_{\hat{X}_{k-1}}\boldsymbol{J}\bar{\boldsymbol{l}}_k+\boldsymbol{V}_k^{\mathrm{T}}\boldsymbol{P}_k\boldsymbol{V}_k \tag{12-1-22}$$

又因为

$$\begin{aligned}\boldsymbol{V}_k=\boldsymbol{B}_k\hat{\boldsymbol{x}}-\boldsymbol{l}_k&=\boldsymbol{B}_k(\hat{\boldsymbol{x}}_{k-1}+\boldsymbol{J}\bar{\boldsymbol{l}}_k)-\boldsymbol{l}_k\\&=\boldsymbol{B}_k\hat{\boldsymbol{x}}_{k-1}+\boldsymbol{B}_k\boldsymbol{J}\bar{\boldsymbol{l}}_k-\boldsymbol{l}_k\end{aligned} \tag{12-1-23}$$

顾及式(12-1-13)，式(12-1-23)可写为：

$$\boldsymbol{V}_k=(\boldsymbol{B}_k\boldsymbol{J}-\boldsymbol{I})\bar{\boldsymbol{l}}_k \tag{12-1-24}$$

将式(12-1-17)代入式(12-1-24)，得

$$\begin{aligned}\boldsymbol{V}_k&=[\boldsymbol{B}_k\boldsymbol{Q}_{\hat{X}_{k-1}}\boldsymbol{B}_k^{\mathrm{T}}(\boldsymbol{P}_k^{-1}+\boldsymbol{B}_k\boldsymbol{Q}_{\hat{X}_{k-1}}\boldsymbol{B}_k^{\mathrm{T}})^{-1}-\boldsymbol{I}]\bar{\boldsymbol{l}}_k\\&=[(\boldsymbol{P}_k^{-1}+\boldsymbol{B}_k\boldsymbol{Q}_{\hat{X}_{k-1}}\boldsymbol{B}_k^{\mathrm{T}}-\boldsymbol{P}_k^{-1})(\boldsymbol{P}_k^{-1}+\boldsymbol{B}_k\boldsymbol{Q}_{\hat{X}_{k-1}}\boldsymbol{B}_k^{\mathrm{T}})^{-1}-\boldsymbol{I}]\bar{\boldsymbol{l}}_k\\&=-\boldsymbol{P}_k^{-1}(\boldsymbol{P}_k^{-1}+\boldsymbol{B}_k\boldsymbol{Q}_{\hat{X}_{k-1}}\boldsymbol{B}_k^{\mathrm{T}})^{-1}\bar{\boldsymbol{l}}_k\end{aligned} \tag{12-1-25}$$

所以

$$\begin{aligned}\boldsymbol{V}_k^{\mathrm{T}}\boldsymbol{P}_k\boldsymbol{V}_k&=\bar{\boldsymbol{l}}_k^{\mathrm{T}}(\boldsymbol{P}_k^{-1}+\boldsymbol{B}_k\boldsymbol{Q}_{\hat{X}_{k-1}}\boldsymbol{B}_k^{\mathrm{T}})^{-1}\boldsymbol{P}_k^{-1}\boldsymbol{P}_k\boldsymbol{P}_k^{-1}(\boldsymbol{P}_k^{-1}+\boldsymbol{B}_k\boldsymbol{Q}_{\hat{X}_{k-1}}\boldsymbol{B}_k^{\mathrm{T}})^{-1}\bar{\boldsymbol{l}}_k\\&=\bar{\boldsymbol{l}}_k^{\mathrm{T}}(\boldsymbol{P}_k^{-1}+\boldsymbol{B}_k\boldsymbol{Q}_{\hat{X}_{k-1}}\boldsymbol{B}_k^{\mathrm{T}})^{-1}\boldsymbol{P}_k^{-1}(\boldsymbol{P}_k^{-1}+\boldsymbol{B}_k\boldsymbol{Q}_{\hat{X}_{k-1}}\boldsymbol{B}_k^{\mathrm{T}})^{-1}\bar{\boldsymbol{l}}_k\end{aligned} \tag{12-1-26}$$

因为

$$\boldsymbol{J}^{\mathrm{T}}\boldsymbol{Q}_{\hat{X}_{k-1}}^{-1}\boldsymbol{J}=(\boldsymbol{P}_k^{-1}+\boldsymbol{B}_k\boldsymbol{Q}_{\hat{X}_{k-1}}\boldsymbol{B}_k^{\mathrm{T}})^{-1}\boldsymbol{B}_k\boldsymbol{Q}_{\hat{X}_{k-1}}\boldsymbol{B}_k^{\mathrm{T}}(\boldsymbol{P}_k^{-1}+\boldsymbol{B}_k\boldsymbol{Q}_{\hat{X}_{k-1}}\boldsymbol{B}_k^{\mathrm{T}})^{-1}$$

所以

$$\bar{\boldsymbol{l}}_k^{\mathrm{T}}\boldsymbol{J}^{\mathrm{T}}\boldsymbol{Q}_{\hat{X}_{k-1}}^{-1}\boldsymbol{J}\bar{\boldsymbol{l}}_k+\boldsymbol{V}_k^{\mathrm{T}}\boldsymbol{P}_k\boldsymbol{V}_k=\bar{\boldsymbol{l}}_k^{\mathrm{T}}(\boldsymbol{P}_k^{-1}+\boldsymbol{B}_k\boldsymbol{Q}_{\hat{X}_{k-1}}\boldsymbol{B}_k^{\mathrm{T}})^{-1}\bar{\boldsymbol{l}}_k \tag{12-1-27}$$

将式(12-1-27)代入式(12-1-22)得 $\boldsymbol{V}^{\mathrm{T}}\boldsymbol{P}\boldsymbol{V}$ 的递推公式为

$$\boldsymbol{V}^{\mathrm{T}}\boldsymbol{P}\boldsymbol{V}=\bar{\boldsymbol{V}}_{k-1}^{\mathrm{T}}\boldsymbol{P}_{k-1}\bar{\boldsymbol{V}}_{k-1}+\bar{\boldsymbol{l}}_k^{\mathrm{T}}(\boldsymbol{P}_k^{-1}+\boldsymbol{B}_k\boldsymbol{Q}_{\hat{X}_{k-1}}\boldsymbol{B}_k^{\mathrm{T}})^{-1}\bar{\boldsymbol{l}}_k \tag{12-1-28}$$

参数的协因数阵的递推公式就是式(12-1-15)，即

$$\boldsymbol{Q}_{\hat{X}}=\boldsymbol{Q}_{\hat{X}_{k-1}}-\boldsymbol{J}\boldsymbol{B}_k\boldsymbol{Q}_{\hat{X}_{k-1}}=(\boldsymbol{I}-\boldsymbol{J}\boldsymbol{B}_k)\boldsymbol{Q}_{\hat{X}_{k-1}}$$

由以上推导，得到了序贯平差的一组递推公式，即

$$\begin{cases}\hat{\boldsymbol{x}}=\hat{\boldsymbol{x}}_{k-1}+\boldsymbol{J}\bar{\boldsymbol{l}}_k\\\boldsymbol{V}^{\mathrm{T}}\boldsymbol{P}\boldsymbol{V}=\bar{\boldsymbol{V}}_{k-1}^{\mathrm{T}}\boldsymbol{P}_{k-1}\bar{\boldsymbol{V}}_{k-1}+\bar{\boldsymbol{l}}_k(\boldsymbol{P}_k^{-1}+\boldsymbol{B}_k\boldsymbol{Q}_{\hat{X}_{k-1}}\boldsymbol{B}_k^{\mathrm{T}})^{-1}\bar{\boldsymbol{l}}_k\\\boldsymbol{Q}_{\hat{X}}=\boldsymbol{Q}_{\hat{X}_{k-1}}-\boldsymbol{J}\boldsymbol{B}_k\boldsymbol{Q}_{\hat{X}_{k-1}}=(\boldsymbol{I}-\boldsymbol{J}\boldsymbol{B}_k)\boldsymbol{Q}_{\hat{X}_{k-1}}\end{cases} \tag{12-1-29}$$

其中，

$$\begin{cases}\boldsymbol{J}=\boldsymbol{Q}_{\hat{X}_{k-1}}\boldsymbol{B}_k^{\mathrm{T}}(\boldsymbol{P}_k^{-1}+\boldsymbol{B}_k\boldsymbol{Q}_{\hat{X}_{k-1}}\boldsymbol{B}_k^{\mathrm{T}})^{-1}\\\bar{\boldsymbol{l}}_k=(\boldsymbol{l}_k-\boldsymbol{B}_k\hat{\boldsymbol{x}}_{k-1})\end{cases} \tag{12-1-30}$$

由这组递推公式可以看出，每增加一个或几个观测数据，只需利用前 $k-1$ 个观测数据求得参数 $\hat{x}_{k-1}$、残差平方和 $\bar{\boldsymbol{V}}_{k-1}^{\mathrm{T}}\boldsymbol{P}_{k-1}\bar{\boldsymbol{V}}_{k-1}$ 和协因数阵 $\boldsymbol{Q}_{\hat{X}_{k-1}}$，便可按递推公式求出平差结果。这样，只要知道初始状态的值，就可从第一个或第一组方程出发，依次求出新的估值。如此一个观测值一个观测值地增加，直到全部观测值用完，便可得到参数的平差结果 $\hat{x}$、单位权中误差的估值 $\hat{\sigma}_0$ 和参数的协因数阵 $\boldsymbol{Q}_{\hat{X}}$。

例 12-1　设有水准网如图 12-1 所示，A、B 为已知点，a、b 为未知点，已知点及观测数据列于表 12-1 中，该网第一次观测了 $h_1 \sim h_3$，第二次观测了 $h_4 \sim h_5$，按序贯平差法

求待定点高程及单位权中误差。

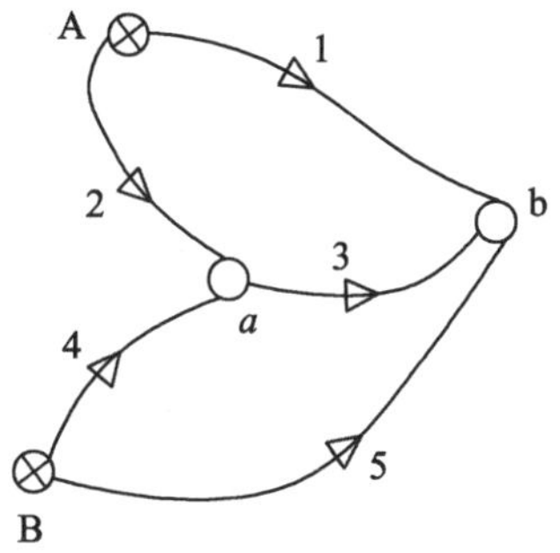

图 12-1 水准网示意图

表 12-1 **水准网观测数据**

	h(m)	S(km)		h(m)	S(km)
1	3.827	1	4	0.405	1
2	2.401	1	5	1.830	1
3	1.420	1			
已知值(m)		$H_A=10.000$		$H_B=12.000$	

设待定点高程为参数 $\hat{\boldsymbol{X}}=[\hat{a}\quad\hat{b}]^{\mathrm{T}}$，以 $h_1\sim h_3$ 为第一组观测值，其余为第二组。有近似值

$$\hat{a}^0=12.401\text{m},\quad \hat{b}^0=13.827\text{m}$$

1)第一次平差

由式(12-1-20)得

$$\underset{31}{\overline{\boldsymbol{V}}_1}=\begin{bmatrix}0&1\\1&0\\-1&1\end{bmatrix}\begin{bmatrix}\delta\hat{a}_1\\\delta\hat{b}_1\end{bmatrix}-\begin{bmatrix}0\\0\\-6\end{bmatrix}(\text{mm}),\quad P_1=I$$

解得参数值改正数 $\delta\hat{a}_1=2\text{mm}$，$\delta\hat{b}_1=-2\text{mm}$

参数值 $\hat{a}_1=a^0+\delta\hat{a}_1=12.403$，$\hat{b}_1=b^0+\delta\hat{b}_1=13.825$

$\hat{X}_1$ 的权阵

$$\boldsymbol{P}_{\hat{X}_1}=\begin{bmatrix}2&-1\\-1&2\end{bmatrix}$$

$$\overline{\boldsymbol{V}}_1^{\mathrm{T}}\boldsymbol{P}_1\overline{\boldsymbol{V}}_1=12$$

2)第二次平差

$$\boldsymbol{V}_2=\boldsymbol{B}_2\hat{\boldsymbol{x}}_2-\bar{\boldsymbol{l}}_2,\quad \boldsymbol{P}_2=\boldsymbol{I}$$

其中

$$\boldsymbol{B}_2=\begin{bmatrix}1&0\\0&1\end{bmatrix},\ \bar{\boldsymbol{l}}_2=\boldsymbol{l}_2-\boldsymbol{B}_2\hat{\boldsymbol{x}}_1=\begin{bmatrix}4\\3\end{bmatrix}-\begin{bmatrix}1&0\\0&1\end{bmatrix}\begin{bmatrix}2\\-2\end{bmatrix}=\begin{bmatrix}2\\5\end{bmatrix}(\mathrm{mm})$$

由式(12-1-17)得

$$\boldsymbol{J}=\frac{1}{8}\begin{bmatrix}3&1\\1&3\end{bmatrix}$$

由式(12-1-14)得

参数改正数 $$\hat{\boldsymbol{x}}=\hat{\boldsymbol{x}}_1+\boldsymbol{J}\bar{\boldsymbol{l}}_2=\begin{bmatrix}2\\-2\end{bmatrix}+\frac{1}{8}\begin{bmatrix}11\\17\end{bmatrix}=\begin{bmatrix}3.4\\0.1\end{bmatrix}(\mathrm{mm})$$

参数平差值

$$\hat{a}=12.4044\mathrm{m},\ \hat{b}=13.8271\mathrm{m}$$

参数协因数阵

$$\boldsymbol{Q}_{\hat{X}}=\begin{bmatrix}3/8&1/8\\1/8&3/8\end{bmatrix}$$

$$\boldsymbol{V}^{\mathrm{T}}\boldsymbol{PV}=12+15.625=27.625$$

$$\hat{\sigma}_0=3.0\mathrm{mm}$$

12.2　附加系统参数的平差

在前述的经典平差中，总是假设观测值仅含有偶然误差，平差函数模型正确，也不含系统误差。测量实践表明，由于种种原因，观测值中常包含某种系统误差源。消除或减弱这种系统误差源有多种方法，其中通过在经典平差函数模型中附加系统参数的方法，对系统误差进行补偿，是一种比较有效的方法，这种平差方法称为附加系统参数的平差法。

12.2.1　平差数学模型及举例

函数模型和随机模型为

$$\underset{n1}{\boldsymbol{L}}+\underset{n1}{\boldsymbol{\Delta}}=\underset{nt}{\boldsymbol{B}}\underset{t1}{\tilde{\boldsymbol{X}}}+\underset{nm}{\boldsymbol{A}}\underset{m1}{\tilde{\boldsymbol{S}}} \tag{12-2-1}$$

$$\boldsymbol{D}_L=\boldsymbol{D}_\Delta=\underset{nn}{\boldsymbol{D}}=\sigma_0^2Q=\sigma_0^2\underset{nn}{\boldsymbol{P}^{-1}} \tag{12-2-2}$$

以平差值表示的函数模型为

$$\boldsymbol{L}+\boldsymbol{V}=\boldsymbol{B}\hat{\boldsymbol{X}}+\boldsymbol{A}\hat{\boldsymbol{S}} \tag{12-2-3}$$

令 $\hat{X}=X^0+\hat{x}$，$l=L-BX^0$，则误差方程为

$$\boldsymbol{V}=\boldsymbol{B}\hat{\boldsymbol{x}}+\boldsymbol{A}\hat{\boldsymbol{S}}-\boldsymbol{l} \tag{12-2-4}$$

式中，$\tilde{\boldsymbol{S}}$ 为系统参数，$\hat{\boldsymbol{S}}$ 为其平差值。$\boldsymbol{A}\hat{\boldsymbol{S}}$ 为系统误差影响项，也就是对平差模型的补

偿项，如 $\hat{S}=0$，即为经典平差的函数模型。

产生附加系统参数的函数模型情况较多，下面举例说明。

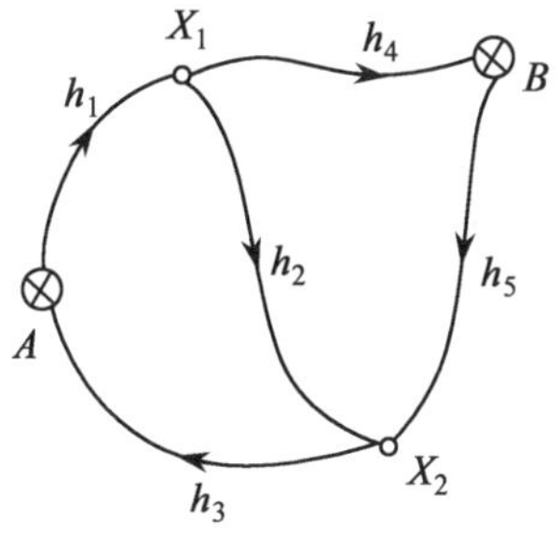

图 12-2 水准网示意图

例 12-2 如图12-2所示水准网中，A、B 点高程已知为 H_A、H_B，由于在精密水准测量中，对所采用的标尺要考虑其每米真长改正，因此要对观测高差进行尺度改正，设为 R，则可列出观测方程为

$$
\begin{aligned}
h_1 + h_1\hat{R} + v_1 &= \hat{X}_1 - H_A \\
h_2 + h_2\hat{R} + v_2 &= -\hat{X}_1 + \hat{X}_2 \\
h_3 + h_3\hat{R} + v_3 &= -\hat{X}_2 + H_A \\
h_4 + h_4\hat{R} + v_4 &= -\hat{X}_1 + H_B \\
h_5 + h_5\hat{R} + v_5 &= \hat{X}_2 - H_B
\end{aligned}
$$

其误差方程为

$$
\begin{aligned}
v_1 &= \hat{x}_1 - h_1\hat{R} - l_1 \\
v_2 &= -\hat{x}_1 + \hat{x}_2 - h_2\hat{R} - l_2 \\
v_3 &= -\hat{x}_2 - h_3\hat{R} - l_3 \\
v_4 &= -\hat{x}_1 - h_4\hat{R} - l_4 \\
v_5 &= \hat{x}_2 - h_5\hat{R} - l_5
\end{aligned}
$$

此例

$$
\underset{52}{\boldsymbol{B}} = \begin{bmatrix} 1 & 0 \\ -1 & 1 \\ 0 & -1 \\ -1 & 0 \\ 0 & 1 \end{bmatrix}, \quad \hat{\boldsymbol{x}} = \begin{bmatrix} \hat{x}_1 \\ \hat{x}_2 \end{bmatrix}, \quad \underset{51}{\boldsymbol{A}} = \begin{bmatrix} -h_1 \\ -h_2 \\ -h_3 \\ -h_4 \\ -h_5 \end{bmatrix}, \quad \underset{11}{\hat{\boldsymbol{S}}} = \hat{\boldsymbol{R}}
$$

例 12-3 在图12-1中，高差 h_1、h_2、h_3 是 1998 年观测的，h_4、h_5 是 2001 年观测的，设点 X_1、X_2 每年的沉陷量分别为 y_1、y_2，试列出误差方程。

设点 X_1、X_2 在 1998 年的高程为 $\hat{X}_1$、$\hat{X}_2$，则有

$$
\begin{aligned}
h_1 + v_1 &= \hat{X}_1 - H_A \\
h_2 + v_2 &= -\hat{X}_1 + \hat{X}_2 \\
h_3 + v_3 &= -\hat{X}_2 + H_A \\
h_4 + v_4 &= -\hat{X}_1 - 3\hat{y}_1 + H_B \\
h_5 + v_5 &= \hat{X}_2 + 3\hat{y}_2 - H_B
\end{aligned}
$$

此时

$$\underset{52}{\boldsymbol{B}}=\begin{bmatrix}1&0\\-1&1\\0&-1\\-1&0\\0&1\end{bmatrix},\quad \hat{\boldsymbol{x}}=\begin{bmatrix}\hat{x}_1\\\hat{x}_2\end{bmatrix},\quad \underset{52}{\boldsymbol{A}}=\begin{bmatrix}0&0\\0&0\\0&0\\-3&0\\0&3\end{bmatrix},\quad \underset{21}{\hat{\boldsymbol{S}}}=\begin{bmatrix}\hat{y}_1\\\hat{y}_2\end{bmatrix}$$

例 12-4　在电磁波测距中，如测距含有系统误差，应引入测距改正项。设测距边为 S_{ij}，两端点坐标$(\hat{X}_i, \hat{Y}_i)$，$(\hat{X}_j, \hat{Y}_j)$为平差参数，则观测方程为

$$S_{ij}-\hat{a}_0-\hat{a}_1S_{ij}+v_{S_{ij}}=\sqrt{(\hat{X}_j-\hat{X}_i)^2+(\hat{Y}_j-\hat{Y}_i)^2}$$

式中 a_0 为测距常系差，a_1 为与距离有关的尺度系差(更精确地，也可再考虑二次项改正 $a_2S_{ij}^2$)，其误差方程为

$$v_{S_{ij}}=-\frac{\Delta X_{ij}^0}{S_{ij}^0}\hat{x}_i-\frac{\Delta Y_{ij}^0}{S_{ij}^0}\hat{y}_i+\frac{\Delta X_{ij}^0}{S_{ij}^0}\hat{x}_j+\frac{\Delta Y_{ij}^0}{S_{ij}^0}\hat{y}_j+\hat{a}_0+S_{ij}\hat{a}_1-l_{S_{ij}}$$

$$l_{S_{ij}}=S_{ij}-S_{ij}^0$$

式中 a_0，a_1 就是附加的系统参数，它是系统误差改正项直线方程的系数。

例 12-5　设对一系列数据点(x_i, y_i)，$i=1, 2, \cdots, n$，作二次曲线拟合。观测方程为

$$y_i+v_i=\hat{a}_0+\hat{a}_1x_i+\hat{a}_2x_i^2$$

现在考虑作三次方曲线拟合，看效果是否更好。若作三次方曲线拟合，则观测方程为

$$y_i+v_i=\hat{a}_0+\hat{a}_1x_i+\hat{a}_2x_i^2+\hat{a}_3x_3^3$$

在这种情况下，可将$(\hat{a}_0, \hat{a}_1, \hat{a}_2)$考虑为平差参数 $\hat{X}$，而将 $\hat{a}_3$ 视为附加的系统参数参与平差。

从上面所举例子可以看出，附加系统参数的平差目的，是对参数和附加系统参数同时进行最优估计，评定精度，而且要对系统参数的显著性进行统计检验，以判定附加系统参数是否应该列入模型参与平差，或者选择合理的系统参数影响项参与平差。

12.2.2　附加系统参数平差原理

误差方程式(12-2-4)为

$$\underset{n1}{\boldsymbol{V}}=\underset{nt}{\boldsymbol{B}}\underset{t1}{\hat{\boldsymbol{x}}}+\underset{nm}{\boldsymbol{A}}\underset{m1}{\hat{\boldsymbol{S}}}-\underset{n1}{\boldsymbol{l}}$$

式中，秩 $\boldsymbol{R}(\boldsymbol{B})=\boldsymbol{t}$，$\boldsymbol{B}$ 为列满秩，$\boldsymbol{R}(\boldsymbol{A})=\boldsymbol{m}$，$\boldsymbol{A}$ 亦为列满秩，表示参数 $\hat{x}_i$ 之间或 $\hat{S}_i$ 之间均独立，再假设 $\hat{x}$ 与 $\hat{S}$ 也互相独立。误差方程的权阵 $\boldsymbol{P}$ 由式(12-2-2)确定，其中 $n>(t+m)$。将上式写成

$$\boldsymbol{V}=(\boldsymbol{B}\quad\boldsymbol{A})\begin{pmatrix}\hat{x}\\\hat{S}\end{pmatrix}-\boldsymbol{l}\tag{12-2-5}$$

可见，这就是间接平差的误差方程。按最小二乘准则 $\boldsymbol{V}^{\mathrm{T}}\boldsymbol{P}\boldsymbol{V}=\min$，由上式可得方程为

$$\begin{bmatrix} \boldsymbol{B}^{\mathrm{T}}\boldsymbol{P}\boldsymbol{B} & \boldsymbol{B}^{\mathrm{T}}\boldsymbol{P}\boldsymbol{A} \\ \boldsymbol{A}^{\mathrm{T}}\boldsymbol{P}\boldsymbol{B} & \boldsymbol{A}^{\mathrm{T}}\boldsymbol{P}\boldsymbol{A} \end{bmatrix} \begin{bmatrix} \hat{x} \\ \hat{S} \end{bmatrix} = \begin{bmatrix} \boldsymbol{B}^{\mathrm{T}}\boldsymbol{P}\boldsymbol{l} \\ \boldsymbol{A}^{\mathrm{T}}\boldsymbol{P}\boldsymbol{l} \end{bmatrix} \tag{12-2-6}$$

令 $\boldsymbol{B}^{\mathrm{T}}\boldsymbol{P}\boldsymbol{B}=\boldsymbol{N}_{11}$，$\boldsymbol{N}_{12}=\boldsymbol{N}_{21}^{\mathrm{T}}=\boldsymbol{B}^{\mathrm{T}}\boldsymbol{P}\boldsymbol{A}$，$\boldsymbol{N}_{22}=\boldsymbol{A}^{\mathrm{T}}\boldsymbol{P}\boldsymbol{A}$，则上式简写为

$$\begin{bmatrix} \boldsymbol{N}_{11} & \boldsymbol{N}_{12} \\ \boldsymbol{N}_{21} & \boldsymbol{N}_{22} \end{bmatrix} \begin{bmatrix} \hat{x} \\ \hat{S} \end{bmatrix} = \begin{bmatrix} \boldsymbol{B}^{\mathrm{T}}\boldsymbol{P}\boldsymbol{l} \\ \boldsymbol{A}^{\mathrm{T}}\boldsymbol{P}\boldsymbol{l} \end{bmatrix}$$

由分块求逆公式得

$$\begin{bmatrix} \hat{x} \\ \hat{S} \end{bmatrix} = \begin{bmatrix} \boldsymbol{N}_{11}^{-1} + \boldsymbol{N}_{11}^{-1}\boldsymbol{N}_{12}\boldsymbol{M}^{-1}\boldsymbol{N}_{21}\boldsymbol{N}_{11}^{-1} & -\boldsymbol{N}_{11}^{-1}\boldsymbol{N}_{12}\boldsymbol{M}^{-1} \\ -\boldsymbol{M}^{-1}\boldsymbol{N}_{21}\boldsymbol{N}_{11}^{-1} & \boldsymbol{M}^{-1} \end{bmatrix} \begin{bmatrix} \boldsymbol{B}^{\mathrm{T}}\boldsymbol{P}\boldsymbol{l} \\ \boldsymbol{A}^{\mathrm{T}}\boldsymbol{P}\boldsymbol{l} \end{bmatrix} \tag{12-2-7}$$

式中，

$$\begin{aligned} \boldsymbol{M} &= \boldsymbol{N}_{22} - \boldsymbol{N}_{21}\boldsymbol{N}_{11}^{-1}\boldsymbol{N}_{12} \\ &= \boldsymbol{A}^{\mathrm{T}}\boldsymbol{P}\boldsymbol{A} - \boldsymbol{A}^{\mathrm{T}}\boldsymbol{P}\boldsymbol{B}(\boldsymbol{B}^{\mathrm{T}}\boldsymbol{P}\boldsymbol{B})^{-1}\boldsymbol{B}^{\mathrm{T}}\boldsymbol{P}\boldsymbol{A} \end{aligned} \tag{12-2-8}$$

如果平差模型中不存在系统误差，即 $\hat{S}=0$，则有

$$\hat{\boldsymbol{x}}_1 = \boldsymbol{N}_{11}^{-1}\boldsymbol{B}^{\mathrm{T}}\boldsymbol{P}\boldsymbol{l} = (\boldsymbol{B}^{\mathrm{T}}\boldsymbol{P}\boldsymbol{B})^{-1}\boldsymbol{B}^{\mathrm{T}}\boldsymbol{P}\boldsymbol{l} \tag{12-2-9}$$

考虑此关系式，则式(12-2-7)可写成

$$\hat{x} = \hat{\boldsymbol{x}}_1 - \boldsymbol{N}_{11}^{-1}\boldsymbol{N}_{12}\boldsymbol{M}^{-1}(\boldsymbol{A}^{\mathrm{T}}\boldsymbol{P}\boldsymbol{l} - \boldsymbol{N}_{21}\hat{x}_1) \tag{12-2-10}$$

$$\hat{S} = \boldsymbol{M}^{-1}(\boldsymbol{A}^{\mathrm{T}}\boldsymbol{P}\boldsymbol{l} - \boldsymbol{N}_{21}\hat{x}_1) \tag{12-2-11}$$

因为式(12-2-7)右端的系数阵是法方程式(12-2-6)系数阵的逆，按间接平差知，它就是平差参数估值的协因数阵，即

$$\boldsymbol{Q}_{\begin{bmatrix} \hat{x} \\ \hat{S} \end{bmatrix}} = \begin{bmatrix} \boldsymbol{N}_{11}^{-1} + \boldsymbol{N}_{11}^{-1}\boldsymbol{N}_{12}\boldsymbol{M}^{-1}\boldsymbol{N}_{21}\boldsymbol{N}_{11}^{-1} & -\boldsymbol{N}_{11}^{-1}\boldsymbol{N}_{12}\boldsymbol{M}^{-1} \\ -\boldsymbol{M}^{-1}\boldsymbol{N}_{21}\boldsymbol{N}_{11}^{-1} & \boldsymbol{M}^{-1} \end{bmatrix} \tag{12-2-12}$$

故有

$$\boldsymbol{Q}_{\hat{x}\hat{x}} = \boldsymbol{N}_{11}^{-1} + \boldsymbol{N}_{11}^{-1}\boldsymbol{N}_{12}\boldsymbol{M}^{-1}\boldsymbol{N}_{21}\boldsymbol{N}_{11}^{-1} \tag{12-2-13}$$

$$\boldsymbol{Q}_{\hat{S}\hat{S}} = \boldsymbol{M}^{-1} \tag{12-2-14}$$

$$\boldsymbol{Q}_{\hat{x}\hat{S}} = -\boldsymbol{N}_{11}^{-1}\boldsymbol{N}_{12}\boldsymbol{M}^{-1} \tag{12-2-15}$$

单位权中误差

$$\hat{\sigma}_0 = \sqrt{\frac{\boldsymbol{V}^{\mathrm{T}}\boldsymbol{P}\boldsymbol{V}}{f}} = \sqrt{\frac{\boldsymbol{V}^{\mathrm{T}}\boldsymbol{P}\boldsymbol{V}}{n-(t+m)}} \tag{12-2-16}$$

系统参数的引入，改变了原平差模型，为了确保平差模型的正确性，要对系统参数的显著性进行检验。因为，如果系统参数不存在或者存在但与列入模型的项 $A\hat{S}$不符，而仍采用模型(12-2-4)平差，必将影响求 $\hat{x}$ 与 $\boldsymbol{Q}_{\hat{x}\hat{x}}$的正确性，所以附加系统参数的平差必须对列入项 $A\hat{S}$的显著性进行检验。检验参数的显著性的一种方法可参阅 11.5 小节。

例 12-6 在例 12-2 中，若已知点 A、B 为 $H_A=1.000\text{m}$，$H_B=10.000\text{m}$，观测高差 $h_1=3.586\text{m}$，$h_2=0.529\text{m}$，$h_3=-4.110\text{m}$，$h_4=5.422\text{m}$，$h_5=-4.901\text{m}$，求出高程平差值及可能存在的尺度改正 $\hat{R}$。

解：待定点 X_1、X_2 的近似高程为 $X_1^0=4.586\text{m}$，$X_2^0=5.110\text{m}$，将尺度改正 $\hat{R}$ 视为附加系统参数，则可根据式(12-2-4)，组成如下误差方程：

$$\underset{5\,1}{V}=\begin{bmatrix}1&0\\-1&1\\0&-1\\-1&0\\0&1\end{bmatrix}\begin{bmatrix}\hat{x}_1\\\hat{x}_2\end{bmatrix}+\begin{bmatrix}-3.581\\-0.529\\4.110\\-5.422\\4.901\end{bmatrix}\hat{R}-\begin{bmatrix}0\\5\\0\\8\\-11\end{bmatrix}\text{（常数项单位为 mm）}$$

$$N_{11}=B^TB=\begin{bmatrix}3&-1\\-1&3\end{bmatrix},\quad N_{12}=B^TA=\begin{bmatrix}2.365\\0.262\end{bmatrix},\quad N_{22}=A^TA=83.449$$

$$B^Tl=\begin{bmatrix}-13\\-6\end{bmatrix},\quad A^Tl=-99.932$$

$$\hat{x}=N_{11}B^Tl=\begin{bmatrix}-5.625\\-3.875\end{bmatrix}(\text{mm}),\quad Q_{\hat{X}_1}=N_{11}^{-1}=\frac{1}{8}\begin{bmatrix}3&1\\1&3\end{bmatrix}$$

由式(12-2-8)得

$$M=N_{22}-N_{21}N_{11}^{-1}N_{12}=81.171$$

由式(12-2-11)得

$$\hat{R}=M^{-1}(A^TPl-N_{21}\hat{x}_1)=-1.0574$$

$$\hat{x}=\hat{x}-N_{11}^{-1}N_{12}\hat{R}=\begin{bmatrix}-4.655\\-3.459\end{bmatrix}(\text{mm}),\quad \hat{X}=\begin{bmatrix}4.581\\5.107\end{bmatrix}(\text{m})$$

$$\hat{\sigma}_0=\sqrt{\frac{V^TV}{n-(t+u)}}=3.42\text{mm}$$

12.2.3　附加系统参数的选择

由于附加系统参数改变了原有模型，这就产生了是否应该引入附加系统参数的问题，为此需要对附加系统参数模型的正确性进行检验。所引入的附加参数必须加以选择，若引入的参数过多，可使附加参数之间相关或附加参数和原参数之间相关而造成法方程病态。为避免这些问题，应对附加系统参数的正确性进行检验。

当附加参数正交或接近正交时，可根据 t 分布统计量对附加参数逐个进行显著性检验。

原假设为

$$H_0:\ E(\hat{S}_i)=0$$

备选假设为

$$H_1:\ E(\hat{S}_i)\neq 0$$

根据 t 分布定义，由式(5-3-15)，构成 t 分布统计量

$$t=\frac{\hat{s}_i}{\hat{\sigma}_0\sqrt{Q_{\hat{s}_i\hat{s}_{ii}}}}\sim t(r)\qquad(12\text{-}2\text{-}17)$$

接受域

$$P\left\{-t_{\frac{\alpha}{2}}<\frac{\hat{s}_i}{\hat{\sigma}_0\sqrt{Q_{\hat{s}_i\hat{s}_{ii}}}}<t_{\frac{\alpha}{2}}\right\}=1-\alpha \tag{12-2-18}$$

如果拒绝原假设，则认为附加系统参数显著。

当模型中存在多个相关性附加参数，其检验方法较复杂，这里不予介绍。

例 12-7　对例 12-6 中引入参数的必要性进行检验。

解： 因为本例只附加了一个系统参数，因此可以用 t 检验。设原假设及备选假设分别为

$$H_0: E(\hat{R})=0,\ H_1: E(\hat{R})\neq 0$$

由式(12-2-17)，组成得 t 分布统计量

$$t=\frac{|\hat{R}|}{\hat{\sigma}_s\sqrt{Q_{\hat{R}\hat{R}}}}=\frac{1.0574}{3.415\sqrt{0.0123}}=2.792$$

选定显著水平 $\alpha=0.05$，以自由度 2 查 t 分布表得 $t_{0.025}=4.303$，因为 $|t|<t_{\frac{\alpha}{2}}$，故接受原假设，认为附加系统参数不显著。

12.3　秩亏自由网平差

12.3.1　问题的提出

在经典间接平差中，必须具有足够的起算数据。当控制网中仅含必要的起算数据时，通常称为自由网。用经典平差方法平差这种网，俗称经典自由网平差。当控制网中除必要起算数据外，还有多余起算数据的网称为附合网。不论是自由网还是附合网，在间接平差时，当所选的待定参数之间不存在函数关系时，误差方程的系数矩阵 $\boldsymbol{B}$ 总是列满秩的，即 $\boldsymbol{R}(\underset{nt}{\boldsymbol{B}})=t$($t$ 为必要观测数)。由此所得到的法方程系数阵 $\boldsymbol{N}=\boldsymbol{B}^{\mathrm{T}}\boldsymbol{P}\boldsymbol{B}$ 就是一个对称的满秩方阵，即 $\boldsymbol{R}(\boldsymbol{N})=t$，法方程有唯一解。

图 12-3 所示水准网中，假定 P_3 点高程已知为 H_3，待定点 P_1、P_2 的高程平差值为 $\hat{X}_1=X_1^0+\hat{x}_1$，$\hat{X}_2=X_2^0+\hat{x}_2$。各段路线长度均为 S，高差为等权观测，误差方程

$$\underset{31}{\boldsymbol{V}}=\underset{32}{\boldsymbol{B}}\underset{21}{\hat{\boldsymbol{x}}}-\underset{31}{\boldsymbol{l}} \tag{12-3-1}$$

的显式为

$$\begin{bmatrix}v_1\\v_2\\v_3\end{bmatrix}=\begin{bmatrix}1&0\\-1&1\\0&-1\end{bmatrix}\begin{bmatrix}\hat{x}_1\\\hat{x}_2\end{bmatrix}-\begin{bmatrix}l_1\\l_2\\l_3\end{bmatrix}$$

法方程及其显式为

$$\boldsymbol{B}^{\mathrm{T}}\boldsymbol{B}\hat{\boldsymbol{x}}=\boldsymbol{B}^{\mathrm{T}}\boldsymbol{l} \tag{12-3-2}$$

$$\begin{bmatrix} 2 & -1 \\ -1 & 2 \end{bmatrix}\begin{bmatrix} \hat{x}_1 \\ \hat{x}_2 \end{bmatrix} = \begin{bmatrix} w_1 \\ w_2 \end{bmatrix}$$

在误差方程系数阵 $\boldsymbol{B}$ 中，存在一个二阶行列式不等于零，如 $\begin{vmatrix} 1 & 0 \\ -1 & 1 \end{vmatrix}=1$，故 $\boldsymbol{B}$ 的秩 $\boldsymbol{R}(\boldsymbol{B})=2$，即 $\boldsymbol{B}$ 为列满秩阵。由此，法方程系数阵的秩 $R(\boldsymbol{B}^{\mathrm{T}}\boldsymbol{B})=R(\boldsymbol{B})=2$，实际上 $|\boldsymbol{B}^{\mathrm{T}}\boldsymbol{B}| = \begin{vmatrix} 2 & -1 \\ -1 & 2 \end{vmatrix}=3\neq 0$，即 $\boldsymbol{R}(\boldsymbol{B}^{\mathrm{T}}\boldsymbol{B})=2$，$\boldsymbol{N}=\boldsymbol{B}^{\mathrm{T}}\boldsymbol{B}$ 为满秩方阵。法方程有唯一解为

$$\hat{x} = (\boldsymbol{B}^{\mathrm{T}}\boldsymbol{B})^{-1}\boldsymbol{B}^{\mathrm{T}}l \qquad (12\text{-}3\text{-}3)$$

这就是经典自由网平差的情况。

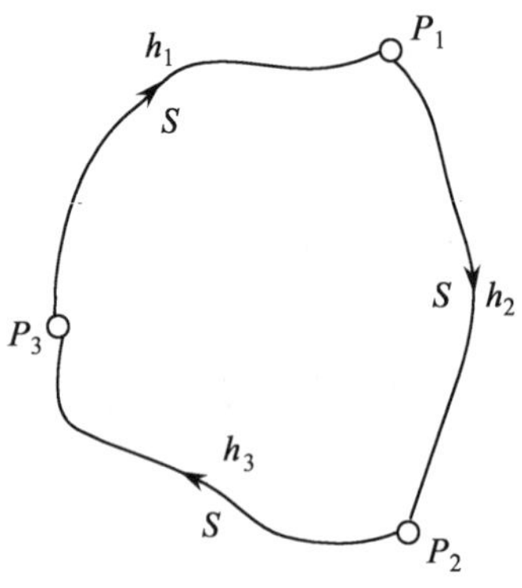

图 12-3　水准网示意图

上述间接平差函数模型还可用下面的方式组成：先设 P_3 点的平差值 $\hat{X}_3=X_3^0+\hat{x}_3$，参与列误差方程，然后再令 $X_3^0=\hat{X}_3$，将 $\hat{x}_3=0$ 作为参数的条件方程，于是其函数模型为

$$\underset{31}{\boldsymbol{V}} = \underset{33}{\boldsymbol{B}}\ \underset{31}{\hat{\boldsymbol{x}}} - \underset{31}{\boldsymbol{l}} \qquad (12\text{-}3\text{-}4)$$

$$\underset{13}{\boldsymbol{C}^{\mathrm{T}}}\ \underset{31}{\hat{\boldsymbol{x}}} = \boldsymbol{0} \qquad (12\text{-}3\text{-}5)$$

式中，$\boldsymbol{C}^{\mathrm{T}}=[0\quad 0\quad 1]$，其显式为

$$\begin{bmatrix} v_1 \\ v_2 \\ v_3 \end{bmatrix} = \begin{bmatrix} 1 & 0 & -1 \\ -1 & 1 & 0 \\ 0 & -1 & 1 \end{bmatrix}\begin{bmatrix} \hat{x}_1 \\ \hat{x}_2 \\ \hat{x}_3 \end{bmatrix} - \begin{bmatrix} l_1 \\ l_2 \\ l_3 \end{bmatrix}$$

$$[0\quad 0\quad 1]\begin{bmatrix} \hat{x}_1 \\ \hat{x}_2 \\ \hat{x}_3 \end{bmatrix} = 0 \qquad (\text{即 } \hat{x}_3 = 0)$$

将式(12-3-5)代入式(12-3-4)即得式(12-3-1)，可见两种函数模型等价，平差结果相同。

式(12-3-4)表示水准网在没有起始高程情况下列出的误差方程，(12-3-5)式为给定起始高程的条件方程。

在这种情况下，误差方程(12-3-4)的系数阵的行列式等于零，即

$$\begin{vmatrix} 1 & 0 & -1 \\ -1 & 1 & 0 \\ 0 & -1 & 1 \end{vmatrix} = 0$$

其中有二阶行列式不等于零，故 $\boldsymbol{R}(\boldsymbol{B})=2$，数 2 为网中必要观测数，$B$ 为秩亏阵，其列亏数 $d=3-2=1$，表示缺少一个起始高程，因此给定条件式(12-3-5)，转换成附有限制条件的间接平差问题，可求其唯一解。

没有起始数据参与的并以待定点的坐标为待定参数的控制网，也是自由网，是一种具有特殊用途的控制网。此时的误差方程如式(12-3-4)，系数阵 $\boldsymbol{B}$ 是列亏阵，由此所得

的法方程系数阵

$$\underset{33}{\boldsymbol{N}}=\boldsymbol{B}^{\mathrm{T}}\boldsymbol{B}=\begin{bmatrix}2&-1&-1\\-1&2&-1\\-1&-1&2\end{bmatrix}$$

也是秩亏阵，即 $|\boldsymbol{N}|=0$，$\boldsymbol{R}(\boldsymbol{N})=\boldsymbol{R}(\boldsymbol{B})=2$。

一般设网中全部待定坐标个数为 u，必要观测数为 t，全部观测数为 n，则 B 为 $n\times u$ 阶矩阵，其秩 $R(B)=t<u$，列亏数 $d=u-t$，相应的法方程系数阵 $\underset{uu}{\boldsymbol{N}}$ 也是秩亏阵，其秩 $\boldsymbol{R}(\boldsymbol{N})=R(B)=t<u$，秩亏数仍为 $d=u-t$。这种网称为秩亏自由网。

产生秩亏的原因是控制网中没有起算数据，所以 d 就是网中必要起算数据的个数。对于水准网，必要起算数据是一个点的高程，故 $d=1$。对于测角网，必要起算数据是两个点的坐标，故 $d=4$。对于测边网或边角网，必要起算数据是一个点的坐标和一条边的方位，故 $d=3$。

秩亏自由网的法方程系数阵 $\boldsymbol{N}$ 奇异，即 $|\boldsymbol{N}|=0$，故 N 的凯利逆 $\boldsymbol{N}^{-1}$ 不存在，法方程有无穷解。如何合理解算这类平差问题，就是本节要讨论的秩亏自由网平差问题。

12.3.2 秩亏自由网平差原理

设 u 个坐标参数的平差值为 $\underset{u1}{\hat{\boldsymbol{X}}}$，观测向量为 $\underset{n1}{\boldsymbol{L}}$，函数模型为

$$\underset{n1}{\hat{\boldsymbol{L}}}=\underset{n1}{\boldsymbol{L}}+\underset{n1}{\boldsymbol{V}}=\underset{nu}{\boldsymbol{B}}\underset{u1}{\hat{\boldsymbol{X}}}+\underset{n1}{\boldsymbol{d}} \tag{12-3-6}$$

其中 $\boldsymbol{R}(\boldsymbol{B})=t<u$，$d=u-t$，相应的误差方程为

$$\boldsymbol{V}=\boldsymbol{B}\hat{\boldsymbol{x}}-\boldsymbol{l} \tag{12-3-7}$$

式中

$$\hat{X}=X^0+\hat{x},\qquad l=L-(BX^0+d)=L-L^0$$

秩亏自由网平差的函数模型是具有系数阵秩亏的间接平差模型。随机模型仍是

$$\boldsymbol{D}=\sigma_0^2\boldsymbol{Q}=\sigma_0^2\boldsymbol{P}^{-1} \tag{12-3-8}$$

按最小二乘原理，在 $\boldsymbol{V}^{\mathrm{T}}\boldsymbol{P}\boldsymbol{V}=\min$ 下，由式(12-3-7)可组成法方程为

$$\boldsymbol{B}^{\mathrm{T}}\boldsymbol{P}\boldsymbol{B}\hat{\boldsymbol{x}}=\boldsymbol{B}^{\mathrm{T}}\boldsymbol{P}\boldsymbol{l} \tag{12-3-9}$$

由于 $\boldsymbol{R}(\boldsymbol{B}^{\mathrm{T}}\boldsymbol{P}\boldsymbol{B})=\boldsymbol{R}(\underset{uu}{\boldsymbol{N}})=t<u$，$\boldsymbol{N}^{-1}$ 不存在，方程(12-3-9)不具有唯一解，这是因为参数 $\hat{x}$ 必须在一定的坐标基准下才能唯一确定。坐标基准个数即为秩亏数 d。设有 d 个坐标基准条件，其形式为

$$\underset{du}{\boldsymbol{S}^{\mathrm{T}}}\underset{u1}{\hat{\boldsymbol{x}}}=0 \tag{12-3-10}$$

基准条件，也就是所选的 u 个参数之间存在的 d 个约束条件，这是基准秩亏所致。例如在水准网中，$d=1$，即 $u=t+1$，有一个基准条件，如上例的 $\hat{x}_3=0$，则剩下 t 个独立参数可得唯一解。在测角网中，需要四个基准条件，即 $d=4$，若设条件为

$$\hat{x}_1=0,\quad \hat{y}_1=0,\quad \hat{x}_2=0,\quad \hat{y}_2=0$$

则其余坐标参数就可在坐标基准下求得平差值，这是属于经典自由网平差的 d 个坐标基

准条件。

附加的基准条件式(12-3-10)应与法方程式(12-3-9)线性无关，这一要求等价于满足下列关系：

$$\underset{uu}{\boldsymbol{N}}\ \underset{ud}{\boldsymbol{S}} = \boldsymbol{0} \tag{12-3-11}$$

因 $\boldsymbol{N}=\boldsymbol{B}^{\mathrm{T}}\boldsymbol{PB}$，故亦有

$$\boldsymbol{BS} = \boldsymbol{0} \tag{12-3-12}$$

此外，式(12-3-10)中的 d 个方程也要线性无关，故必须有 $R(\boldsymbol{S})=d$。

联合解算式(12-3-7)和式(12-3-10)，此即附有限制条件的间接平差问题，在

$$\boldsymbol{\Psi} = \boldsymbol{V}^{\mathrm{T}}\boldsymbol{PV} + 2\boldsymbol{K}^{\mathrm{T}}(\boldsymbol{S}^{\mathrm{T}}\hat{\boldsymbol{x}}) = \min$$

下得法方程为

$$\begin{cases}\boldsymbol{B}^{\mathrm{T}}\boldsymbol{PB}\hat{\boldsymbol{x}} + \boldsymbol{SK} = \boldsymbol{B}^{\mathrm{T}}\boldsymbol{Pl}\\ \boldsymbol{S}^{\mathrm{T}}\hat{\boldsymbol{x}} = \boldsymbol{0}\end{cases} \tag{12-3-13}$$

将上式的第一个方程两边左乘 $\boldsymbol{S}^{\mathrm{T}}$，顾及式(12-3-12)得

$$\boldsymbol{S}^{\mathrm{T}}\boldsymbol{SK} = \boldsymbol{0}$$

因矩阵 $\boldsymbol{S}^{\mathrm{T}}\boldsymbol{S}$ 正则，故有

$$\boldsymbol{K} = \boldsymbol{0} \tag{12-3-14}$$

因此

$$\boldsymbol{\Psi} = \boldsymbol{V}^{\mathrm{T}}\boldsymbol{PV} + 2\boldsymbol{K}^{\mathrm{T}}(\boldsymbol{S}^{\mathrm{T}}\hat{\boldsymbol{x}}) = \boldsymbol{V}^{\mathrm{T}}\boldsymbol{PV}$$

亦即秩亏自由网平差中的 $\boldsymbol{V}$ 和 $\boldsymbol{V}^{\mathrm{T}}\boldsymbol{PV}$ 是与基准条件无关的不变量。

将式(12-3-13)中第二式左乘 $\boldsymbol{S}$ 并与第一式相加，考虑 $\boldsymbol{K}=\boldsymbol{0}$，得

$$(\boldsymbol{B}^{\mathrm{T}}\boldsymbol{PB} + \boldsymbol{S}\ \boldsymbol{S}^{\mathrm{T}})\hat{\boldsymbol{x}} = \boldsymbol{B}^{\mathrm{T}}\boldsymbol{Pl} \tag{12-3-15}$$

其解为

$$\hat{\boldsymbol{x}} = (\boldsymbol{B}^{\mathrm{T}}\boldsymbol{PB} + \boldsymbol{SS}^{\mathrm{T}})^{-1}\boldsymbol{B}^{\mathrm{T}}\boldsymbol{Pl} = \boldsymbol{Q}'\boldsymbol{B}^{\mathrm{T}}\boldsymbol{Pl} \tag{12-3-16}$$

式中

$$\boldsymbol{Q}' = (\boldsymbol{B}^{\mathrm{T}}\boldsymbol{PB} + \boldsymbol{S}\ \boldsymbol{S}^{\mathrm{T}})^{-1}$$

$\hat{x}$ 的协因数为

$$\boldsymbol{Q}_{\hat{x}\hat{x}} = \boldsymbol{Q}'\boldsymbol{B}^{\mathrm{T}}\boldsymbol{PBQ}' = \boldsymbol{Q}'\boldsymbol{NQ}' \tag{12-3-17}$$

单位权中误差为

$$\hat{\sigma}_0 = \sqrt{\frac{\boldsymbol{V}^{\mathrm{T}}\boldsymbol{PV}}{f}} = \sqrt{\frac{\boldsymbol{V}^{\mathrm{T}}\boldsymbol{PV}}{n-t}} = \sqrt{\frac{\boldsymbol{V}^{\mathrm{T}}\boldsymbol{PV}}{n-(u-d)}} \tag{12-3-18}$$

以上导出的式(12-3-16)、式(12-3-17)、式(12-3-18)即为秩亏自由网平差公式。

12.3.3　S 的具体形式

秩亏自由网平差基准条件有多种取法，例如上述高程网中取平差后一点的高程改正数为零，平面网中取平差后两点的坐标改正数为零等，这种选取方法属于经典自由网平差的基准。下面给出满足式(12-3-11)和 $\boldsymbol{R}(\boldsymbol{S})=d$ 的 $\boldsymbol{S}$ 的一组基础解，这是属于秩亏自

由网平差的基准，其具体形式为：

水准网平差：秩亏水准网的 $d=1$，$\boldsymbol{S}$ 的表达式可取为

$$\underset{1\,u}{\boldsymbol{S}^{\mathrm{T}}}=\begin{bmatrix}1 & 1 & \cdots & 1\end{bmatrix}$$

代入式(12-3-10)，其基准条件方程为

$$\hat{x}_1+\hat{x}_2+\cdots+\hat{x}_u=0 \tag{12-3-19}$$

即所有点的高程平差改正数之和为零。

测边网平差：秩亏测边网的 $d=3$，$\boldsymbol{S}$ 的表达式可取为

$$\underset{3\,u}{\boldsymbol{S}^{\mathrm{T}}}=\begin{bmatrix}1 & 0 & 1 & 0 & \cdots & 1 & 0\\ 0 & 1 & 0 & 1 & \cdots & 0 & 1\\ -Y_1^0 & X_1^0 & -Y_2^0 & X_2^0 & \cdots & -Y_m^0 & X_m^0\end{bmatrix}$$

式中，m 为网中全部点数，$u=2m$。基准条件方程(12-3-10)的显式为

$$\begin{cases}\hat{x}_1+\hat{x}_2+\cdots+\hat{x}_m=0\\ \hat{y}_1+\hat{y}_2+\cdots+\hat{y}_m=0\\ -Y_1^0\hat{x}_1+X_1^0\hat{y}_1+\cdots-Y_m^0\hat{x}_m+X_m^0\hat{y}_m=0\end{cases} \tag{12-3-20}$$

式中，第一个方程是纵坐标基准条件，第二个方程是横坐标基准条件，第三个方程是方位角基准条件。

测角网平差：秩亏测角网的 $d=4$，$\boldsymbol{S}$ 的表达式可取为

$$\underset{4\,u}{\boldsymbol{S}^{\mathrm{T}}}=\begin{bmatrix}1 & 0 & 1 & 0 & \cdots & 1 & 0\\ 0 & 1 & 0 & 1 & \cdots & 0 & 1\\ -Y_1^0 & X_1^0 & -Y_2^0 & X_2^0 & \cdots & -Y_m^0 & X_m^0\\ X_1^0 & Y_1^0 & X_2^0 & Y_2^0 & \cdots & X_m^0 & Y_m^0\end{bmatrix}$$

基准条件显式为

$$\begin{cases}\hat{x}_1+\hat{x}_2+\cdots+\hat{x}_m=0\\ \hat{y}_1+\hat{y}_2+\cdots+\hat{y}_m=0\\ -Y_1^0\hat{x}_1+X_1^0\hat{y}_1+\cdots-Y_m^0\hat{x}_m+X_m^0\hat{y}_m=0\\ X_1^0\hat{x}_1+Y_1^0\hat{y}_1+\cdots+X_m^0\hat{x}_m+Y_m^0\hat{y}_m=0\end{cases} \tag{12-3-21}$$

式中，前三个方程与测边网一样，它们是纵、横坐标和方位基准条件，第四个方程为边长基准条件。

采用上述确定 $\boldsymbol{S}$ 的方法组成基准条件，称为秩亏自由网平差的重心基准。

12.4 最小二乘配置原理

以上所介绍的各种平差方法，尽管函数模型各异，但它们都有一个共同点，就是各种方法的函数模型中都只含有无先验统计信息的非随机参数。在实际测量中，有些参数在平差前就已知其期望和方差的先验信息，像这种具有先验信息的参数是随机参数。考

虑附有随机参数的平差问题称为最小二乘配置或称最小二乘拟合推估。

12.4.1　数学模型

配置的函数模型为：

$$\underset{n1}{\boldsymbol{L}}=\underset{nt}{\boldsymbol{B}}\underset{t1}{\tilde{\boldsymbol{X}}}+\underset{nm}{\boldsymbol{A}}\underset{m1}{\boldsymbol{Y}}-\boldsymbol{\Delta} \tag{12-4-1}$$

式中 $\boldsymbol{L}$ 为观测向量，$\tilde{\boldsymbol{X}}$ 为非随机参数(简称参数)，$\boldsymbol{Y}$ 为随机参数(称为信号)。$\boldsymbol{Y}$ 又可分为两种情况：一是已测点的信号，与观测值间有函数关系，用 $\boldsymbol{S}$ 表示，它是 $m_1\times1$ 向量；另一种是未测点信号，用 $\boldsymbol{S}'$ 表示，是 $m_2\times1$ 向量，它与观测值不发生函数关系，$m_1+m_2=m$，但 $\boldsymbol{S}'$ 与 $\boldsymbol{S}$ 统计相关，即用协方差与 S 相联系，即

$$\boldsymbol{Y}^{\mathrm{T}}=|\,\boldsymbol{S}^{\mathrm{T}}\quad \boldsymbol{S}'^{\mathrm{T}}\,|\ ,\ \boldsymbol{A}=\begin{bmatrix}\underset{nm_1}{\boldsymbol{A}_1} & \underset{nm_2}{\boldsymbol{0}}\end{bmatrix}$$

此外，$\boldsymbol{A}_1$ 与 $\boldsymbol{B}$ 的秩为

$$\boldsymbol{R}(\boldsymbol{A}_1)=m_1,\quad \boldsymbol{R}(\boldsymbol{B})=t$$

已知的随机模型包括先验的数学期望和方差，式(12-4-1)中随机量为误差向量 $\boldsymbol{\Delta}$、信号向量 $\boldsymbol{Y}$ 和观测向量 $\boldsymbol{L}$，随机量的期望已知为

$$\boldsymbol{E}(\boldsymbol{\Delta})=0$$

$$\boldsymbol{E}(\boldsymbol{Y})=\begin{bmatrix}E(\boldsymbol{S})\\E(\boldsymbol{S}')\end{bmatrix}$$

$$\boldsymbol{E}(\boldsymbol{L})=\boldsymbol{B}\tilde{X}+\boldsymbol{AE}(Y) \tag{12-4-2}$$

令单位权方差 $\sigma_0^2=1$，则随机量的方差已知为

$$\boldsymbol{D}(\boldsymbol{\Delta})=D_\Delta=P_\Delta^{-1}$$

$$\boldsymbol{D}(Y)=D_Y=\begin{bmatrix}D_S & D_{SS'}\\D_{S'S} & D_{S'}\end{bmatrix}=\boldsymbol{P}_Y^{-1}$$

$$\boldsymbol{D}_{\Delta Y}=0\quad(\Delta\text{ 与 }Y\text{ 不相关})$$

$$\begin{aligned}\boldsymbol{D}(L)=\boldsymbol{D}_L=\boldsymbol{D}_\Delta+\boldsymbol{AD}_Y\boldsymbol{A}^{\mathrm{T}}&=\boldsymbol{D}_\Delta+[A_1\quad 0]\begin{bmatrix}D_S & D_{SS'}\\D_{S'S} & D_{S'}\end{bmatrix}\begin{bmatrix}A_1^{\mathrm{T}}\\0\end{bmatrix}\\&=\boldsymbol{D}_\Delta+\boldsymbol{A}_1\boldsymbol{D}_S\boldsymbol{A}_1^{\mathrm{T}}\end{aligned} \tag{12-4-3}$$

从以上数学模型可以看出最小二乘配置有如下特点：

(1)函数模型中引入了随机参数(信号)Y，且已知其先验期望和方差，这是最小二乘配置的主要特点，因此该法的应用前提是必须较精确地已知其先验统计特性。

(2)求参数 $\tilde{X}$ 的估值可称为拟合，求已测点信号 S 称为滤波。估计与 S 存在协方差关系，而与观测无直接关系的未测点信号称为推估，因此最小二乘配置这种平差法，是最小二乘滤波、拟合和推估融为一体。

(3)由式(12-4-3)知，由于模型中引入了信号，D_L 不再等于其误差方差 D_Δ，而是

D_Δ和信号方差 D_S 合成的一种方差，但衡量观测精度的指标仍是其误差方差。

12.4.2　平差原理

由式(12-4-1)得误差方程为

$$\boldsymbol{V} = \boldsymbol{B}\hat{\boldsymbol{X}} + \boldsymbol{A}\hat{\boldsymbol{Y}} - \boldsymbol{L} \tag{12-4-4}$$

式中

$$\hat{\boldsymbol{Y}} = \begin{bmatrix} \hat{S} \\ \hat{S}' \end{bmatrix}$$

根据最小二乘原理有

$$\boldsymbol{V}^{\mathrm{T}}\boldsymbol{P}_\Delta\boldsymbol{V} + \boldsymbol{V}_Y^{\mathrm{T}}\boldsymbol{P}_Y\boldsymbol{V}_Y = \min \tag{12-4-5}$$

式中 $\boldsymbol{V}$ 是观测值 $\boldsymbol{L}$ 的改正数；$\boldsymbol{V}_Y$ 是 $\boldsymbol{Y}$ 的先验期望 $\boldsymbol{E}(\boldsymbol{Y})$ 的改正数，且

$$\boldsymbol{V}_Y = \begin{bmatrix} V_S \\ V_{S'} \end{bmatrix}$$

为了导出参数 $\tilde{X}$ 和 Y 的估计公式，不妨将 $\boldsymbol{E}(\boldsymbol{Y})$ 看成是方差为 $\boldsymbol{D}(\boldsymbol{Y})$，权为 $\boldsymbol{P}_Y$ 对 $\boldsymbol{Y}$(非随机参数)的虚拟观测值，故可令

$$\boldsymbol{L}_Y = \begin{bmatrix} L_S \\ L_{S'} \end{bmatrix} = \boldsymbol{E}(Y) = \begin{bmatrix} E(S) \\ E(S') \end{bmatrix}$$

并令与 $\boldsymbol{L}_Y$ 相对应的观测误差为

$$\boldsymbol{\Delta}_Y = \begin{bmatrix} \Delta_S \\ \Delta_{S'} \end{bmatrix}$$

则虚拟观测方程可写为

$$\boldsymbol{L}_Y = \boldsymbol{Y} - \boldsymbol{\Delta}_Y = \begin{bmatrix} S \\ S' \end{bmatrix} - \begin{bmatrix} \Delta_S \\ \Delta_{S'} \end{bmatrix} \tag{12-4-6}$$

与 L_Y 相应的误差方程为

$$\boldsymbol{V}_Y = \hat{\boldsymbol{Y}} - \boldsymbol{L}_Y \tag{12-4-7}$$

由式(12-4-4)和式(12-4-7)可得最小二乘配置的误差方程为

$$\begin{cases} \boldsymbol{V} = \boldsymbol{B}\hat{\boldsymbol{X}} + \boldsymbol{A}\hat{\boldsymbol{Y}} - \boldsymbol{L} \\ \boldsymbol{V}_Y = \hat{\boldsymbol{Y}} - \boldsymbol{L}_Y \end{cases} \tag{12-4-8}$$

利用误差方程(12-4-8)在最小二乘原理式(12-4-5)下平差，此时已将配置问题转化为一般间接平差问题了，于是可得法方程

$$\begin{bmatrix} \boldsymbol{B}^{\mathrm{T}}\boldsymbol{P}_\Delta\boldsymbol{B} & \boldsymbol{B}^{\mathrm{T}}\boldsymbol{P}_\Delta\boldsymbol{A} \\ \boldsymbol{A}^{\mathrm{T}}\boldsymbol{P}_\Delta\boldsymbol{B} & \boldsymbol{A}^{\mathrm{T}}\boldsymbol{P}_\Delta\boldsymbol{A} + \boldsymbol{P}_Y \end{bmatrix} \begin{bmatrix} \hat{\boldsymbol{X}} \\ \hat{\boldsymbol{Y}} \end{bmatrix} = \begin{bmatrix} \boldsymbol{B}^{\mathrm{T}}\boldsymbol{P}_\Delta\boldsymbol{L} \\ \boldsymbol{A}^{\mathrm{T}}\boldsymbol{P}_\Delta\boldsymbol{A} + \boldsymbol{P}_Y\boldsymbol{L}_Y \end{bmatrix} \tag{12-4-9}$$

解之得

$$\begin{bmatrix}\hat{\boldsymbol{X}}\\ \hat{\boldsymbol{Y}}\end{bmatrix}=\begin{bmatrix}\boldsymbol{B}^{\mathrm{T}}\boldsymbol{P}_{\Delta}\boldsymbol{B} & \boldsymbol{B}^{\mathrm{T}}\boldsymbol{P}_{\Delta}\boldsymbol{A}\\ \boldsymbol{A}^{\mathrm{T}}\boldsymbol{P}_{\Delta}\boldsymbol{B} & \boldsymbol{A}^{\mathrm{T}}\boldsymbol{P}_{\Delta}\boldsymbol{A}+\boldsymbol{P}_{Y}\end{bmatrix}^{-1}\begin{bmatrix}\boldsymbol{B}^{\mathrm{T}}\boldsymbol{P}_{\Delta}\boldsymbol{L}\\ \boldsymbol{A}^{\mathrm{T}}\boldsymbol{P}_{\Delta}\boldsymbol{A}+\boldsymbol{P}_{Y}\boldsymbol{L}_{Y}\end{bmatrix} \tag{12-4-10}$$

由此就可求得平差参数 $\tilde{X}$ 和信号向量 $\boldsymbol{Y}$ 的平差值。

令式(12-4-10)中的逆矩阵为

$$\begin{bmatrix}\boldsymbol{B}^{\mathrm{T}}\boldsymbol{P}_{\Delta}\boldsymbol{B} & \boldsymbol{B}^{\mathrm{T}}\boldsymbol{P}_{\Delta}\boldsymbol{A}\\ \boldsymbol{A}^{\mathrm{T}}\boldsymbol{P}_{\Delta}\boldsymbol{B} & \boldsymbol{A}^{\mathrm{T}}\boldsymbol{P}_{\Delta}\boldsymbol{A}+\boldsymbol{P}_{Y}\end{bmatrix}^{-1}=\begin{bmatrix}Q_{11} & Q_{12}\\ Q_{21} & Q_{22}\end{bmatrix} \tag{12-4-11}$$

则 $\hat{X}$、$\hat{Y}$ 的协因数阵为

$$\boldsymbol{Q}_{\hat{X}\hat{X}}=\boldsymbol{Q}_{11} \tag{12-4-12}$$

$$\boldsymbol{Q}_{\hat{Y}\hat{Y}}=\boldsymbol{Q}_{22} \tag{12-4-13}$$

$$\boldsymbol{Q}_{\hat{X}\hat{Y}}=\boldsymbol{Q}_{12} \tag{12-4-14}$$

单位权方差为

$$\begin{aligned}\hat{\sigma}_0^2&=\frac{\boldsymbol{V}^{\mathrm{T}}\boldsymbol{P}_{\Delta}\boldsymbol{V}+\boldsymbol{V}_Y^{\mathrm{T}}\boldsymbol{P}_Y\boldsymbol{V}_Y}{f}=\frac{\boldsymbol{V}^{\mathrm{T}}\boldsymbol{P}_{\Delta}\boldsymbol{V}+\boldsymbol{V}_Y^{\mathrm{T}}\boldsymbol{P}_Y\boldsymbol{V}_Y}{(n+m)-(t+m)}\\&=\frac{\boldsymbol{V}^{\mathrm{T}}\boldsymbol{P}_{\Delta}\boldsymbol{V}+\boldsymbol{V}_Y^{\mathrm{T}}\boldsymbol{P}_Y\boldsymbol{V}_Y}{n-t}\end{aligned} \tag{12-4-15}$$

式中 $n+m$ 为观测总数，$t+m$ 为未知参数数，自由度 f 仍是网中多余观测数。

参考文献

［1］武汉测绘学院测量平差编写组．测量平差［M］．北京：测绘出版社，1959.
［2］武汉测绘学院最小二乘法教研组．最小二乘法［M］．北京：中国工业出版社，1961.
［3］武汉测绘学院大地测量系．测量平差基础［M］．北京：测绘出版社，1978.
［4］崔希璋，陶本藻．矩阵在测量中的应用［M］．北京：测绘出版社，1980.
［5］崔希璋，於宗俦，陶本藻，刘大杰．广义测量平差［M］．北京：测绘出版社，1982.
［6］李庆海，陶本藻．概率统计原理和在测量中的应用［M］．北京：测绘出版社，1982.
［7］於宗俦，鲁林成．测量平差基础（增订本）［M］．北京：测绘出版社，1983.
［8］高士纯，于正林．测量平差基础习题集［M］．北京：测绘出版社，1983.
［9］陶本藻．自由网平差与变形分析［M］．北京：测绘出版社，1984.
［10］吴俊昶，刘大杰．控制网测量平差［M］．北京：测绘出版社，1985.
［11］任慧舲．测量平差基础自学指导［M］．北京：测绘出版社，1985.
［12］於宗俦，于正林．测量平差原理［M］．武汉：武汉测绘科技大学出版社，1990.
［13］王新洲．测量平差［M］．北京：水利电力出版社，1991.
［14］崔希璋，於宗俦，陶本藻，刘大杰，于正林．广义测量平差［M］．2版．北京：测绘出版社，1992.
［15］陶本藻．测量数据统计分析［M］．北京：测绘出版社，1992.
［16］李庆海，陶本藻．概率统计原理和在测量中的应用［M］．2版．北京：测绘出版社，1992.
［17］武汉测绘科技大学测量平差教研室．测量平差基础［M］．3版．北京：测绘出版社，1996.
［18］高士纯．测量平差基础通用习题集［M］．武汉：武汉测绘科技大学出版社，1999.
［19］陶本藻．自由网平差变形分析（新版）［M］．武汉：武汉测绘科技大学出版社，2001.
［20］崔希璋，於宗俦，陶本藻，等．广义测量平差（新版）［M］．武汉：武汉测绘科技大学出版社，2001.
［21］邱卫宁，陶本藻，姚宜斌，等．测量数据处理理论与方法［M］．武汉：武汉大学

出版社，2008.
[22] 陶本藻，邱卫宁，等. 误差理论与测量平差［M］. 武汉：武汉大学出版社，2012.
[23] 武汉大学测绘学院测量平差学科组. 误差理论与测量平差基础习题集［M］. 2 版. 武汉：武汉大学出版社，2015.
[24] 黄维彬. 近代平差理论及其应用［M］. 北京：解放军出版社，1992.
[25] Gauss C. F. Theoria motus corporum coelestium [M]. Hamburg, 1809.
[26] Helmert F. Die Ausgleichungsrechnung nach der Methode der kleinsten Quadrate [M]. Leipzig-Berlin, 1907.
[27] Н. N. Идельсон. Слособ наименьщих квадратов и теория математической обработки паблюдений [M]. Геодезиздат, 1947.
[28] A. C. Чеботарев. Слособ наименьщчх квадратов с основами теории вероятностей [M]. Геодезиздат, 1958.
[29] Ю. В. Аинник. Метод Наименъщих квадратовч и основы теории обработки наблюдений [M]. Москва, 1962.
[30] Baarda, W. Statistical Concepts in Geodesy [J]. Netherlands Geodetic Commision, New Series Vol. 12, No. 4, Delft, 1967.
[31] Baarda, W. A Testing Procedure for Use in Geodetic Networks [J]. Netherlands Geodetic Commision, Publications on Geodesy, No. 5, Delft, 1968.
[32] Wolf. H. Ausgleichungsrechnung nach der Methode der kleinsten Quadrate [J]. Dümmler. Bonn, 1968.
[33] Moritz. H. Least-squares Estimation in Physical Geodesy [J]. Deut, Komm. , A, 69, 1970.
[34] Moritz, H. Least-squares Collocation [J]. Deut. Komm. , A, 75, 1973.
[35] A. Bjerhammar. Theory of Errors and Generalized Matrix Inverses [M]. New York, 1973.
[36] E. M. Mikhail, F. Ackermann. Observations and Least Squares [M]. New York, 1976.
[37] K. R. Koch. Parameterschätzung und Hypothesentests in Linearen [M]. Modellen. Dümmler, 1980.
[38] E. M. Mikhail, G. Gracie. Analysis and Adjustment of Surver Measurements [M]. New York, 1981.
[39] P. Meissl. Least Squares Adjustment a Modern Approach [M]. Technischen Universität Craz, 1982.
[40] K. R. Koch. Parameter Estimation and Hypothesis Testing Linear Models [M]. Springer-Verlag, 1987.
[41] E. W. Grafarend, B. Schaffrin. Ausgleichungsrechnung in Linearen Modellen [M]. B: I Wissenschaftsverlag, 1993.